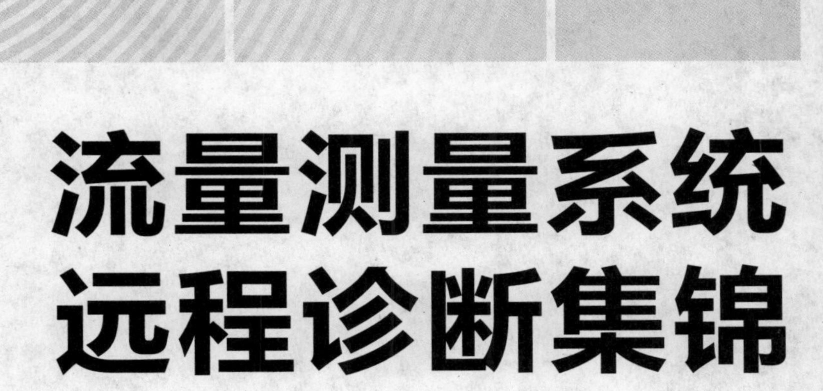

流量测量系统远程诊断集锦

纪 纲 纪波峰 编著

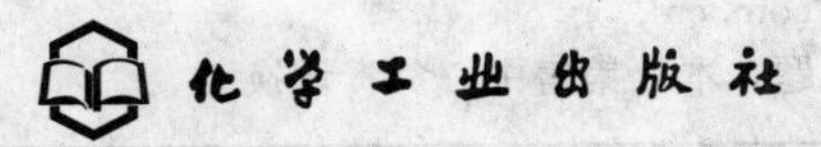

·北京·

图书在版编目(CIP)数据

流量测量系统远程诊断集锦/纪纲，纪波峰编著.
北京：化学工业出版社，2012.5
ISBN 978-7-122-13983-2

Ⅰ.流… Ⅱ.①纪…②纪… Ⅲ.流量仪表-故障诊
断 Ⅳ.TH814.07

中国版本图书馆CIP数据核字（2012）第068481号

责任编辑：刘　哲　　　　装帧设计：关　飞
责任校对：宋　玮

出版发行：化学工业出版社（北京市东城区青年湖南街13号　邮政编码100011）
印　　装：大厂聚鑫印刷有限责任公司
787mm×1092mm　1/16　印张18　字数478千字　　2012年8月北京第1版第1次印刷

购书咨询：010-64518888（传真：010-64519686）　售后服务：010-64518899
网　　址：http：//www.cip.com.cn
凡购买本书，如有缺损质量问题，本社销售中心负责调换。

定　　价：**49.00元**

京化广临字2012——16号

前　言

节能减排、提高能源利用率是减少资源消耗、保护环境的有效途径，是走新型工业化道路的重要举措。

能源计量与节能监测、能源审计、能源统计、能源利用状况分析是企业能源管理和节能工作的基础，而能源计量又是能源审计、能源统计、能源利用状况分析这些基础的基础。本书所讨论的内容都不是惊天动地的大事情，但都是节能减排这个惊天动地大事业的重要组成部分。用于贸易结算的主要流量测量系统，有时只要一套存在严重问题就会引起一个企业在盈利和亏损之间转换。

在能源计量中，使用了大量的流量测量仪表。这些仪表种类繁多，技术复杂，与复杂多变的测量对象配合，难度极高，这就使得世界一流的制造商所提供的一流品质的流量计，在有些使用现场却不能圆满地完成流量测量任务，影响生产和经营。对大量的实例进行分析诊断结果表明，问题的症结大多数不是仪表本身的问题，而是系统问题。

作者十多年来为几个培训机构举办的“能源计量与流量测量仪表应用技术”培训班讲课，参加培训班的人员多为从事流量仪表应用的工程师、维修人员和管理人员。每次交流活动中听课人员都有很多提问，在提问中有些是咨询性质的，但更多的是实际工作中遇到的疑难问题，有些甚至是存在多年未得到解决的问题。这些问题中，一部分通过当面交流，在弄清情况后有了答案，而更多的则因提问者提供的数据不全，所描述的现场情况不明了、不具体，当场没有明确的答案，待提问者返回工作单位后查清有关数据，提供能详细描述现场情况的照片，才有诊断意见。

作者所提出的整改意见，一部分得到了反馈信息，解决了一些问题，另一些因未能收集反馈信息，而在书中未列出反馈信息，但所做的分析都具有参考价值。

作者在培训班之外，也经常接受流量仪表应用工作者的咨询，通过电话、传真等通讯手段了解技术数据、系统组成等详情，通过电子邮件和彩信传送的照片以及视频等现代化方法，了解现场情况，从而为准确地诊断创造了条件。这就是这本书书名中“远程诊断”的含义。

本书所列举的实例中，也有一部分是作者为用户组建能源计量系统的项目中所遇到的难题，还有一部分来自参考文献，但都有一个共同的特点，即都来自仪表使用现场，所以这本书是实用性极强的关于流量测量仪表应用方面的专业书籍。

本书所列举的一百多个实例，每一个题目都能自成段落，可以从任何一节开始阅读。每一题包括提问者所述的现象或存在的问题，作者对问题所做的分析、诊断结论，所提出的整改意见等。为了把问题存在的原因分析得更透彻，还以讨论的形式对相关的原理、方法进行分析，有的题还给出了相关的参考资料，以附录的方式列出。

编写本书的意图不仅仅是通过罗列一个个实例让读者参考、借鉴，更重要的是启发读者掌握观察问题、分析问题和解决问题的方法。

阅读这本书的读者，需要有一定的技术基础，因为本书没有像教科书那样对测量原理做完整的、全面的、系统的叙述，只在“讨论”部分对相关的原理做简单的介绍。

在本书的编写过程中，斯派莎克工程（中国）公司蔡方明高级工程师，艾默生过程控制有限公司王隽高级工程师提供了重要技术资料，鞍钢股份有限公司计量厂赵长利工程师，大化集团大连碳化工有限公司孙连生工程师，上海同欣自动化仪表有限公司王建忠高级工程师和冯宏生、陈杰工程师，对书稿的部分章节提出了重要意见。中石化上海工程公司邱宣振教授级高工审阅了主要章节，并对全书的结构提出了宝贵意见，附录E“关键原因索引”就是根据他的意见增补的。姜璐女士为书稿的整理和校对付出了极为艰苦的劳动，在此一并致以衷心的感谢。

特别要感谢中国仪器仪表行业协会流量仪表专业委员会蔡武昌教授级高工，他审阅了全书并提出了很多重要的修改意见。

由于编著者水平所限，书中不妥之处在所难免，敬希读者批评指正。

编著者

2012年2月

目 录

第6章 其他系统 202

第1章 绪 论

1.1 系统诊断与仪表故障诊断

1.1.1 什么是流量测量系统

说到流量测量，人们可能马上就联想到家里的水表、煤气表。工业上用的流量测量系统要比家用水表、煤气表复杂得多。

本书中所说的流量测量系统，其组成除了流量测量仪表本身及其附属设备、器件之外，还包括被测对象。这个对象千差万别，是流量测量的服务对象。为服务对象所配置的流量计在现场用不好，不稳定、误差大或故障频发等，有很多是因为对对象的认识不深入、不全面、不正确。

广义的对象还包括使用仪表的环境。因为流量测量是在一定环境中进行的。在恶劣的环境中使用的仪表要比优越的环境中使用的仪表故障率高得多。

上海某大厦中装有 98 套用于能源计量的流量测量仪表，投入运行 12 年来，电磁流量计损坏过 1 台，流量二次表损坏过 1 台，其余的主要仪表包括涡街流量计、超声流量计、压力变送器等，1 台也未损坏过，未受过雷击，未被冻坏过，也未因太阳暴晒、暴雨冲淋而发生过故障，所有这些，除了与仪表优良的品质有关之外，还与大厦内得天独厚的环境有关。

广义的环境还包括软环境，如维护管理人员的技术素质和负责精神。例如江苏某热电公司一共只有 30 多套蒸汽流量计，但故障频发，对运行不正常的流量计检查分析后发现，不是外部接线有差错，就是智能化仪表内部数据设置有差错。流量计配用的微型打印机走纸不正常或打印乱码，检查发现不是打印纸方向装反，就是打印机内可以设置的通讯波特率被修改。究其原因是该公司仅有一名本来是电工的仪表维修工，改行维护仪表几年进步不快。

还有一个热电公司诉说用于流量数据采集的 SCADA 系统有一些计量点测量正常，但数据采不到计算机中，后来制造厂服务工程师前往现场检查处理，先查距操作站最近的 3 个计量点，检查第一个计量点时发现无线数据收发器没有天线；检查第二个计量点时发现流量二次表内没有通讯卡。询问维修人员天线和通讯卡到哪里去了，回答是：不知道。

所以软环境与硬环境同样重要。如果没有良好的软环境，配置的硬设备再先进再精确，也不能发挥其应有的效能。

1.1.2 流量测量系统诊断的任务

流量测量系统的诊断总的来说是在对存在问题的系统进行调查研究，搞清来龙去脉的基础上，经过分析查找问题所在，提出整改意见或作进一步检查的意见。

系统诊断不同于仪表的故障诊断。现在的工业仪表大多已实现智能化，从仪表的自诊断系统所提供的诊断信息，可以知道仪表本身存在什么问题。有些仪表自身不带 CPU，无法进行自诊断，但可通过校验测试其输出与输入信号之间的关系，判断其工作是否正常。如果有问题，则进行单机修理或换上一台好的仪表。但是流量测量系统没有自诊断功能，其输入参数是流量，其输出信号是流量测量结果，欲施加标准的流量输入信号，在现场不具备条件（有些系统在工艺操作人员允许的情况下可以关闭总阀，为系统输入零流量信号。**注意**，关总阀的操作只能由工艺操作人员进行，不能由仪表人员自行其是），所以只能根据工艺专业提供的理论值或其他间接的方法估算测量结果的误差。发现误差的存在还不等于解决问题，查找流量测量系统的问题所在，只能凭诊断人员的知识、经验进行系统分析。所以流量测量系统诊断是一项难度较高、技巧性很强的工作。

1.1.3 流量测量系统诊断的意义

流量测量应用最重要的两个方面是能源计量和过程控制。

流量测量系统在温度、压力、流量、物位四大参数的测量中占有很大的比重。

存在问题的流量测量系统如果用于贸易交接计量，计量误差或计量事故会使交接的一方蒙受巨大损失，有损企业声誉，甚至引发计量纠纷。

存在问题的流量测量系统如果用于过程控制，系统的不稳定、不可靠，测量结果的不准确，常会给操作人员提供错误信息，影响生产的均衡进行，影响产品质量，严重时甚至造成事故。例如用电远传浮子流量计测量精馏塔的进料流量，由于浮子被卡在满量程处，于是调节器输出将进料控制阀关小，直至关死，等到发现塔板温度不正常，由人工检查发现控制阀关得太小而改为遥控时，精馏塔已经失去平衡，要花数小时甚至更长的时间才能恢复平衡，影响生产，浪费能源。

所以流量测量系统存在问题要及时诊断，及时处理。

1.2 系统诊断必须具备的条件

1.2.1 必须了解所选用流量计的基本参数

通过各种可以利用的方法，例如电话、传真、电子邮件、QQ、彩信或视频等，了解系统所使用流量计的基本参数，如介质名称、组分、最高温度、常用温度、最低温度、最高压力、常用压力、最低压力、最大流量、常用流量、最小流量、管道规格、流量计型号、公称通径及安装方式等。

对测量点的基本参数知之甚少，只知道测量结果不准，这是仪表计量人员未能依靠自己的力量去解决问题的根本原因。

如果做系统诊断的人员能亲临现场，那比用间接的方法获得信息更有效、更准确。

1.2.2 对仪表本体工作是否正常有充分的了解

仪表本体是流量测量系统最重要的组成部分，如果仪表本体工作不正常，那就谈不上整个测量系统工作正常。

对仪表本体要检查：传感器是否好的，转换器是否好的，变送器是否好的，显示表是否好的，用于温度压力补偿的压力变送器、温度传感器是否好的。

差压式流量计引压管线是否已清扫，不堵不漏；差压变送器校零是否准确。

还有些必要的检查项目，例如用差压式流量计测量蒸汽、液体流量时，高低压室是否已排气；用差压式流量计测量湿气体流量时，高低压室是否已排液。还有超声流量计信号强度是否在正常范围内，换能器插头是否松动，夹具是否松动。科氏力质量流量计密度显示值是否正常，故障诊断信息是否看过等。

1.2.3 必须对仪表的安装有充分的了解

有关的规程、规范、标准往往只对仪表安装做了原则的规定。而仪表安装本身是由用户自己完成的，由于用户的经验、技术水平千差万别，对规程、规范、标准的理解不准确、不注意或一时疏忽，都会造成安装不合理、不符合规范而引发系统问题。

例如 2.4 节所举的实例中，只因正端引压管靠近根部阀的一段坡度不符合规程要求，就引起整套流量计产生相当大的误差。

又如 2.1 节所举的实例，差压装置根部阀的选型是有缺陷的，但若安装时不将导压管从45°方向引出，或者不将冷凝罐装得那么高，而是根部阀后面马上就装冷凝罐，也就不致引起差压变送器接收到反方向差压。

进行此项调查需要借助于照片、视频，只靠口头描述往往发现不了问题所在。

1.2.4 对有关规程、规范、标准有充分的了解

与流量测量有关的规程、规范、标准，都是对某种产品、某种方法等做规定，都是试验研究成果和多年经验的总结，充分了解了这些内容，也就继承、吸取了前人的经验，以便为我所用。但是，要充分了解这些内容又不是一件容易的事，因为这方面的内容很多。以差压式流量计为例就有：

① GB/T 2624—2006　用安装在圆形截面管道中的差压装置测量满管流体流量［等同采用 ISO 5167：2003（E）］；

② GB/T 21188—2007　用临界流文丘里喷嘴测量气体流量（等同采用 ISO 9300：2005）；

③ GB/T 21446—2008　用标准孔板流量计测量天然气流量；

④ SY/T 6143—2004　用标准孔板流量计测量天然气流量；

⑤ JB/T 5325—1991　均速管流量传感器；

⑥ JB/T 2274　流量显示仪表；

⑦ JJG 640—1994　差压式流量计检定规程；

⑧ JJG 1003—2005　流量积算仪检定规程；

⑨ GB 50093—2002　自动化仪表施工及验收规范。

1.2.5 对实际使用的仪表的技术指标和品质有足够的了解

现在市场上供应的流量测量仪表品牌繁多，品质良莠不齐，在选定品牌前要做充分的调查研究工作，不能不顾品质只贪便宜。

例如 2.11 节所举的实例就是因为品质不良的涡街流量计引发计量纠纷。

再如 2.29 节所举的实例，是因为品质不良的涡街流量计引发锅炉负荷小时汽水平衡好，但负荷大时汽水平衡不佳。

掌握了有关品牌的品质信息之后，就可有的放矢进行检查校验，花少量的侦查成本使诊断得到正确的结论。

1.2.6 必须对所选用仪表的特性有充分的了解

例如 2.2 节所举的实例中，上游的流量计与下游的流量计显示的流量值不相符，就是因

为差压式流量计的流出系数非线性和可膨胀性系数的非线性，只有按标准中给出的数学模型进行补偿才能获得较高的测量准确度，但在不同的测量点，这种非线性引起的误差是不相同的。

再如差压变送器高低压室的排气（排液）方法有不同的设计，有的设计人员对此情况不了解，以致仪表投运后，因高低压室排气（排液）不尽引起仪表零点偏移。

1.2.7 必须对测量对象的工况有充分的认识

流量计的测量精确度与被测流体的工况之间存在密切的关系。有很多流量计自身不带工况补偿，在实际工况与设计工况一致时，能获得规定的测量精确度，但偏离了设计工况后，因流量计未带工况补偿，以致造成很大误差。

例如 2.10 节所举实例，就是因为锅炉进水温度比孔板计算书中的设计温度低 50℃，而流量计又未对流体温度的变化进行补偿，引起进水流量测量仪表显示值偏低 2%。

1.2.8 必须对仪表的使用环境有较全面的了解

环境条件包括环境温度，相对湿度，大气压力，设备、管道甚至环境的振动，阳光的直射等。

例如涡街流量计、旋进旋涡流量计抗振动能力都很差，在振动较大的场所，都会出现“无中生有”或示值偏高的情况。

有些仪表露天安装，由于安装品质不佳，雨水常常侵入仪表，使得仪表示值漂移甚至烧毁。

在冰冻季节，差压变送器、压力变送器等由于防冻措施不到位或不完善，造成表内凝结水结冰，以致成批仪表损坏的例子不胜枚举。

1.2.9 必须对被测对象的流体特性（物性）有充分的认识

这些特性有密度、沸点、黏度、凝固点、结晶温度、饱和蒸气压、电导率、压缩系数、气体中的氢含量、天然气中的 N_2 及 CO_2 含量、气体中是否带液、腐蚀性等。

例如 4.29 节所举的实例中，因为流体的饱和蒸气压高，以致在阀门关小、流体压力降低后，部分液氨气化，导致流量示值不降反升。

再如 3.5 节所举实例中，因为三阀组处的温度比工艺管道内流体温度低得多，以致流体凝结成液体，影响差压信号的不失真传递，导致流量零点漂移。

科氏力质量流量计常因保温不善，引起流体在测量管内结晶而无法测量。有的被测液体处于气液平衡状态，流过测量管时，由于压损较大，部分液体在测量管内蒸发，引起较大测量误差，甚至无法测量。有些流体因黏度高，在测量管内挂壁，也会引起很大误差。

1.2.10 必须对流体状态的变化有一定的认识

例如 2.22 节所举的实例中，饱和蒸汽在管道内输送 2km 后，因有很大一部分蒸汽变成凝结水，造成流体变为两相流，以致涡街流量计不能正常测量，指示时有时无。后来将凝结水排尽后，涡街流量计能稳定指示，但管损达 60%，也是因为蒸汽在输送管道中损失热量变成凝结水所致。

再如 2.9 节所举的实例中，就是因为饱和蒸汽经大幅度减压，从饱和状态转变成过热状态，而设计人员对状态的转换认识不清，最后引起多套流量计示值大幅度偏高。

某工厂因为液氨在氨蒸发器未完全蒸发，部分液氨流过流量计，导致流量示值偏低，也是属于流体状态与设计不符引起流量测量误差的例子。

仪表人员大多对流体状态的变化认识模糊，认为这是工艺专业的事，殊不知这种变化对流量测量也会带来很多问题。

1.2.11 必须对该测量点表计运行的历史状况有较全面的了解

流量测量系统产生较大的测量误差，有些是在突然之间发生的，而另一些却是日积月累在很长时间内逐渐生成的。

例如测量煤气流量的阿牛巴流量计、圆缺孔板流量计因管道内壁结垢，文丘里管流量计因喉部内壁结垢引起较大测量误差，就是长时间逐渐生成并趋于严重的。

再如4.17节所举的实例中，电磁流量计测量管内壁结淤泥引起流量示值偏高，也是数年时间内逐渐生成的。

椭圆齿轮流量计中，齿轮的磨损引起流量测量误差，误差增长的速率有一定的规律，掌握这些规律不仅可对当前的误差作出估算，还可对未来做出预测。

1.2.12 必须对之前所发生的事件有一定的了解

这些事件包括启动、仪表停用、雷击、跳电、操作条件大幅度波动、设备大检修、拆下检定后重新安装等。

飞机在空中平稳飞行时不容易出问题，但在起飞和降落时或遭遇恶劣天气时容易出问题。仪表的情况与飞机相似，也常因条件的突变引发问题。

仪表在夏季断电几个月，重新上电开表时，往往有一部分开不出，这是因为仪表通电运行时，其内部的发热元件放出热量，可以保持一些重要部位干燥，而停电较长时间后，这些重要部位易因受潮而损坏。

供电系统切换常常引发电压大幅度波动，甚至将380V馈入220V电网，引起保险丝熔断甚至烧坏仪表。

仪表拆下检修、校验、检定，重新安装后，容易漏装个别配件、接错线、漏开或漏关阀门，引起泄漏点渗漏等，这些都容易引发仪表故障。

1.2.13 必须对生产流程和关联设备的能力等有足够的了解

例如锅炉的额定蒸发量、供气温度、压力；精馏塔的设计处理能力、采出的产品种类、产量；压缩机的额定排气量及排气压力；泵的额定输送能力、扬程等。掌握了这些数据之后，再结合其他数据，就可计算与流量测量系统有关的数据。

1.2.14 必须对关联设备的原理、结构等有一定的了解

例如同样是用于输送液体的泵，有离心式泵、齿轮泵以及活塞式泵，由于工作原理和结构各不相同，其特性也大不相同。有的会引发流动脉动，引起流量计示值偏高，有的易产生流动噪声引起超声流量计、电磁流量计工作不正常。

1.3 系统诊断的步骤

1.3.1 先搜集该系统所使用的流量计基本参数资料

系统诊断有自身的规律，遵循这些规律，能收到事半功倍的效果，违背这些规律往往费时费力，劳而无功。工作的第一步是搜集资料。

1.3.2 对现场状况进行调查

尽可能直接或间接深入现场，观察仪表的表现、工艺流程设备以及操作方法，观察流量示值波动的规律以及与流量有关的变量变化等。

1.3.3 对所使用流量计本体是否正常做检查

检查仪表各组成部分的输入输出信号是否正常，仪表内部数据设置是否正确无误。充分利用智能化仪表的自诊断信息，发现蛛丝马迹。

应检查仪表的零点，例如差压流量计，关闭高低压阀中的一个，并打开平衡阀，检查从差压变送器到流量显示这一段零点是否正常。

如果有可能，短时间关闭总阀，检查流量计零点。

有的系统中，流量变送器给出信号所代表的计量单位与二次表中用户要求显示的流量单位不一致，就要进行换算。例如E+H公司模拟输出涡街流量计，其满度输出20mA所代表的流量用体积流量表示，而用来测量蒸汽流量时，流量单位却要用质量流量表示，这时就要用下式进行换算：

$$q_{\mathrm{mmax}}=q_{\mathrm{vmax}}\rho$$

$$\rho=f(p_{\mathrm{d}},\ t_{\mathrm{d}})$$

式中 q_{mmax}——质量流量满度值，kg/h；

q_{vmax}——体积流量满度值，m^3/h；

ρ——流体密度，kg/m^3；

p_{d}——蒸汽常用压力，MPa；

t_{d}——蒸汽常用温度，℃。

有时候调试人员对变量之间的关系认识不清，修改了p_{d}或t_{d}设定值，未对q_{mmax}值作相应的修改，造成很大的误差。

1.3.4 细心倾听提问者或当事人关于问题发生发展过程的陈述

因为提供诊断服务的人员不可能对被诊断的系统包括它的历史都亲身经历，只能向亲身经历者作调查。调查问题的发生、发展的全过程，并做好记录，以备分析判断时使用。

提问者或当事人所陈述的内容如果有疑点，可以与他们讨论，以弄清事实。

1.3.5 了解问题产生前设备操作等各方面有何变故

例如2.21节所举实例中，蒸汽带水使得涡街流量计示值渐低，是在全厂停车设备大检修之后，因阀门内泄漏入很多水引发的。

又如5.1节所举实例中，减压阀损坏引发振荡，导致涡街流量计示值陡增几十倍，也是由于短时停车，工况异常引起的。

再如5.4节所举的实例中，在搅拌器停止转动后发现流量示值变得稳定，才搞清楚因果关系，最后使问题得到解决的。

1.3.6 分段检查

分段检查的方法是查找故障最常用的方法。对于比较复杂、比较隐蔽的故障，都需使用这种方法。

例如发现流量计“无中生有”，就可先切断流量变送器（或传感器）送入二次表的信号，检查“无中生有”的信号是在哪一段生成的。有时流量二次表被置于仿真状态，使得二次表没有输入信号也有流量显示。然后再检查变送器、传感器的零点是否正常。

又如3.16节所举的实例中，流量示值偏低，可先检查差压变送器是否准确，如果处理后问题仍未得到解决，然后再检查传感器。

1.3.7 将搜集到的资料与需要解决的问题相关联

搜集资料和对系统的表现进行观察，目的是为了分析问题、解决问题，所以在调查研究进行到一定阶段，就可将收集到的信息和观察到的现场情况与需要解决的问题相联系。

例如2.4节所举的实例中，提问者说将差压变送器零点迁移600mmH_2O（相当于5.88kPa），流量显示值就正常了，这个信息与该台流量计的管径和径距取压的安装方法相联系，因为这两点使得正端取压口与冷凝罐之间有600mm的高度差。最后诊断结果是因这段应充满蒸汽的高度差为600mm的垂直走向的导压管内被凝结水占据，导致差压信号产生600mmH_2O的传递失真。

又如5.10节所举的实例中，瞬时流量趋势曲线有时出现向下的缺口，这一现象与流体（液体）中含有气泡相关联，而液体中含有气泡与容积式流量计示值偏高相关联。

再如3.15节所举的实例中，在正常情况下管道外表面是不会结霜的，但操作人员观察到管道外表面结霜，将这一情况与气态氨带液相关联，气体带液后平均密度增大，又与流量示值偏低相关联。

关联分析其实就是因果分析，在本书所列举的一百多个实例中都包含因果分析，只是有的较明显，有的较隐蔽而已。

1.3.8 联想的范围不要局限于仪表本体

对系统存在的问题进行诊断是一项技巧性极强的工作，是对仪表工程师的综合考试。如果就事论事分析问题，只对仪表本体有一些了解，其他就全然不知，很难找出问题所在。

对于系统诊断中的难题，传统的做法是，如果仪表用不好就拆除，这造成很多损失，除了一套仪表本身的投资外，工艺上需要的数据得不到，造成的损失更大。所以仪表工程师有责任认真学习，深入实际，潜心研究，勇于探索，不辞辛劳，切实担当起这一本职工作。

1.4 流量测量名词术语及定义

1.4.1 一般术语

本书所使用的术语和相应的符号符合JJF 1004—2004《流量计量名词术语及定义》，其中部分术语和相应符号的意义如下。

(1) 流量 (flow rate)

流体流过一定截面的量称为流量。流量是瞬时流量和累积流量的统称。在一段时间内流体流过一定截面的量称为累积流量，也称总量。当时间很短时，流体流过一定截面的量称为瞬时流量，在不会产生误解的情况下，瞬时流量也可简称流量。流量用体积表示时称为体积流量，用质量表示时称为质量流量。

(2) 管流 (pipe flow, duct flow)

流体充满管道的流动。

(3) 明渠流 (open channel flow)

液体在明渠中具有自由液面的流动。

(4) 流量计（flowmeter）

测量流量的器具。通常由一次装置和二次装置组成。

注：准确度高、稳定性好，可作为其他流量计比对标准使用的流量计，称为标准流量计。

(5) 流量计误差特性曲线（error performance curve of flowmeter）

表示流量计流量与误差关系的曲线，是被测量和影响测量误差的其他量的函数。

(6) 测量管（meter tube）

在各方面都符合标准中的技术要求，而且其中装有流量测量装置的经过特殊加工的一段管道。

(7) 一次装置（primary device）

产生流量信号的装置。根据所采用的原理，一次装置可在管道内部或外部。

注：就电磁流量计而言，一次装置包括测量管、测量流体所产生信号的一对或多对径向对置的电极及在测量管中产生磁场的一个电磁体。对差压式流量计而言，一次装置包括测量管、节流装置及取压孔。对超声波流量计而言，一次装置包括测量管和超声波换能器。

(8) 二次装置（secondary device）

接受来自一次装置的信号，并显示、记录、转换和（或）传送该信号以得到流量值的装置。

(9) 一次装置的校准系数（calibration factor of the primary device）

在规定参比条件下流量与一次装置所发出的相应信号值之商。

(10) 最大流量（maximum flow-rate）

满足计量性能要求的最大流量。

(11) 最小流量（minimum flow-rate）

满足计量性能要求的最小流量。

(12) 流量范围（flow-rate range）

由最大流量和最小流量所限定的范围，在该范围内满足计量性能的要求。

(13) 分界流量（transitional flow-rate）

在最大流量和最小流量之间的流量值，它将流量范围分割成两个区，即“高区”和“低区”。

(14) 公称流量（nominal flow-rate）

在公称流量下，流量计应能在连续运行和间断运行时满足计量性能的要求。

注：对水表，公称流量称为常用流量。

(15) 满刻度流量（full scale flow-rate）

对应于最大输出信号的流量。

(16) 压力损失（pressure loss）

由于管道中存在一次装置而产生的不可恢复的压力降。

(17) 直管段（straight length）

安装在流量计上游和下游的用于使流场达到某种要求的管段。其轴线是笔直的，而且内部横截面的面积和形状不变。横截面形状通常为圆形或矩形，也可为环形或任何其他有规则的形状。

(18) 管壁取压孔［wall (pressure) tapping］

管壁上的圆形孔，其边缘与管道内表面平齐。取压孔用于测量管道内流体的静压。

(19) 排泄孔（drain holes）

用于排出管道中不希望有的固体颗粒或密度比被测流体大的流体的孔。

(20) 排气孔（vent holes）

用于排出管道中不希望有的气体的孔。

(21) 旋涡流（swirling flow）

具有轴向和圆周速度分量的流动。

(22) 恒定平均流量的脉动流（pulsating flow of mean constant flow-rate）

在测量段中的流量虽然是时间的函数，但在足够长的时间间隔内进行平均时，具有恒定平均值的流动。

注：常见的有周期性脉动流和随机脉动流两种。

(23) 紊流（turbulent flow）

与黏性力相比，惯性力起主要作用的流动，也称湍流。

注：紊流是时间和空间上不规则（随机）的速度波动叠加在平均流上的流动。

(24) 层流（laminar flow）

与惯性力相比，黏性力起主要作用的流动。

注：层流是流体的质点作分层运动，在流层之间不发生混杂的流动。

(25) 稳定流（steady flow）

速度、压力和温度基本不随时间变化，且不影响测量准确度的流动，也称定常流。

注：观察到的稳定流实际上是其速度、压力和温度等量都会围绕着平均值有很小的变化，但不影响到测量的不确定度的流动。

(26) 不稳定流（unsteady flow）

速度、压力、密度和温度中的一个或多个参数随时间波动的流动，也称非定常流。

注：所考虑的时间间隔应足够长，以便排除紊流本身的随机分量。

(27) 多相流（multiphase flow）

两种或两种以上不同相的流体一起流动。只有两相流体一起流动时又称为两相流。

(28) 临界流（critical flow）

流体流经节流件喉部，下游与上游的绝对压力之比小于临界值的流动。临界流上游流体状态（压力、温度和速度分布）不变时，质量流量保持恒定。

(29) 速度分布（velocity distribution）

在管道横截面上流体速度轴向分量的分布模式。

(30) 充分发展的速度分布（fully developed velocity distribution）

在流动过程中，沿流向从一个横截面到另一个横截面不会发生变化的速度分布。它通常是在足够长的直管段末端形成。

(31) 规则速度分布（regular velocity distribution）

非常近似于充分发展的速度分布，可以进行准确的流量测量。

(32) 流动剖面（flow profile）

速度分布的图解表示法。

(33) 平均轴向流体速度（mean axial fluid velocity）

瞬时体积流量（局部流体速度的轴向分量在管道截面上的积分）与横截面面积之比。

(34) 静压（static pressure）

在流体中不受流速影响而测得的压力值。

(35) 流体的绝对静压（absolute static pressure of the fluid）

相对于完全真空的被测流体的静压。

(36) 表压（gauge pressure）

流体的绝对静压与同一时间在测量地点的大气压力之间的差值。

(37) 动压（dynamic pressure）

① 流体单元动压（dynamic pressure of fluid element）

对于管道中单元流束，流体的动能全部等熵转化为压力能所产生的高于静压的压力。对于可压缩流体，流体单元动压为

$$p_{\mathrm{d}}=\frac{1}{2}\rho u^2$$

注：式中各字母符号的含义见表1.1，以下同。

② 横截面内的平均动压（mean dynamic pressure in a cross-section）

以动能形式流经截面的流体功率对体积流量之比。对于不可压缩流体，横截面内的平均动压为

$$\overline{p_{\mathrm{d}}}=a\times\frac{1}{2}\rho u^2$$

(38) 总压（total pressure）

表压与动压之和。

注：对于静止的单元流体，表压与总压具有相同的数值。

(39) 滞止压力（stagnation pressure）

表征流体动能全部转化为压力能的能量状态的压力。其值等于绝对静压与动压之和。

注：对于静止的单元流，绝对静压与滞止压力具有相同的数值。

(40) 弗劳德数（Froude number）

平均流速 $\overline{u}$ 被平均深度 $\overline{D}$ 与重力加速度 g 乘积的平方根除，是无量纲参数。

$$Fr=\frac{\overline{u}}{(gD)^{1/2}}$$

(41) 雷诺数（Reynolds number）

表示惯性力与黏性力之比的无量纲参数：

$$Re=\frac{ul}{v}$$

注：当规定雷诺数时，应指明一个作为依据的特征尺寸（例如管道的直径、节流装置中孔板的直径、皮托管测量头的直径等）。

(42) 马赫数（Mach number）

在所考虑的温度和压力下，流体平均轴向速度与流体中声速之比：

$$Ma=\frac{u}{c}$$

(43) 斯特罗哈尔数（Strouhal number）

使具有特征尺寸 l 的某物体所产生的旋涡分离频率 f 与流体速度相联系的无量纲参数：

$$Sr=\frac{fl}{u}$$

(44) 比热容比（ratio of specific heat capacities）

定压比热容与定容比热容之比。

(45) 等熵指数（isentropic exponent）

在基本可逆绝热（等熵）转换条件下，压力 p 的相对变化与密度 ρ 的相对变化之比。对于理想气体，等熵指数等于比热容比，在所选定的积分区间内这个比被认为是恒定的。

$$\kappa=\frac{\rho}{p}\left(\frac{\partial p}{\partial \rho}\right)_s$$

(46) 压缩因子（compressibility factor）

在给定温度和压力下，真实气体与理想气体定律不一致的修正系数：

$$z=\frac{pM}{\rho RT}$$

注：R 为通用气体常数，其值为 8.3143 J/（mol·K）。

(47) 附壁效应（Coanda effect）

当流束附着到靠近它的固体表面时所产生的力学效应。

(48) 多普勒效应（Doppler effect）

由于一次源或二次源与观测者之间的相对运动而造成的辐射频率的视在变化。

(49) 速度-面积法（velocity-area methods）

速度-面积法是测量管道（或明渠）某横截面上多个局部流速，并通过在该整个横截面（对明渠是以湿周和自由水面为界的横截面）上的速度分布的积分来推算流量的方法。

① 非对称性指数（index of asymmetry）

用来表征在圆形横截面内速度分布轴对称性程度的无量纲数。其值为

$$Y=\frac{1}{u}\left[\frac{\sum_{i=1}^{n}(u_i-u)^2}{n-1}\right]^{1/2}$$

② 平均轴向流体速度点（points of mean axial fluid velocity）

在管道横截面中流体局部速度与平均轴向流速相等的一些点。

③ 周缘流量（peripheral flow-rate）

在管壁与由最靠近管壁的速度测量点所限定的轮廓线之间的区域内的流体流量。

④ 流速计（current-meter）

装有尺寸比管道小的转子装置。转子的旋转频率是流体局部速度的函数。除此之外，还有其他原理的流速计。

⑤ 旋桨式流速计（propeller type current-meter）

转子类似于螺旋桨，是围绕着近似平行于流动方向的轴旋转的流速计。

⑥ 自补偿旋桨（self-compensating propeller）

一种流速计旋桨，使在流速方向与轴线之间很大的倾角范围内旋转速度比例于流速计轴线上流体速度分量。

⑦ 旋转试验（spin test）

用手指拨动或轴向吹气使流速计转子旋转以检查它是否灵活和均匀地旋转的试验。

注：旋转实验是针对流速计的。

⑧ 偏流测向探头（yaw probe）

具有若干取压孔能插进流体中测定流速方向的一种探头。

注：在某些条件下它也可以测定局部流体速度的大小。

⑨ 皮托管（Pitot tube）

插在流动流体中的管状装置，由垂直装在一根支杆上的圆筒形测量头所组成。它具有一个或多个取压孔。

⑩ 静压皮托管（static pressure Pitot tube）

在测量头的一个或多个横截面的圆周上均匀地钻有静压取压孔，而在测量头的轴对称鼻部的顶端迎流方向具有一个总压取压孔的皮托管。

注：如不致产生混淆，可用“皮托管”来称“静压皮托管”。

⑪ 总压皮托管（total pressure Pitot tube）

仅有一个总压取压孔的皮托管。

注：除总压皮托管外，一般还需要安装一个静压取压孔。

⑫ 静压取压孔（static pressure tapping）

皮托管上能测量流体静压的一组孔。

注：一般情况下，静压取压孔所测得的是表压。

⑬ 总压取压孔（total pressure tapping）

皮托管上能测量流体总压的孔。

⑭ 差压（differential pressure）

在皮托静压管的总压取压孔与静压取压孔所测得的压力之差，或是在总压皮托管的取压孔测得的总压与管壁取压孔所测得的静压之间的差。

注：该差压是针对皮托管的。

⑮ 固定检速架（stationary array）

装在固定杆上用于同时探测整个测量截面的一组局部速度检测元件。

⑯ 比降-面积法（slope-area method）

在某一河段中，以该河段的水面比降、河段糙率、湿周和各横断面过水面积为基础来估算流量的一种间接方法。

⑰ 主流向（mean direction of flow）

在横截面中，当各部分流速分量都沿此方向量取时，其和在该方向上最大。

⑱ 垂线（vertical）

进行流速测量或水深测量的铅垂线。

⑲ 实测垂线平均流速（measured mean velocity on a vertical）

在某一垂线上的一个或几个点处测量流速，并直接用一个系数或按照某种平均的方法来推求平均值。

⑳ 垂线流速分布曲线（vertical velocity curve）

在河流的某一特定截面上，表示沿垂线的水深和流速之间关系的曲线。

㉑ 积分法（integration method）

以某一固定速度沿测速垂线全部水深升降流速计来测量该垂线的流速的方法。

㉒ 积点法（point method）

将流速计安置在测速垂线的各指定点处来测量沿垂线的流速的方法。

注：通常在垂线上 1，2，3，4，5 或 6 个点处测量流速。

㉓ 动船法（moving boat method）

将测船沿测流截面往返横渡，同时连续测量流速、水深和移动距离来测量流量的方法。

(50) 示踪法（tracer methods）

利用在流体中注入和检测示踪物（例如化学物质和放射性物质）来测量流量的方法。

(51) 液体流量标准装置（liquid flow standard facilities）

以液体（如水或油）为试验介质，提供确定准确度流量值的测量设备。按流量工作标准的取值方式分为静态质量法、静态容积法、动态质量法和动态容积法。

① 静态质量法（static weighing）

在实测时间间隔内，根据液体通过换向器进入称量容器前后分别得到的皮重和毛重来推算所收集液体净质量的方法。

② 静态容积法（static gauging）

在实测时间间隔内，根据液体通过换向器进入工作量器前后分别测定液位（即容积测定）来推算所收集液体净体积的方法。

③ 动态质量法（dynamic weighing）

根据流体引入称重容器所称得的质量推算出所收集液体净质量的方法。

注：用这种方法不需要换向器。

④ 动态容积法（dynamic gauging）

根据液体被导入工作量器后所进行的测定来推算收集液体净体积的方法。

注：用这种方法不需要换向器。

⑤ 换向器（diverter）

将液流引入称量容器（或工作量器）或者引入其旁路而不致干扰试验管路中流量的装置。

⑥ 工作量器［calibrated measuring（volumetric）tank］

在给定温度下，采用单独校准方法确定给定液体体积或体积与液位之间的关系的容器。

⑦ 浮力修正（buoyancy correction）

考虑到大气对被称量流体的浮力和校准衡器时对所用标准砝码的浮力之差，而对衡器读数进行的修正。

(52) 气体流量标准装置（gas flow standard facilities）

以气体为试验介质，提供确定准确度流量值的测量设备。一般分为钟罩式气体流量标准装置、液体置换系统、皂膜式气体流量标准装置、pVTt 法气体流量标准装置和 mt 法气体流量标准装置等。

① 钟罩式气体流量标准装置（standard bell prover）

是动态容积法气体流量标准装置。由一只静止的容器和一只同轴可动容器（钟罩）组成的用于气体流量计量的装置。在封液之上所产生的气密空腔的容积可以根据可动容器的位置推算出来。

② 液体置换系统（liquid displacement system）

用于气体的流量计量装置，其中一定体积的气体被校准过的容器中相同体积的液体所置换。

③ 皂膜式气体流量标准装置（standard soap-film burette）

用于测量微小气体流量的计量装置。由稳定气源流出的气体经过被检流量计进入皂膜管，推动皂膜沿着已知容积的量管移动。

④ pVTt 法气体流量标准装置（pVTt method standard facility）

在某一时间间隔 t 内气体流入或流出容积为 V 的容器，根据容器内气体绝对压力 p 和热力学温度 T 的变化，求得气体质量流量。装置主要由标准容器、压力计、温度计、计时器及其他附属设备组成。

⑤ mt 法气体流量标准装置（ mt method standard facility）

是动态质量法气体流量标准装置。用称重仪器直接测量时间 t 内容器中气体质量 m 的变化，来计算气体质量流量。

(53) 体积管（pipe prover）

由具有恒定横截面和已知容积的管段组成的流量计量装置。位移器（活塞或球）在计量段内沿着一定方向运动，置换出流体体积。

注：如果位移器是活塞，也可称活塞校准器（piston prover）。

(54) 标准表法（master meter method）

流体在相同的时间间隔内连续通过标准流量计和被检流量计，用比较的方法确定被检流量计的准确度的方法。装置由流体源、试验管路系统、标准流量计、流量控制阀以及辅助设备等组成。

(55) 字母符号

流量计量常用的字母符号见表 1.1。

表 1.1 字母符号的含义

符号	符号的含义	量纲	SI 单位
a	流量系数	无量纲	
c	流体的声速	LT^{-1}	m/s
$\overline{D}$	平均深度	L	m
f	旋涡分离频率	T^{-1}	s^{-1}
Fr	弗劳德数	无量纲	
g	重力加速度	LT^{-2}	m/s^2
l	产生流动的系统的特征尺寸	L	m
M	流体的摩尔质量	M	kg/mol
Ma	马赫数	无量纲	
p	压力	$ML^{-1}T^{-2}$	Pa
p_d	流体单元动压	$ML^{-1}T^{-2}$	Pa
$\overline{p_d}$	横截面内的平均动压	$ML^{-1}T^{-2}$	Pa
R	摩尔气体常数，为 8.3143J/(mol·K)	$ML^2T^{-2}\theta^{-1}$	J/(mol·K)
κ	等熵指数	无量纲	
Re	雷诺数	无量纲	
Sr	斯特罗哈尔数	无量纲	
T	流体热力学温度	θ	K
u	流体的平均轴向速度	LT^{-1}	m/s
$\overline{u}$	平均流速	LT^{-1}	m/s
u_i	沿半径 i 的平均速度	LT^{-1}	m/s
α	动能系数	无量纲	
z	气体压缩因子	无量纲	
ρ	流体密度	ML^{-3}	kg/m^3
ν	流体的运动黏度	L^2T^{-1}	m^2/s

1.4.2 通用计量术语及定义

本书所使用的下列计量术语及定义符合国家计量技术规范 JJF 1001—1998《通用计量术语及定义》。

(1) 相对误差 relative error

测量（绝对）误差除以被测量的真值。

注：由于真值不能确定，实际上用的是约定真值。

(2)（量的）约定真值 conventional true value [of a quantity]

对于给定目的具有适当不确定度的、赋予特定量的值，有时该值是约定采用的。

例：a. 在给定地点，取由参考标准复现而赋予该量的值作为约定真值。

b. 常数委员会（CODATA）1986 年推荐的阿伏加德罗常数值 $6.0221367\times10^{23}\,mol^{-1}$。

注：① 约定真值有时称为指定值、最佳估计值、约定值或参考值。参考值在这种意义上使用不应与 JJF 1001—1998 的 7.7 条（术语“参考条件”—作者注）注中的参考值混淆。

② 常常用某量的多次测量结果来确定约定真值。

(3) 量程 span

标称范围两极限之差的模。

例：对从－10～＋10V的标称范围，其量程为20V。

(4) 漂移 drift

测量仪器计量特性的慢变化。

(5) 响应时间 response time

激励受到规定突变的瞬间，与响应达到并保持其最终稳定值在规定极限内的瞬间，这两者之间的时间间隔。

(6) 准确度等级 accuracy class

符合一定的计量要求，使误差保持在规定极限以内的测量仪器的等别、级别。

注：准确度等级通常按约定注以数字或符号，并称为等级指标。

(7) 影响量 influence quantity

不是被测量但对测量结果有影响的量。

例：a. 用来测量长度的千分尺的温度；

b. 交流电位差幅值测量中的频率；

c. 测量人体血液样品血红蛋白浓度时的胆红素的浓度。

第2章
蒸汽流量测量系统

本章引言

本章所讨论的实例被测流体全部为水蒸气。所涉及的流量计中差压式流量计（含非标型）略多于涡街流量计。

（1）差压式流量测量系统

本章由差压式流量计所组成的流量测量系统中，问题的关键原因有：

① 差压信号导压管和冷凝罐安装不合理，计4例；

② 根部阀选型不合理，计1例；

③ 差压装置安装不合理，计3例；

④ 仪表制造厂所提供的差压装置，导压管引向不合理，计1例；

⑤ 引压管伴热保温不合理，计1例；

⑥ 均速管检测杆从水平管道下方45°方向插入，引起差压信号传递失真，计1例；

⑦ 差压式流量计范围度不能满足要求，计1例；

⑧ 流体操作参数（温度）偏离设计工况引入误差，计1例；

⑨ 质量流量未超上限但差压值超上限，是因常用压力选取不当，计1例；

⑩ 未进行流出系数C的非线性补偿，未进行可膨胀性系数ε_1的非线性补偿，计1例。

（2）涡街流量测量系统

本章由涡街流量计所组成的流量测量系统中，问题的关键原因有：

① 流体流速超上限，计3例；

② 流量传感器通径选得太大，计2例；

③ 安装不合理，计1例；

④ 涡街流量计品质欠佳，低流速时较准，高流速时不准，计2例；

⑤ 蒸汽严重带水，计3例；

⑥ 锅炉操作压力比额定值低得太多，以致带水，涡街流量计示值偏低，计1例；

⑦ 9km远的蒸汽管未设疏水器，以致严重带水，水阻增大，计1例；

⑧ 饱和蒸汽大幅减压后，变为过热蒸汽，而系统设计将其当饱和蒸汽处理，计1例；

⑨ 安全阀动作引起流量大增，误认为流量计误差大，计1例。

每一个实例的具体关键原因详见本章各节的分析和本书附录E：关键原因索引。

2.1 喷嘴蒸汽流量计指示反方向流量

2.1.1 存在问题

四川某化工公司计量站提出，有一台 *DN*300 喷嘴，用来测量 1.3MPa 过热蒸汽流量，自投运起，变送器输出时正时负，喷嘴安装在水平管道上，径距取压，引压管从 45°方向引出，EJA110A 差压变送器正负方向连接正确，引压管不堵不漏。但在正常消耗蒸汽时，差压变送器送出的信号换算到差压，严重时有 1.6kPa 的反向差压。

2.1.2 分析与诊断

从提问者提供的照片来看，此蒸汽母管铺设在地面以上 1m 高度，差压变送器的安装也大致在这个高度。差压装置引压管从 45°方向引出，然后垂直向上爬高 0.6m 左右，再水平走向引到冷凝罐，如图 2.1 所示。差压变送器的选型和安装没有问题，高低压室各有两个排放口，一个口用于排气，另一个用堵头封闭，如图 2.2 所示。

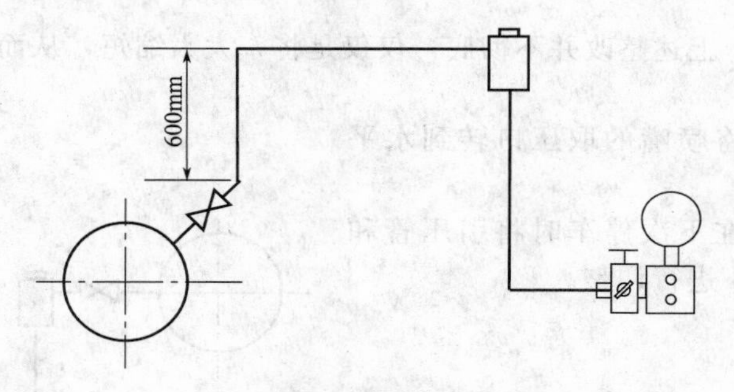

图 2.1 原有布置

图 2.2 引压管走向

存在的问题是图中的针形阀和紧随其后垂直敷设的引压管。引压管的规格是外径 14mm 的不锈钢管，针形阀的公称通径应为 *DN*5 或 *DN*6，由于通径太小，针形阀后面垂直引压管内的凝结水不能顺畅地经针形阀流回母管。提问者去现场测试，垂直部分的引压管很烫，说明管内有蒸汽，蒸汽与凝结水的混合物使其平均密度不确定，从差压变送器有负向差压信号输出分析，应是正端引压管内介质密度大。

由于主装置不允许停汽，建议提问者对垂直部分引压管进行改装，尽量缩短垂直高度。因为差压信号传递失真可用下式计算差压的偏移量：

$$dp=(\rho_{-}-\rho_{+})hg$$

式中 dp——差压偏移值，Pa；

ρ_{-}——负压管内介质平均密度，kg/m^3；

ρ_{+}——正压管内介质平均密度，kg/m^3；

h——针形阀阀芯到水平引压管的垂直高度差，m；

g——重力加速度，m/s^2。

提问者按图 2.3 所示的建议将引压管改装后，流量示值正常。

图 2.3 改进后的布置

从上面的分析知，上述整改并不彻底，仅仅是将 h 大大缩短，从而使差压偏移值大大缩小，但并未缩到 0。

彻底的整改应是将喷嘴的取压口转到水平方向，如图 2.4 所示。

因此建议提问者在下次停车时将引压管和冷凝罐的安装按图 2.4 进行调整。

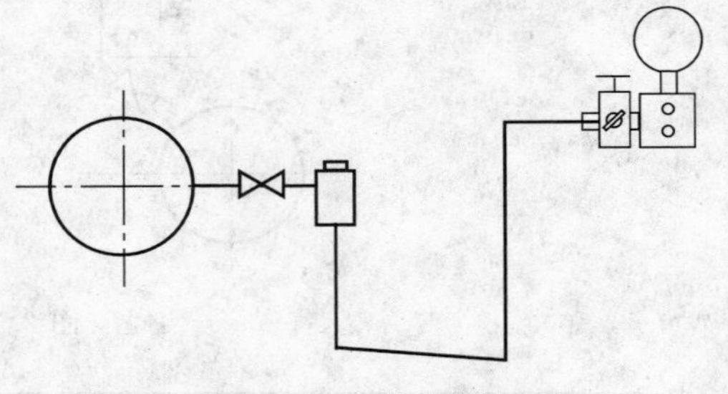

图 2.4 合理的布置

2.1.3 小结

① 选用公称通径太小的针形阀作根部阀，引起凝结水回流不畅而积在针阀上方的引压管内，引起管内介质密度不确定。

② 图中的高度差越大，引起的差压偏移越严重。这种偏移也有可能是正向的。

③ 建议遇到此类情况，将喷嘴的取压口设计在水平方向，如图 2.4 所示。

2.2 孔板流量计 C 和 ε_1 非线性引起误差的实例

2.2.1 存在问题

浙江某热力公司提问，有两热力公司联合对一个大用户供汽，在两个供方和一个需方的管道上各装有一套相同规格的孔板流量计，测量范围均为 0～100t/h。系统图如图 2.5 所示。

图中 q_1 对 q_3 单独供汽，两台表示值基本相符。q_2 对 q_3 单独供汽，两台表示值也基本相符，但两个供方联合对 q_3 供汽时，q_1 和 q_2 之和比 q_3 小 1.5%～3%。

2.2.2 分析与诊断

① 由 q_1 单独向 q_3 供汽或由 q_2 单独向 q_3 供汽时，两套表均工作在较理想的区间，约为

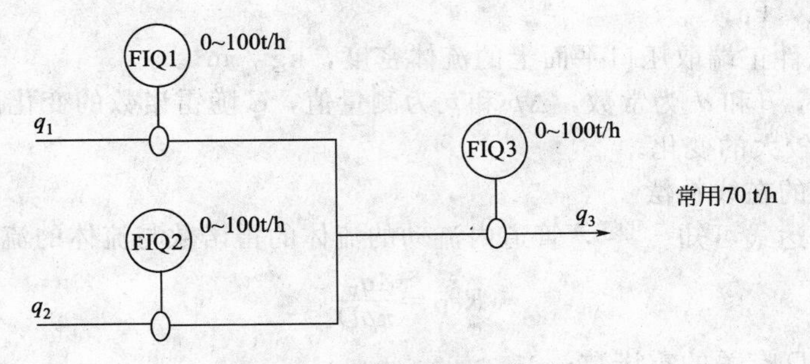

图 2.5 蒸汽计量系统图

满量程流量的 60%~80%。而且两套表又是相同规格，两套表之间示值基本相符是应该的。

② 在 q_1 和 q_2 联合对 q_3 供汽时，q_3 仍然运行在较理想的区间，偏离常用流量不远，但 q_1 和 q_2 实际使用区间比常用流量低得多。其对应的差压值只有常用流量的 1/4。此时，流出系数 C 的非线性约引起仪表示值偏低 0.1%，可膨胀性系数非线性约引起仪表示值偏低 1.5%。

③ 从提问者所介绍的情况分析，差压变送器的选型也有问题。合理的设计应是选用高低压室各有两个排放口的差压变送器，这时，将上方的一个口用作排气，可以将高低室内的空气排净，如图 2.6(c) 所示。而实际安装的是只有一个排放口的差压变送器，如图 2.6(a) 所示。这样，高低压室内最高点气体不能排净，为流量示值带来不确定因素。

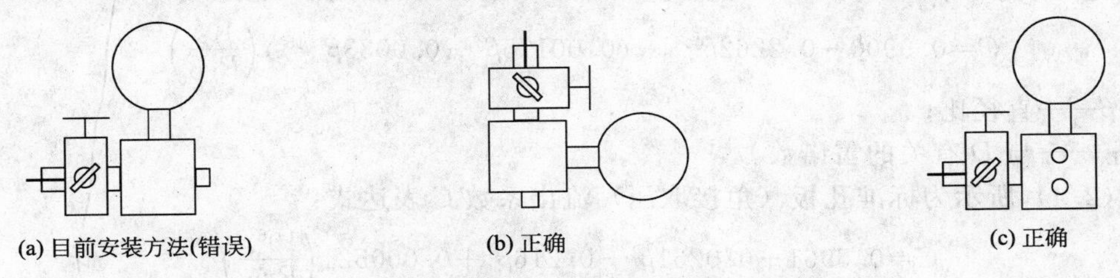

图 2.6 正确的差压变送器的选型与安装

2.2.3 建议

① 3 套差压式流量计均引入流出系数非线性校正和可膨胀性系数非线性补偿，保证全量程的准确度。

② 改选用高低室各有两个排放口的差压变送器，或将现有的差压变送器按图 2.6(b) 进行改装，使高低室内的气体，自行沿流路上升到冷凝罐。

2.2.4 讨论

(1) 差压式流量计的一般关系式

节流式差压流量计的一般表达式为[1]

$$q_m=\frac{C}{\sqrt{1-\beta^4}}\times\varepsilon_1\times\frac{\pi}{4}\times d^2\sqrt{2\Delta p\rho_1} \tag{2.1}$$

式中 q_m——质量流量，kg/s；

C——流出系数；

β——直径比，$\beta=d/D$；

D——管道内径，m；

ε_1——节流件正端取压口平面上的可膨胀性系数；

d——工作条件下节流件的开孔直径，m；

Δp——差压，Pa；

ρ_1——节流件正端取压口平面上的流体密度，kg / m³。

在式(2.1) 中，β 和 d 为常数，Δp 和 ρ 为测量值，C 随雷诺数的变化而显著地变化，ε_1 随着 Δp 的变化有较大的变化。

(2) 流出系数的在线补偿

由雷诺数的表达式可知[2][3]，管道内流动的流体的雷诺数与流体的流量成正比：

$$Re_D = \frac{4q_m}{\pi\mu D} \tag{2.2}$$

式中 Re_D——与 D 有关的雷诺数；

q_m——质量流量，kg/s；

μ——流体的动力黏度，Pa·s；

D——管道内径，m。

所以，流体流量在广阔的范围内变化时，雷诺数也在较大的范围内变化。而差压式流量计的流出系数又是雷诺数的函数，因此需对流出系数进行在线补偿，才能保证全量程的测量精确度。

流出系数在线补偿就是按照流出系数表达式在线计算当前的流出系数 C，然后与差压装置计算书中的流出系数设计值 C_d 进行比较，得到补偿系数 k_c。

GB/T 2624—2006 中分别给出了标准孔板、ISA 1932 喷嘴和长径喷嘴等流出系数随雷诺数变化的关系，其中式(2.3) 所示为 ISA 1932 喷嘴流出系数 C 表达式：

$$C = 0.9900 - 0.2262\beta^{4.1} - (0.00175\beta^2 - 0.0033\beta^{4.15})\left(\frac{10^6}{Re_D}\right)^{1.15} \tag{2.3}$$

式中 β——直径比；

Re_D——与 D 有关的雷诺数。

式(2.4) 所示为标准孔板（角接取压）流出系数 C 表达式：

$$C = 0.5961 + 0.0261\beta^2 - 0.216\beta^8 + 0.000521\left(\frac{10^6\beta}{Re_D}\right)^{0.7} + \left[0.0188 + 0.0063\left(\frac{19000\beta}{Re_D}\right)\right]\beta^{3.5}\left(\frac{10^6}{Re_D}\right)^{0.3} \tag{2.4}$$

式(2.5) 为长径喷嘴流出系数 C 的表达式：

$$C = 0.9965 - 0.00653\beta^{0.5}\left(\frac{10^6}{Re_D}\right)^{0.5} \tag{2.5}$$

式中 C——流出系数；

β——直径比；

Re_D——与 D 有关的雷诺数。

式(2.4) 所示的关系如图 2.7 所示，更加直观和形象[2][3]。

在图 2.7 中，随着雷诺数 Re_D 的减小，流出系数 C 逐渐增大。在差压流量计的量程低段往往就处于曲线的迅速升高段，如果不进行补偿，必将导致流量示值明显偏低。

实现流出系数在线补偿的方法有在线计算法和折线补偿法。在线计算法是先设 C 为某值（标准孔板设 $C=0.6$，ISA 1932 喷嘴设 $C=0.9900$，长径喷嘴设 $C=0.9965$)，按式(2.1) 计算 q_m，再由式(2.2) 计算 Re_D，再由式(2.3)、式(2.4) 或式(2.5) 计算 C，迭代到精度足够时得 C_f，再由式(2.6) 计算补偿系数 k_c：

$$k_c = C_f / C_d \tag{2.6}$$

式中 k_c——流出系数补偿系数；

C_f——使用状态流出系数；

C_d——设计状态流出系数。

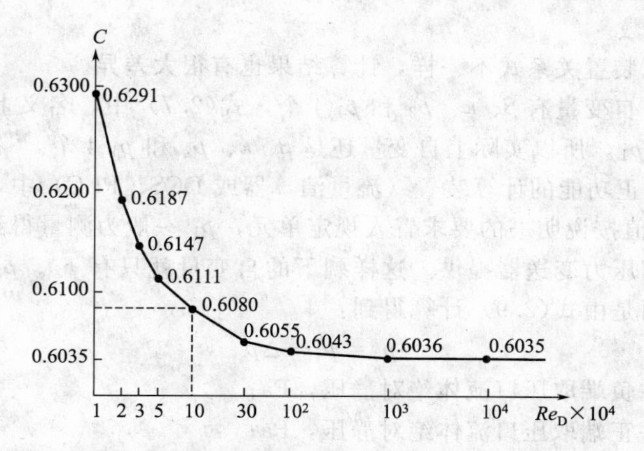

图 2.7 典型标准孔板流出系数随雷诺数变化曲线（β= 0.6）

折线补偿法是将差压装置计算书中 $C=f(q_f)$ 的折线表写入流量计算装置，程序运行后就可用查表和线性内插的方法计算 C_f，然后按式(2.6) 计算 k_c。程序框图如图 2.8 所示。

(3) 差压式流量计可膨胀性系数的定义[4][21]

差压式流量计（孔板、喷嘴、文丘里管等）在用来测气体和蒸汽流量时，流体流过差压装置，在节流件两边都要产生一定的压差，节流件的下游静压降低，因而出现流束膨胀，流束的这种膨胀使得差压装置的输出（差压)-输入（流量）关系同不可压缩流体之间存在一定的偏差，如果不对这种偏差进行校正，将会导致流量示值偏高千分之几到百分之几，在 β 和 $\Delta p/p_1$ 均较大的情况下甚至可达 10%的误差。可膨胀性系数（expansibility factor）ε 就是为修正此偏差而引入的变量。

(4) 可膨胀性系数 ε 的计算

GB/T 2624—2006 给出了喷嘴和文丘里管 ε_1 的关系式，如式(2.7) 所示，又给出了标准孔板 ε_1 的关系式，如式(2.8) 所示。

$$\varepsilon_1=\left[\left(\frac{\kappa\tau^{2/\kappa}}{\kappa-1}\right)\left(\frac{1-\beta^4}{1-\beta^4\tau^{(2/\kappa)}}\right)\left(\frac{1-\tau^{(\kappa-1)/\kappa}}{1-\tau}\right)\right]^{1/2} \tag{2.7}$$

式中 ε_1——节流件正端取压口可膨胀性系数；
κ——等熵指数；
τ——压力比，$\tau=p_2/p_1$；
p_2——节流件负端取压口流体绝对静压，Pa；
p_1——节流件正端取压口流体绝对静压，Pa；
β——直径比。

$$\varepsilon_1=1-(0.351+0.256\beta^4+0.93\beta^8)\left[1-\left(\frac{p_2}{p_1}\right)^{1/\kappa}\right] \tag{2.8}$$

式中 ε_1——节流件正端取压口可膨胀性系数；
p_2——节流件负端取压口流体绝对静压，Pa；

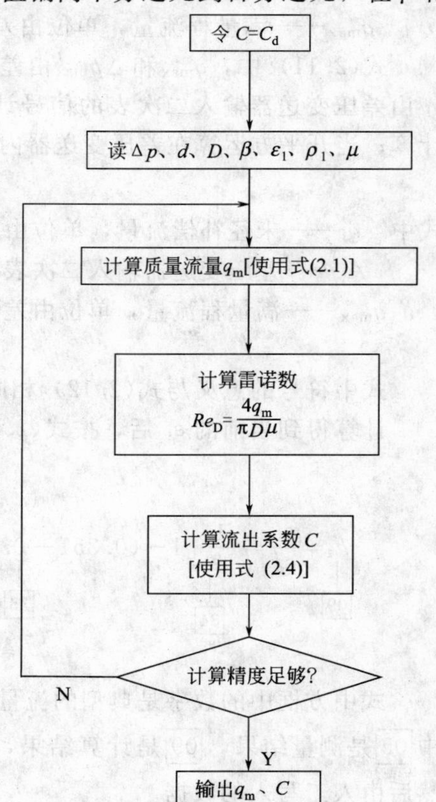

图 2.8 在线计算 C 的程序框图

p_1——节流件正端取压口流体绝对静压，Pa；

κ——等熵指数。

不同类型的差压装置关系式不一样，计算结果也有很大差异。

在式(2.8) 中，自变量有β、κ、p_2 和 p_1 4 个，式(2.7) 中，名义上自变量只有β、κ 和 τ 3 个，但因 $\tau=p_2/p_1$，所以实际上自变量还是β、κ、p_2 和 p_1 4 个。

在具有 ε 自动校正功能的计算装置（流量演算器或 DCS、PLC）中，将从差压装置计算书中查得的β值、κ值按说明书的要求置入规定单元，p_1 一般为测量得到，即由安装在差压装置正端取压口处的压力变送器提供。这样剩下的自变量就只有 p_2。p_2 通常不是由单独的压力变送器提供，而是由式(2.9) 计算得到：

$$p_2=p_1-\Delta p \tag{2.9}$$

式中 p_2——节流件负端取压口流体绝对静压，Pa；

p_1——节流件正端取压口流体绝对静压，Pa；

Δp——差压，Pa。

其中差压 Δp 由差压变送器输入信号 A_i 按式(2.10) 计算得到。当开平方运算在二次表内完成时，按式(2.10) 计算；当开平方运算在差压变送器内完成时，按式(2.11) 计算。

$$\Delta p=A_i\Delta p_{max} \tag{2.10}$$

$$\Delta p=\left(\frac{q_f}{q_{max}}\right)^2\Delta p_{max} \tag{2.11}$$

式中 Δp——差压，Pa；

q_f——未经补偿流量，单位由差压装置计算书给出；

q_{max}——满量程流量，单位由差压装置计算书给出。

式(2.11) 中，q_{max}和 Δp_{max}由差压装置计算书给出，并置入流量二次表的规定单元。而 q_f 由差压变送器输入二次表的信号计算得到。当开平方运算在二次表完成时，按式(2.12) 计算；当开平方运算在差压变送器内完成时，按式(2.13) 计算。

$$q_f=\sqrt{A_i}\,q_{max} \tag{2.12}$$

式中 q_f——未经补偿流量，单位由差压装置计算书给出；

A_i——差压变送器输入二次表（经无量纲处理）的信号，0～100%；

q_{max}——满量程流量，单位由差压装置计算书给出。

$$q_f=A_iq_{max} \tag{2.13}$$

式中符号的意义与式(2.12) 相同。

计算得到当前的 ε_1 后，按式(2.14) 计算可膨胀性系数校正系数 k_ε。

$$\underset{\boxed{09}}{k_\varepsilon}=\frac{\varepsilon_f}{\varepsilon_d}=\frac{1}{\underset{\boxed{34}}{\varepsilon_d}}\left[1-(0.351+\underset{\boxed{35}}{0.256}\beta^4+\underset{\boxed{35}}{0.93}\beta^8)\left(1-\left\{1-\left[\frac{1}{\underset{\boxed{05}}{p_f}}\left(\frac{\overset{\boxed{03}}{q_f}}{\underset{\boxed{15}}{q_{max}}}\right)^2\overset{\boxed{22}}{\Delta p_{max}}\right]\right\}^{\overset{\boxed{36}}{1/\kappa}}\right)\right] \tag{2.14}$$

式中方框中的数字是典型的流量二次表 FC6000 型通用流量演算器数据窗口的编号，其中$\boxed{05}$是测量结果，$\boxed{09}$是计算结果，$\boxed{03}$是计算的中间结果。其余由差压装置计算书给出，然后由人工写入的数据。

图 2.9 所示是典型 ε 在线校正程序框图。

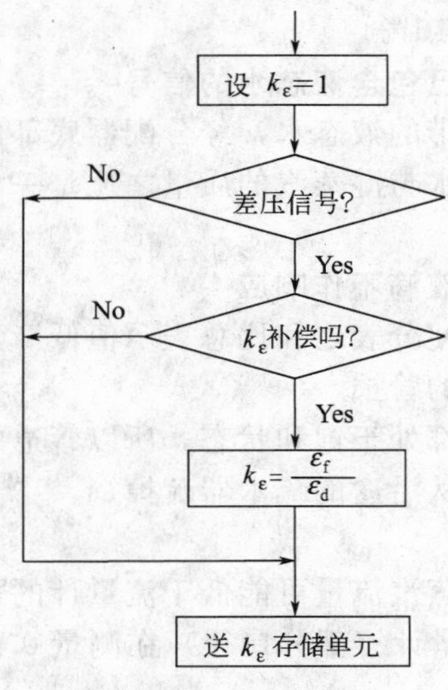

图 2.9 k_ε 计算框图

2.3 锅炉的汽水平衡与蒸汽管损

2.3.1 存在问题

用户端蒸汽压力在 0.2～0.7MPa 之间波动，厂区内管损在 20%左右。蒸汽总表为孔板流量计，各分表为涡街流量计。锅炉房分配器下方的疏水器可以排出一些水，但不很多。系统图如图 2.10 所示。

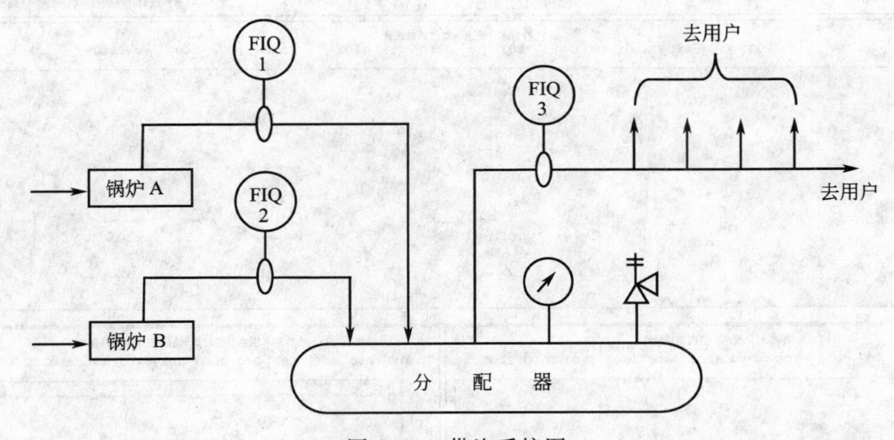

图 2.10 供汽系统图

2.3.2 分析与诊断

此例中，蒸汽管损确实太大，可能有几方面的原因。

(1) 锅炉出口的蒸汽中带水较多

蒸汽压力跌到 0.2MPa，表明锅炉产汽不够用，上汽包中蒸汽流速是正常值的 3 倍左右，停留时间不够，汽液分离效果不佳，汽水平衡不好。工业锅炉在额定工况条件下运行，上汽包出口蒸汽中带水量，一般小于 2%；上汽包内流速太高，汽液分离效果不好时，带水量大幅升高，严重时甚至会高于10%。

(2) 孔板总表显示的流量中已包含液态水的信号[4][5]

锅炉上汽包导出的蒸汽中夹带的液态水，经分配器底部的疏水器疏掉一部分，但悬浮在汽中的小水滴并未疏掉。这部分水与湿蒸汽的质量之比是一个很难确定的值，它与蒸汽的流速和压力等因素有关。

(3) 涡街流量计对蒸汽中的液滴不作响应[4]

从原理来说，这一因素就会使分表之和比总表示值低2.5%左右。

(4) 输汽管道自然散热引起的管损

因整个供热网管道内的蒸汽都处于饱和状态，所以管道的自然散热都由饱和蒸汽变成饱和水释放凝结热提供，而饱和水从沿途的疏水器疏掉。

(5) 分表小流量漏计

部分计量点在部分时间实际蒸汽流量可能低于流量计的最小可测流量。

下面列出的是DY型涡街流量计（部分口径）在测量0.6MPa饱和蒸汽时，横河公司所承诺的最小可测流量：

*DN*40	49.5kg/h
*DN*50	79kg/h
*DN*80	152kg/h
*DN*100	273kg/h
*DN*150	757kg/h
*DN*200	1737kg/h

如果流过上述流量计的实际流量低于最小可测流量，流量信号就有可能进入小信号切除（LOW CUT）区间而被切除这时仪表少计的流量就被全数算作管损。

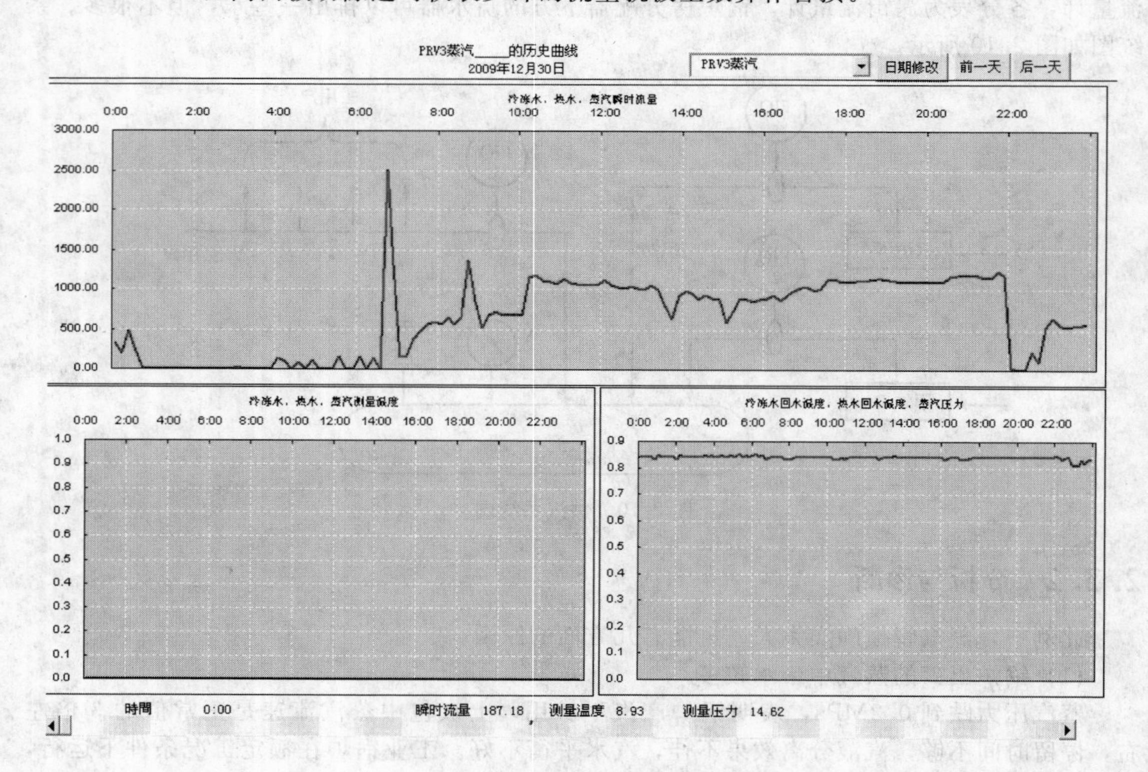

图2.11 蒸汽流量趋势曲线实例

在一个热网中，究竟有没有涡街流量计运行在小信号切除点以下，可从流量数据采集系统的趋势曲线看出。如果趋势曲线在某一段时间瞬时流量跳变到零，而耗汽又是连续的，则十有八九是因小流量信号被切除。

趋势图的实例如图 2.11 所示。

（6）涡街流量计超上限流速使用

各种品牌的涡街流量计，在气体流速高于制造厂承诺的最高流速时，仪表示值都表现为严重偏低。

国外品牌涡街流量计测量低压蒸汽时，承诺的上限流速分别为：

横河公司	80m/s
E+H 公司	77.5m/s
罗斯蒙特公司	76m/s
菲波公司	70m/s

纯国产的涡街流量计，都未给出上限流速数据，一般高于 45 m/s 就显著偏低。有的品牌产品，在 v=60m/s 时，偏低幅度已达 24%，如 2.29 节所举实例。但是也不尽如此，近年有报道说，几个纯国产品牌由于引入了软件处理技术，上限流速有了大幅度提高。

2.4 蒸汽流量计偏低 15%

2.4.1 存在问题

中石化某分公司所属热电厂向距离 1km 处的化工事业部供过热蒸汽，管道公称通径 400mm，供方在这根管道的始端安装了一套 *DN*400 的孔板流量计，需方在这根管道的末端安装了一套相同直径、用同一张孔板计算书、由同一个仪表厂制造的孔板流量计，但两套流量计投入运行后，需方的一套指示正常，需方从产品产量和蒸汽单耗定额计算，流量计是准的，但供方的一套流量计示值比需方低 15%左右。反复检查这套仪表的各组成部分，均查不出问题。由于按有关规定应以供方表计计量结果进行财务结算，因而难煞了当事人。

后来仪表维修工拿来手持终端（操作器）用“凑答数”的方法对供方流量计的差压变送器的零点进行迁移，当零点迁移了－600mmH_2O（约 6kPa）时两套仪表示值相符，而且蒸汽流量增大和减小的时候，两套表示值都基本相符。这样一晃就是 5 年。

后来公司计量管理部门来了新的领导，认为这样处理不符合计量管理规范，遂责成对口的一位资深技师想办法解决这一问题。

2.4.2 分析与检查

提问者称，这套流量计所包括的各台变送器、传感器及二次表已反复校验多次，均是准确的，功能也正常，导压管多次排污扫线，也都不堵不漏，所以不怀疑仪表本身存在问题。

在问清该计量点的蒸汽温度压力参数、流量测量范围、差压上限、流体流向、差压装置取压方式、冷凝罐等情况后，根据现场径距取压，两取压口之间距离为 600mm，刚巧与差压变送器迁移量相等这一情况，怀疑冷凝罐前正压管内可能积满凝结水，所以建议提问者剥开该段管的保温层，检查该段管的表面温度和坡度是否符合规范要求。提问者反馈信息说这段管是冷的，根部阀为 *DN*6 针形阀，而且所描述的坡度如图 2.12 所示。于是断定，本该充满蒸汽的A管内，现已充满凝结水，凝结水在这段管内聚集是因为坡度不符合要求。A管从根部阀起不仅不是保持规定坡度爬高，而且向下走一段，形成U形水封，所以这段管的凝结水无法靠其重力顺畅地返回母管。

A管内的凝结水，由于流体静力学的作用，对正压冷凝罐内的静压产生抽吸作用，从而使差压产生负方向600mmH_2O的偏移（1mmH_2O=9.80665Pa）。

解决这一问题的方法是将A管垂直部分缩短一段（约50mm），然后将下垂部分导压管整形，改成如图2.13所示。

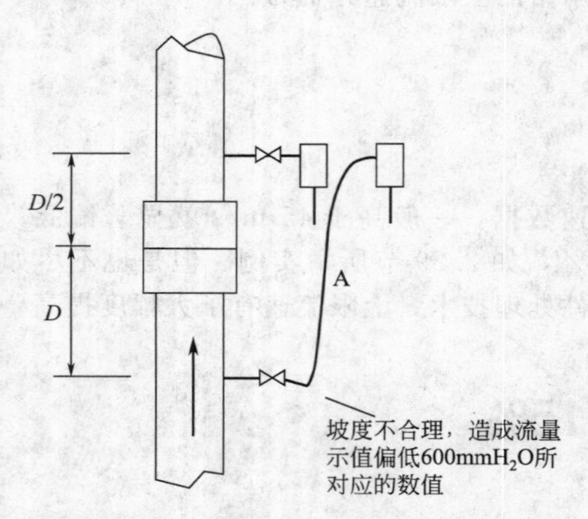

图2.12 垂直管道上安装的径距取压差压装置

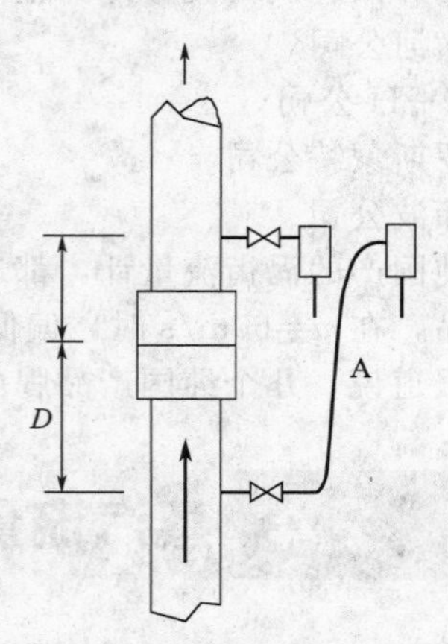

图2.13 整改后的导压管走向

2.4.3 反馈的信息

提问者按规范要求改装了A管（如图2.13所示），仪表消除了差压信号的传递失真，从而做到与需方表计示值基本相符。

2.5 径距取压喷嘴输出反向差压

2.5.1 存在问题

江苏某热能公司的一台客户端 *DN*200 喷嘴流量计，用来测量蒸汽流量，总阀关闭后，差压变送器输出3.920mA，非常稳定，关闭三阀组的正压阀并打开平衡阀，变送器输出4mA。哪里来的负差压信号，仪表人员不解。

2.5.2 分析与诊断

总阀已关，但管内蒸汽压力仍正常，这时差压装置输出的气相差压肯定为零。差压变送器零点也是准确的。从提问者提供的现场安装照片分析，差压装置的根部阀手柄在水平方向，阀内的汽液交换是正常的，所以能稳定地指示3.920mA。差压变送器零点又是准的。差压变送器的选型和高低压容室排气也正常。引压管也不长，又没有伴热保温的干扰，所以，差压信号的偏移应发生在差压装置取压口到三阀组的一段。

从照片（图2.14）上看，两个冷凝罐之间的距离较远，应有300mm，很可能安装时由于某种原因导致负压端冷凝罐内的液位比正压端高。根据提问者提供的数据知，满量程差压

图 2.14 现场照片

值为 40kPa，3.920mA 对应的负向差压约为 20Pa，相当于 $2mmH_2O$。

2.5.3 建议

在分析了原因之后，处理方法也就顺理成章。最简单的方法是将正压端冷凝罐抬高 2mm。

2.5.4 讨论

(1) 引发的原因

用差压式流量计测量蒸汽流量时，如果是角接取压或法兰取压，两个冷凝罐通常并在一起，不容易产生高度差进而引起液位差。但若是径距取压，由于两个取压口之间距离较远，尤其是前后直管段不由仪表制造厂提供，而是在现场由施工队拼装的差压装置，稍有疏忽就会导致差压信号的传递失真。本实例中的冷凝罐液位差还不是最严重的。

(2) 对仪表示值的影响

在本实例中，仪表工程师在现场留心观察时才发现差压信号的偏移。因为从流量显示值来看，总阀关闭后，流量示值能回零。但差压信号的偏移对全量程的流量示值都有影响。在 70%FS 时，由此引入的流量示值误差约为－0.05%，在 30%FS 时，由此引入的流量示值误差约为－0.3%。数值并不很大，供方提出这一问题，只因感到自己吃亏了。

(3) 开平方运算在差压变送器内完成时的情况

当开平方运算在差压变送器内完成时，本实例中的偏移更不容易发现。如果是正向偏移，总阀关闭后，流量示值大于零，清晰可见。而负向偏移，流量示值总是零。因此，当开平方运算在差压变送器中完成时，如果校对流量零点，最好将差压变送器的平方根输出改为线性输出。

(4) 对差压变送器进行零点迁移不可取

处理方法如果不是对冷凝罐的安装采取措施，而是将差压变送器的零点迁移 20Pa，当然最省力，但若该流量计的计量结果用于贸易结算，则容易引发纠纷。因为这样做了之后，如果检查差压变送器的零点就会发现偏高 20Pa，有故意作弊之嫌。

2.5.5 反馈的信息

提问者对冷凝罐采取了措施，使流量零点正常。

2.6 差压式蒸汽流量计流量示值为什么会无中生有

2.6.1 存在问题

浙江某热电公司经一台 *DN*300 孔板流量计计量，向一家印染厂供汽，流量测量范围 0～30t/h，差压上限 40kPa。

由于金融危机影响，印染厂经常低负荷运行。有一次，用户将蒸汽总阀关闭，发现流量示值仍在 0～1t/h 之间变化，遂对流量计的准确性提出异议，并怀疑从前的计量数值都是偏高的。供方仪表工程师检查差压装置及导压管等辅助设备，不堵不漏，排污正常。校验差压变送器和二次表等，也都合格，但重新开表后，流量计示值仍然无中生有。维修人员只得将小信号切除点从流量上限的 3%增大到 4%，对应的流量值为 1.2t/h。虽然零点指示稳了，却留下隐患。因为用户若以很小的流量用汽，表计可能严重偏低。

2.6.2 分析与诊断

察看仪表安装现场，认为仪表的安装是合格的。差压装置安装在约 4m 标高的水平管道上，差压从水平方向引出，经根部阀去冷凝罐，然后保持一定坡度去三阀组和差压变送器，如图 2.15 所示。

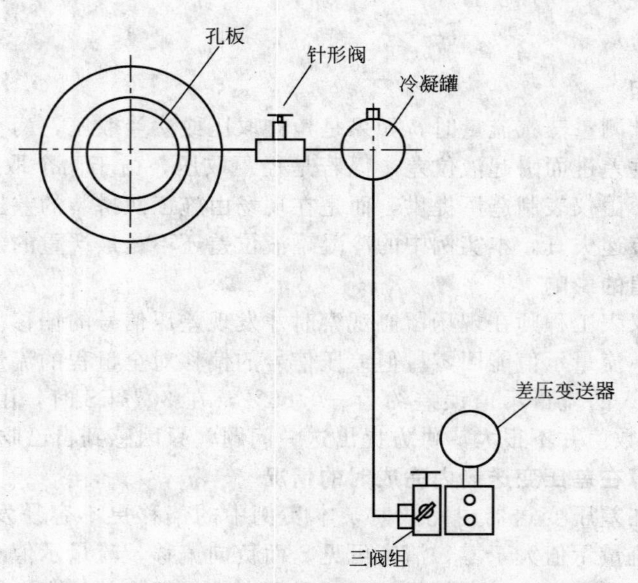

图 2.15 差压式流量计的安装

但发现一个重要的问题，即差压装置的根部阀从外形来看是针形阀，而且手柄朝上。这应当是流量计零点示值不稳的一个重要原因。

根据提问者所说的零漂幅值，可按式(2.15) 计算出零漂所对应的差压值：

$$\Delta p=\left(\frac{q_{\mathrm{m}}}{q_{\mathrm{mmax}}}\right)^2\times\Delta p_{\max}=\left(\frac{1}{30}\right)^2\times 40\mathrm{kPa}\approx 44\mathrm{Pa} \tag{2.15}$$

(1) 数毫米水柱的差压信号是如何生成的

母管上的总阀关闭后，管内流体停止流动，差压装置送出的差压信号肯定为 0，而差压变送器接收到的差压有数毫米水柱的摆动，其起因源于针形阀。

① 冷凝罐的作用　在图 2.16 所示的差压装置中，冷凝罐的作用有两个。

其一是使母管中温度很高的蒸汽，在罐中依靠其较大的换热面积放出热量，变成凝结水，从而将差压变送器同母管内的蒸汽隔离开来，保护仪表使之不被烫坏。

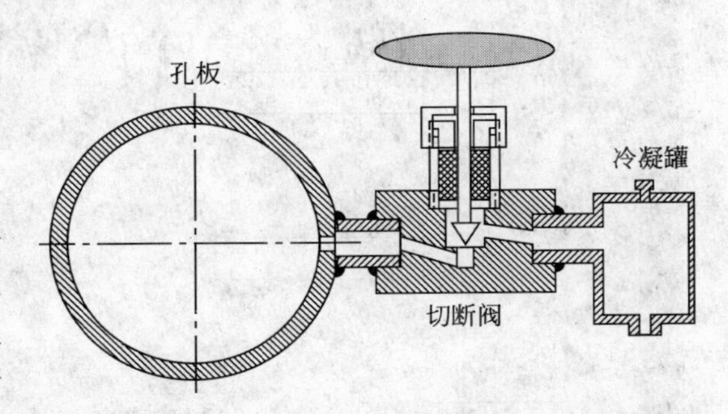

图 2.16　针阀与冷凝罐母管

其二是利用冷凝罐较大的截面积，使其罐内液位保持在较稳定的数值，从而改善流量测量的动态特性。因为差压变化时，差压变送器工作，其膜盒总是有一定的位移，所以，总是要从冷凝罐内吸收一定容积的液体或向冷凝罐送出一定容积的液体。其中，向冷凝罐送出液体一般不会使罐内液位有明显的升高，因为它可以利用其溢流口使液位保持稳定，但从冷凝罐吸收液体，必定会使罐内液位降低。

随着差压变送器制造技术的改进，其膜盒面积越来越小，膜盒位移也越来越小，甚至可以忽略不计，所以这第二个作用已基本失去意义。但是，第一个作用总是需要的。

② 汽液交换过程　在冷凝罐正常工作时，其上部总是很烫的，这是由于母管内的蒸汽进入罐内，为其输送热量。

母管与冷凝罐进行汽液交换包括两部分，一是母管内的蒸汽经根部阀进入冷凝罐，二是冷凝罐内的液体返回母管。不管是蒸汽流过来还是凝结水流回去都存在流体流动，都需要动力。其中蒸汽流过来的动力应是母管内的压力升高或冷凝罐内蒸汽损失热量，部分凝结成水而体积缩小，压力降低。

蒸汽从母管内流过来，先是在动力的推动下，将针形阀流路内的积水吹向冷凝罐，由于针形阀流路的形状为低进高出，所以将积水推向冷凝罐意味着冷凝罐内汽相压力低于母管。而且意味着冷凝罐内液位高于溢流口，从而为凝结水流回母管创造条件。

凝结水从冷凝罐流回母管，意味着罐内液位高于溢流口。

上述气液交换的过程，如果正负压管完全同步，交换的方向也完全一致，差压装置取压口的差压转换成凝结水的差压并不会产生差压值的变化，但是有谁能保证这种交换既同步又同向呢？由于这个原因差压信号就产生了双向的漂移。

(2) 根部为闸阀时不会产生这种双向漂移

图 2.17 所示是一台 $DN500$ 的新型差压式流量计的运行数据历史曲线。其流量测量范围为 0～100t/h，差压上限为 100kPa。图中读数线对应时刻显示 1.00 的是蒸汽压力历史曲线，计量单位为 MPa；显示 183.36 的是蒸汽温度曲线，计量单位为℃；显示 5.63 的是蒸汽密度曲线，计量单位为 $\mathrm{kg/m^3}$；显示 0.93 的是瞬时流量曲线，计量单位为 t/h，此时的理论差压值为 8.65Pa，约 0.9mmH_2O。从曲线宽度分析，差压值非常稳定，这得益于汽液交换的连续进行。即总是有蒸汽从母管经闸阀圆形流通截面的上半部缓慢地流向冷凝罐。同时有凝结水经闸阀的圆形流通截面的下半部缓慢地流向母管。蒸汽和凝结水的流动方向相反，但互不干扰，所以差压信号不产生传递失真[6]。

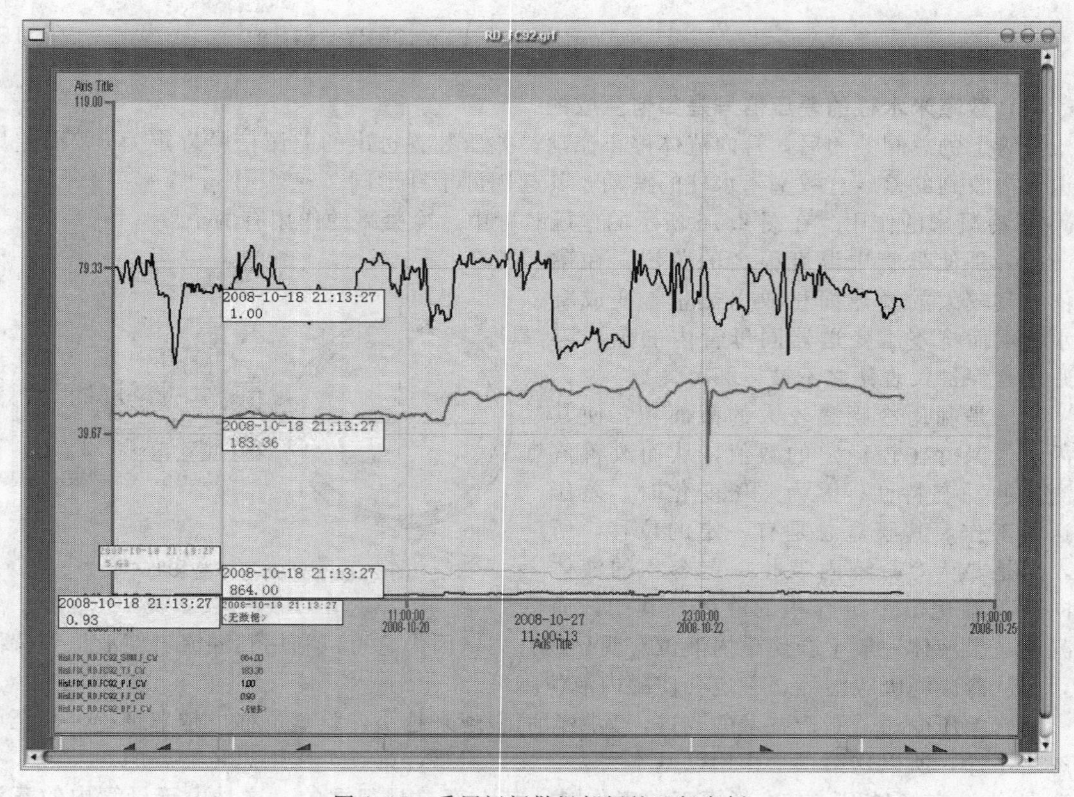

图 2.17 采用闸阀做根部阀的运行实例

(3) 针形阀引发的干扰对流量测量的影响

① 流量较大时感觉不到干扰的存在。由针形阀引发的干扰是双向的。从上面的计算可知，约为±44Pa，在相对流量较大，例如 70%q_{mmax}时，由于差压平均值较大，此干扰只表现为很小的噪声。

仍以浙江的这台表为例，在流量为 70%q_{mmax}时，差压约为 19.6kPa，这时，±44Pa 的差压波动引起的流量噪声约为示值的±0.11%，所以人们感觉不到它的存在。

② 流量较小时，就是一个很大的威胁。如前所述，在总阀关闭时，此干扰带来的影响就是 1t/h 的示值。

③ 为什么出现 1t/h 的示值？针形阀引发的干扰，其负向部分，由于差压变送器对应的输出＜4mA，此信号经开方运算，流量信号即为 0。其正向部分，差压变送器对应的输出＞4mA，所以经开平方运算，流量信号即为 1t/h。

④ 上面的计算数据是假定差压信号除了针形阀引起的传递失真之外，没有其他传递失真，而且差压变送器和二次表都没有误差的情况下得出的，如果考虑其他误差，分析还要复杂。尽管如此，上面的分析方法还是正确的。

2.7 蒸汽流量计两个冷凝罐一烫一冷对测量有何影响

2.7.1 提问

在用差压式流量计测量蒸汽流量时，有时发现两个冷凝罐一个烫一个冷，对流量测量结果有何影响？

2.7.2 解答

(1) 冷凝罐的用途

在用差压式流量计测量蒸汽流量时，通常要设置两个冷凝罐，其作用有两个：

① 将蒸汽差压信号转换成凝结水的差压信号，以防蒸汽直接进入差压变送器高低压室，烫坏仪表；

② 当差压变送器膜盒面积较大时，差压变化引起膜盒相应位移，从而从冷凝罐内吸入凝结水，由于冷凝罐截面积较大，所以差压信号变化时，罐内的液位降低得不明显，从而有利于改善动态特性。

在一个冷凝罐内凝结水液位降低的同时，另一个冷凝罐内凝结水液位相应有所升高，但因能及时从溢流口返回母管，所以对动态误差无明显影响。

(2) 两个冷凝罐内液位高度相等是差压信号不失真传递的关键

配置和安装合理的差压装置正常工作时，蒸汽从母管经导压管流入冷凝罐，放出热量后变成凝结水，罐中液位高于溢流口后，自动返回母管，从而使得两个罐中的凝结水液位高度相等。更详细的分析见2.6节。

(3) 两个冷凝罐为什么会一个烫一个冷

冷凝罐上部是蒸汽，经导压管与母管内的蒸汽相通。由于蒸汽密度小，所以冷凝罐溢流口的高度即使比取压口高很多，罐中汽相压力也与母管取压口处一致。冷凝罐工作在这样的状态，其上部是烫的。

如果发现两个冷凝罐中的一个是冷的，罐的上部必定不是蒸汽。造成冷凝罐上部不是蒸汽，或者说蒸汽到不了罐的上部，原因有多种：

① 导压管堵；

② 根部阀堵；

③ 溢流口高度比取压口低，如图2.35所示；

④ 在取压口和冷凝罐之间存在液封，如图2.12所示。

不管是哪一种原因，都将使差压变送器接收到的差压与节流件送出的差压不相等，引起流量测量误差。

(4) 排除冷凝罐凝结水的方法

排除冷凝罐凝结水的常用方法有：

① 冷凝罐溢流口高度比取压口略高一些，例如10mm，这时，如果根部阀为闸阀或球阀，则蒸汽在导压管截面的上部顺畅地从母管流向冷凝罐，凝结水在导压管截面的下部从冷凝罐顺畅地流回母管，互不干扰，这样，流量计的零位才能稳定，趋势记录曲线才会如图2.17所示的那样细而平滑；

② 在冷凝罐与取压口之间不允许有液封存在；

③ 导压管内径不宜太小，一般要求内径≥10mm，闸阀或球阀的公称通径也要大于或等于10mm。

2.7.3 讨论

关于冷凝罐容积的大小，有人做过分析和研究。由于差压变送器膜盒的面积做得越来越小，位移也可忽略不计，所以上述的冷凝罐的第二个作用已变得可有可无。有一些公司的产品中索性取消冷凝罐，只要开表投运时按照仪表说明书要求谨慎操作，差压变送器也不会烫坏，也不会引入明显的流量测量动态误差。

2.8 45°引压引出的问题

2.8.1 存在问题

某热电厂用来测量蒸汽质量流量的喷嘴流量计，普遍采用45°引压，如图2.18所示。流量大的时候，未发现什么问题，流量小的时候，明显偏低。检查变送器和二次表均准确，排污扫线不堵不漏。检查冷凝罐前到根部阀之间导压管温度，一根烫一根温。

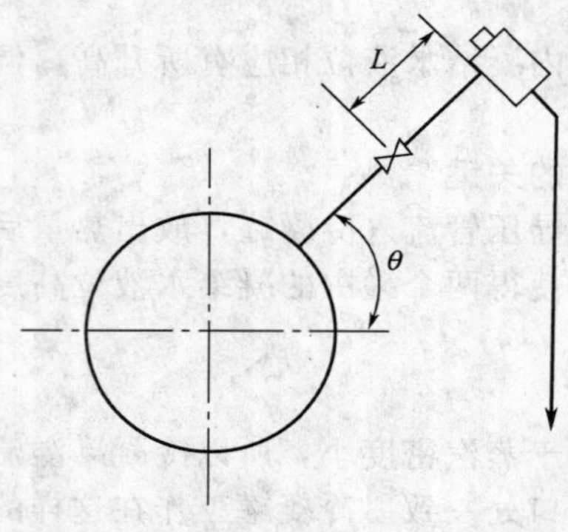

图2.18 引压管从45°方向引出

2.8.2 分析与诊断

问提问者，根部阀是何型式？引压管为什么要从45°角方向引出？得到的回答是设计就是如此，根部阀为*DN*6针形阀。

这是一个与2.1节相似的情况，只是问题没有2.1节那么严重。

从提问者提供的信息分析，冷凝罐到根部阀的一段导压管内可能有凝结水存在，而且正负压导压管内都有凝结水。原因是针形阀的通径太小，流路复杂，管内凝结水难以顺畅地流回母管。

为什么流量大时候感觉不到示值不准，而流量小的时候感到明显偏低？

冷凝罐及其之前的导压管根部阀应是差压装置制造厂提供的，冷凝罐与根部阀之间的导压管一般不会长于200mm，两根导压管内介质的平均密度差与长度的乘积，再乘sin45°及重力加速度，即为差压信号传递失真值。即

$$dp=(\rho_2-\rho_1)Lg\sin45° \tag{2.16}$$

式中 dp——差压信号传递失真值，Pa；

ρ_1——正压管内流体平均密度，kg/m³；

ρ_2——负压管内流体平均密度，kg/m³；

L——冷凝罐到根部阀之间的导压管长度，m；

g——重力加速度，m/s²。

假定：$\rho_1=800\text{kg/m}^3$，$\rho_2=400\ \text{kg/m}^3$，$L=150\text{mm}$，则 $dp=588\text{Pa}$。

从提问者提供的信息分析，本实例中，正压管内介质平均密度大，负压管内介质平均密度小，引起的传递失真在流量大和流量小的时候都存在，只是流量大的时候，差压装置送出的差压信号大，可能达几十千帕，几百帕的差压偏移对其影响可忽略，而流量小的时候，差压装置送出的差压信号小，只有几千帕，几百帕的差压偏移就是一个大数字了。

2.8.3 建议

建议提问者将差压装置顺时针旋转45°安装，这时，在式(2.16)中，尽管ρ_1和ρ_2还会有差异，L也依然如故，但因 $\sin\theta=\sin0=0$，所以 $dp=0$。不过，像2.6中所讨论的示值摆动还会有。要解决示值摆动问题，必须将根部阀改为闸阀或球阀。

2.8.4 讨论

本实例中提问者提供的信息是示值偏低，其实，从式(2.16）可知，差压信号传递失真值与ρ_1和ρ_2的数值有关，当$\rho_1>\rho_2$时，引起的传递失真导致示值偏低，而$\rho_1<\rho_2$时，引起的差压信号传递失真导致示值偏高。

由于ρ_1和ρ_2值无法掌控，所以45°引压引起的流量示值偏差可正可负，偏差值也无法确定。

今后再用差压式流量计测量蒸汽流量（测量湿气体流量也是如此)，不要再从45°方向引出差压，而要像图2.4所示的那样从水平方向引出。

2.9 蒸汽相变引起的测量误差

2.9.1 存在问题

巴斯夫公司在上海的一家精细化工厂，在基建阶段，全厂蒸汽计量没有装表计。为了加强能源管理，1997年某车间增装了蒸汽计量表。但在还有个别用户尚未配齐表计的情况下，各分表24h计出的耗汽总量之和已比锅炉蒸发量大15%，显然是有问题的。

2.9.2 分析与诊断[19]

参观考察该工厂耗汽量最大的一个蒸汽计量点，发现锅炉房供的是饱和蒸汽，并根据各用户中蒸汽压力要求值最高的一个决定锅炉供汽压力为1.0MPa，多数用户在蒸汽总管进装置（车间）时先经直接作用式稳压阀减压。

作者看到的一个计量点，耗汽量约占全厂耗汽总量的1/3，用作进入装置蒸汽计量的涡街流量计安装在减压阀后。该厂的仪表工程师原以为锅炉供出的是饱和蒸汽，到了流量计处仍为饱和蒸汽，所以仪表设计按饱和蒸汽考虑，为了节约投资，采用温度补偿，即根据蒸汽温度查饱和蒸汽密度表，得到蒸汽密度，从而省去了压力变送器。

作者注意到，蒸汽减压后，其压力有大幅度的降低，其温度虽然也有降低，但比减压后的压力所对应的饱和温度还是高许多，现场采集到的数据如图2.19所示。在向提问者核实了现场表计所显示的温度、压力参数的准确性之后，作者认为，涡街流量计安装处的蒸汽状态已经不是饱和状态而是过热状态。因为查表得到表压为0.42MPa的饱和蒸汽，其温度应为153.3℃（上海地区大气压以101.61kPa计)，而现在实际温度已经达到162.4℃。这时流量二次表按照所测量到的温度$t_2=162.4$℃查饱和蒸汽密度表，得$\rho_2=3.4528\text{kg/m}^3$，而按照$t_2$和$p_2$两个测量值查过热蒸汽密度表，得密度$\rho_2'=2.6897\text{kg/m}^3$，所以质量流量计算结果出现28.37%的误差，即

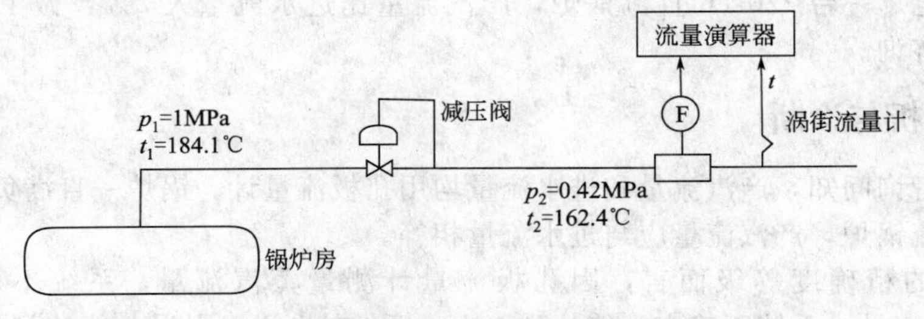

图2.19 蒸汽减压和流量测量示意图

$$\delta_{mt}=\frac{\rho_2-\rho_2'}{\rho_2'}=28.37\%$$

在本实例中，如果采用压力补偿，则根据 $p_2=0.42$MPa 的信号查饱和蒸汽密度表，应得到 $\rho_2''=2.7761\mathrm{kg/m^3}$，则补偿误差为

$$\delta_{mp}=\frac{\rho_2''-\rho_2'}{\rho_2'}=3.2\%$$

2.9.3 建议

① 将蒸汽流量计安装在减压阀之前。由于上述蒸汽未经减压时确属饱和蒸汽，所以将流量计安装在减压阀之前，按饱和蒸汽补偿方法处理，可保证测量精确度。

② 如果流量计只能安装在减压阀后面，则可增装一台压力变送器，进行温压补偿。

2.9.4 反馈的信息

提问者采纳了上述第二个建议，修改了设计，使全厂各分表的计量精确度得到提高。

2.9.5 讨论

饱和蒸汽经绝热膨胀后会进入过热状态这一事实，往往不被仪表人员所认识。

按热力学原理，蒸汽节流膨胀过程是一个等焓过程，以图 2.19 中的数据为例，节流膨胀之前，表压 1MPa 的蒸汽，其焓值约为 2779.7 kJ/kg[7]，节流膨胀后，如果仍为饱和蒸汽，则表压 0.42MPa 的蒸汽，焓值约为 2749.3 kJ/kg，即节流前后有 30.4 kJ/kg 的焓差。该焓差就可用于节流前蒸汽中所带水滴的二次蒸发，查表可知[7]，在该条件下的蒸发热约为 2102.7 kJ/kg，再考虑减压前饱和水焓值的差异（表压 1.0MPa 饱和水的焓值为 781.13 kJ/kg，表压 0.42MPa 饱和水的焓值为 646.53 kJ/kg），上述焓差可将减压前 1.54%质量比的液态水汽化。如果减压前蒸汽的含水量小于 1.54%，则减压到 0.42MPa 后就进入过热状态。

利用等焓变化的原理也可以计算减压前蒸汽的含水率。

从图 2.19 所示的数据查表可知，减压后的状态（0.42MPa，162.4℃）对应的焓值为 2770.2 kJ/kg，则用于二次蒸发的焓为 2779.7 kJ/kg－2770.2 kJ/kg＝9.5 kJ/kg，计算得减压前蒸汽含水率约为 0.5%。

2.10 锅炉产汽量比进水量大 2%

2.10.1 存在问题

青岛某热电厂一台 220t/h 直流锅炉，产汽流量比进水流量大 2%，做了各项检查校验无果，遂电话咨询。

2.10.2 分析与诊断

经向提问者询问知，产汽流量和进水流量均用孔板流量计。锅炉一直满负荷运行，工况稳定。因是直流锅炉，产汽流量应与进水流量相等。

就流量计的精确度等级而言，因孔板流量计测量蒸汽流量，系统不确定度能达到 1.5%，测量水流量，系统不确定度能达到 1%，两套表之间极限误差能达到±2.5%已属正

常。但提问者认为不好交代。于是对孔板计算书进行复算，并对两套流量测量系统的方方面面作了较全面的调查，均未发现问题。最后，当问到实际运行的工况参数与孔板计算书上的设计参数是否偏离时，提问者解释除氧水在进流量计之前，因高温加热器未开，所以水温比设计温度低50℃。

作者了解到，该套进水流量计未带温度补偿。查阅了水的密度表，除氧水在温度低了50℃后，其密度增大4%，从而使水流量示值偏低2%。

2.10.3 讨论

① 差压式流量计用来测量水流量时，由于流体密度偏离设计值，引入的误差可以用下面方法计算。

在忽略了C和ε_1的非线性后，差压式流量计的一般公式(2.1)可简化成式(2.17)：

$$q_m = k\sqrt{\Delta p}\sqrt{\rho_1} \tag{2.17}$$

式中 q_m——质量流量，kg/s；

k——仪表系数，$\frac{kg}{s}\cdot Pa^{-\frac{1}{2}}\cdot\left(\frac{kg}{m^3}\right)^{-\frac{1}{2}}$；

Δp——差压，Pa；

ρ_1——节流件正端取压口平面上的流体密度，kg/m³。

而仪表按孔板计算书所设置的数据之后所显示的流量却为

$$q'_m = k\sqrt{\Delta p}\sqrt{\rho_{1d}} \tag{2.18}$$

式中 q'_m——仪表显示的质量流量，kg/s；

ρ_{1d}——设计状态流体密度，kg/m³；

其余符号的意义同式(2.17)。

于是，由于流体密度偏离设计值所引起的示值误差为

$$E_\rho = \frac{q'_m - q_m}{q_m} = \sqrt{\frac{\rho_{1d}}{\rho_1}} - 1 \tag{2.19}$$

当$\rho_1 = 1.04\rho_{1d}$时，$E_\rho \approx -2\%$。

② 这是个典型的液体密度偏离设计值，从而产生流量测量误差的例子，上面所做的分析对其他液体也适用。

2.11 涡街流量计示值比孔板流量计示值低30%

2.11.1 存在问题

江苏某热电公司与两个用户之间为流量计量问题发生纠纷。

该公司分别经DN100管道和DN250管道向这两个用户供过热蒸汽。供方在两根管的上游各装有一套孔板流量计，作为收费计量手段，用户在下游安装了一台江苏某厂生产的涡街流量计，作为监督计量手段。前后两套仪表均经当地计量机构检定合格。仪表运行两年以来，总是上游仪表计得多，下游仪表计得少，下游仪表计量总量只有上游仪表的70%左右。两台表之间距离只有几十米。

由于需方只肯按下游表计计量结果付费，从而发生纠纷。

供方提出，需方说他下游的涡街流量计准确，我上游的孔板流量计不准，要搞清楚究竟哪个准确。

其次，在同一根管道上另外装一套孔板流量计和一套涡街流量计，如图 2.20 所示，要证明究竟是孔板流量计好还是涡街流量计好。此项工作所发生的费用实事求是计收。

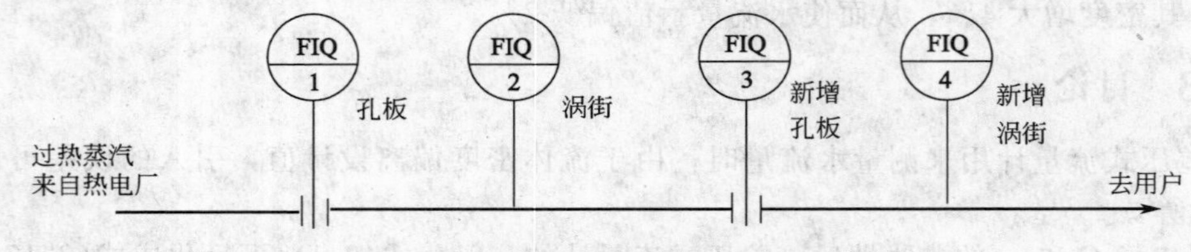

图 2.20 一根管道 4 套流量计的例子

2.11.2 分析

(1) 量差原因估计

作者根据以前所接触的此类涡街流量计的经验，初步估计上下游表计量差是由所安装的涡街流量计品质欠佳引发的。但在有充分的证据之前，不能做结论。

(2) 对新增的（一根管道上）两套表的承诺

① 新增的孔板流量计和涡街流量计各一套（两根管道各 4 套）。每一套表均应符合国家标准或行业标准。

② 每一套表均经政府授权机构计量检定合格，其中孔板流量计经实流检定合格。

③ 同一根管道上新增的两套表（一套是孔板流量计，另一套是 DY 型涡街流量计），在瞬时流量不小于满量程流量 20%的考核条件下，24h 计量结果相互之间的量差不大于 3%。

④ 新增的两套表与原有的两套表之间，误差多少不作承诺。

2.11.3 反馈的信息

(1) 新增的两套表相互之间的计量误差

新增流量计投入运行后，从一星期的统计数据分析，每天的计量误差均小于示值的 2%。

(2) 原有的孔板流量计计量结果与新增的两套表基本相符

2.11.4 讨论

(1) 关于谁是谁非问题

关于提问者急于知道的谁是谁非问题，结论是明确的。原有两套表中，孔板流量计是准确的，涡街流量计偏低。

(2) 关于孔板流量计和涡街流量计哪一种更好的问题

这个案例表明，蒸汽质量流量用孔板流量计测量和用涡街流量计测量，都能得到较准确的结果，都能满足国家标准 GB 17167—2006 的要求。

(3) 原有的两套流量计检定均合格但计量结果差异大

目前，涡街流量计的流量系数一般是在水流量标准装置上标定得到的。按照涡街流量计的原理，在一定的雷诺数范围内，涡街流量计的流量系数不受流体物性（密度、黏度）和组成的影响，即仪表系数仅与旋涡发生体及管道的形状和几何尺寸有关[8]。因此，涡街流量计用水标定得到的流量系数，在仪表用来测量气体和蒸汽时使用也是对的。但是，用水标定时，流速最高也只到 10m/s，而使用时，气体、蒸汽的流速却大大超过 10m/s。国外有的品牌的涡街流量计承诺，80m/s 的流速仍能保证准确度，但国产品质欠佳的涡街流量计，有的大于 40m/s 流速已产生明显的“漏脉冲”现象，流速越高，“漏脉冲”现象越严重。本实例中的原有涡街流量计，用来测量蒸汽流量时出现示值严重偏低的原因，应是属于流速高时的“漏脉冲”性质。

2.12 蒸煮锅蒸汽分表计量正常总表时好时坏

2.12.1 存在问题

四川夹江某造纸厂共有 8 台蒸煮锅，每台蒸煮锅配 1 台蒸汽流量计。8 台分表对应 1 台总表。9 台表均为标准孔板流量计。

开多台蒸煮锅时，各分表指示正常，总表也正常；只开 1 台蒸煮锅时，分表正常，总表不走。

2.12.2 分析与诊断

(1) 原因分析

从提问者所提供的信息分析，各台表基本正常。只是仅开 1 台蒸煮锅时，嫌总表范围度不够。

例如开 8 台蒸煮锅时总表指示 70%FS，仅开 1 台蒸煮锅时，流量就只有 8.75%FS，这时的差压值只有满量程差压的 0.77%，如此小的差压信号只要安装环节稍有疏忽，就会因差压信号传递失真而无法测量。另外，差压值如此小，仅用 1 台高量程差压变送器测量误差也太大，因为在这一点，误差被放大了 130 倍。

改进的方法是将总表改成双量程流量计，并对仪表的安装调试进行全面检查，对不符合规程的部分进行整改。

(2) 分表为什么能工作正常

蒸煮锅是造纸厂最大的耗汽设备，1 台蒸煮锅投入运行后，其流量就很稳定，对应的分表也可运行在比较理想的流量段，所以不管蒸煮锅是开多台还是 1 台，分表都能工作得很正常。

2.12.3 讨论

(1) 双量程差压流量计的工作原理

现在差压式流量计中所配用的差压变送器，大多已达到 0.065 级。不少人以为 0.065 级差压变送器就能获得±0.065%的差压测量不确定度，测量精确度足够了。其实不然，因为差压变送器的精确度等级是用引用误差表示的，只有在满量程附近才能得到±0.065%的不确定度甚至更好些，其余各点都达不到如此好的不确定度，而且测量值（MV）越低，不确定度越大。

双量程节流式差压流量计是差压式流量计的一种，其一般表达式如 2.2 节式(2.1)所示：

$$q_m=\frac{C}{\sqrt{1-\beta^4}}\times\varepsilon_1\times\frac{\pi}{4}d^2\sqrt{2\Delta p\rho_1} \qquad (2.20)$$

式(2.20) 可简化为式(2.21)：

$$q_{\rm m}=kC\varepsilon_1\sqrt{\rho_1}\times\sqrt{\Delta p} \tag{2.21}$$

差压测量不确定度对流量测量不确定度$\frac{\partial q_{\rm m}}{q_{\rm m}}$的影响，可采用偏微分的方法进行分析，如式(2.22) 所示：

$$\frac{\partial q_{\rm m}}{q_{\rm m}}=\frac{1}{2}\times\frac{\delta\Delta p}{\Delta p} \tag{2.22}$$

式中 $\frac{\delta\Delta p}{\Delta p}$—— 差压测量不确定度。

差压测量的不确定度可用式(2.23) 估算[9]：

$$\frac{\delta\Delta p}{\Delta p}=\frac{2}{3}\xi_{\Delta p}\frac{\Delta p_k}{\Delta p_i} \tag{2.23}$$

式中 $\xi_{\Delta p}$——差压仪表的准确度等级；

Δp_k——差压变送器上限值（20mA 输出对应的差压值），Pa；

Δp_i——预计差压测量值，Pa。

例如，一台精确度等级为 0.065，测量范围为 0～100 kPa 的差压变送器，$\xi_{\Delta p}=0.065\%$，$\Delta p_k=100\text{kPa}$。

在 $\Delta p_i=100\text{kPa}$ 时，$\frac{\delta\Delta p}{\Delta p}=\frac{2}{3}\times0.065\%\times\frac{100}{100}=0.043\%$

在 $\Delta p_i=3\text{kPa}$ 时，$\frac{\delta\Delta p}{\Delta p}=\frac{2}{3}\times0.065\%\times\frac{100}{3}=1.44\%$

如果差压信号再小（Δp_i更小），$\frac{\delta\Delta p}{\Delta p}$成反比地增大，从而为量程低端的流量测量带来更大的误差。这时，如果增设一台 0～3kPa，精确度等级也为 0.065 的低量程差压变送器，则在$\Delta p_k=3\text{kPa}$时，$\frac{\delta\Delta p}{\Delta p}=0.043\%$，从而将差压测量不确定度缩小到原来的 1/33。从式(2.23) 可知，在 $\Delta p_i<3\text{kPa}$ 后，$\frac{\delta\Delta p}{\Delta p}$也都缩小到原来的 1/33，显然，这一方法是有效的。

例如有一蒸汽流量测量对象，最大流量 100t/h，最小流量 3t/h，常用压力 1.1MPa，常用温度 250℃，公称通径 DN500，高量程差压变送器选用 0.065 级中差压变送器，测量范围 0～100kPa，低量程差压变送器选用 0.065 级低差压变送器，测量范围设定为 0～3kPa，这样，两台变送器在智能二次表的指挥下，协调动作，自动切换，相互配合，保证精确度的范围度（量程比）可扩大到 30 倍。

(2) 双量程差压流量计的其他配套措施

上面所述的提高流量量程低端的差压测量精确度，只是提高量程低端的流量测量精确度、扩大范围度的一个方面，但仅此一项，没有其他各项措施相配合，量程低端的系统精确度仍然难以保证。

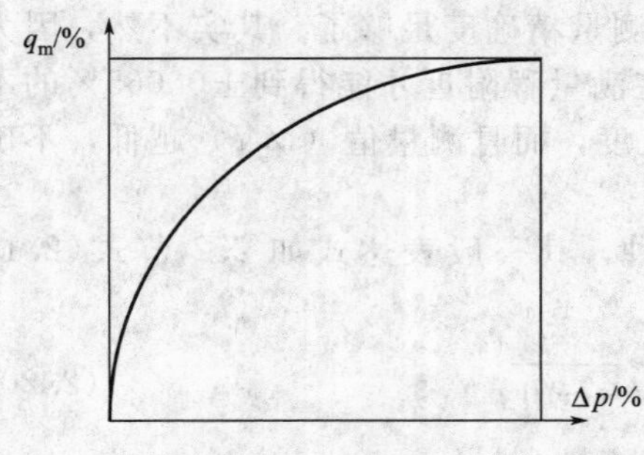

图 2.21 $q_{\rm m}=f(\Delta p)$ 曲线

相配套的措施有下面 3 条：

① 尽量减小差压信号的传递失真；

② 因量程比扩大后，量程高端与低端流量差异大，因而流体雷诺数差异相应增大，进而导致对应的流出系数差异相应增大，所以必须进行流出系数非线性补偿，详见 2.2 节所述；

③ 量程比扩大后，最大差压和最小差压的差异相应增大，进而导致可膨胀性系数的差异增大，因而必须进行可膨胀性系数非线性校正，详见 2.2 节所述。

(3) 双量程差压流量计的结构

一体化的结构并配以承插焊闸阀，较好地解决了差压信号的传递失真问题。这种结构将差压变送器设置在差压装置的下方，有两边引压、单边引压和落地管设计，如图 2.22 所示。

在结构的处理上，当流体为蒸汽时，差压变送器放在差压装置的下方是关键。

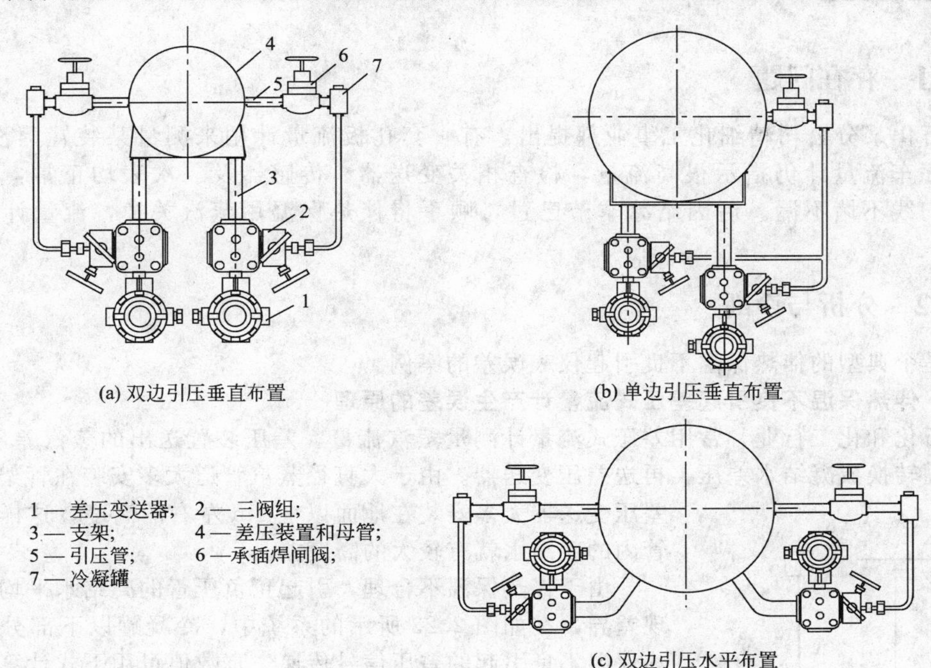

图 2.22 一体化双量程差压流量计的结构

2.13 锅炉除氧器蒸汽耗量波动大

2.13.1 现象

上海某机场能源中心锅炉房除氧器蒸汽流量以前经常是 1～2 t/h，近来降为 200 kg/h 左右。

2.13.2 检查与分析

① 检查流量计各组成部分，一切正常。流量二次表内显示的蒸汽温度压力参数和蒸汽密度参数也正常。测量 DY 型涡街流量计输出频率并换算到体积流量，进而得到质量流量，与二次表显示的质量流量相符，短时关闭切断阀，流量计能回零。显然流量测量系统工作正常。

② 其他因素的分析。仪表人员问及除氧器是否有凝结水回收利用，得到的回答是大部分回收，但回收凝结水流量及温度均未测量。

③ 初步结论是回收凝结水状况变化引起除氧器加热蒸汽流量波动大。待回收水的温度、流量表计配齐后再作进一步分析。

凝结水的回收方法有多种，其中有泵输送者，水温较低；疏水器背压输送者，水温较高。上海曾经有一座大厦，锅炉除氧器加热蒸汽阀全关，除氧器水箱温度仍高于规定温度（104℃），经查是由于提供回收水的多台疏水器中有一台漏汽。

2.14 伴热保温不合理引起的误差

2.14.1 存在问题

中石化某分公司精细化工事业部提出，有一套孔板流量计用来测量某装置蒸汽流量，装置已停车流量计仍指示很高流量，检查相关变送器、传感器及二次表均正常，正负压管排污扫线不堵不漏。后因结冰季节已过，顺手将伴热保温用蒸汽关掉，流量计示值恢复正常。

2.14.2 分析与诊断

这是个典型的伴热保温不良引起仪表误差的案例。

(1) 伴热保温不良引起差压式流量计产生误差的原理

在石化和化工行业，常用差压式流量计测量蒸汽流量。差压装置送出的蒸汽差压信号，经冷凝罐转换成凝结水差压，再送差压变送器。由于大直径蒸汽管道大多安装在管架上，而差压变送器大多安装在地面以上 1m 左右的高度，这样，导压管内的凝结水就有较大的高度差。

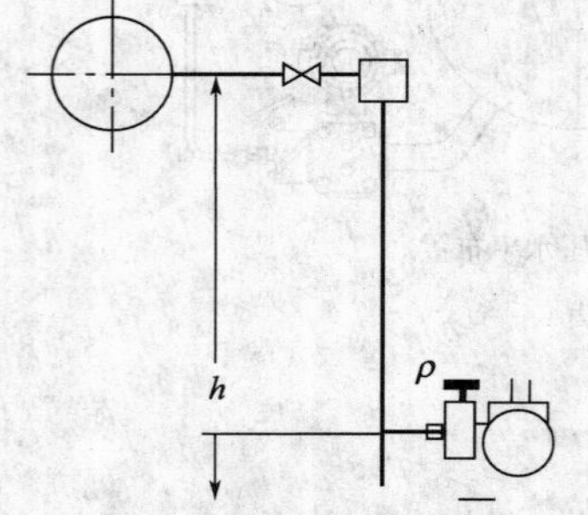

图 2.23 温度差引起的差压失真

由于伴热保温不合理，引起正负压管的凝结水平均密度出现差异，在如图 2.23 所示的系统中，冷凝罐以下部分由于伴热保温不良引起的差压信号传递失真数值可用下式计算：

$$dp=(\rho_{+}-\rho_{-})hg \qquad (2.24)$$

式中 dp——传递失真引起的附加差压值，Pa；

ρ_{+}——正压管内凝结水平均密度，kg/m^3；

ρ_{-}——负压管内凝结水平均密度，kg/m^3；

h——高度差，m；

g——重力加速度，$9.8\ m/s^2$。

例如，有一台差压式流量计，正压管内凝结水平均温度为 30℃，相应的密度 ρ_{+} 为 $995.7kg/m^3$；负压管内凝结水平均温度为 40℃，相应的密度 ρ_{-} 为 $992.2kg/m^3$；高度差 $h=6m$。将这些数据代入式(2.24)，计算得到

$$dp=(995.7-992.2)\times 6\times 9.8 = 206\ Pa$$

(2) 差压信号传递失真对流量示值的影响

因传递失真引起的差压信号偏移，在其数值确定之后，要进一步计算对流量示值的影响。影响的幅值与该套仪表的差压上限 Δp_{max} 有关，还与当前的流量 q_m 有关。

先计算差压测量误差：

$$\delta_{\Delta p}=dp/\Delta p=dp/\left(\left(\frac{q_m}{q_{mmax}}\right)^2\Delta p_{max}\right) \qquad (2.25)$$

式中 $\delta_{\Delta p}$——差压测量示值误差；

dp——传递失真引起的差压偏移，Pa；

q_m——当前流量，kg/h；

q_{mmax}——满量程流量，kg/h；

Δp_{max}——差压变送器上限值，Pa。

从2.12节中的式(2.22)知，差压测量误差所引起的流量测量误差；

$$\delta_q=\frac{1}{2}\delta_{\Delta p} \tag{2.26}$$

式中 δ_q——流量测量示值误差，0～100％；

$\delta_{\Delta p}$——差压测量示值误差，0～100％。

例如本例中的流量计，$\Delta p_{max}=20kPa$，在$\frac{q_m}{q_{mmax}}=0.7$时，$dp=206Pa$引起的差压测量误差

$$\delta_{\Delta p}=2.1\%$$

代入式(2.26)得

$$\delta_q=\frac{1}{2}\delta_{\Delta p}=1.05\%$$

从数值来看，所引起的流量示值误差并不严重，所以操作和管理人员未察觉。但在装置停车时，主管道阀门已关，实际流量为0，此时的差压即为dp，相应的流量示值应为

$$q_m=\left(\frac{dp}{\Delta p_{max}}\right)^{\frac{1}{2}}q_{mmax}=\left(\frac{206}{20000}\right)^{\frac{1}{2}}q_{mmax}=10.1\%q_{mmax}$$

如此大的流量，人们想忽略也办不到。

2.14.3 讨论

(1) 伴热保温的意义

在差压式流量计中，如果引压管内传递差压信号的介质为液体，有些会因环境温度太低而凝固、结晶或结冰，因此需要伴热保温。例如我国的北方和中部地区，冬季都会结冰，用来测量蒸汽流量的引压管内，介质为水，如果不加伴热，也未采取其他防冻措施，就容易结冰，影响正常测量，甚至冻坏仪表。

(2) 伴热保温中的常见问题

伴热保温常用电热带、蒸汽及热水作热源，此项工作大家都认为太简单了，只要做了就行，不会有什么严重后果。其实从现场的情况来看并非如此。主要问题如下。

① 不对称加热。为了使正、负压管内液体温度尽量相等，提供热源的电热带、热水管或伴热蒸汽管应敷设在两根导压管线之间，尽量保持等距离。但有的安装人员为了方便，却将正负压管保持数十厘米距离，而将伴热管同导压管中的一根靠得很近，以致两根导压管内的液体温差很大。

② 将信号管和伴热管分别做绝热保温，导致伴热管的热量传不到导压管上，丧失伴热作用。

③ 用通有蒸汽的紫铜管直接绕在信号管上，可能导致介质部分汽化，管中介质密度变得很低，出现虚假差压。

④ 本节中的式(2.24)与2.1节中的公式描述的都是引压管内凝结水温度差所引起的差

压信号传递失真，但由于冷凝罐的高度不同，2.1节中冷凝罐是在取压口的上方，而本节中冷凝罐是在取压口的下方，对差压偏移的作用方向不同，所以表达式也有所不同。

2.14.4 整改措施

由导压管伴热保温不合理引起误差的例子不胜枚举，整改的措施有：

① 按规范要求认真做好伴热保温工作；

② 采用一体化差压流量计的结构，从而使式(2.24) 的 h 大大减小；

③ 取消伴热保温，改用充灌防冻液的方法消灭冻害，如果处理得当，不仅根除由伴热保温引起的差压信号传递失真，而且可节省伴热保温所消耗的能源。

2.15 喷嘴流量计指示反方向流动

2.15.1 存在问题

中石化某分公司炼油厂有一台 *DN*300 喷嘴流量计，用来测量中压系统蒸汽送低压系统的流量，中压蒸汽系统压力为 3.4MPa，温度为 400℃，低压蒸汽系统压力为 1.0 MPa，温度为 250℃，仪表投入运行后，3051 差压变送器输出电流小于 4mA，显示的是反方向流动。工艺专业认为，中压蒸汽系统与低压蒸汽系统之间压差大，达 2.4 MPa，反向流动是不可能的，最多只可能是零流量。

2.15.2 分析与诊断

从提问者提供的现场仪表照片可看出（见图 2.24），*DN*300 蒸汽管为水平安装，差压信号从管道上方取出，直接送三阀组和 3051 差压变送器。在喷嘴与三阀组之间未装切断阀。由于用于调节中压蒸汽系统送低压蒸汽系统流量的控制阀安装在流量计下游，所以喷嘴安装处蒸汽压力为 3.4MPa，在流动状态下，蒸汽温度为 400℃，显然，如此高的温度直接与三阀组接触。

根据这个情况，该套流量计存在两个问题。

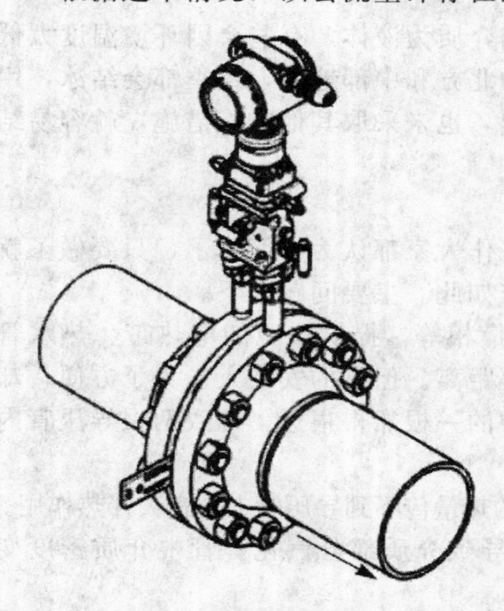

图 2.24 喷嘴流量计的安装

① 介质温度太高，大大超过差压变送器允许的极限温度。

3051 差压变送器的最高介质温度为 120℃，而该测量对象的温度高达 400℃，在变送器与高温蒸汽之间虽有三阀组隔开，但温度还是太高。

② 三阀组的流路内既有蒸汽又有凝结水，增加了不确定因素。

建议提问者检查差压变送器在高温条件下零位。提问者关闭三阀组中的低压阀并打开平衡阀，这时变送器输出约为 −1%，在重新校零后，仪表投入运行，变送器输出仍低于 4mA。

从前面的检查和校验初步判断，由于三阀组与喷嘴之间无切断阀，所以这段垂直管内应已充满蒸汽，不致引起差压信号的传递失真。在差压变送器已作现场校零的情况下，测量到的差压仍为负值，应是由于三阀组内汽液状态不确定因素引起。

2.15.3 建议

① 对喷嘴进行重新安装，将取压口旋转到水平方向。用凝结水将差压变送器与高温蒸汽隔离开来。

② 将三阀组和差压变送器均安装在冷凝罐后面，并将流路内和差压变送器高低压室内的气体排尽。

2.16 涡街流量计高流速使用示值严重偏低

2.16.1 存在问题

0.7MPa 蒸汽经 *DN*80 阀门放常压，涡街流量计显示的流量仅为 1.5 t/h，怀疑严重偏低。

提问者是江苏一家热电公司，该公司所属区域有一家热水店买该热网的蒸汽生产开水，然后用槽车运送到洗浴中心等热用户。

该蒸汽计量点及相关管道如图 2.25 所示。其中涡街流量计采用横河公司的 DY080 型，并在 FC6000 流量演算器中完成温度压力补偿。

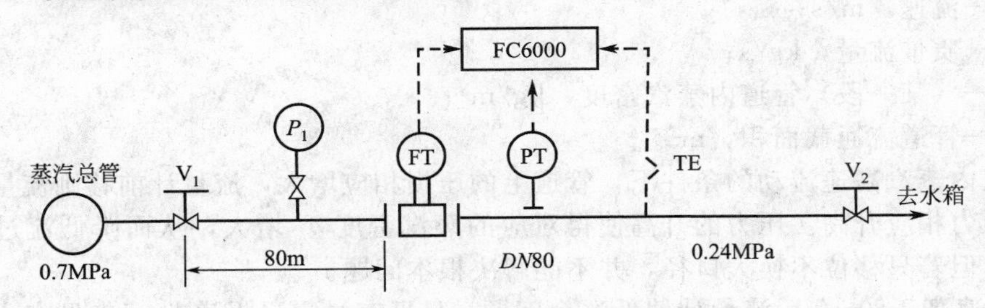

图 2.25 热水店用户计量系统图

开水店的老板摸索出了每生产 1t 开水所耗蒸汽量同加热时蒸汽瞬时流量的关系，发现将阀门 V_2 开足，单耗最低，这时 1t 汽可烧 30t 开水。为此，老板赚得了丰厚的利润。

热电公司的管理人员去现场巡查时发现，蒸汽总管内压力为 0.7MPa，而流量计出口处压力在 0.22～0.26 MPa 之间变化，温度为 260℃，此时的蒸汽流量显示值为 1.5t/h，而且涡街流量计处有啸叫声，显然流过涡街流量计的蒸汽流速非常高，又听说开水店的蒸汽单耗如此先进，初步判断这套流量计严重偏低。

热电公司处理这件事先从流量计出口端压力偏低入手，于是在流量计上游的 *DN*80 管道旁又增设了一路 *DN*65 的管道，两根管道并联使用，以降低管道上的压力损失。但运行结果，效果不显著，只是流量计前面和后面的压力略有升高，计量值偏低的情况并无改观。

2.16.2 分析与诊断

先从流量计前后压力计算流过涡街流量计的平均流速。因为流体流过涡街流量计时，流量计前后压差同流速之间有下面的关系[4]：

$$\Delta p=1.1\times10^{-6}\rho v^2 \qquad (2.27)$$

式中 Δp——压力损失，MPa；

ρ——流体密度，kg/m³；

v——流速，m/s。

流量计出口处压力以0.24 MPa计，在温度为260℃时，蒸汽密度为$\rho=1.4\ \text{kg/m}^3$，蒸汽总管压力为0.7MPa，扣除沿途压力损失，到流量计上游约为$p_1=0.5$MPa，然后计算压损

$$\Delta p=0.5-0.24=0.26\text{MPa}$$

代入式(2.27)得

$$v=\left(\frac{\Delta p}{1.1\times10^{-6}\rho}\right)^{1/2}\approx410\text{m/s} \tag{2.28}$$

基于上述计算结果，为热电公司提了三点建议：

① 限制用户端的阀门V_2的开度，将瞬时流量限制在DN80涡街流量计允许的上限流量值以下；

② 将涡街流量计（连同温度压力测量元件）移至距总管较近的位置；

③ 将涡街流量计通径适当放大，使得V_2开足时，流过涡街流量计的流速也不超过其允许的最高流速80m/s。

首先第一个方法如果能得以实现，既能保证计量准确度，又不用增加开支。但是需方反对。因为瞬时流量减小就意味着开水店单耗升高。而且因为V_2阀门属用户资产，阀门的开度供方无权约束，也没有违反双方已订的协议。

第二个方法是基于式(2.29)所示的关系：

$$v=\frac{q_m}{\rho_f A} \tag{2.29}$$

式中 v——流速，m/s；

q_m——质量流量，kg/s；

ρ_f——（某一段）管道内蒸汽密度，kg/m³；

A——管道流通截面积，m²。

在管道内蒸汽高速流动的条件下，管道上的压损相应增大，流量计前移则流量计安装地点的蒸汽压力相应升高。压力的升高使得对应的蒸汽密度ρ_f增大，从而降低流过发生体的蒸汽流速。但若只移位不换大口径，并不能解决根本问题。

关于流速高于80m/s后流量计偏低这个问题，只见有过零星报道[10]，未见有人做过专门研究。

横河公司的资料中给出了斯特罗哈尔数Sr与雷诺数的关系，如图2.26所示，但并未说到流速高于80m/s的上限流速后误差的方向。

从涡街流量计现场实际运行情况，制造厂用“漏脉冲”现象解释，即流速高于上限流速后，涡街流量传感器输出的频率与流速成正比的关系就被破坏，而且流速越高，漏脉冲的现象越严重。

在上面的实例中，按照温度压力参数和流速的数据计算，流过涡街流量计的流量应有

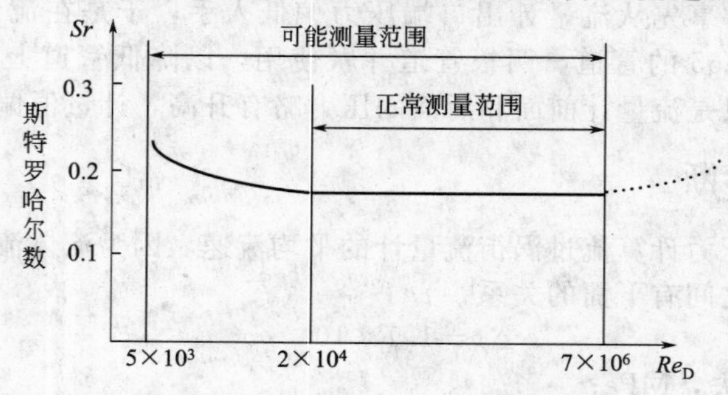

图2.26 斯特罗哈尔数与雷诺数的关系[11]

10.3t/h，但仪表的显示值只有1.5t/h，只相当于实际流量的1/7。显然被漏掉的脉冲不是少数，而是多数。

由于仪表通径换大后，流过流量计的流速降低，所以流量计出口端压力也会显著升高，从而将流速降到80m/s以下。

2.16.3 反馈的信息

① 提问者采纳了第三个建议，将涡街流量计公称通径换成*DN*150，并按规定配置*DN*150的前后直管段，从而实现正常测量。流量示值上升到11t/h。

② 由于流量计示值不再严重偏低，用过热蒸汽烧开水的生意无利可图，开水店只得关门大吉。

2.16.4 讨论

(1) 负荷的特殊性

本实例所讨论的是一种性质特殊的热负荷流量测量问题。普通的热负荷，管道的公称通径都是按管道内的蒸汽经济流速经设计计算确定的，最高流速一般不高于30m/s，而品质优良的涡街流量计，流速为76～80m/s时仍能保证规定的精确度。为了扩大范围度，在确定涡街流量计公称通径时，通常采用缩径的方法，如5.17节所讨论的那样。但在本例中不仅不要缩径，反而要扩径。因为此类负荷不需要计算管内的经济流速，要么不开，一开就将控制阀全开，以致管内流速升到100m/s以上，轻者引起流量示值偏低，重者将旋涡发生体冲坏。

处理此类问题的常用方法有两个：一是限制管内流速，例如在蒸汽支管的适当部位装限流孔板，这样不仅能使涡街流量计测量管内的流速不致超上限，而且也消除突然增加的负荷对热网的冲击；二是局部扩管，装上公称通径足够大的涡街流量计，如本节的前面一段所述。

(2) 浴室的负荷与本例具有相同的性质

大多数单位都有浴室，浴室的热水箱如果是用蒸汽加热，则管内蒸汽一般都达到很高的流速，需要采取与上述相同的方法来处理。

2.17 旋涡发生体为何多次被冲掉

2.17.1 存在问题

四川某化工厂买了20台北京知名品牌涡街流量计测量蒸汽流量，除了一台*DN*40仪表之外，都开得很好。

这台*DN*40涡街流量计投运后不久发生体就被冲掉。后来供应商无偿换了一台相同规格的仪表，没几天又被冲掉。

2.17.2 分析

发生体被打断或被冲掉的事件大多数品牌的涡街流量计都发生过。其中个别属品质问题，没有焊牢，但大多数是使用问题。

北京的这个品牌质量是好的，所以除了一台之外其余都开得很好。而被打断的一台，换新之后没几天又被打坏，应属使用问题。

流体以很高的流速通过旋涡发生体时，在发生体背面产生强烈的旋涡，引发振动，对发生体造成强大的推力。该推力与流速的平方成正比，与流体的密度成正比。

当仪表用来测量蒸汽流量时，如果流量计进出口之间压差较大，流速很高，有的超过200m/s，甚至接近声速。对于间歇使用的对象，更是危险。如果白天用汽，夜间停用，那么第二天上班开阀时，管道是冷的，阀后的压力接近大气压，流速很容易升得太高。此时上游管道内的水被蒸汽夹带，以很高的线速度冲撞在发生体上，就像子弹一样，导致发生体损坏。因此，冷管起动时应注意几点：

① 蒸汽进入流量计前应充分疏水；

② 热管过程应缓慢，切忌产生超流速；

③ 起动完毕应根据仪表前后压差计算最高流速，不要超过制造厂承诺的上限流速，因为超流速后，即使发生体没损坏，流量计也不准。

2.18 锅炉房汽表分表与总表在夏季相差 20%

2.18.1 存在问题

上海某大厦锅炉房有4台10t/h锅炉，经分配器送7个用户，分配器上有疏水器，但只能疏出微量的水。进入分配器的4路管和出分配器的7路管上均装有涡街流量计，因是饱和蒸汽，所以均进行压力补偿。

仪表投运后，适逢冬季，4台锅炉开3台，产汽量最高达28t/h。7台分表之和与产汽量总和相差无几。

冬去春来，随着气温的升高，管损逐渐增大，到夏季管损最多达20%。由于11套蒸汽表全部安装在锅炉房内，进分配器的流量大，出分配器的流量小，显然不是真正的管损，而是表计误差造成的。

2.18.2 分析与诊断

调阅了计量数据记录，夏季开1台锅炉，24h总发汽量只有49t。这样小的流量对于锅炉蒸汽表来说还问题不大，因为每台锅炉装的涡街流量计均为*DN*150通径。问题大的是1台分表，这台表安装在*DN*300管道上，建筑设计院提供的耗汽量数据是20t/h，于是据此选了*DN*200涡街流量计，其最小可测流量为2.1t/h（流体为$p=0.87$MPa饱和蒸汽）。这样，锅炉产生的2t/h蒸汽全部送这台分表，也无法对其检测元件产生足够的推力。显然，通径太大。后来业主单位根据实际运行数据，对设计条件作了调整，在*DN*200涡街流量计旁边再并联1台*DN*80的涡街流量计，而将大表停掉。小表投入使用后，夏季的白天和夜间的流量均在其可测范围内，从而使进出分配器的流量数据恢复平衡。

不仅如此，冬季用小表来计量也足够了。由此可见，在计量仪表选型中，提条件的人层层加码，以致流量上限值取得很庞大，最终引起严重后果。

2.19 两台涡街流量计在小流量时相差 30%

2.19.1 存在问题

云南某烟草公司的动力厂锅炉房向制烟厂供1.6MPa蒸汽，管线长500m，供方装了一套E+H公司*DN*200涡街流量计，需方装了一套横河DY150，在瞬时流量大于5t/h后，两套表的示值相符，但经常运行在5t/h以下，一星期的统计值差30%。

2.19.2 分析与诊断

① 流量计的品牌是好的，而且在流速较高时两套表的计量结果相符，这表明仪表有关数据的设置也不值得怀疑。

② 查阅*DN*200涡街流量计在1.6MPa时最小可测流量为3.4t/h，根据提问者所提供的流量数据分析，在低流量用汽时，*DN*200流量计很可能已经进入小信号切除区，所以计量结果偏低。

2.19.3 建议

① 将*DN*200涡街流量计换上一台与接收方型号和通径相同的流量计，这样在低流量用汽时，不至于进入小信号切除区。请提问者进一步检查*DN*200流量计的历史记录数据，看是否有进入小信号切除区的情况发生。

② *DN*150通径涡街流量计也不一定是最合理的通径。因为横河*DN*100通径的DY100型流量计，在1.6MPa的条件下，饱和蒸汽最大可测流量已达16.5t/h，请提问者核查一下历史记录，如果历史记录从未到过16.5t/h，可能改为*DN*100通径更合理。

2.19.4 讨论

上面所述对付进入小信号切除区的一个方法是缩小涡街流量计的通径。在涡街流量计已投入使用的情况下，如果要防止进入流量计的小信号切除区，就是要细心调整仪表的小信号切除值（LOW CUT）。

以DY型涡街流量计为例，仪表出厂前已按订货咨询单所提供数据设置了小信号切除值，此值就是产品说明书中所承诺的最小流量。如果安装该台仪表的现场无明显振动（含管道），则可将此切除值调小，一般可达出厂设定值的1/2。

在测量蒸汽流量时，此值与表内所设定的蒸汽密度值有关，将密度设定值适当减小，可使仪表的允许切除值进一步减小。

但须注意，小信号切除值设定得太小，在管道有振动时，容易出现“无中生有”的现象，所以应适可而止。

在将密度值自行调小后，一般不宜使用涡街流量计的模拟输出，因为它与密度有关，而使用脉冲输出却与密度完全无关。

2.20 垫片突入管道内对涡街流量计的影响

2.20.1 提问

涡街流量计测量管上游的垫片突入管道内对仪表示值为何有影响。

2.20.2 解答

现场多次发现，涡街流量计上游的垫片突入管道内，引起流量示值偏高。原因是突入的垫片使圆形流通截面积缩小，如图2.27所示。流体在以很高的流速流过涡街流量计

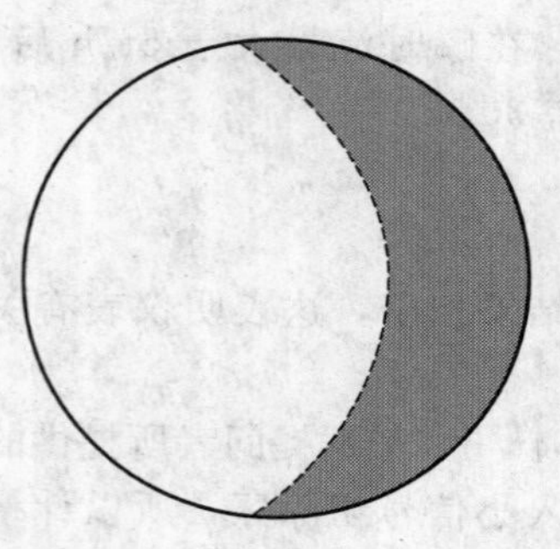

图 2.27 流通截面积变小

测量管时，由于流体在圆形截面部分被阻挡后，流通截面缩小，流体被加速，这一被加速的流体束冲击在旋涡发生体上，产生的旋涡数相应增多，引起仪表示值偏高。另外，流体在流过突入管内的垫片时，在垫片的背流面还会产生涡流，在这种涡流足够强时，也会被仪表的检测元件感知，引起噪声和示值偏高。

解决的方法是在发现这种安装缺陷后及时纠正，重新安装。

2.20.3 讨论

(1) 小通径流量计应特别注意

垫片突入管道内引起涡街流量计示值偏高的现象常见于小通径仪表，例如 *DN*40 通径仪表，垫片突入管道内只要有 5mm，流过垫片的流体就会被加速 20%以上。影响大的另一原因是发生体与垫片之间的距离太小，垫片出口的流束完全来不及膨胀就撞冲在发生体上。

相反，如果流量计通径有 200mm，垫片突入管道内 5mm，流体被加速的比例要小得多。而且因为旋涡发生体与垫片之间的距离增大，垫片出口的流束在撞到发生体之前已有一定的膨胀，影响较小。

(2) 普遍意义

垫片突入管道内对流量测量产生影响的例子不仅涡街流量计有，其他流量计例如电磁流量计、差压流量计等也有。杜绝这一问题的方法是提高安装质量，而且在配置垫片时就要注意，垫片的内径宜比管道内径大数毫米。

2.21 蒸汽严重带水对涡街流量计的影响

2.21.1 存在问题

上海的一家药业公司组建全厂蒸汽计量网的项目中，遇到了一个令人费解的故障，这个故障发生在一个测量过热蒸汽流量的系统中，这个系统的管道连接如图 2.28 所示。

该工厂的锅炉房除了向全厂供应中压过热蒸汽外，还经减温减压系统向全厂供应 0.4MPa (g)、160℃低压过热蒸汽。FIQ303 就是对这路蒸汽进行计量的仪表。

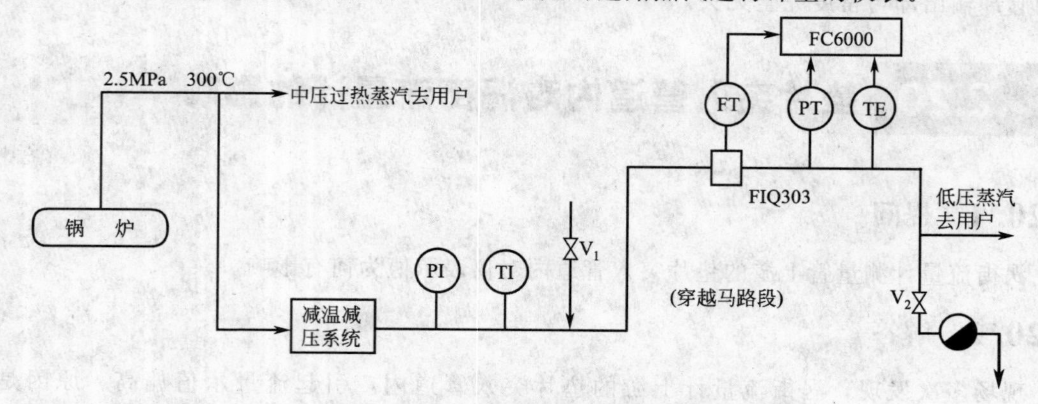

图 2.28 低压蒸汽流量测量系统图

该套仪表与其他多台分表组成的低压蒸汽计量网，在投运后的半年内，一直运行正常，总表示值与各分表之和也基本相符。这一情况在年度停车大检修之后发生了变化，原来进出平衡的计量数据出现了负的管损，于是该工厂的能源科科长对 FIQ303 这套流量计的准确性提出异议。他的依据有两个：

① 总表 FIQ303 24h 所计总量本来与各分表所计总量之和相差无几，但现在前者比后者低很多；

② 锅炉煤耗陡增，本来 1t 煤可烧 5t 汽，可现在连 4t 都不到。

显然，FIQ303 现在严重偏低。

2.21.2 检查与分析

在检查了各台仪表之后，发现各台仪表均正常。于是请涡街流量计制造厂上门服务，经检查发现这台 *DN*350 的涡街流量计有“漏脉冲”现象存在，在正常的流量范围内，记录到数次如图 2.29 所示的输出波形。

根据制造厂的经验，这种情况的存在可能是蒸汽带水引起。

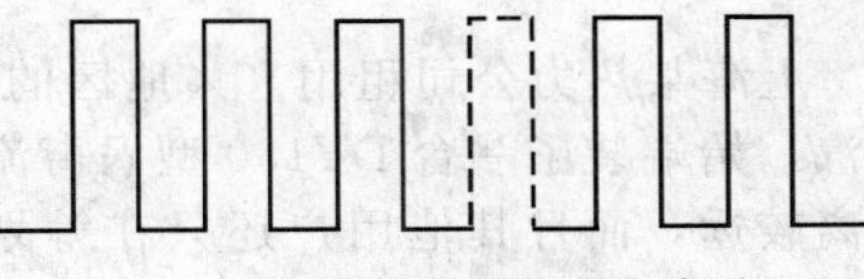

图 2.29 示波器记录到的波形

能源科工程师否定涡街流量计安装处蒸汽带水的可能性，理由是减温减压系统都有自动调节来保证其运行参数，于是一时没有结论。又过了一个星期，事态有了进一步的发展。从 FC6000 型流量演算器中的海量存储器查阅到的历史数据表明，该路流量示值逐渐减小，甚至有时减小到零，而这时，全厂生产照常进行，蒸汽一点不少用。

进一步的检查焦点主要集中在蒸汽是否带水方面。能源科主要强调减温减压系统出口处的温度、压力参数。经查，减温器出口温度、压力显示正确。但是作者根据 FC6000 型仪表显示的温度、压力数据分析，涡街流量计安装处的蒸汽的确已进入饱和状态，于是要求打开疏水器验证。打开疏水器的切断阀（图 2.28 中的 V_2），大量凝结水喷出，20min 也未排完，于是真相大白。待水排尽后，流量示值也恢复正常。

至于大量凝结水是从哪里来的，随即进行了调查。经查在减温减压器出口到流量计之间只有一根装有阀 V_1 的管道与外界相通，这根管道里有水，大检修之后，V_1 阀可能有泄漏，导致冷水入侵。

这一事情的最后处理方法是在穿越马路前的管道最低处，增设一个疏水器，从而使流量计恢复正常测量。

2.21.3 讨论

(1) 蒸汽带水原因应冷静分析

本实例中，涡街流量计安装处的管道内蒸汽是否带水的问题，能源科工程师的分析是有道理的。因为减温减压器出口管道上的双金属温度计显示温度高达 160℃，而管道上的弹簧管压力表显示压力为 0.4MPa（G），蒸汽的确是处于过热状态。从减温减压器到流量计安装地点，距离也只有 30m，蒸汽在管道内高速流动 30m 的距离只需 1s 左右，温度降低值最多也就是 1～2℃。

然而，这是另一类引发蒸汽带水的问题。人们见得较多的蒸汽带水是由于蒸汽在管道内长距离输送，管道自然散热引起的。因此，人们的经验干扰了本实例中的分析判断。这时，利用检测仪表提供的数据进行分析就变得极为重要。

(2) 为什么蒸汽严重带水时涡街流量计工作不正常

涡街流量计只能测量单相流的流量，而湿饱和蒸汽属于两相流。在蒸汽严重带水时，涡街流量计容易出现“漏脉冲”现象，甚至完全没有输出。

人们很早就发现蒸汽带水较多时，涡街流量计会出现“漏脉冲”现象。即蒸汽以较高而稳定的流速通过旋涡发生体时，由于流体的惯性，涡街流量计的输出脉冲在时间坐标上的分布是近似均匀的。但在蒸汽带水较多时，脉冲却在某处少了一个，如图 2.29 所示。严重的时候，是少了很多脉冲，最严重的时候是完全没有脉冲输出，这可能同分布不均匀的体积较大的液滴撞击在旋涡发生体上，抑制了涡列的形成有关。

2.22 饱和蒸汽送到 2km 远的用户处流量示值时有时无

2.22.1 存在问题

上海某热力公司租用××地区的一家纺织厂锅炉房，向 2km 远处的××公司供饱和蒸汽，始端装了一台 DY150 型涡街流量计，用户端装了一台 DY100 型涡街流量计，由于距离较远，而且其他用户还只在筹划之中，管内蒸汽流速很低。用户端蒸汽带水严重。沿途虽装有 31 只疏水器（图 2.30），但为了减少热量损失，一个也没有开。提问者介绍，始端表计流量示值稳定指示 2.5t/h，但用户端表计流量示值时有时无，流量最大时也只有 0.75t/h。

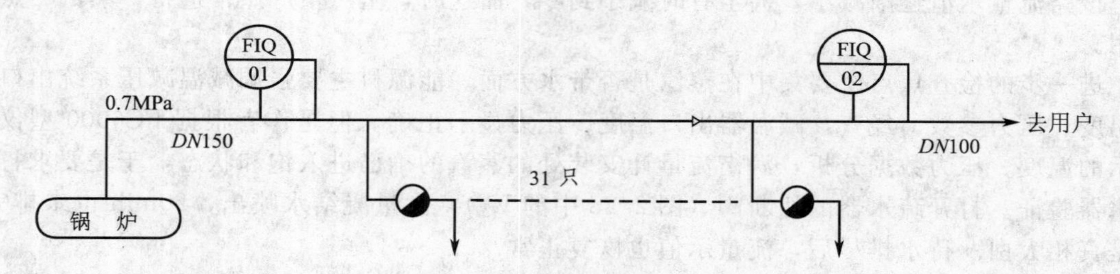

图 2.30 ××热源厂供汽系统图

2.22.2 分析与诊断

① 流量示值时有时无的原因：由于管线长，流速低，而热源厂送入管网的又是饱和蒸汽，所以，在用户端流量计处，蒸汽带水严重。

② 建议将靠用户端流量计最近的两个疏水器打开，然后观察靠用户端流量计最近的一个疏水情况。如果疏水断断续续，则不必再开第三个疏水器，如果疏水不停，则必须再往前多开一个疏水器。

2.22.3 整改和结果

提问者依上述建议开了两个疏水器，其中后面一个疏水器难得有水排出。再观察用户端流量计显示，示值在 1t/h 左右稳定显示。

2.22.4 讨论

(1) 管道中凝结水生成原因分析

2.21 节所述的实例中，管道内蒸汽带水是由于大量的水从三通管内流入。本节所述的实例中，蒸汽中所带的水是由于蒸汽在管道内流动，因管道自然散热，损失热量，使得蒸汽变成凝结水而逐渐生成的。尽管水的生成原因截然不同，但后果却是相同的。

(2) 为什么充分疏水后旋涡流量计又能正常测量

水滴在蒸汽中存在的形态有几种。

① 均匀分布形态 当水滴的粒度极小时，能均匀地悬浮在气相中，随气相一起流动，犹如大气中的雾。这时，对流量测量不产生影响。但是，气相将液滴托起的能力是有限的，在液滴粒度增大到一定程度，就会因重力原因而下沉，类似于浓雾散不开形成毛毛雨。

这种均匀分布的液滴，其密度与湿蒸汽密度之比，即湿度 Y，同蒸汽的总压有关，总压为常压时，Y 只能到百分之几，随着总压的升高，Y 的极限值逐渐减小。

② 分层流动形态 粒度大的液滴，下沉到水平管道的底部后，就沿着管道的底部分层流动，流速较高时，表现为波状流动结构[12]。

不管是分层流动结构还是波状流动结构，液相的流动速度都比气相慢得多。因为前者与管壁之间的摩擦力比后者大得多。

(3) 做到充分疏水也不容易

疏水是否充分的标志是蒸汽管中是否排得出凝结水。如图 2.31 所示的配置中，如果只有极少的水排出，则表明管道内已无分层流动的水。

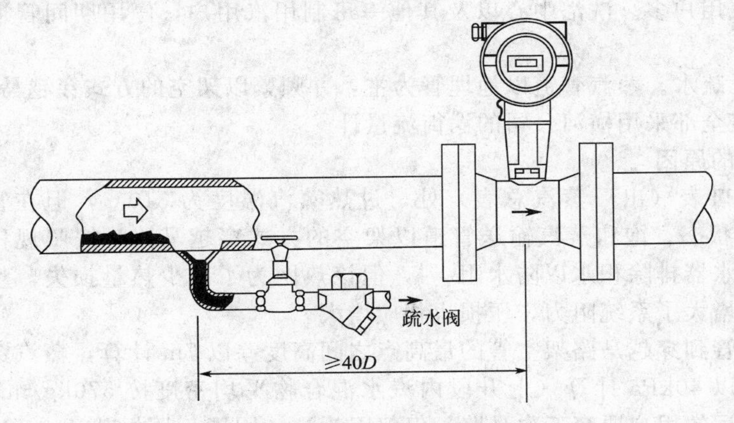

图 2.31 蒸汽是否严重带水的验证

疏水点的合理布置对充分疏水有关键性的作用。在图 2.32 所示的实例中，凝结水的捕捉口太细，与蒸汽一起高速流动的凝结水可能会有一部分未被捕捉口所收集，而流到下游。

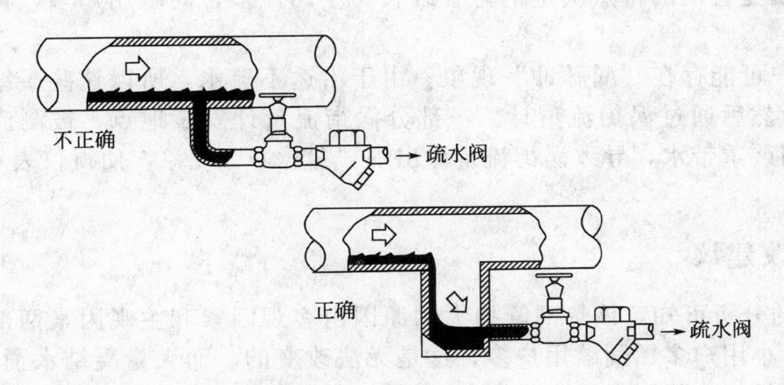

图 2.32 蒸汽管道疏水器布置实例

(4) 凝结水及其热量的回收利用

在本实例中，热源厂供出的蒸汽有60%左右在输送过程变成凝结水，这是一个很大的损失。每吨凝结水所含有的可利用的热量约相当于1/4吨低压蒸汽，而且由蒸汽凝结成的水也是很值钱的，因而应回收利用。

2.23 蒸汽供热网管损大压损也大

2.23.1 存在问题

江苏某热电公司，蒸汽管损高达20%，而且压损也大，出厂关口表处压力为0.95MPa，但到末端有时连0.5MPa也不到。

2.23.2 分析与诊断

(1) 系统特点

① 管线长。从热源厂到最远的一个用户，管线长9km。

② 小用户多。该热网180个用户中，大多数为市区的小用户，管径小，管网复杂。

③ 间歇用汽用户多。洗浴中心以及其他一班制用汽用户，停用期间管道内积了很多凝结水。

④ 管网内无疏水。蒸汽管道以地埋管为主，并频繁以架空的方式穿越马路。

⑤ 所有分表全部采用横河公司的涡街流量计。

(2) 压损大的原因

该热网的关口表（出厂蒸汽总表）处，过热蒸汽温度为310℃，但在管道内输送2～3km就进入饱和状态。饱和蒸汽输送管道以架空的方式穿越马路，按照规程，蒸汽管在爬高之前，应有疏水器排除积水以防水阻[13]，但该热网为了减少热量损失，整个管网均不设疏水器，因此，增大了系统阻力，压损也相应增大。

例如从地埋管到穿越马路架空管的最高点之间高度差以7m计算，蒸汽穿过管道上升段水层产生的压降以40kPa计算（上升段内汽水混合物平均密度按570kg/m^{3}估算），那么，饱和蒸汽到达最远的用户要穿五次马路，仅仅因为这一因素，压损就达0.2MPa，再加上气态流体在管道内的流动产生的压损以及阀门和管件的压损，末端的用户处压力就要低于0.5MPa。

(3) 管损大的原因

① 根本原因是管网的特点决定的。管线长，小用户多，间歇用户多，都是生成大量凝结水的原因。

② 末端用户可能存在“漏脉冲”现象。由于沿途不疏水，所以这些凝结水都与蒸汽一起组成两相流，然后通过涡街流量计。一部分涡街流量计安装地点，被测流体可能严重带水，或部分时间严重带水，导致涡街流量计出现“漏脉冲”现象，使得仪表示值偏低，管损变得更严重。

2.23.3 整改建议

① 从上面的分析可知，该热网管损大的原因由客观因素和主观因素两部分组成。客观因素是管线长、小用户多、间歇用户多，这是无法改变的。而大量凝结水涌入涡街流量计，引起仪表示值偏低，这是可以改变的，只要在饱和蒸汽穿越马路前予以疏水就能解决。

② 饱和蒸汽管积水问题解决后，压损问题也迎刃而解。

③ 充分利用凝结水中的热量。如果饱和蒸汽管穿越马路前的管内压力为 0.6MPa，则凝结水的温度约 164℃，这是优质热水，如果将它引入洗浴中心，适当作价，既回收了热量，又能使涡街流量计消除“漏脉冲”现象，一举几得。

2.24 锅炉产汽量大分配器出口量小

2.24.1 现象

某公司有两台并联运行的全自动燃油锅炉，其中一台 A 正常发汽，另一台 B 作热备，两台锅炉的汽包出口管上均装有涡街流量计，经计量的蒸汽送分配器，如图 2.33 所示。发汽总量和耗汽总量统计中发现发汽量多而耗汽量少。

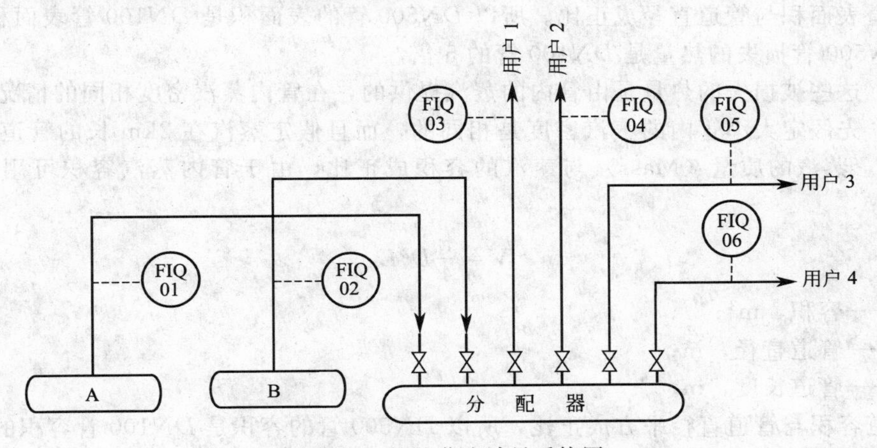

图 2.33 锅炉蒸汽计量系统图

2.24.2 分析

经仔细观察发现处于热备状态的锅炉，其汽包所耗散的热量取自正常发汽的锅炉，不仅如此，由于分配器压力总是有些波动，在分配器压力降低时，锅炉 B 汽包对分配器供汽，流量计计出供汽量。在分配器压力升高时，分配器对锅炉 B 汽包充汽，这部分汽也经常有变化，重复计量也经常发生，最后导致总表所计总量（FIQ01 和 FIQ02 所计总量之和）明显高于耗汽总量。而且压力波动幅值越大、越频繁，总表所计总量偏高越多。

在工厂煤气发生站也有类似的情况。煤气连通管压力升高时，系统对停用发生炉的气容充气，煤气连通管压力降低时，停用发生炉的气容对系统“供气”，仪表计出“供气”量。

2.25 蒸汽以相同的流速在管道内输送，管径小管损大

2.25.1 提问

蒸汽从减温减压站被用管道输送给用户，其中一根 $DN500$ 的管道输送 2km，蒸汽仍为

过热状态，而另一根 $DN100$ 的管道，同样输送 2km，管内却排出很多凝结水。从始端流量计示值计算管内流速，粗细两根管内的流速是近似相等的。

2.25.2 分析

蒸汽从减温减压站刚流出的时候，一般为过热状态，在管道内被输送 2km 后，过热度降低，甚至部分被冷凝变成凝结水，是因为管道表面的自然散热。

热量从管道内经管壁和保温层向大气散发，在保温条件相同的条件下，损失的热量同散热面表面积成正比（为了简化讨论，先忽略管内外温差对散热量的影响）。

因为

$$A=\pi DL \tag{2.30}$$

式中 A——管道散热面积，m^2；

D——管道外径，m；

L——管道长度，m。

即管道表面积与管道直径成正比。所以 $DN500$ 管的表面积是 $DN100$ 管表面积的 5 倍。也即从 $DN500$ 管损失的热量是 $DN100$ 管的 5 倍。

然而，这些被损失的热量是由管内的蒸汽提供的，在管内蒸汽密度相同的情况下（为了简化讨论，先假定大小管内的蒸汽密度是相同的，而且假定蒸汽在 2km 长的管道内，密度也不改变），蒸汽的质量（Mass）与蒸汽的容积成正比，由于管内蒸汽容积可用式(2.31)计算：

$$V=\frac{\pi}{4}D^2L \tag{2.31}$$

式中 V——容积，m^3；

D——管道直径，m；

L——管道长度，m。

即管道容积与管道直径平方成正比，所以 $DN500$ 管的容积是 $DN100$ 管容积的 25 倍。

比较上面两组数据就可发现，单位质量的蒸汽所负担的热量损失，$DN500$ 管道是 $DN100$ 管的 1/5。

将式(2.30) 除以式(2.31) 可得到单位质量热损关系式：

$$\begin{aligned} R_h &= \frac{A}{V} \\ &= 4/D \end{aligned} \tag{2.32}$$

式中 R_h——单位质量蒸汽热损，m^{-1}；

D——管道直径，m。

即随着 D 的增大，单位质量热损减小。

上面所作的两个假定会带来些许误差，而且忽略了管壁的厚度，也会对计算结果有轻微影响，但不会有大的影响。

2.26 锅炉低压运行时蒸汽流量示值大幅度偏低

2.26.1 现象

上海某体育中心引进两台燃油自动锅炉为游泳池及其他设施供热，由于锅炉产生饱和蒸汽，故流量计只进行压力补偿。表计配置及设计参数如图 2.34 所示。由于工艺专业提自控条件时确认锅炉常用操作压力为 1.0MPa（表压，下同），所以锅炉出口流量选用 *DN*100 已足够。

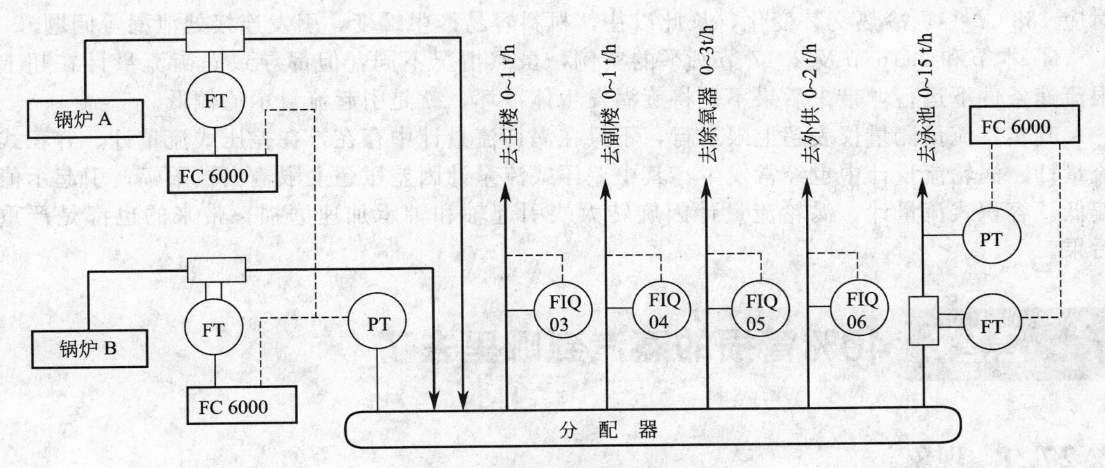

图 2.34 锅炉房蒸汽计量系统图

交工验收时，需方提出蒸汽流量计有时准确有时不准确，要求做平衡测试并查找原因。测试方法是分表示值之和（总耗汽量）与总表示值（发汽量）平衡，发汽量与锅炉进水量平衡。

现场测试工作开始后发现该单位锅炉采用间歇运行操作法，即锅炉喷油置“手动”位置，而且开到最大，测试时锅炉单台运行，耗汽总量小于 10t/h，所以锅炉自动点火后蒸汽压力几乎是等速上升。当压力升高到所设置的上限压力 1.1MPa 后，自动熄火停炉。于是压力近似等速下降，当压力降到 0.25MPa 后，锅炉自动点火开炉，如此周而复始地循环。

在平衡测试中，压力等于 0.4MPa 时，分表之和与总表读数（累积值）最多只差 1%，但是压力低于 0.4MPa 后，分表之和与总表读数之差逐渐增大，压力为 0.25MPa 时，总表读数低 5%。这时根据当时的运行数据计算，总表（YF110 型）测量管内的流速已超过 100m/s，又分别计算了各台分表低压运行时的流速，均未高于 75m/s，显然，这一误差是由总表流量计超上限流速（80m/s）运行引起的。

向业主单位提出操作压力应不低于 0.4MPa，需方不同意，理由有两个：

其一，锅炉属生活锅炉，对供汽压力要求不高，0.25MPa 压力也不影响热用户使用；

其二，间歇生产有利于节能，而且点火起动压力越低，起-停周期越长，对设备越有利。

分析这一事件的起因，应属工艺设计者提自控条件时未想到如此低的操作压力，而运行人员却偏偏在如此低的压力条件下运行。

这一事件虽然完全不属仪表选型的责任，但给选型者一个启示，即除了请提条件人员写明最大流量、常用压力、最低压力之外，还需对流量为最大、压力为最低时流过涡街流量计的流速进行校核，不得高于上限值。

2.26.2 分析

① 本实例中，锅炉操作压力降低后，产汽流量计大幅度偏低，是因此时涡街流量计在超上限流速条件下运行。

② 由于流体对涡街流量计旋涡发生体的推力与流速的平方成正比，所以超上限流速使

用，也容易将旋涡发生体冲坏。

③ 其实，这样的运行方式对锅炉的寿命也不利。因为操作压力低时，汽包和炉管内介质温度也低（0.25MPa 对应 139℃），操作压力高时，汽包和炉管内介质温度也高（1.1MPa 对应 188℃）[7]，冷热交替变化，长此以往，材料容易产生蠕变，引发连接处泄漏等问题。

④ 本节和 2.16 节及 2.17 节所举的实例，虽然情况不同，但都导致涡街流量计在超上限流速条件下运行，带来后果不是将旋涡发生体冲坏，就是引起流量示值偏低。

其实，流量测量仪表超上限运行，不只在涡街流量计中存在，在差压式流量计、容积式流量计、涡轮流量计中也经常发生。其中差压式流量计因差压超上限输出被限幅，引起示值偏低。容积式流量计、涡轮流量计因旋转太快引起轴和轴承加速磨损，带来的也都是严重后果。

2.27 40%管损的蒸汽到哪里去了

2.27.1 现象

中石化某分公司去生活区蒸汽分表之和只是总表的 60%，其余 40%的蒸汽到哪里去了？各分表前疏水采集称重也没那么多。

2.27.2 分析与诊断

(1) 系统的组成

提问者所说的系统包括 1 台总表和 4 台分表。总表为孔板流量计，流体为过热蒸汽；4 台分表中 2 台是孔板流量计，另 2 台是涡街流量计，流体均为湿饱和蒸汽。

令提问者不解的是分表示值之和加上分表之前的疏水量，还是比总表示值小很多，几台表又查不出毛病。

(2) 差量分析

① 该公司是中石化系统老厂，技术力量雄厚，仪表系统设计、安装规范，所以假定 5 套流量计均不存在低级错误。

② 总表工作条件比较优越，因为流体为过热蒸汽，所以总表的测量准确度可信。

③ 4 套分表均工作在饱和蒸汽的工况条件下，从原理分析各台表均偏低。

(3) 湿蒸汽中的水对涡街流量计的影响

湿蒸汽中的水在蒸汽中存在的形式有两种：一种是以小水滴的形式均匀地悬浮在蒸汽中，犹如大气中的迷雾；另一种是在水平管道底部作分层流动，蒸汽流速快，凝结水流速慢。详细分析如 2.22 节所述。

湿蒸汽中的水对涡街流量计的影响可用文献［4］中推导出的公式来分析，该公式如式 (2.33) 所示[4]：

$$R_V=\frac{1}{\frac{\rho_s}{\rho_L}\left(\frac{1}{X}-1\right)+1} \tag{2.33}$$

式中 R_V——湿蒸汽干部分体积流量与湿蒸汽总体积流量之比；

ρ_s——饱和蒸汽干部分密度，kg/m³；

ρ_L——饱和水密度，kg/m³；

X——湿蒸汽的干度。

例如：湿饱和蒸汽压力为1.1MPa（绝压）、$X=90\%$时，$\rho_s=5.6808\text{kg/m}^3$，$\rho_L=882.47\text{kg/m}^3$，将$X$、$\rho_s$和$\rho_L$值代入式(2.33)得$R_V=99.93\%$。即虽然水与湿蒸汽的质量比达10%，但在总体积中占的比值仅有0.07%。在工程上，0.07%的比例可忽略，因此可以说涡街流量计的输出频率全由汽相部分做的贡献。

由此可见，用涡街流量计来测量湿饱和蒸汽，如果测量任务是湿蒸汽的质量流量，那么仪表少计是必然的。

(4) 湿蒸汽中的水对孔板流量计的影响

从式(2.1)所示的差压式流量计的基本关系式可知，如果水在汽相中的存在形式是均匀分布，蒸汽从临界饱和状态变成湿饱和蒸汽后，相同质量流量的湿蒸汽通过差压装置，由于密度ρ增大，所产生的差压值成反比减小，但此差压经变送器转换成电信号，再送入流量演算器计算质量流量时，流体密度仍按临界饱和状态处理，所以计算得到的质量流量仍然是负偏差。由于差压测量不确定度对质量流量不确定度影响的表达式(见2.12节）中，灵敏系数为1/2，所以质量流量偏低值只为流体密度偏高值的1/2。

当水在蒸汽中的存在形式为分层流动时，水一般从孔板的疏水孔中流到孔板下游，如果疏水孔被堵，水也从孔板的开孔中流到下游，两种情况都是流量测量结果出现负偏差。

由此可见，用孔板流量计来测量湿饱和蒸汽，如果测量任务是湿蒸汽的全部质量流量，那么仪表少计也是必然的。

2.27.3 诊断分析结论

本实例中，分表示值之和与总表示值之间的量差，除了分表之前的疏水之外，其余部分主要是由分表少计引发的。

各分表之前的管道上安装的疏水器，只能将水平管道底部分层流动的水疏掉，无法将悬浮在气相中的小水滴疏掉，而且分层流动的水疏掉之后，湿饱和蒸汽在管道中从疏水器安装处流到流量计安装处，管道内还会继续生成凝结水，这就引发了分表的少计。

2.27.4 流量计少计数量的测定

流量计对蒸汽的质量流量进行计量，其准确度可用测定凝结水总量的方法验证。

如果流经流量计的蒸汽全部变成凝结水，而且不存在外泄，这时蒸汽若为过热状态或临界饱和状态，凝结水总量应与流量计所计总量相等。蒸汽若带水，则凝结水总量与流量计所计总量的差值即为流量计少计的量。

在测定凝结水总量时，应计入凝结水从疏水器排出时逃逸的蒸汽量，方法详见2.34节。

2.28 差压装置导压管引向不合理引入的误差

2.28.1 提问

现场普遍使用的如图2.35所示的差压装置，存在什么问题？

2.28.2 解答

GB/T 2624—2006中规定的差压式流量计工艺管道全为水平方向，但实际应用中，垂直方向的管道无法避免，因此按照信号不失真传递的原理就有了如图2.36所示的结构。在该图中，切断阀采用直通阀（直通闸阀或球阀）后，只要冷凝罐一端导压管略高于差压装置的一端，则从冷凝罐溢出的凝结水就可顺畅地流回母管，两只冷凝罐中的液位可保持等高，管中的蒸汽也可正常地向冷凝罐的上部补充，从而实现正常的汽液交换。但是有不少仪表厂供应的却是如图 2.35 所示的结构，这种导压管连接方式的优点是外观漂亮，但却损害了它的基本功能。

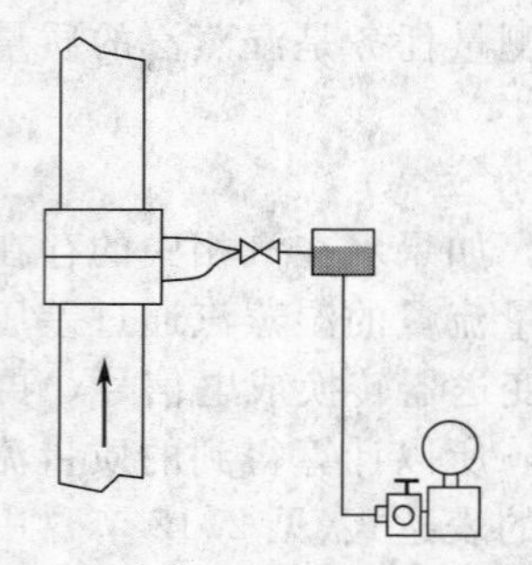

图 2.35 不正确的导压管形状

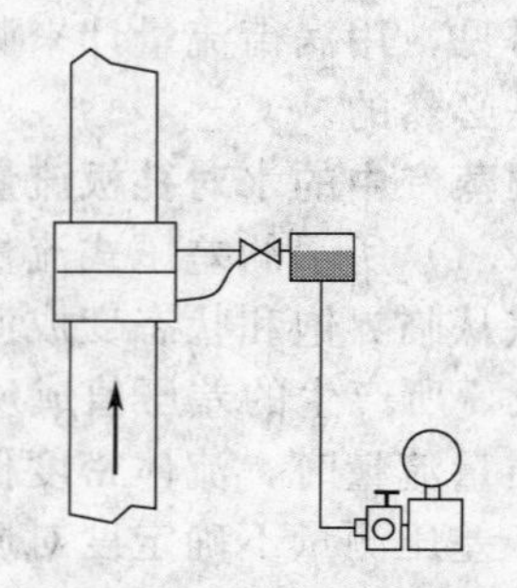

图 2.36 正确的导压管形状

在图 2.35 中，正端导压管内凝结水仍可顺畅地流回母管，但负端导压管却不能，一定要到管内积满凝结水后才会向母管溢出，因此两只冷凝罐中的液位高度不一致，假定负端冷凝器中的液位高度同导管左端一样高，则负压端冷凝罐中的液柱高度就比正压端高度约高 16.5mm，因为环室上两个管口之间的距离为 33mm。其实，负压端冷凝罐内的液位高度并非总是同导压管左端一样高，而是可能高些，也可能低一些，因此就增加了不确定的附加偏差因素。

导压管连接的不正确，使得流量计在相对流量较小时出现明显的偏低。例如有一台差压式流量计，$\Delta p_{max}=20kPa$，在 $q_m=20\%q_{mmax}$时，差压装置送出的差压信号为 800Pa，由负端冷凝罐内液位偏高引起的附加差压以 165Pa 计，则相应的流量示值就减为 17.8%FS。

上述数据都是针对环室取压而言，如果是法兰取压，负压端冷凝罐中的液柱高度就比正压端高度高约 25.4mm，引起的流量测量误差也更大些。

2.29 锅炉负荷小时汽水平衡好，负荷大时平衡差

2.29.1 存在问题

上海某热力公司增设一台锅炉工程，因属政府投资项目，故公开招标。江苏某市的锅炉厂以最低价中标。该项目中共有 9 套涡街流量计，施工图中均为横河品牌，但中标单位为了节省投资，擅自修改为该市国产涡街流量计。

锅炉投运初期，负荷较少，锅炉的产汽流量与进水流量基本相符。运行一年后锅炉负荷逐渐增大，提问者发现产汽流量比进水流量低得越来越严重，直至 24h 总量偏低 16%（扣除排污后）。

2.29.2 分析与诊断

怀疑锅炉负荷增大后，汽水不平衡是由产汽流量计偏低引起，遂建议提问者令总包（中标）单位将产汽流量用涡街流量传感器拆下送第三方检定。

先是放在水流量标准装置上检定，得到的流量系数与铭牌上标出的数值相符。这一点也不奇怪，因为用水检定时流速较低，最多也只有 6m/s 左右，而实际使用时，流速却高达每

秒几十米。于是，建议将该台仪表放在空气标准装置上检定，检定结果令人吃惊，在60m/s流速时，偏低还不止16%，竟达到－24%，从而使问题有了正确的答案。

2.29.3 讨论

(1) 为什么流速低时准确而流速高时严重偏低

按照原理分析，在一定雷诺数范围内，涡街流量计输出频率不受流体物性（密度、粘度）和组成的影响，即仪表系数仅与涡街发生体的形状、尺寸有关，大多数国外知名品牌的涡街流量计，承诺流速达到76～80m/s流速时仍能保证精确度。

但国产的一些品牌产品并不做此承诺，有些根本就未放在气体流量标准装置上做过试验，于是由于品质不佳的原因，在流速高时存在严重的“漏脉冲”现象，导致流量系数线性度变差。流速越高，偏低越严重。

(2) 启示

① 这个实例给人们以启示，即涡街流量计在流速低时能保证准确度，并不表明在流速高时也能保证准确度。这与技术水平有关。

② 此类品质欠佳的涡街流量计，用来测量液体流量时，准确度还是可以的，因为流速很低，但用来测量气体或蒸汽流量时，就需注意测量点的最高流速以及在此流速下，涡街流量计是否偏低。

2.29.4 反馈的信息

总包单位最终将9台涡街流量传感器中用来测量蒸汽流量的3台，换成横河公司DY型涡街流量计，使问题得到解决。

2.30 与安全阀有关的“流量测量误差”

2.30.1 存在问题

蒸汽消耗量陡增70%，流量计不准。

上海浦东某热力公司向区域内的一家外资公司供汽，蒸汽计量表计的配置和相关的管路如图2.37所示。

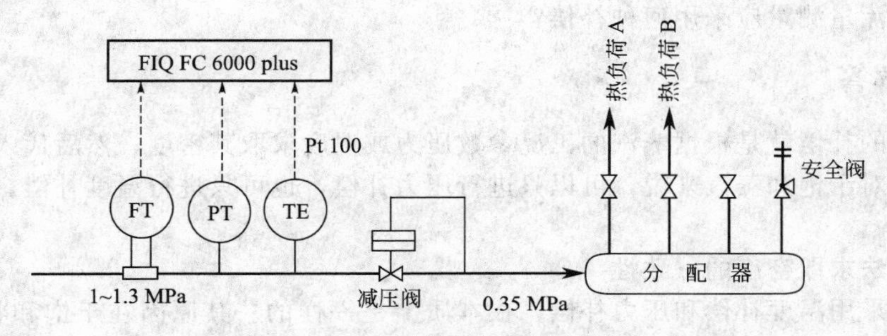

图2.37 用户计量表计及相关管路

2.30.2 分析与诊断

该系统投入运行后几年内一直很正常，计量数据和费用结算从未出现问题，但是1999年1月份情况发生了变化，蒸汽耗用总量比往年正常数据陡增约70%，用户对计量数据提出异议，怀疑表计不准，并提出只能按往常量的最大值付费。

对这一问题，热力公司对现场表计进行检查，未发现根源所在，只是看到瞬时流量比平常大，约为1.6t/h，分配器上蒸汽压力比正常值高，为0.46MPa，热力公司认为，蒸汽压力升高，流量相应增大属正常现象，但需方声称他们的用热设备负荷稳定，耗量受热量平衡方程式制约，最大耗汽量不会高于1t/h，双方僵持不下。

先对仪表的状况进行全面检查，认为仪表正常，当时蒸汽压力为0.35MPa，质量流量示值为865kg/h，需方也认为示值正常，供方强调流量示值升高与压力升高之间存在因果关系，但说服力不强，需方不接受。在这种情况下，提出将分配器上蒸汽压力升高到0.46MPa，然后观察流量值是否明显升高。需方不同意，称压力升高后安全阀排气管会发烫。一句话揭开了谜底。查看安全阀，通径为*DN*32，整定值为0.38MPa，排气口经*DN*50管引入下水道，显然分配器压力为0.46MPa时，安全阀已打开，此时，从安全阀中排掉700kg/h左右的蒸汽完全可能，需方接受了这一分析及论点。当问及既然减压阀整定值为0.35MPa，而且无人去修改此值，那为什么会出现0.46MPa的压力，需方说该台国外减压阀可能有卡滞现象，导致失控，已通知供应商来处理[10]。

至此，原因全部查明：减压阀故障引起分配器压力升高，导致安全阀动作，进厂蒸汽流量相应升高。

由于减压阀和安全阀均由需方设置并管理，安全阀的排空损耗同供方无关，因此不承担责任。

2.30.3 讨论

① 该外资企业将安全阀的出口，经通径放大的管道引入下水道。

② 用汽单位的设备管理人员已经知道分配器上蒸汽压力升高后，安全阀的排汽管会发烫，如果再往下深究一步，即排汽管为什么发烫，就可找到问题的答案。对系统进行分析和诊断，必须联想丰富，追根究底。

2.31 饱和蒸汽流量测量应采用何种补偿

2.31.1 提问

饱和蒸汽流量测量应采用何种补偿？

2.31.2 解答

这里所说的补偿就是根据蒸汽的工况参数压力或温度求取其密度，然后代入关系式计算其质量流量。对于饱和蒸汽来说，可以只进行压力补偿，也可只进行温度补偿。究竟哪一种好，分析如下。

(1) 查表法求取密度的一致性

饱和蒸汽采用温度补偿和压力补偿，在本质上是一样的。其原因在于饱和状态的蒸汽，其压力和温度之间呈单值函数关系，从蒸汽温度查出的密度同与此温度对应的压力查出的密度是一致的。因此，采用温度补偿和压力补偿在原理上都是可行的。

(2) 投资的差异

从节约投资和减少安装工作量的角度考虑，因为一支铂热电阻的价格只及压力变送器的几十分之一到几分之一，所以采用温度补偿较经济。

(3) 补偿精确度的差异

采用温度补偿和压力补偿分别能得到多少补偿精度，不仅同温度传感器和压力变送器的准确度有关，而且同流量计类型、具体测量对象的工况和压力变送器的量程选择有关。总体来说测温对补偿精确度影响较大，具体分析如下。

① 测温误差对流量测量结果的影响

温度测量误差同流量测量结果的关系，对于过热蒸汽来说影响并不大，例如温度为250℃的过热蒸汽，若测温误差为1℃，在作温度补偿时引起流量测量结果不确定度约为0.096%R（差压式流量）到0.19%R（涡街流量计）。影响较大的是温度信号用于饱和蒸汽流量测量中的补偿，例如压力为0.7MPa的饱和蒸汽，其平衡温度为170.5℃，对应密度为4.132kg/m^3，如果测温误差为−1℃，并据此查饱和蒸汽密度表，则查得密度为4.038kg/m^3[7]，引起流量测量误差约为−1.14%R（差压式流量计）到−2.27%R（涡街流量计）[4]。

② 温度传感器精确度等级的考虑

测温误差同温度传感器的精确度等级和被测温度数值有关，例如压力为0.7MPa的饱和蒸汽，用A级铂热电阻测温，其误差限为±0.49℃[14]，如果用此测量结果查蒸汽密度表以进行补偿，则流量补偿不确定度约为±0.56%R（差压式流量计）到±1.11%R（涡街流量计）。而若用B级铂热电阻测温，其误差限就增为±1.15℃[14]，则流量补偿不确定度就增为±1.31%R（差压式流量计）到±2.61%R（涡街流量计）。显然，B级铂热电阻用于此类用途可能引起的误差是可观的，所以一般不宜采用。这里仅就不同精确度等级的测温元件作相对比较。当然，这里所说的误差还仅为测温元件这一环节，至于流量测量系统的不确定度，还须计入流量二次表、流量传感器、流量变送器等的影响。

③ 压力变送器精确度等级、测压误差及其影响

压力测量误差同压力变送器的精确度等级和量程有关，例如选用0.2级精确度、0～1MPa测量范围的压力变送器测量0.7MPa饱和蒸汽压力，其误差限为±2kPa。如果用此结果查蒸汽密度表以进行补偿，则此误差限引起的流量补偿不确定度约为±0.13%R（差压式流量计）到±0.25%R（涡街流量计）。显然，压力补偿能得到的补偿精确度比温度补偿高。

(4) 具体实施时的困难分析

上面所述的两种补偿方法都是可行的这一观点，仅仅是从原理上所作的讨论，在具体实施时还会出现其他问题。

① 安装困难

用来测量饱和蒸汽质量流量的差压式流量计，若选择温度补偿，常因测温套管距节流件太近而对流动状态造成干扰或根本就无法安装到理想部位而修改方案。

② 由于相变而进入过热状态

对于干饱和蒸汽，以较高的流速流过涡街流量计时，由于压损引起的绝热膨胀往往使蒸汽进入过热状态，这时仍旧将它看作饱和蒸汽，并根据蒸汽温度去查饱和蒸汽密度表，得到的数值明显偏高。如2.9节所讨论的实例。

由于上述种种原因，使得在测量饱和蒸汽质量流量时，仅仅测量温度并据此查密度表，进而计算质量流量，在实践中应用的并不多。

2.32 如何防止利用流量计功能缺陷作弊

2.32.1 提问

用于贸易结算的蒸汽流量计，如何防止利用流量计的性能缺陷作弊？

2.32.2 解答

这个故事发生在我国北方的一个热电公司。该公司按照某大型食品企业的要求为其供汽，讲明最大流量 20t/h，而食品企业超量使用，以致蒸汽流量计长时间超过满度运行，而模拟输出流量计（例如孔板流量计）由于有“封顶”的特性存在，实际流量再高流量计也只有指示满刻度，从而使买方获得可观的利益。

热电公司发现这一情况后，为了维护自己的利益，将流量计量程作了扩大，从而使各种情况下流量都不超过量程上限。

但是新的问题又产生了，因为流量计为了克服蒸汽停用时出现“无中生有”现象，一般均设计有小信号切除功能[15]，切除点一般为流量满量程的 2%～8%[16]，流量满量程的提高，小信号切除点所对应的流量值也相应升高，从而导致生产流程保温时收不到热费。

2.32.3 建议

贸易结算功能中，有“下限流量计费功能”和“超计划耗用计费功能”，其中“下限流量计费功能”是为了防止热用户利用流量计的下限可测流量不为零的缺陷“找窍门”而设计的。

任何流量计都有一个保证准确度的最小流量值，如果被测流量进一步减小，先是误差增大，然后就有可能出现灵敏度丧失（如涡街流量计）或被当作小信号予以切除（如差压式流量计），这对供方来说都是不利的，有失公正。为此，在具有“小流量计费功能”的流量计中，设计有两个专用的窗口，一个是“下限流量约定值”，另一个是“下限收费流量”，其中前一个窗口写入供用双方根据仪表的测量能力协商得到的下限流量约定值，后一个窗口写入实测流量低于此约定值后实际执行的收费流量。

贸易结算功能的另一个重要内容是“超计划耗用计费功能”。

流量计如果超范围运行，一般均导致计量值偏低。除此之外，在热网中如果超计划耗能，还将影响热网的供热品质，这不仅损害供方利益，而且损害其他用户利益。为了鼓励用户计划用能，热力公司一般同需方约定最大用能量，如果超过此量，一般约定加一倍或数倍收费。

在流量仪表中实现这一功能，一般占用两条菜单，其中一条写入“最大耗用流量”，另一条写入“超用费率”，仪表运行时，依次显示两个流量，一个是“实际流量”，另一个是“计费流量”[4]。

该热电公司采纳了这个方法，维护了计量的公正性。

2.32.4 讨论

贸易结算型流量计的另一功能是防拉电作弊功能。

(1) 拉电作弊的严重性

随着电子技术的发展，电子式计量仪表的应用越来越普遍，这一新情况为公正计量带来了新的课题。

电动式流量计的使用为有些“特别聪明”的用户作弊开了方便之门，从现场运行的情况来看，在经济利益的驱动下，作弊事件屡有发生。例如苏州某自来水公司在对用于贸易结算的电磁流量计安装第一台具有防作弊功能的断电记录器后，在短短的两个月内，记录到 12 次断电事件，累计断电时间 55h，若按该用户断电时段以常用流量计算，累计少计 11000m^3，折合水费 22000 元（2004 年价）。

在供热行业也有相似情况，由于用于热费计量的表计一般都安装在用户处，而表计的主电源一般也都是就地取用，由用户控制，这样，用户只要将主电源开关拉下，流量计就停止工作，于是使用蒸汽（或热水）就可免付热费。在为数众多的用户当中，只要有百分之几的比例像上面的例子那样作弊，就足以使供热方承受不了。由此可见这个问题的严重性。

(2) 对策

常用方法有三，其一是增设不间断电源，其二是增设断电记录功能，其三是用长寿命电池供电。

① 由不间断电源 UPS 供电

不间断电源供电有两种电压标准，一种是 220V AC，配套的两节蓄电池，一般可缓冲 48h；另一种是 24V DC，仪表也采用 24V DC，这样就节约了 24V DC/220V AC 的逆变损耗，也节约了仪表中整流、稳压的损耗，从而使效率大大提高。配套的两节小型蓄电池一般可缓冲 96h。

但是这种方法能得到的缓冲时间毕竟是有限的，所以只能对付短时间断电。

② 增设断电记录功能[25]

掉电记录功能是贸易结算功能的一个重要内容，在带有此功能的仪表中，自带蓄电池的实时时钟电路，在主电源掉电后，仍能正常工作 10 年，所以不依靠主电源就能长时间准确计时。在主电源掉电时，CPU 检测到电压低落而将掉电时刻写入规定的单元，当恢复供电后，记录器重新启动，CPU 记下相应的时间，特殊设计的程序能够将逐次存入内存的掉电事件依次调阅而无法清除，从而做到客观、公正。

利用记录功能所记录的断电事件资料处理作弊事件，一般还要有供需双方所签订的《掉电处理协议》作依据，该协议名义上是为了对计划停电期间的计量数据处理方法做规定，实际上是为了处理人为掉电。

电动流量计配置掉电记录功能后，用户一般不会再用拉电源的方法进行作弊，因为拉了也白拉。

③ 带无纸记录功能的掉电记录器

掉电期间热费计算方法中，需要取相应时段常用流量平均值，但是，流量计等无瞬时流量记录或数据保存功能。而如果在流量二次表中增设无纸记录功能，就能弥补这一不足。这种仪表是在智能流量二次表内加入一片新型微电子器件海量存储器 Flash Rom，在软件的支持下，将测量到的流量瞬时值、累积值、流体压力、流体温度等数据定时保存，并可按规定的操作方法查询或通过通讯口传送到计算机中[4]。

④ 计量数据采集和管理系统

监控和数据采集（SCADA）系统是一个硬件和软件系统，而计量数据采集与管理系统只是 SCADA 系统在能源计量和数据管理方面的应用[18]。

这种系统不仅能对现场表计是否掉电进行监视，而且能对现场表计的实时数据进行监视。例如将供热管网上各计量点的蒸汽压力，按顺序用直方图表示，如果某个计量点的压力值出现违背规律的偏低现象，就可派巡查人员去现场查看，检查是否存在故意关阀的作弊现象。这种系统也可对各点流量数据进行分析比较，对来自现场仪表的故障诊断信号进行分析并制作相应的报告。对现场的阀门进行远程控制，对设备进行管理，编制各种报表，进行预收费管理等。

从现场的实际情况来看，除了上面所讨论的做法之外，流量一次表和二次表还必须考虑加封、保护、软件加密等，防止“特别聪明者”利用改变信号线连接、增设分流器滤波器及修改组态数据等方法作弊。

2.33 压力变送器引压管内凝结水对系统误差的影响

2.33.1 提问

在用间接法质量流量计测量蒸汽质量流量的系统中，一般根据蒸汽压力和温度求取蒸汽密度。由于压力变送器安装位置不同，引压管内所结的凝结水情况也不同，请问对流量测量有何影响？如何处理？

2.33.2 解答

在蒸汽压力的测量中，由于引压管内凝结水的重力作用，会使压力变送器测量到的压力同蒸汽压力之间出现一定的差值。

(1) 引压管中液柱高度对压力测量的影响

在压力变送器安装现场，为了维修的方便，压力变送器安装地点与取压点往往不在同一高度，这样，引压管中的凝结水就会对压力测量带来影响。图 2.38 所示为 4 种常见的情况。其中，p_s 为蒸汽压力；p_0 为变送器压力输入口处实际压力；h 为高度差，m；g 为重力加速度，m/s^2；ρ_w 为凝结水平均密度，kg/m^3。

在该图中，图 2.38(b) 因变送器在取压点下方，如果引压管中充满凝结水，则变送器示值偏高 $g\rho_w h$，在 $h=6$m，g 以 9.80665m/s^2 计，ρ_w 以 998.2kg/m^3（假定液温为 20℃）计，对变送器的影响值为 58.7kPa。图 2.38(c) 因变送器在取压点上方，如果引压管充分排气，引压管中充满凝结水，则对变送器的影响值为 $-g\rho_w h$。而图 2.38(d) 因引压管中冷凝液高度难以确定，所以变送器输出低多少也就难以确定，故不宜采用。

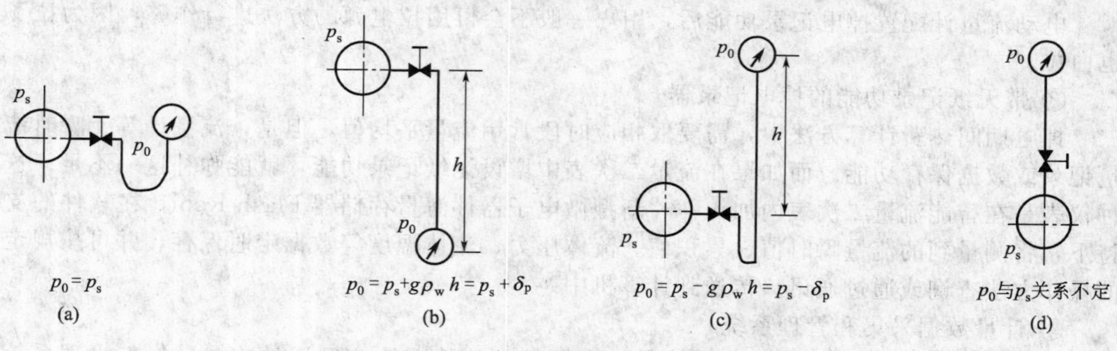

图 2.38 压力变送器和取压口的相互位置

(2) 测压误差对流量示值的影响

测压误差如果不予校正，对流量测量系统精确度一般都有影响。而影响程度不仅同流体的常用工况有关，而且同流量计的类型有关。

仍用上面所举的例子，在流体常用压力等于 0.7MPa 表压，常用温度等于 250℃的工况条件下（即为过热蒸汽），压力测量偏高 58.7kPa，对于差压式流量计将引入 3.69% R 的误差，对于涡街流量计将引入 7.52% R 的误差。

在流体的常用压力等于 0.7MPa 的饱和蒸汽条件下，压力测量偏高 58.7kPa，对于差压式流量计将引入 3.42% R 的误差，对于涡街流量计将引入 6.95% R 的误差。

因此，引压管中液柱高度对压力测量影响必须予以校正。

(3) 液柱高度影响的校正

压力变送器引压管中冷凝液液柱高度对压力测量的影响通常可用两种方法校正，即在变送器中校正和在二次表中校正。

① 在压力变送器中校正

这种校正方法的实质是对变送器的零点作迁移。在上面的例子中，如果变送器的测量范围为0～1.0MPa，零点作－58.7kPa迁移后其测量范围就变为－58.7～1058.7kPa。在现场操作中，就是用手持终端将测量范围设置为58.7～1058.7kPa。对于非智能型变送器，就是变送器压力输入口通大气的条件下，将输出迁移到3.0608mA。

这种方法仪表人员往往不喜欢使用，因为要对变送器零点作迁移，需要对设计文件和设备卡片作相应的修改，手续繁琐。而且，如果迁移量较大，对于大多数压力变送器根本就无法实现，相比之下，在二次表中作校正就成为受欢迎的方法。

② 在二次表中校正

这里说的二次表是广义的，不仅包括普通的流量二次表，也包括DCS、PLC、智能调节器等，但校正方法是相同的。以FC 6000型智能流量演算器为例，对上面的情况作校正，就是将菜单的第23条（测量起始点）写入 －58.7kPa（或－0.0587MPa），而将第24条（测量满度）写入941.3kPa（或0.9413MPa）即可[4]，因此省力、省时又准确。

2.34 用凝结水量验证蒸汽流量计准确度

2.34.1 提问

用凝结水称重法验证蒸汽流量计准确度时应如何操作？

2.34.2 解答

(1) 用凝结水量验证蒸汽流量计的准确度

有许多蒸汽用户是取用蒸汽中的热量，此蒸汽经过流量表计量后，送用热设备，蒸汽放出热量后变成质量相等的凝结水，然后从疏水器排出。将一段时间内的凝结水收集起来，测量其质量，然后与同一段时间内蒸汽表所计的总量比较，验证蒸汽表的准确性，是在流量计安装使用现场经常使用的简单而易行的方法，但应注意下面两点。

① 凝结水在排出疏水器时总有少量的饱和水因突然减压而闪蒸变成蒸汽逃逸。进行总量比较时应予考虑。最好是将疏水器排入装有适量冷水的容器底部，从而使残余的蒸汽重新变成凝结水，测量之。

② 如果流经流量表的是饱和蒸汽，必须考虑其中夹带的水滴对平衡计算的影响。现在使用涡街流量计测量蒸汽流量的方法应用十分普遍，而涡街流量计对蒸汽中的水滴基本不响应（详见2.27节），而在疏水器的排出液中却包含了这些水滴，因此，如果蒸汽的湿度为5%，那么，凝结水总量比蒸汽流量表所计的总量高5%则属正常。困难的是蒸汽的湿度究竟是多少难以测量。在进流量计之前，如果管道上装有疏水器，则可将分层流动的水排放掉，这时蒸汽中的水滴含量约为0～5%（质量比）[4]。

(2) 利用蒸汽性质表中的数据计算疏水器出口逃逸的蒸汽质量

如果疏水器工作正常，管道内的蒸汽并不会通过疏水器排入大气。疏水器排水时，有蒸汽逸出其实不是疏水器漏汽，而是因疏水阀前的饱和水温度高于100℃，而从疏水阀出口排出的水必定为100℃（大气压力为101.325kPa时），两者之间的温差则为部分饱和水汽化提供了热量。

这部分蒸汽的质量可利用式(2.34）计算得到。

因为饱和水从疏水阀中排出属等焓变化，所以根据热量平衡方程式有下面的等式成立：

$$Qh=Q_Sh'+(Q-Q_S)h'' \tag{2.34}$$

式中 Q——从疏水器排出的流体总量，kg；

h——疏水阀前饱和水焓值，kJ/kg；

Q_S——疏水阀出口逃逸的蒸汽总量，kg；

h'——疏水阀出口逃逸的蒸汽的焓值，kJ/kg；

h''——疏水阀出口排入大气的热水焓值，kJ/kg。

例如，绝对压力为1MPa的饱和水从疏水阀排入大气，则$Q=1$kg，查蒸汽性质表得[7]：

$$h=762.61\text{kJ/kg}$$

$$h'\approx2675.4\text{kJ/kg}$$

$$h''\approx417.61\text{kJ/kg}$$

将已知数代入式(2.34) 得：$Q_S=0.153$kg。

这是个不小的比例。

2.35 同一根管道为什么管损相差悬殊

2.35.1 提问

上海某电厂通过5km长的$DN400$管道向一啤酒厂供过热蒸汽，20多天的管损统计显示，管损在8.1%～73.5%之间大幅度变化，具体数据如表2.1所列，这是什么原因？

表 2.1 蒸汽耗量和管损统计表

日期	电厂抄表数/t	供汽量/t	雪花啤酒抄表数/t	耗量/t	绝对管损/t	相对管损/%
2.17	5706	0	4215	0	0	0
2.18	5706	0	4215	0	0	0
2.19	5706	0	4215	0	0	0
2.20	5706	0	4215	0	0	0
2.21	5842	136	4251	36	100	73.5
2.22	6079	237	4434	183	54	22.8
2.23	6343	264	4638	204	60	22.8
2.24	6634	291	4868	230	61	21.0
2.25	6910	276	5083	215	61	22.1
2.26	7236	326	5356	273	53	16.3
2.27	7533	297	5601	245	52	17.5
2.28	7770	237	5766	165	72	30.4
3.1	7975	205	5909	143	62	30.2
3.2	8357	382	6260	351	31	8.1
3.3	8720	363	6587	327	36	9.9
3.4	8950	230	6742	155	75	32.6
3.5	9186	236	6897	155	81	34.3
3.6	9381	195	7023	126	69	35.4
3.7	9505	124	7068	45	79	63.7
3.8	9559	54	7082	14	40	74.0
3.9	9705	146	7155	73	73	50.0
3.10	9953	248	7324	169	79	31.9

2.35.2 分析

(1) 暖管消耗较多蒸汽

经分析，统计表的起讫日期为2010年2月17日到2010年3月10日。2月21日前因停汽，管道冷掉，2月21日春节后上班第一天要对管道进行加热。按照操作规程，管道升温不宜太快，5km的管线要花费数小时用户端蒸汽温度压力才能达到正常工况。所以开工第一天绝对管损高达100t，再加上啤酒厂上班第一天蒸汽管道也都处于预热状态，所以只使用了36t蒸汽，两个因素的共同作用使管损高达73.5%。

(2) 用汽量越小绝对管损越大

从统计表中数据清楚可见，用汽量越小，绝对管损越大。

在供热管网中为什么会存在管损？在忽略了管路的泄漏损耗之后，引发管路蒸汽损耗（管损）的原因就是管道的自然散热。管道的自然散热量与散热面积、管道的绝热保温品质以及管内温度与环境温度之差有关。在管道投入使用后，散热面积和绝热保温品质就可看作常数，上述的温差变化也不大，所以管道散热量可近似看作常数。

管道自然散热的热量来源与蒸汽的状态有关。当管道内的蒸汽处于过热状态时，热量来自蒸汽过热度的降低。当管道内的蒸汽处于饱和状态时，热量来自部分蒸汽变成凝结水时释放出来的凝结热。从蒸汽性质表可知[7]，绝压为1MPa的饱和蒸汽变成凝结水放出的凝结热量为2013.6kJ/kg，因此，管道自然散热损失的热量对于前者只表现为蒸汽品位的降低，对于后者则表现为蒸汽数量的损耗，即绝对管损。

用汽量小，绝对管损相应增大，原因有两个。第一个原因是管内蒸汽流速不同，单位质量的蒸汽损失的热量也不同。当管内蒸汽流速高时，就意味着单位时间流过某一段管道的蒸汽总量大，而单位时间内的自然散热量是常数，因此，单位质量蒸汽所分摊的热量损耗就小。在电厂减温减压器出口（或汽机背压出口）蒸汽均为过热状态，如果流量很小，则蒸汽在管道内输送很短的距离就会进入饱和状态，从而疏出凝结水，热损表现为管损。第二个原因是电厂所提供的蒸汽品位与蒸汽流量有关，当流量较大时，管道始端压力较高，温度可达330℃，蒸汽在整个5km长的管道内都有可能是过热状态。当流量很小时，管道始端压力较低，蒸汽温度只有230℃，由于流速太低，以过热状态在管道内流动只能持续很短的一段距离，因此，从疏水器中排出的凝结水量大幅增加。

(3) 由绝对管损计算相对管损也与用汽量有关

供热系统管损计算公式

$$R=\frac{\Delta Q}{Q_g}=\frac{Q_g-Q_f}{Q_g} \tag{2.35}$$

式中 R——管损率，%；

ΔQ——绝对管损，t；

Q_g——关口表所计总量，t；

Q_f——用户表所计总量，t。

2.35.3 结论

① 蒸汽管预热，蒸汽损耗量是巨大的。

② 用户端蒸汽用量太小时，供方蒸汽品位难以提高，导致绝对管损增大，相对管损升得更快。

2.36 用热量平衡法验证锅炉除氧器蒸汽流量的实例

2.36.1 提问

上海某大厦锅炉房的除氧器，耗汽流量用涡街流量计测量，由于流动脉动干扰，流量计严重偏高，锅炉工程师需计算出理论耗汽量。

已知：除氧器用压力为 $p=0.8$MPa（表压力）的饱和蒸汽直接加热进水，除氧器进水温度为45℃，出水温度为105℃，在锅炉产汽流量为15t/h的条件下，除氧器消耗蒸汽应为多少?

2.36.2 解答

计算：设除氧器加热蒸汽流量为 x kg/h，则除氧器进水流量应为（$15000-x$)kg/h，从蒸汽的压力参数查表知其焓值为2772.1kJ/kg（以0.9MPa绝压近似），105℃水的焓值为440.17kJ/kg，则1kg蒸汽变成105℃冷凝水放出的热量为2331.93kJ，则根据热量平衡关系下面的方程式成立：

单位质量蒸汽放热量×蒸汽流量＝水的比热容×(出水温度－进水温度)×进水流量

将已知数据代入上式得：

$$2331.93x=4.1868(105-45)(15000-x)$$

则

$$x=1811\text{kg/h}$$

除氧器顶部排放氧气的时候，还要带走少量蒸汽，排放量以加热耗汽量的3%计，则除氧器总汽量应为1865kg/h。

本例计算是建立在除氧器送出的除氧水全部进入锅炉，并全部变成蒸汽这一基础上，因此汽水系统不能有泄漏，测试期间不能排污，而且汽水采样损失的水量作忽略不计考虑。如果采样量较大而不容忽略，则应对损耗量作一测试或估算。

2.37 测量蒸汽的弹头形均速管小流量时误差大

2.37.1 存在问题

中石化某分公司在一根管的始端和末端各装一套弹头形均速管测量饱和蒸汽流量，其中一套从水平管道底部插入检测杆，另一套从水平管道下方45°插入检测杆，如图2.39所示。两套仪表示值在流量大时差异不大，流量小时差很多。

2.37.2 分析与诊断

(1) 差压信号传递失真

用差压式流量计测量蒸汽流量和湿气体流量时，要注意差压信号的传递失真，尤其是均速管流量计。

所谓差压信号传递失真，就是差压装置产生的差压信号传递到差压变送器时走了样。

引起差压信号传递失真的原因有多种。在本实例中，提问者是将弹头形断面检测杆从水

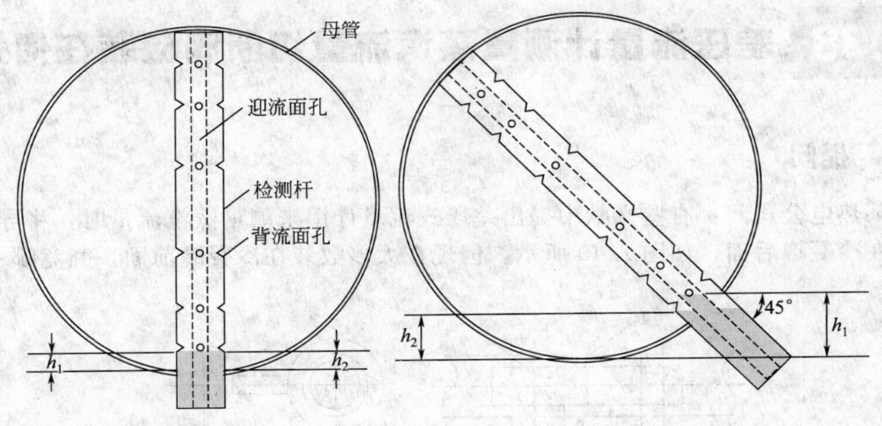

图 2.39　威力巴在水平蒸汽管上的安装

平管道的水平线下方 45°方向插入管道，如果被测流体为饱和蒸汽，则差压信号导压管内部的凝结水从检测杆最下部的测压口溢出，如图 2.39 所示。

当检测杆从水平管道下方（270°）插入时，迎流面测压孔高度与背流面测压孔高度相同，所以正压侧水位高度 h_1 与负压侧水位高度 h_2 相同，则不会引起差压信号的传递失真。

当检测杆从水平管道 45°（315°）方向插入时，由于几何学的原因，使得正压侧水位高度 h_1 比负压侧水位高度 h_2 高一些，则 $\Delta h = h_1 - h_2$ 即为传递失真值。当实际流量为零时，由于此差压存在，使流量计有一个流量显示值，从而出现“无中生有”现象。由于均速管流量计的差压上限本来就不大，这种传递失真引起的流量计零点偏差可能达到 10%～20%FS。

当检测杆从水平管道 225°方向插入时，正负压侧水位高度也不一样，引起的流量计零点偏差与 315°插入时相似。

(2) 为什么流量大时测量正常，流量小时误差大

其实，差压信号传递失真引起差压测量的绝对误差是相同的，但相对误差不同。当被测流量较大时，差压装置产生的差压信号幅值较大，对于低压蒸汽来说，约有几百毫米水柱，如果 $\Delta h = 10\text{mmH}_2\text{O}$，引起的差压测量误差约为几十分之一，于是人们感觉不到它的影响。但当被测流量较小时，差压装置产生的差压信号总共可能只有几毫米水柱，这时人们必定会感到误差的存在。

(3) 过热蒸汽时的情况

上面是对被测流体为饱和蒸汽时的分析，当被测流体为过热蒸汽时，情况有了变化。因为高速流动的过热蒸汽冲击检测杆时，为其提供热量，使其温度与过热蒸汽温度很接近，从而可能引起检测杆正负压侧空腔内的凝结水二次蒸发，导致正负压空腔内的水位高度低于正负压测压孔高度。由于没有办法保证 h_1 和 h_2 相等，所以这时差压传递失真又多了一个不确定因素。因此，检测杆只能从水平管道的水平方向插入。

(4) 菱形断面检测杆的情况

菱形断面均速管流量计测量蒸汽流量时，检测杆自带冷凝罐，不论被测流体是饱和蒸汽还是过热蒸汽，一般均从水平管道的水平方向插入蒸汽母管。

在菱形断面检测杆中，由于迎流面测压孔和背流面测压孔高度一致，所以一般不会引起差压信号的传递失真。

2.38 差压流量计测量蒸汽流量切断阀应装在何处

2.38.1 提问

宁波某热电公司问：有些文献中提出差压式流量计用来测量蒸汽流量时，将导压管上的切断阀装在冷凝罐后面，如图 2.40 所示。但现在大多数装在冷凝罐前面，究竟哪一个合理。

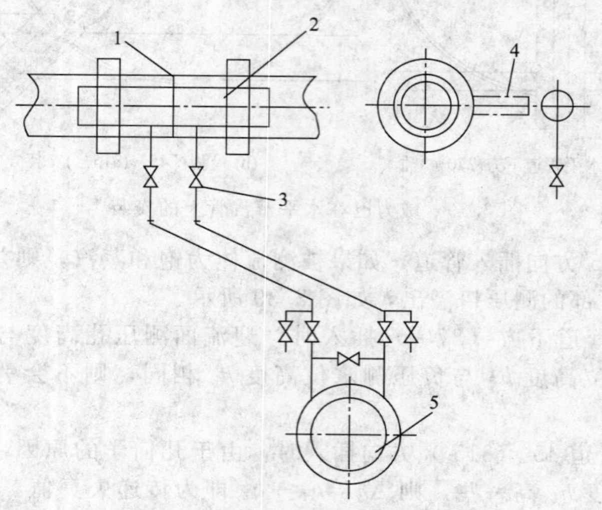

(a) 差压计装在节流装置下方

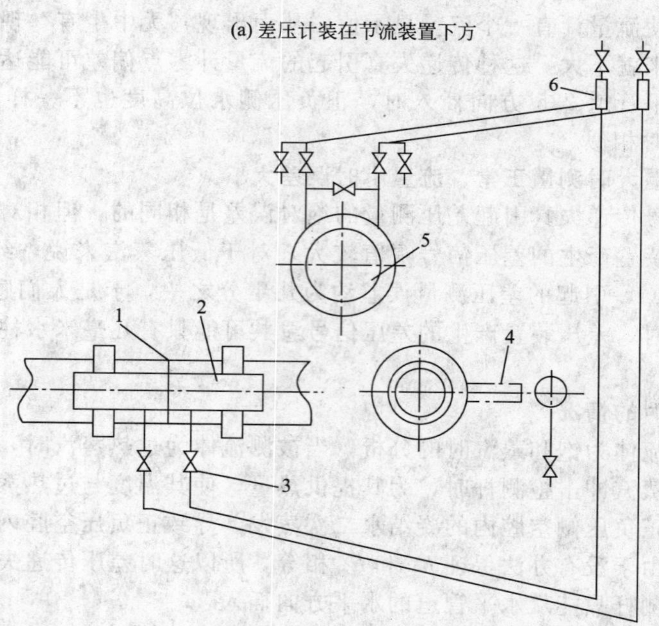

(b) 差压计装在节流装置上方

图 2.40 蒸汽流量测量管路示意图

1—差压装置；2—冷凝罐；3—阀门；4—保温层；5—差压计；6—集气器

2.38.2 解答

(1) 文献中的做法是合理的[23][24]

这要从冷凝罐的基本任务说起。冷凝罐的两个基本任务在2.7节做过简介。任务之一是将差压装置两个取压口之间的气相差压信号不失真地转换成凝结水的差压信号，从而将差压变送器与高温介质隔离开来。任务之二是在差压变化时，差压测量仪表（很早以前是差压计，现在是差压变送器）的正压室或负压室要从冷凝罐吸收一定容积的凝结水，由于冷凝罐截面积较大，所以罐内液面波动可忽略，从而可使差压计测量到的差压与差压装置送出的差压非常接近，这样可改善流量测量系统的动态特征。

随着差压变送器制造技术的改进，变送器内膜盒的面积和位移量越来越小，差压变化时从冷凝罐内吸收的凝结水容积可忽略不计，所以这第二项任务已基本取消。

从图2.40中可看到，切断阀之前的导压管和冷凝罐都是焊死的，不存在维修问题，设置切断阀主要是考虑切断阀下游仪表、导压管及管件的维修。

切断阀设置在冷凝罐的下方，对切断阀的型式也无过高要求，一般取针形阀，只要通径足够大，开表时能让管道内的空气顺畅上升，凝结水顺畅下降就行。

(2) 冷凝罐的其他任务

有设计者赋予冷凝罐除上述基本功能之外的其他功能，例如在其上方开一个防冻液充灌口，并在侧面开一个溢流口，这样冷凝罐前面如果无切断阀，就无法对这些口进行维修。所

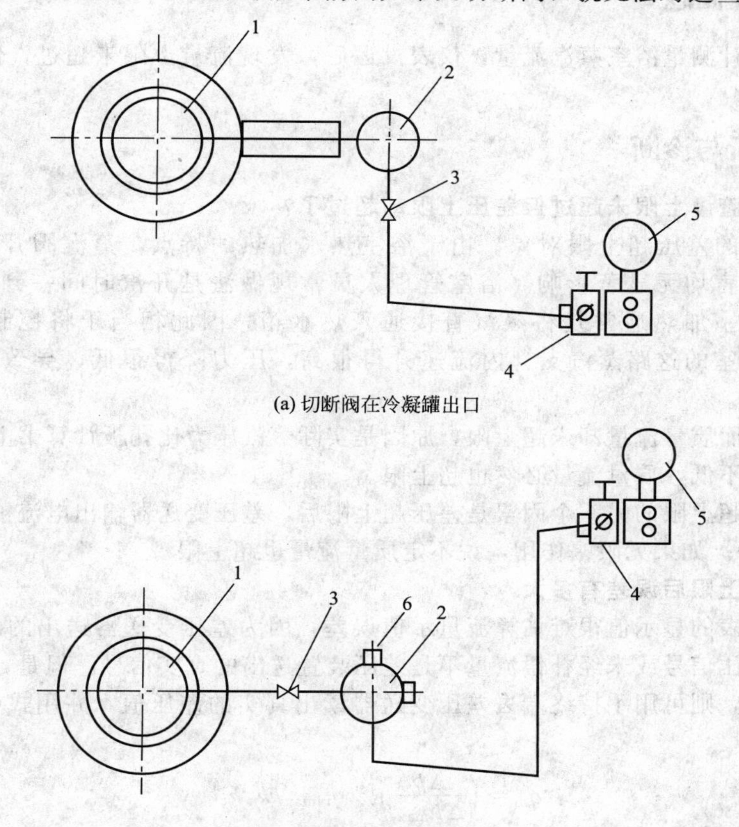

图2.41 蒸汽流量测量中的管路连接

1—差压装置；2—冷凝罐；3—切断阀；4—三阀组；5—差压变送器；6—充灌口

以，在冷凝罐与取压口之间增设一道阀，这道阀的选型要比冷凝罐下面的阀要求高。因为此处流体温度高，又因为要求直通，有些制造厂配来的针形阀问题很多。存在的问题已在 2.6 节作了介绍。

为了提高可靠性，设置在冷凝罐前面的切断阀应采用焊接方法与导压管连接。

(3) 对原有安装图的改进

图 2.40 中，差压流量测量仪表画的是差压计，在四五十年前差压变送器投入现场应用之前都是这个样子。不管差压计的型式是水银浮子式、环秤式，还是后来的膜片式、双波纹管式，都是这个样子。时间过去几十年，上述差压计早已进了历史博物馆，但文献上所画的图却没人去修改。

其实，差压计改成差压变送器后，图形可大大简化，阀门可以少装，集气器也可省掉，因为差压变送器高低室上的排气阀可以完成排气任务。改进后的安装图如图 2.41 所示。图中的水平段引压管保持规定坡度，使管内空气能顺畅地进入母管。如果没有坡度，则管内气体不容易排尽，有朝一日钻进高低压室，将会引起变送器的零点漂移。

2.39 浴室蒸汽流量计投运后差压超上限

2.39.1 存在问题

用孔板流量计测量浴室蒸汽流量，仪表投运后，发现流量上限未超过，但差压超上限，如何处理?

2.39.2 分析与诊断

(1) 为什么流量上限未超过但差压上限却超过了?

这是个典型的差压超上限对象。由于浴室热水加热的特点，蒸汽阀开得大一些和小一些对烧热水而言均无显著影响。浴室管理人员常规做法是开汽时间一到就将蒸汽控制阀开足。由于浴室加热通常是将蒸汽直接通入热水箱，因此相当于将控制阀出口放空，这样就使得去浴室的这路蒸汽支管内流速升得很高，压力降得很低，导致差压装置送出的差压超过上限。

差压超上限而质量流量却未超上限，原因是实际蒸汽压力比孔板计算书上的常用压力低得多，如果压力不低，质量流量必然也超上限。

质量流量未超上限的另一个因素是差压超上限后，差压变送器输出电流被限幅（一般被限定在 21.6mA)。如果无限幅作用，说不定质量流量也超上限。

(2) 差压超上限后误差有多大

从流量二次表的显示值很难估算流量示值误差，因为差压变送器送出的信号已被限幅，二次表显示的差压信号或未经补偿流量不是差压装置送出的真实信号。但是，如果差压变送器选的是智能型，则可用手持终端去差压变送器读出真实的差压值，并用式(2.36) 计算当前的真实流量[25]：

$$q_{\mathrm{m}}=\left(\frac{\Delta p}{\Delta p_{\max}}\right)^{1/2} q_{\mathrm{mmax}} k k_{\alpha} k_{\varepsilon} \tag{2.36}$$

式中 q_{m}——质量流量，kg/h；

Δp——差压，Pa；

$\Delta p_{\max}$——变送器满量程差压，Pa；

q_{mmax}——满量程流量，kg/h；

k——密度补偿系数；

k_{α}——流出系数非线性校正系数；

k_{ε}——可膨胀性系数校正系数。

当前二次仪表显示的质量流量值与根据式(2.36) 计算得到的流量值之差，即为差压超上限引起的误差。

(3) 如何处理

处理差压超上限的理想方法是根据流量计的实际运行参数重新确定差压上限，并与既有的差压装置 d_{20}、D_{20} 等参数一起重新计算满度流量等。

如果手头没有差压装置设计计算程序，则可在用手持终端观察到的最大差压基础上，适当放些余量，确定新的满量程差压，并按式(2.37) 重新计算满度流量：

$$q'_{\mathrm{mmax}}=\left(\frac{\Delta p'_{\max}}{\Delta p_{\max}}\right)^{1/2} q_{\mathrm{mmax}} \tag{2.37}$$

式中 q'_{mmax}——重新确定的满量程流量，kg/h；

$\Delta p'_{\max}$——重新确定的满量程差压，Pa；

$\Delta p_{\max}$——原有满量程差压，Pa；

q_{mmax}——原有满量程流量，kg/h。

如果二次表中已经使用流量系数（流出系数）非线性校正功能，也已经使用可膨胀性系数非线性校正功能，则按式(2.37) 作量程扩展后，仍能保证系统精确度。如果二次表中未使用上述两个非线性校正功能，按式(2.37) 作量程扩展后，流量示值略微偏高。

2.39.3 反馈的信息

提问者最后接受作者的建议，将满量程差压进行了扩展。

2.40 发现孔板计算书中介质密度数据有差错怎么办

2.40.1 提问

在技术档案核查中，发现孔板计算书中常用工况对应的流体密度数据有差错怎么办？

据提问者介绍，上海外供蒸汽量最大的一家热电厂，在上级机关来厂进行设备检查时，发现该厂用于外供蒸汽计量的一台大口径喷嘴流量计，其设计计算书中的常用工况介质密度有差错，比正确值小 2%。经向该台仪表的制造厂追查，是因这台差压装置生产时正值压力非法定计量单位（$\mathrm{kg/cm^2}$）向法定计量单位过渡。订货咨询单上订货单位提出的是 1MPa，但因制造厂的差压装置计算程序中，压力单位仍为 $\mathrm{kg/cm^2}$，于是操作人员就简单地用 $10\mathrm{kg/cm^2}$ 代替 1MPa 进行计算，于是介质密度就产生了 2%的偏差。

2.40.2 解答

密度出现误差后，引起的系统误差有多大？

这要先从差压流量计的密度补偿公式着手进行分析。在 2.39 节的式(2.36) 中，密度补偿系数可用式(2.38) 表示[25]：

$$k=\sqrt{\rho_{\mathrm{f}}/\rho_{\mathrm{d}}} \tag{2.38}$$

式中 k——密度补偿系数；

ρ_f——使用状态介质密度，kg/m³；

ρ_d——设计状态介质密度，kg/m³。

原有计算书中唯一的差错是介质密度与常用压力不相等。因为计算书中的 ρ_d 是 0.980665MPa 对应的密度。如果使用状态密度 ρ_f 与 ρ_d 相等，则按式(2.36) 计算得 $k=1.000$，但是二次仪表内通常是根据常用压力 p_d 和常用温度查出 ρ_d，即查表得到的密度比计算书中的密度大 2%，于是补偿系数就比应有值小约 1%。即

$$k'=\sqrt{\rho_f/1.02\rho_d}$$

式中 k'——流量演算器中实际得到的密度补偿系数；

ρ_d——设计状态介质密度（此处为 10kg/cm² 对应的密度），kg/m³。

所以，最后的结论是这一差错引起的流量测量误差为−1%。

2.40.3 整改建议

整改的方法有 3 个，由于差压装置已在使用，没有必要更换，因此这 3 个方法都是在不变更差压装置的前提下制订的。

① 根据 $p_d=1.0$MPa 常用压力查出正确的密度，重新计算差压上限 $\Delta p'_{max}$。

② 根据 $p_d=1.0$MPa 常用压力查出正确的密度，保持原有的差压上限不变，重新计算满度流量 q'_{mmax}。

③ 保持原有的满量程差压 Δp_{max} 和满量程流量 q'_{mmax} 不变，在流量二次表中，将"设计状态压力"（即常用压力）p_d 从 1.0MPa 改为 0.980665MPa。

这 3 个方法中，前两个方法完全不引入误差。而第 3 个方法，会引入 0.01%左右的误差，因为常用压力变化后，设计计算书中的可膨胀系数 ε_d 会有微小的变化。

2.40.4 反馈的信息

提问者最后采纳了第 3 个方法，因为前两个方法较麻烦。

2.41 总阀已关线性孔板流量计仍有流量指示

2.41.1 存在问题

图 2.42 所示的 ILVA 型线性孔板，用来测量蒸汽流量。总阀已关，仪表仍有流量指示。

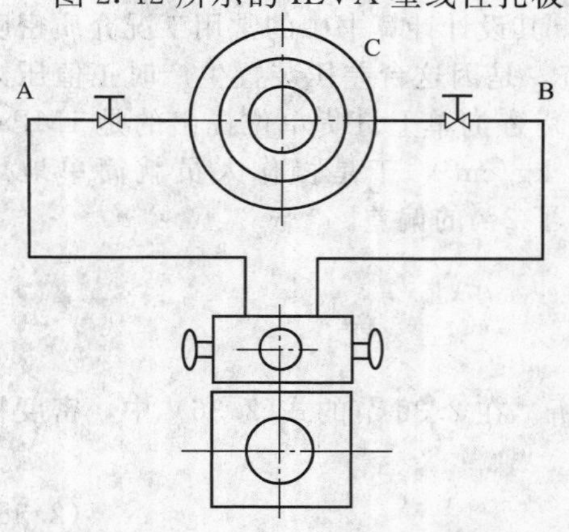

图 2.42 双向引出的孔板在管道上的安装

2.41.2 分析与诊断

(1) 安装高度差引起差压信号传递失真

ILVA 型线性孔板正负压导压管从圆周的两个水平方向引出，虽然未设冷凝罐，但图中的垂直导压管以下部分管内仍能充满凝结水。其中，正负压导压管内的水位高度对流量计的零位影响很大。

在蒸汽计量系统中，总阀如果关闭，假定总阀在流量计的下游，因管内流体已停止流动，则线性孔板正负端两个取压口之间的差压就为零，这时如果正负压管内凝结水的液位高度相同，则送入差压变送器的差压信号也为零。如果正负压管内凝结水

的高度不相同，则送入差压变送器的差压信号就不为零，于是仪表就有可能出现“无中生有”。

正负压导压管内水位高度不一致是由安装高度不一致引起的。在图 2.42 中，C 为线性孔板，其结构可参阅图 6.17。假定 A 为正压管，B 为负压管，则提问者所说的情况应是 A 端高，B 端低。A 端的液位高度就在垂直管与水平管的转弯处，而负压端液位高度则是在取压口处。由于线性孔板的外径较大（比管道内径大得多），水平管总长度（A、B 两点之间的距离）很长，在施工队安装时如果缺少水平度的检验手段，A、B 两点之间很容易出现高度差，而且即使存在 30mm 高度差，也难以用肉眼分辨。此高度差就按比例转换成液位高度差，从而引起差压信号的传递失真。

(2) 对流量示值影响的幅值

由于 ILVA 型线性孔板的满量程差压设计的数值较高（约为 5080mmH_2O，折合 49.82kPa)，再加上线性孔板的流量与差压之间呈线性关系的特点，所以上述的差压变化对流量示值影响却不大，例如液位高度差以 25mm 计，引起的流量差约为 0.5% FS。

(3) 对量程范围内的各点都在起作用

由于仪表安装完毕高度差一直存在，而且由此因素引起的差压信号失真值不因流量大小而改变，所以对全量程范围内的流量示值都起作用。

(4) 纠正方法

纠正的方法是松开夹持法兰的螺栓，将 ILVA 旋转一个角度，使 A、B 两点在同一水平面上。

2.41.3 讨论

(1) 普遍意义

讨论这一问题具有普遍意义。因为弯管流量计、阿牛巴流量计等具有相似情况。

在用弯管流量计测量蒸汽流量时，差压信号管中的一根从弯头的外圈引出，另一根从弯头的内圈引出，A、B 两点之间的距离较远，如果安装时存在高度差，也会引起差压信号的传递失真。

(2) 对流量示值影响更大

弯管流量计是利用流体以一定的速度流过 90°弯时，在 90°弯的外圈和内圈两个取压口之间产生压差信号的原理工作的。由于流体密度和流速的不同，产生的压差信号幅值也不同，但与 ILVA 型线性孔板相比都小得多。更不利的因素是弯管流量计的平方根分度特性，即流过 90°弯的流量与差压值的平方根成正比。

例如，某台弯管流量计的满量程差压值为 5kPa，如果在流量为零时，仍有 1mmH_2O（约 10Pa）的差压，这时相应的流量示值为：

$$
\begin{aligned}
q &= \left(\frac{\Delta p}{\Delta p_{\max}}\right)^{1/2} \\
&= (10/5000)^{1/2} \\
&= 4.5\%
\end{aligned}
$$

式中 q——流量，kg/h 或 m^3/h（标准状态）等；

Δp——差压，Pa；

$\Delta p_{\max}$——差压上限，Pa。

(3) 阿牛巴流量计情况也相似

阿牛巴流量计由于其测量原理的原因，差压上限也不高，在用来测量蒸汽流量时也容易引发“无中生有”的现象。

参考文献

[1] GB/T 2624—2006 用安装在圆形截面管道中的差压装置测量满管流体流量.
[2] 王建忠，纪纲. 差压流量计范围度问题研究. 自动化仪表，2005 (8).
[3] 王建忠，纪纲. 节流式差压流量计为何仍有优势. 自动化仪表，2006 (7).
[4] 纪纲. 流量测量仪表应用技巧. 第二版. 北京：化学工业出版社，2009.
[5] 纪纲. 蒸汽相变对流量测量的影响（一）. 医药工程设计，2001 (1)：37～39.
[6] 国家质检总局计量司等组编. 2008 全国能源计量优秀论文集. 北京：中国计量出版社，2008：554～559.
[7] 王森，纪纲. 仪表常用数据手册. 第二版. 北京：化学工业出版社，2006.
[8] 姜仲霞，姜川涛，刘桂芳. 涡街流量计. 北京：中国石化出版社，2006.
[9] GB/T 21446—2008 用标准孔板流量计测量天然气流量.
[10] 钱汉成，李强，纪纲. 蒸汽流量测量误差三例. 自动化仪表，2001，(4)：50～51，54.
[11] [日] 横河电机. 計装メーカが書いたフイールド機器・虎の巻. 工業技術社，2001.
[12] 林宗虎. 气液固多相流测量. 北京：中国计量出版社，1988.
[13] CJJ105—2005 城镇供热管网结构设计规范.
[14] JB/T 8622—1997 工业铂热电阻技术条件及分度表. 1998.
[15] 刘政利，纪纲. 流量计小信号切除的最优化. 自动化仪表，2007 (10)：51～54.
[16] JJG1003—2005 流量积算仪检定规程.
[17] 余小寅，纪纲. 流量测量应用技术—热能贸易结算中的计量要求及表计功能（二）. 医药工程设计，2001 (2)：33～36.
[18] 陈茹. 安装 SCADA 系统应考虑的问题. 自动化仪表，1999 (5)：44.
[19] 汪里迈，纪纲. 蒸汽流量测量中的温压补偿实施方案. 石油化工自动化，1998 (3)：39～42.
[20] 纪纲. 蒸汽相变对流量测量的影响（一）. 医药工程设计，2001 (1)：37～39.
[21] 寿永祥，纪纲. 探索热能贸易中公正与准确计量的方法. 中国工业计量，2009 (10)：70～72.
[22] 苏彦勋，梁国伟，盛健. 流量计量与测试. 第二版. 北京：中国计量出版社，2007.
[23] 孙淮清，王建中. 流量测量节流装置设计手册. 第二版. 北京：化学工业出版社，2005.
[24] 蔡武昌，孙淮清，纪纲. 流量测量方法和仪表的选用. 北京：化学工业出版社，2001.
[25] 纪纲，蔡武昌，流量演算器. 自动化仪表，2000，(10).

第3章 气体流量测量系统

本章引言

本章所讨论的实例被测流体全部为气体。所涉及的流量计大多数为差压流量计（含非标型），其余为涡街流量计、热式流量计和超声流量计。问题的关键原因有：

① 差压装置均压环内积液，引起差压信号传递失真，计 1 例；

② 差压信号传输通道内，差压变送器高低压室内积液，引起差压信号传递失真，计 3 例；

③ 引压管内和差压变送器高低压室内有结晶物，影响差压信号的正常传递和差压变送器的正常工作，计 1 例；

④ 湿气体冬季结冰，使差压装置内流通截面积减小，计 1 例；

⑤ 气体带凝析油，将阿牛巴检测杆上的取压孔堵塞，计 1 例；

⑥ 管道内壁结垢，文丘里管喉部结垢，计 3 例；

⑦ 被测气体带液，平均密度偏离设计值，计 1 例；

⑧ 被测气体组分与设计时偏离太多，计 3 例；

⑨ 将湿气体总量测量结果当作湿气体干部分测量结果，计 1 例；

⑩ 阿牛巴流量计检测杆安装不合理，计 1 例；

⑪ 涡街流量计选型不合理，计 1 例。

每一个实例的关键原因详见本章各节的分析和本书附录 E：关键原因索引。

3.1 空压机排气流量比额定排气量大很多

3.1.1 提问

上海某柴油机股份公司 3 个空压站共 14 台空压机，每台机出口均装有孔板流量计，早期因不带温度压力补偿，误差较大。1997 年改造中，差压变送器改用 STD 920 型，流量演算器改用 FC6000 型，技术水平有了提高，但怀疑计量结果有问题。

① 测量得到的空压机排气量，夏季比空压机铭牌数据略小，但冬季比铭牌数据大得多。

② 这些空压机大多已是使用 40 年的老机器，排气量如此大不可能。

3.1.2 分析

空压机排气量为什么冬季比夏季大？原因主要有两个，一是冬季空气密度大，二是夏季大气含水率高。

① 空气密度与温度的关系

往复式压缩机属于一种正排量（Positive displacement）压缩机，即活塞的行程是固定的，（一段气缸内）活塞每往复一次就有恒定体积的气体被吸入，送到其出口。而吸入气体的密度却是随温度而变化的，它们之间的关系在忽略了压缩系数的影响之后，可用式(3.1)表示：

$$\rho_f=\frac{p_f T_n}{p_n T_f}\rho_n \tag{3.1}$$

式中 ρ_f——当前状态气体密度，kg/m³；

p_f——工作状态流体绝对压力，MPa；

p_n——标准状态流体绝对压力，MPa（$p_n=0.101325$MPa)；

T_n——标准状态热力学温度，K（$T_n=293.15$K)；

T_f——使用状态热力学温度，K；

ρ_n——标准状态气体密度，kg/m³。

下面举例说明。夏季温度以30℃计，冬季温度以0℃计。

令 $p_f=p_n$，在 $T_f=T_n$（相当于20℃）时，$\rho_f=\rho_n$；

在夏季，令 $p_f=p_n$，则 $T_f=30℃=303.15$K，代入式(3.1)得

$$\begin{aligned}\rho_{30}&=\frac{T_n}{T_f}\rho_n\\&=\frac{293.15}{303.15}\rho_n\\&=0.9670\rho_n\end{aligned} \tag{3.2}$$

式中 ρ_{30}——30℃时空气密度，kg/m³。

在冬季，令 $p_f=p_n$，则 $T_f=0℃=273.15$K，代入式(3.1)得

$$\begin{aligned}\rho_0&=\frac{T_n}{T_f}\rho_n\\&=\frac{293.15}{273.15}\rho_n\\&=1.0732\rho_n\end{aligned} \tag{3.3}$$

式中 ρ_0——0℃时空气密度，kg/m³。

将式(3.3)除以式(3.2)得

$$\frac{\rho_0}{\rho_{30}}=1.1098$$

由此可见，冬季大气密度比夏季空气密度大10%以上。

空气密度增大，活塞往复一次吸入气体的质量流量也相应增大，压缩机出口质量流量也相应增大，换算到标准状态的体积流量也成正比地增大。

② 夏季大气含水率高

大气中的饱和水含量是大气温度的函数（见表3.1），温度越高，饱和分压越高。尽管大气中的实际含水率不一定达到饱和程度，但在体积被压缩到原来的几分之一到十几分之一后，一般都要达到饱和程度。这时，空压机出口的空冷器出口就有很多水被疏出，于是，安装在空冷器后面的空气流量计测量出的流量，就比空压机的大气吸入口流量少一块。从表3.1可看出，严重的时候可高达3%左右。

表 3.1 空气中水分饱和含量[1]

空气温度 t/℃	0	10	20	30	40	50	60	70	80
饱和水蒸气压力 p_s/kPa	0.6080	1.2258	2.3340	4.2463	7.3746	12.337	19.917	31.156	47.356
饱和水蒸气密度 ρ/(kg/m^3)	0.0048	0.0094	0.0173	0.0304	0.0512	0.083	0.1302	0.1982	0.2934

3.1.3 讨论

空气压缩机毕竟不是计量器具，它没有准确度的概念，它的铭牌上给出的额定排气量也有−5%～+15%的允许误差[2]。所以，流量计在冬季给出的流量值高于铭牌数据是正常的。

3.1.4 反馈信息

上述分析，提问者接受了。

3.2 空气流量计示值偏高

3.2.1 存在问题

某化工生产流程中的一台空气孔板流量计示值偏高，清扫引压管线虽排出几滴水，仍未见好转。差压变送器零位偏高，怀疑差压变送器高低压室积水。差压装置与差压变送器的安装如图 3.1(a) 所示。

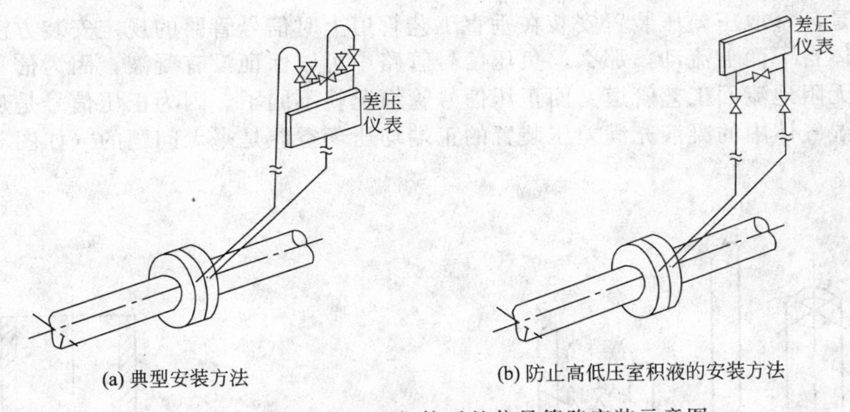

图 3.1 被测流体为湿气体时的信号管路安装示意图

3.2.2 分析与诊断

(1) 高低压室内积水的处理

图 3.1(a) 所示是典型的节流式差压流量计信号管路安装图，在被测流体为湿气体时，冷凝液理应不会进入差压变送器高低压室，但从现场反馈信息来看，实际情况是有时还会有微量水滴进入高低压室。变送器差压范围较低时，此微量水滴会引起仪表零点的明显漂移。有些差压变送器设计有两个排放口，打开下排放口就可将凝液顺利排出。但是早期变送器只有中部的一只排放口，打开此口无法将高低压室内的凝液排净。最后只得将变送器拆下，将冷凝液从信号输入口中倾倒出来。

(2) 一劳永逸的解决方法

故障虽已处理，但过一段时间水还会积，经常排污又很麻烦，所以需要一个一劳永逸的方法。

高低压室内积液的现象，经进一步分析，应该是变送器上方的一段管路由于环境温度变化，将信号管中的水汽冷凝而沿着信号管往下流入高低压室。

防止冷凝液流入高低压室最简单易行的方法是消除变送器上方的一段信号管路，将信号管路从下方引入变送器，如图 3.1(b) 所示，这样，即使高低压室内有微量冷凝液，也能依靠其自身重力沿着管路自动流回母管或沉降器。

3.2.3 反馈的信息

该厂相同性质的流量计安装方法都按图 3.1(b) 进行了改进，从此根除了差压变送器高低压室积水，也省却了维护。

3.3 用环室孔板流量计测量湿空气流量示值渐低

3.3.1 现象

用环室孔板流量计测量湿空气流量，正负压管扫线后示值正常，但数小时后，流量示值逐渐变小。

3.3.2 检查与分析

图 3.2 是环室取压差压装置安装在垂直工艺管道上时信号管路的规定安装方法。假定工艺管道中气体自下而上流动，那么，负压信号管路中可以保证没有凝液，因为信号管路内的凝液能畅通无阻地流回工艺管道。而正压信号管情况就不同了。因为正压信号是从均压环引出的，被测湿气体中的凝液充满差压装置的正端均压环空腔是毫无问题的（如图 3.3 所示），

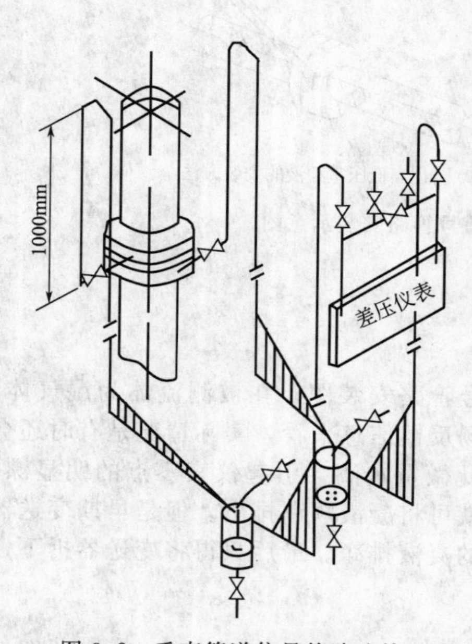

图 3.2 垂直管道信号管路连接

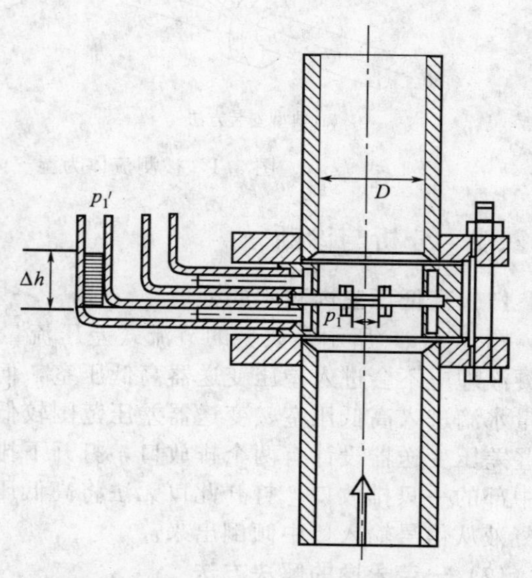

图 3.3 正压管内积水对压力信号传递的影响

在正压管内气体压力同节流件正压端完全相等时，U形管两边液位高度相等。在此基础上，如果节流件正端压力上升，则将均压环空腔中的水压向信号管路，按照流体静力学关系式可知，正压管内的压力比节流件正端压力低一些，其数值同U形管两边液位高度差相等，从而引起差压信号的传递失真。

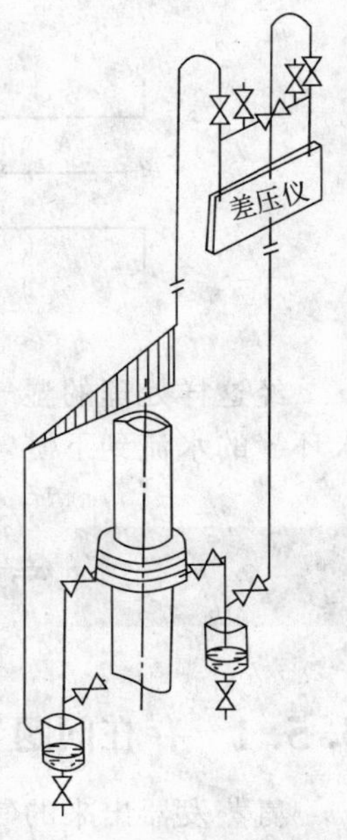

图 3.4 垂直管道信号管路连接图

清除信号管内积水的临时方法是扫线，依靠工艺管中的压力足够高的气体将积水冲走排到管外。但不久又依然如故。

彻底清除上面所述管路内积水的方法是将差压装置取压方法改为法兰 1in 取压或 D-$D/2$ 径距取压。

图 3.4 所示的信号管路连接方法，也是有关资料中推荐的用于湿气体流量测量的典型连接方法。但是在大管径孔板流量计中，也存在一些问题。尤其是在雨天、雾天和大气湿度高的季节，空气中夹带的水较多，水滴自下而上撞击在节流件上，其中一部分进入均压环的空腔，进而流入沉降器，于是沉降器很容易被装满，现场巡回检查时，每天都可以排出很多水，如果遇上假日无人排污，就极有可能水满为患。

另一个方法是利用冷凝水作介质传递差压信号。差压信号管的连接如图 2.36 所示。流量计投运前，先在冷凝罐内灌满水，投运后，由湿气体中的小水滴，维持罐内液位。

3.4 内锥流量计测量湿气体流量冬季结冰示值偏高 50%

3.4.1 提问

内锥流量计用来测量湿气体流量，冬季结冰引起流量示值升高 50%，如何处理。

3.4.2 解答

(1) 冰冻灾害的普遍性

人们熟知冰冻对供电、供水、交通、农业等行业的影响，其实，冰冻对仪表的影响也是巨大的，例如将水表冻坏。在工厂里，每年都有很多蒸汽流量计因引压管结冰而无法正常测量。有很多差压变送器、压力变送器膜盒因结冰而损坏。甚至有因仪表压缩空气管道结冰，引起仪表气源停供，导致全厂停车的事故。所以，内锥流量计结冰只是提问者遇到的一次单一事件。

(2) 内锥结冰为什么流量示值升高

内锥流量计用来测量湿气体流量具有一定的优势，因为湿气体在管道中流动，如果有冷凝水析出，可以顺畅地通过内锥流量计，而不会在节流件前积水。

在寒冷季节，如果内锥节流件处温度低于零度，上游流过来的水就会在锥体下方结冰，使流通面积缩小。冰先是在锥体下方的缝隙中形成，如图 3.5 所示。由于通道被堵，结冰的区域会逐渐扩大。提问者所述流量示值升高 50%，就意味着环形流通面积缩小了 33%左右。

(3) 处理方法

根本的方法是使气体不要带水，例如仪表压缩空气在从空压站送出之前就经干燥处理。如果做不到不带水，则在进入流量计之前将管道底部的水排放掉。

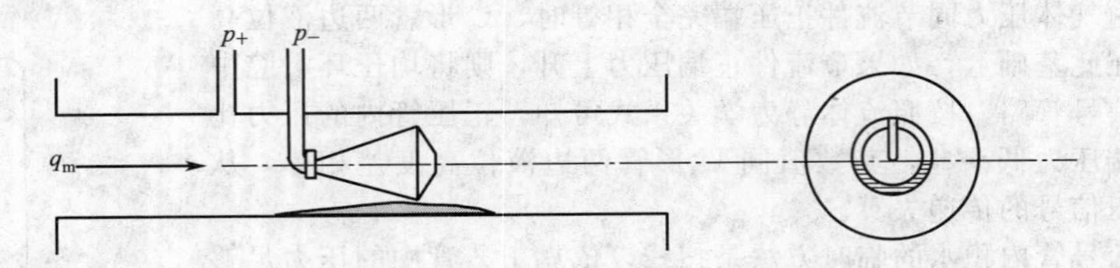

图 3.5 内锥节流件环缝结冰示意图

经这样处理的湿气体，所含液态水已经不多，可对节流件处的管道进行伴热保温，使进入环缝的水流到下游，就不会在内锥的环缝内结冰。

3.5 气态氨流量测量零漂大

3.5.1 存在问题

氨蒸发器出来的气态氨经过热器升到100℃后，用威力巴流量计测流量。正常生产时未发现有什么问题，但停车时仍有百分之十几的流量显示，检查差压变送器的零位，很准。

3.5.2 分析与诊断

(1) 诊断与分析

提问者所提的是差压式流量计零点漂移问题，将三阀组（或五阀组）高低压阀关闭一个，平衡阀打开，检查差压变送器零点正常，但关闭平衡阀，进行流量测量时，本应指示零却有流量显示。这时，工艺管内流体已停止流动，检测件送出的差压肯定为零。

在测量蒸气流量时，常常会碰到这种问题。差压变送器所接收到的差压信号（也就是百分之十几流量对应的差压）是如何产生的？很简单，是在从检测件到差压变送器这一段的信号传输过程中产生的，很多情况下是在三阀组内生成的。

被测流体为蒸汽时，流体在工艺管内为气态，但在三阀组内，金属材料的散热，使流体温度降低，凝结成液体，这些凝液本应流回母管，但因三阀组通径太小，再加上流路复杂，以致被吊在流路中，使检测件送出的零差压信号出现传递失真。

(2) 检查与处理

要确定问题是否由结凝液引起，可采用清除三阀组内凝液的方法。如果母管内还有压力，可采用排污的方法清除流路中的凝液，如果母管内已无压力，可采用外加气体吹扫的方法清除流路内的凝液。但是清除之后，用不了多久又会生成。

像这样的情况，三阀组积的凝液并不会多。如果正负压通道都积液，可能两个通道积液不对称，差异可能也只有几毫米。因为差压式流量计的流量示值与差压的平方根成正比，而且，威力巴测量气体流量时，其满度对应的差压值本来就很小，所以，很小的差压传递失真就会有百分之十几的流量显示。

3.5.3 整改方法

一劳永逸的解决方法是设法不让凝液在差压信号传输通道中和差压变送器高低压室内形成，例如采用伴热保温的方法将三阀组和差压变送器温度保持在不结凝液的温度。

3.6 阿牛巴流量计只正常测量两小时

3.6.1 存在问题

上海某铁合金厂用阿牛巴流量计测量进入焙铬矿窑炉的煤气流量，仪表投入运行后 2 小时之内指示正常，但以后流量示值就降到零，再也没有升起来过，引压管排污也排不出液体。

3.6.2 分析与诊断

(1) 工艺流程和仪表安装

该测量点的煤气来自电炉的荒煤气，由于该煤气中灰尘含量较高，所以净化过程中先经水洗工序。煤气中的水分含量达饱和状态，即相对湿度为100%。甚至管道底部还有少量分层流动的水。

煤气管水平铺设，差压变送器安装在与煤气管同一个标高。而且阿牛巴正负压管根部阀后还设置有冷凝圈。如图 3.6 所示。

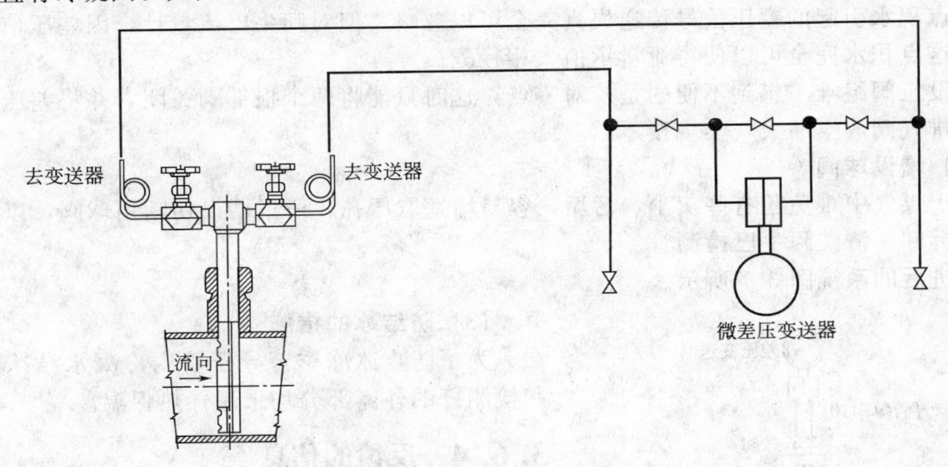

图 3.6 流量计安装图

(2) 流量计指示零的原因

从图 3.6 分析，原设计是将该测量点当干气体处理，但被测流体中水汽是客观存在的，冷凝水在针形阀和冷凝圈内都会聚集，影响差压信号的传递。由于此类煤气都是低压输送，所以，低静压、低流速、大管径是它们的共同特点。又由于这个特点，使得阿牛巴输出的差压信号很小，一般只有几十帕到二百帕。有关文献表明[3]，当流体为常温常压的空气时，如果流速为 10m/s，差压只有 62.5Pa。如果流速为 20m/s，差压也只有 250Pa，这样，差压信号管内的一滴水，将差压信号传输通道封住，就足以将此差压信号全部抵消掉。

(3) 差压信号管内为什么排不出水

用排污扫线的方法将冷凝水从针形阀、冷凝圈内吹扫出去，从排污口排出，必须克服冷凝圈后面的高度差，但煤气管内静压太低，一般只有 10kPa 左右，无法将水滴扫尽，因此，导压管内一旦积水，就使流量示值无法恢复正常。

3.6.3 改进方法

(1) 防止导压管内积水的措施

对该阿牛巴流量计进行改进的首要任务，是防止差压信号导压管内及差压变送器高低压室内积水。

① 阿牛巴流量计本体的改进

市场上采购的阿牛巴流量计，本体结构一般为两个侧面取压，并配针形切断阀[4]，如图 3.6 所示。由于针形阀的通径较小，而且低进高出的结构也不适合测量湿气体，这就为冷凝水在通道内的聚集创造了条件。

改进的方法：一是将侧面开孔改为顶部开孔；二是将针形切断阀改为球阀[5]。

② 差压变送器安装方式的改进

差压变送器安装位置如果低于阿牛巴取压阀的最高点，就要注意湿气体在高低压室内析出冷凝水。所以，将差压变送器安装在阿牛巴的上方，并且将差压变送器的差压信号接入口布置在下方，这样，在高低压室内即使生成冷凝液，依靠其自身重力也能顺畅地流回母管[6]。

③ 不设三阀组

目前市场上供应的定型三阀组（或五阀组）用来测量湿气体时，通道内部易积水，因为其通径较小，流路复杂，积水量不多，对于标准差压装置等差压信号幅值较大的测量点来说，这点积水引起的差压信号传递失真完全可以忽略，但对阿牛巴流量计，因差压信号实在太小，这点积水完全可以使得流量示值大相径庭。

不设三阀组唯一感到不便的是校对零点，这时只能将两个根部阀关闭，并将差压变送器上两个排气阀放空通大气实现校零。

(2) 增设球阀[7]

由于煤气中难免还有些灰尘、污垢，容易堵塞取压孔，所以增设切断用球阀，以便实现不断流拆卸，清洗阿牛巴检测管。

改进后的系统图 3.7 所示。

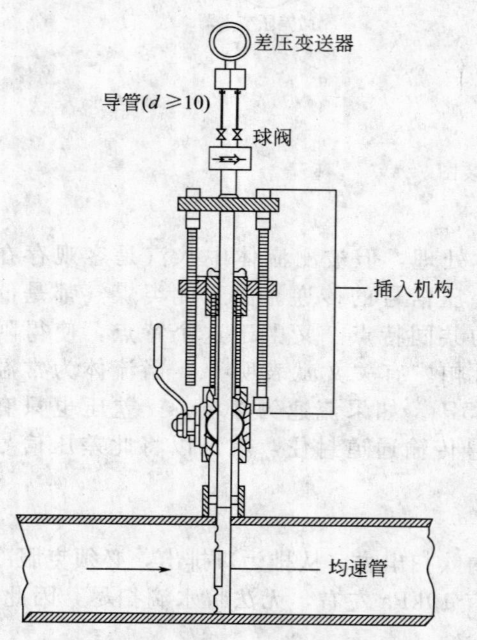

图 3.7 用阿牛巴流量计测量湿煤气流量

(3) 防结冰的措施

为了防止冰冻季节导压管内冷凝水结冰，球阀和检测杆的外露部分均采用伴热保温。

3.6.4 反馈的信息

该计量点作了上述改进后，仪表能长期稳定运行。每 3 个月抽出检测杆检查清洗一次，也曾发生过检测杆上取压孔被堵事件。

3.6.5 讨论

(1) 关于差压变送器的安装[6]

微差压变送器安装地点应尽量避免振动。与均速管配用的微差压变送器，其差压测量范围很小，膜盒面积较大，对振动非常敏感，受振动以后膜片受到相应的作用力，因而输出信号产生相应的变化。变送器受振动而产生的零位输出表现为随机特征，但是振动越剧烈，变送器输出的代表差压的电流信号上下摆动的幅度也越大。在被测流量相对较

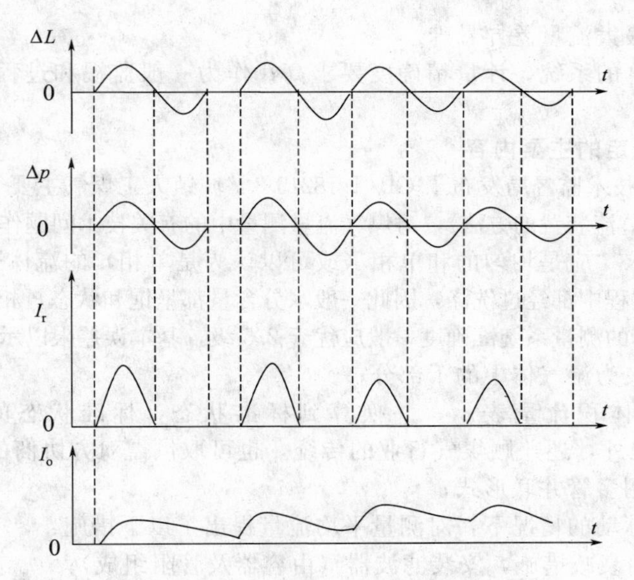

图 3.8 振动引起差压式流量计零点升高

ΔL—膜片位移；Δp—差压输出；I_r—开平方输出；I_o—流量信号输出

高时，差压的这种上下摆动不会对流量测量结果造成严重后果，因为差压的均值没有变，但在被测流量为零时，则会造成流量零位升高，因为此振动干扰信号的正值经开方后，相对值放大了若干倍，而其负值经开方后输出为零，最后使流量零点示值升高，见图 3.8，这就是振动导致这种流量计零点升高的本质原因。

振动引起的这种流量零点升高容易给人以错觉，因为它同由于安装位置倾斜等因素引起的零点漂移叠加在一起。其实，振动引起的差压输出变化是双向的，其时间均值倒可能为零，所以当流量为常用流量值时，这种振动的影响只表现为流量示值上下摆动，其平均值基本不变。如果急于将仪表零位调低，倒是引起正常测量时的示值偏低。

振动引起的流量计零点示值升高与变送器安装位置倾斜等原因引起的零点漂移，在流量计示值变化规律上也有明显的区别，后者表现为示值虽不为零但很稳定或只随时间缓慢地变化，而前者表现为频繁地摆动。由于难以将这两种影响共同作用的结果拆开来，所以最好的办法是选择一处振动小的地方安装差压变送器。

消除或减小振动对差压式流量计零点影响的另一个有效方法，是为差压变送器选择适当的阻尼时间，也可在二次表的流量信号输入端增设阻容滤波环节。

微差压变送器还应避免阳光的直接照射。由于阳光直接照射使表体的向阳侧温度升高，而背阳侧温度却较低，这一温差引起变送器某些零部件几何尺寸及其他有关参数产生不对称变化，导致变送器零位出现明显漂移。这种漂移还与时间有关，因为不同的时刻太阳照在表体的不同部位：上午照在表体的东面；中午照在表体的南面；下午照在表体的西面。

(2) 煤气流量测量的特点

① 流体静压低、流速低，允许压损小，一般不允许用缩小管径的方法提高流速。

② 流体湿度高，有些测量对象还带少量水，在管道底部作分层流动。

③ 有的测量对象氢含量高，流体密度小，用涡街流量计测量时，信号较弱。

④ 煤气发生炉、焦炉等产出的煤气一般带焦油之类的黏稠物，有的还带一定数量尘埃。

⑤ 测量点位于压气机出口时，存在一定的流动脉动。

⑥ 流体属易燃易爆介质，仪表有防爆要求。

⑦ 从小到大各种管径都有。

⑧ 最小流量与最大流量差异悬殊。

⑨ 用于贸易结算的系统，计量精确度要求高；作为一般监视和过程控制的系统，精确度要求则低一些。

(3) 国家标准规定的主要内容[8]

2000 年国家质量技术监督局发布了 GB/T 18215.1《城镇人工煤气主要管道流量测量　第一部分：采用标准孔板节流装置的方法》，对煤气流量测量中的有关技术问题作了规定，其中：

① 对流体的要求“应是均匀的和单相（或可以认为是单相）的流体”；

② 煤气在净化过程中都经过洗涤，因此一般水分含量都呈饱和状态，相对湿度为 100%；

③ 用于贸易结算的测量系统准确度一般应优于 2.5 级，基本误差限以示值的百分比表示；

④ 煤气流量定义为湿气体中的干部分；

⑤ 测量结果以体积流量表示，并换算到标准状态，标准状态的定义除了一般取 101.325kPa、20℃之外，还兼顾煤气行业的传统，也可取供需双方协商的其他温压和湿度；

⑥ 差压装置采用多管并联形式；

⑦ 在存在流动脉动的情况下，对测量平均流量提出了以下措施：

a. 在管线上采用衰减措施，安装滤波器（由容器及管阻组成）；

b. 仪表检测件尽量远离脉动源；

c. 采用尽量大的 β 和 Δp，在测量处减小管道直径；

d. 管线、仪表支架安装牢固；

e. 两根差压引压管阻力对称。

3.7 T 型阿牛巴流量计未插到底引出的负压气体流量问题

3.7.1 存在问题

某烟草公司用 T 型阿牛巴流量计配了 3095MV 多变量变送器测量负压空气流量，流量显示值比实际值低 30%，检查安装情况，发现检测杆未插到底。

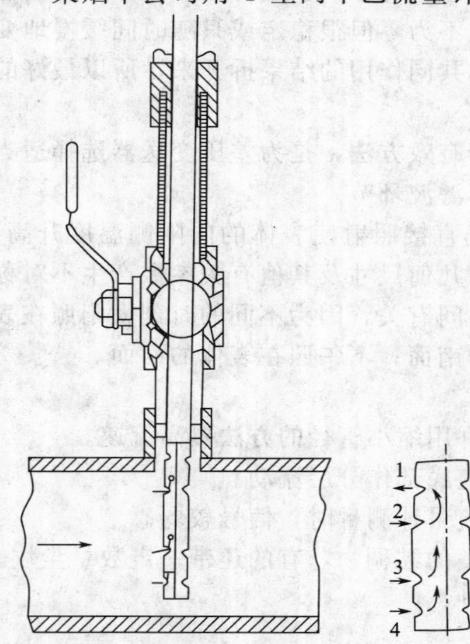

图 3.9　检测杆 1# 孔泄压示意

3.7.2 分析与诊断

(1) 为什么检测杆未插到底

T 型阿牛巴质量流量计是罗斯蒙特公司的产品，在插入机构与配套球阀手柄不碰时，检测杆才能插到底，而检测杆的迎流面要求与流体流动方向垂直，所以，插入测量管的方位是唯一的。而球阀与配套连接管旋紧时，其手柄的方位不一定在最合适位置，弄得不巧就会与插入机构相碰，引出本例所发生的问题。

解决的方法是安装球阀时，先考虑好最合理的方位，适可而止。

(2) 检测管未插到底为什么会偏低

为了分析原因，用相类似的如图 3.9 所示的四孔阿牛巴进行分析。在图 3.9 中，由于检测杆未插到底，所以 4 个孔中的 3 个孔（2＃、3＃、4＃）受到高速运动的流体的冲击，而 1＃孔因藏在连接管内，所以未受到流体的冲击，也即未为正端取压口总压的升高做贡献。不仅如此，由于 2＃、3＃、4＃ 3 个迎流面孔的作用使得正端取压口的总压高于管内静压，所以正端连接管的流体经 1＃孔流回母管，如图中的箭头所示。

由此可见，不管是 T 型阿牛巴还是菱形阿牛巴或威力巴，检测杆都必须插到底。

3.7.3 反馈的信息

该流量计检测杆的安装，在采取措施将检测杆插到底后，流量示值即正常。

3.7.4 用 T 型阿牛巴流量计测量负压空气流量

用 T 型阿牛巴流量计测量负压空气流量是个很好的方法[9]。

负压空气流量测量对象并不太多，但常见于需要负压空气的生产流程，如卷烟的生产过程中。

负压空气同样是含能工质，在各行各业重视节能减排的今天，对负压空气的耗量也进行了计量，以便进行能耗考核。

前面一节讨论了压缩空气流量测量的特点和实施过程中可能遇到的问题，还讨论了这些问题的解决方法。本节讨论的负压空气，同样是含能工质，但其有许多与众不同的特点。

(1) 负压空气流量测量的特点

① 不允许流量测量引入明显的压力损失。负压空气的负压来自真空泵，很多台功率很大的真空泵所生成的负压有几十千帕，例如进口绝压为 30kPa 的真空泵，由强大动力转换成的负压只有－70kPa，如果负压管道上安装流量计后增大了阻力，产生较大的压损，将使动力损耗大大增加，这是与节能的宗旨背道而驰的。

② 流体密度小，为仪表选型带来困难。

③ 流量计在负压管道上安装后，如果存在泄漏，很难察觉，在不知不觉之中浪费了动力。

(2) 流量计选型

由于上述第一个特点的约束，孔板流量计、涡轮流量计、容积式流量计等被否定掉。

由于上述第二个特点的约束，涡街流量计的选择也被否定掉了。因为在安装流量计处的管道内，绝压为 30kPa 的流体，其密度只有常压条件下空气密度的 1/3，流体旋涡对传感器的推力相应变小，因此也无法测量。

超声流量计，就第一个约束条件而言，是个很理想的选择，但需经过声阻抗校核，由于第二个特点的存在，具体测量点的声阻抗变得很小，以致产生阻抗匹配困难的问题。

所谓声阻抗（acoustic impedance）是指介质对声波传递的阻尼和抵抗作用，它等于声压与介质容积位移速度之比。在超声流量测量中，声阻抗与声速成正比，与流体密度成正比，所以被测介质的绝压越低，声阻抗越小。

均速管差压流量计，其原理和结构将在 6.16 节和 6.28 节讨论。对于负压空气流量测量的特点，均速管流量计是个很好的选择[4]，但常用工况条件下的差压值需要计算，因为在流体密度较小工况条件下，差压值往往较小。如果在 50Pa 以下，仪表的稳定性将会变得不理想。

在均速管差压流量计中，有一种检测杆截面形状为“T”形的设计，其输出差压值约为普通棱形截面检测杆的 2 倍，能很好地解决这一问题[9]。

T 型均速管流量计是艾默生公司的产品，图 3.10 所示是第三代 T 型均速管差压流量计的原理。其跨越整个管道的高压取压槽的设计，使得它有很好的抗堵性。一些杂质的吸附，不会带来大的测量误差。

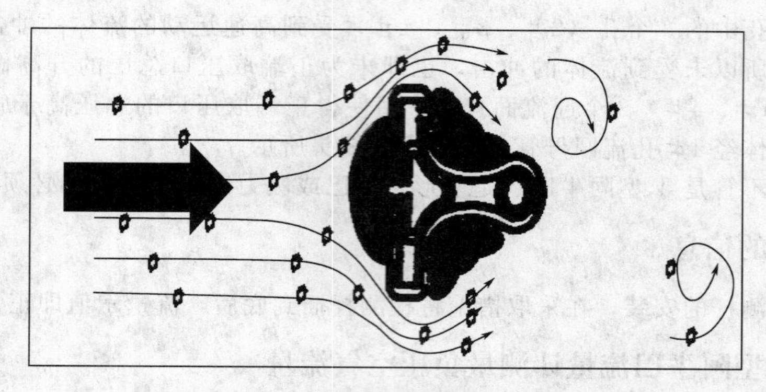

图 3.10 T型均速管差压流量计原理图

在应用T型均速管测量负压空气流量时，往往配用3095MV多参数流量变送器（或其他型号的多变量变送器），这种变送器内置了0.065%精确度的差压变送器。0.065%精确度的绝压变送器、温度变送器、高速CPU和大容量数据存储器，对流体流量进行实时、动态的完全补偿计算。

3.8 用阿牛巴流量计测量煤气流量示值渐高

3.8.1 存在问题

江苏徐州某食品添加剂厂用阿牛巴流量计测量煤气发生炉出口管（$DN700$）煤气流量，使用一段时间后，发现流量示值逐渐升高，比物料平衡计算结果高百分之几。阿牛巴检测杆拔出清洗后，偏高情况未见好转。

3.8.2 分析与诊断

煤气发生炉出口的煤气中带有较多的灰尘和焦油，天长日久，易在管道内壁结一层沥青砂，导致流通直径减小，仪表示值偏高。

例如，管道原有内径$D=700$mm，内壁均匀结了一层厚度为20mm的沥青砂后，实际流通直径缩小到660mm。因管内流速与流通截面积成反比，即

$$\begin{aligned}\frac{v'}{v}&=\frac{A}{A'}\\&=\frac{\pi}{4}D^2\Big/\frac{\pi}{4}D_2'\\&=\left(\frac{700}{660}\right)^2\\&=1.125\end{aligned}$$

式中 v、A、D——分别为结垢前平均流速、流通截面积和流通直径；

v'、A'、D'——分别为结垢后平均流速、流通截面积和流通直径。

所以，因结垢引起的流量示值误差为12.5%。

3.8.3 处理方法

(1) 对流量计检测杆进行定期清洗

对于用来测量煤气流量的阿牛巴流量计，现在大多数已实现不断流插拔，原因是增加一

台球阀花费并不大。而且，煤气的低静压特点也为现场操作的安全性提供了可能。

检测杆拔出后就可实现定期清洗。

(2) 管道内壁沉积物的处理

清除沉积物或局部更新管道，能将沉积在流量计前后一定长度管道内的沉积物清除掉而又不损坏仪表，当然能恢复应有的测量精确度。但是沉积物又坚又韧，不易清理，因此，如果有停车机会，可将检测杆前 $30D$、检测杆后 $15D$ 的管道局部更新，就成为更容易实现的方法。

(3) 对沉积物引起的误差进行估算

由于管道内壁结垢无法避免，而对管道进行局部更新又不可能经常进行，所以对结垢速率进行估算，并定期对结垢引起的流量测量误差进行修正，就成为经常使用的有效而便捷的处理方法，修正方法与 3.10 节相似。

3.9 圆缺孔板流量计测量煤气流量受结垢影响

3.9.1 现象

重庆钢铁集团所属某工厂用圆缺孔板测量高炉煤气流量，在使用数年后，将差压装置拆下清洗时发现，孔板圆缺部分高度的 1/8～1/6 被堆积物占据[10]，对流量测量影响几何？

3.9.2 分析

圆缺孔板在钢厂的煤气流量测量中应用十分普遍，这是因为钢厂的煤气管内带水严重，水平管道底部分层流动的水，流经圆缺孔板时不会在孔板前积潴，是圆缺孔板的最大优点。

但是圆缺孔板前后直管段内壁也会结垢，如图 3.11 所示，从而对流量测量造成影响。这种影响主要包括两个部分，其一是使节流件开孔面积与管道截面积之比 m 发生变化对流量测量的影响，其二是圆缺孔有效面积变小对流量测量的影响。前者影响与标准孔板相似。但在管道截面积缩小的同时，圆缺孔有效面积也缩小一些，因此 m 变化不大。例如有一副

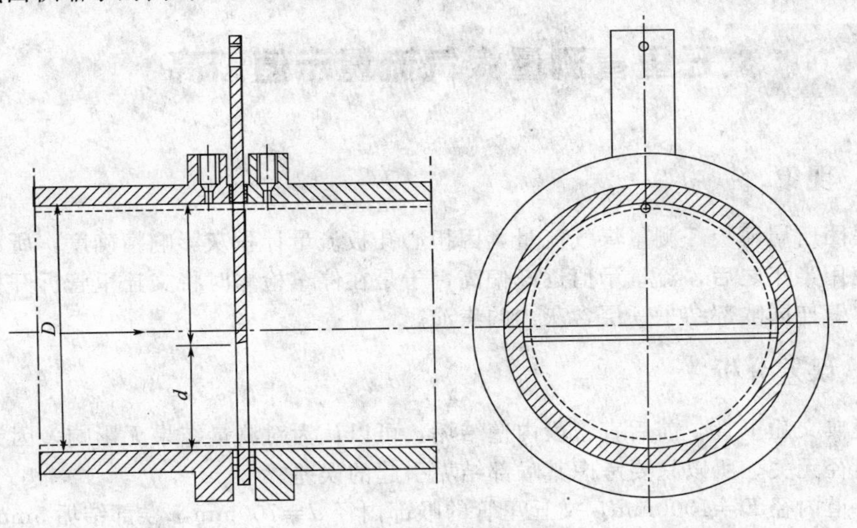

图 3.11 圆缺孔板结垢

$DN1000$ 的圆缺孔板，m 为 0.49，管道内壁被均匀结了一层 20mm 厚的沉积物后，管道截面积减小为 $0.7238m^2$，而圆缺孔面积约减小为 $0.3547m^2$（将圆缺孔圆弧看作与管道圆弧相切），所以 β 仍为 0.49。

后者的影响较大，因为无沉积物时，开孔面积为 $0.3848\ m^2$，而沉积物厚度为 20mm 时，开孔有效面积为 $0.3547\ m^2$，约为无沉积物时的 92.18%，因此仪表示值约偏高 8.5%。

实际计算时，因为圆缺孔半径为管道半径的 0.98，20mm 厚的沉积层仅有 10mm 阻挡了圆缺孔，所以实际影响只有 8.5%的一半。

3.9.3 讨论

（1）防止圆缺孔板安装处管道积水引起测量误差

钢铁厂炉子的类型很多，随着炉子的类型不同和流量计安装在不同的管段，流经节流件的煤气携带的杂质也不同。前面的一节讨论的是煤气中带有较多的灰尘和焦油，以致在圆缺孔处结垢，引起流量测量误差。这一节讨论的是圆缺孔板处管道内积水引起测量误差。

圆缺孔板的优点是在节流件的下部开有圆缺孔，流体中如果有较多的水，则可在水平管道的底部从节流件前经圆缺孔顺利地流到下游，不影响流量测量。

这是理想的情况，实际情况并不那么理想。在检修时拆下节流件观察往往发现圆缺孔处积水的痕迹。

圆缺孔板安装处，管道底部积水的原因有两个。其一是水平管道并非真正水平，在相邻两个支架之间，水平管道总有一定的挠度，于是在两个支架中点处就成为积水最深处。其二是煤气在大管道内流动，静压低流速低，无法依靠气体的流动将积水带往下游。

杜绝圆缺孔板安装处管道积水的措施有两个：一是将圆缺孔板的安装地点选在靠近支架处；另一是设法使该安装地点附近的管道保持适当的坡度，上游高下游低，让水在该安装地点无法停留。

（2）防止差压信号传输通道和差压变送器高低压室内积水

防止差压信号传输通道和差压变送器高低压室内积水的措施有两个：一是差压信号从差压装置的上方引出；二是引压管坡度、根部阀选型和差压变送器安装按 3.6 节的方法设计。

3.10 文丘里管测量煤气流量示值渐高

3.10.1 现象

宝钢集团所属薄板厂测量煤气流量，因担心孔板流量计积灰影响精确度，所以改选文丘里管，但使用半年之后，流量示值逐渐偏高，于是在停车检修时将文丘里管拆开检查，发现文丘里管内壁连同喉部结了一层含灰尘的焦油。

3.10.2 误差分析

对于经典文丘里管，前后直管段内壁结垢，可以认为对测量结果无影响，因为其流出系数与管道内径无关，所以只要考虑其喉部结垢引起的误差。

例如管道内径 $D=1000$mm，文丘里管的喉部内径 $d=700$mm，喉部结垢 5mm 后，其流通截面积约比原来减小 2/70，则流量示值增大约 2.84%R。

3.10.3 处理方法

据提问者介绍，检修时发现喉部结垢厚度约5mm，且不是坚韧无比难以清理，而是用煤油就可清洗干净。这可能与被测流体中杂质的组成有关。喉部结垢厚度也不很厚，可能与流体流过喉部时流速较高有关。

由于喉部结垢无法避免，而对沉积物进行清洗又不可能经常进行，所以可对结垢速率进行估算，并定期对结垢引起的流量测量误差进行修正。例如每年停车检修一次，检修时测得结垢厚度为5mm，12个月平均每个月流量示值升高值为0.24%R。

3.11 可换式孔板在煤气流量测量中具有特殊地位

3.11.1 提问

可换式孔板在焦炉煤气流量测量中为什么具有特殊地位？

3.11.2 解答

钢铁焦化行业有数量庞大的工业炉，例如高炉、转炉、电炉、焦炉、煤气发生炉等，这些炉子都有煤气产出。由于炉子的类型不同，所产出的煤气特点也不同。其中，高炉煤气多灰尘，转炉煤气多水，焦炉煤气多焦油。但它们有一个共同的特点，即静压低、流速低、管径较大。由于这一共同特点，使得这些测量对象大多采用差压流量计来测量。

不同的问题只能用不同的方法去解决。例如含水率高的测量对象，由于煤气在输送过程中边输送边冷却，冷却时生成大量的水，水中还夹带许多灰尘等污物，通常采用圆缺孔板让这些脏污流体流到下游。对于焦炉煤气富含的焦油，黏稠易结，于是在管道内壁和节流件上粘附着厚厚的一层焦油，影响其正常工作。其中管道内壁结焦油，使管道内径变小，对流量系数 $C/\sqrt{1-\beta^4}$ 的影响不大，只使流量示值轻微偏低，但孔板前及板面上结焦油影响较大，通常采用清洗的方法处理。这就需要借助可换式孔板。

可换式孔板的结构如图3.12所示。

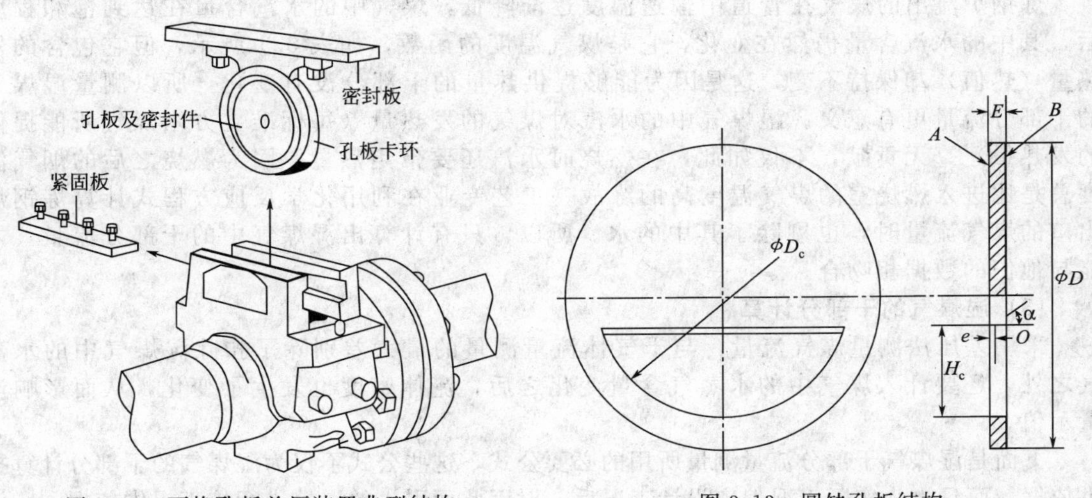

图3.12 可换孔板差压装置典型结构

图3.13 圆缺孔板结构

用摇手柄可方便地将孔板从差压装置中取出，清洗后的清洁孔板装入后再用摇手柄复位。由于煤气管内静压不高，此项取出和装入的操作在安全方面也不困难。

圆缺孔板结构如图 3.13 所示。

3.12 威力巴流量计测量煤气流量示值偏高 15%

3.12.1 存在问题

南京某钢厂用威力巴流量计测量炼钢炉产出的煤气流量，压力十几千帕，已进行温度压力补偿。工艺专业人员认为，测量结果偏高 15% 。

3.12.2 分析与诊断

(1) 关于测量任务

询问提问者，现在流量计所显示的流量是湿煤气的总流量还是湿煤气中的干部分流量，提问者不清楚。

在钢厂，炼铁炉炼钢炉等都要产出很多煤气，在这些煤气从炉中导出时，流体温度很高，煤气在管道中一面流动，一面经管壁散发热量，温度降低，当温度降低到一定数值时，煤气中的水汽达到饱和状态。再往下游流动，煤气温度进一步降低，煤气中可能会出现悬浮在气体中的微小水滴，成为湿煤气。这些小水滴与煤气均匀混合在一起，流向下游。煤气温度再降低后，水平管道底部就会出现分层流动的水[11]。这部分水贴在水平管道的底部流向下游，不对测量结果产生影响。而混在煤气中的水汽和均匀悬浮在煤气中的小水滴却会使流量计示值偏高。

提问者请供应商查阅了所咨询的测量点的计算书，结果被告知显示的是湿煤气的总量。后来根据工艺专业的意图，将测量任务修改为湿煤气的干部分流量，重新计算，在流量二次表中也作了相应修改。修改完毕，流量计显示的流量值与工艺专业的理论值基本相符，从而解决了问题。

(2) 为什么要测量湿煤气的干部分流量

炼钢炉流出的煤气在管道中输送温度逐渐降低，煤气中的水汽含量在达到饱和程度后，其中的水汽含量仍然在变化，它是煤气温度的函数，如表 3.1 所示，但它包含的发热量（热值）却保持不变，这是因为能够提供热量的干部分没有变化，所以测量湿煤气的干部分流量更有意义。湿煤气中的水汽对煤气的发热量（每标准立方米煤气所能提供的发热量）毫无贡献，不仅如此，在燃烧时水汽还要带走热量，因为燃烧之后的烟气温度总是比进入燃烧室的煤气温度高的缘故。工艺专业在利用化学反应方程式计算炼钢炉出口的煤气流量时，也剔除了其中的水。所以，只有计算出湿煤气中的干部分流量，才能与他们的数据相吻合。

(3) 湿煤气的干部分计算

采用差压法测量煤气流量，与干气体流量测量的最大差别除了扣除湿煤气中的水蒸气之外，还要计入煤气中的水蒸气含量变化之后，流体密度也发生了变化，从而影响流量示值。

下面是湿煤气干部分流量测量所用的必要公式，这些公式不仅为湿煤气的干部分计算提供依据，而且也为实际工况偏离设计工况后，对因此而引入的误差进行校正提供依据。

① 流量计算公式

用阿牛巴流量计测量湿煤气流量时，湿煤气的质量流量 q_m 可用式(3.4) 计算[12]：

$$q_m = A\alpha\varepsilon_1\sqrt{2\Delta p\rho_1} \tag{3.4}$$

式中 q_m——质量流量，kg/s；

A——流通截面积，m^2；

α——流量系数；

ε_1——节流件正端取压口平面上的可膨胀性系数；

Δp——差压，Pa；

ρ_1——节流件正端取压口平面上的流体密度，kg/m^3。

式中 ε_1 用式(3.5) 计算[15]：

$$\varepsilon_1 = 1-(0.351+0.256\beta^4+0.93\beta^8)[1-(p_2/p_1)^{1/\kappa}] \tag{3.5}$$

式中 κ——等熵指数；

p_1——节流件正端取压口绝对压力，Pa；

p_2——节流件负端取压口绝对压力($p_2=p_1-\Delta p$)，Pa。

② 煤气密度计算公式[6]

a. 标准状态下湿煤气的密度 ρ_n 按式(3.6) 计算：

$$\rho_n = \rho_{gn} + \rho_{sn} \tag{3.6}$$

$$\rho_{sn} = f(t_n) \tag{3.7}$$

式中 ρ_{gn}——湿煤气在标准状态下干部分的密度，kg/m^3；

ρ_{sn}——湿煤气在标准状态下湿部分的密度，kg/m^3（由查表 3.1 得）；

t_n——标准状态温度，℃。

b. 煤气在标准状态下干部分的密度 ρ_{gn} 用式(3.8) 计算：

$$\rho_{gn} = \sum_{i=1}^{n} X_i\rho_{gni} \tag{3.8}$$

式中 X_i——煤气各组分的体积百分数，%；

ρ_{gn}——煤气各组分在标准状态下的密度，kg/m^3（由查表得[8]）。

c. 工作状态下湿煤气的密度按式(3.9) 计算：

$$\rho_1 = \rho_{g1} + \rho_{s1} \tag{3.9}$$

式中 ρ_{g1}——湿煤气在工作状态下干部分的密度，kg/m^3；

ρ_{s1}——湿煤气在工作状态下湿部分的密度，kg/m^3。

ρ_{g1} 和 ρ_{s1} 分别按式(3.10) 和式(3.11) 计算：

$$\rho_{g1} = \frac{p_1-\varphi_1 p_{s1max}}{p_n}\times\frac{T_n}{T_1}\times\frac{Z_n}{Z_1}\times\rho_{gn} \tag{3.10}$$

$$\rho_{s1} = \varphi_1\rho_{s1max} \tag{3.11}$$

$$\rho_{s1max} = f(t_1) \tag{3.12}$$

式中 p_n、p_1——标准状态和工作状态下气体绝对压力，Pa；

Z_n、Z_1——标准状态和工作状态下气体压缩系数；

T_n、T_1——标准状态和工作状态下气体温度，K；

p_{s1max}——工作状态下，饱和水蒸气压力，$p_{s1max}=f(t_1)$ 由 t_1 查表 3.1 得；

ρ_{s1max}——工作状态下，饱和水蒸气密度，kg/m^3，$\rho_{s1max}=f(t_1)$ 由 t_1 查表 3.1 得；

φ_1——工作状态下，湿煤气的相对湿度，(一般取 100%)；

t_1——节流件正端取压口平面处的流体温度，℃。

将式(3.10) 和式(3.11) 代入式(3.9) 得

$$\rho_1=\frac{p_1-\varphi_1 p_{\mathrm{s1max}}}{p_n}\times\frac{T_n}{T_1}\times\frac{Z_n}{Z_1}\times\rho_{gn}+\varphi_1\rho_{\mathrm{s1max}} \tag{3.13}$$

③ 湿煤气工作状态下体积流量的计算

$$q_{\mathrm{v1}}=q_{\mathrm{v}n}\frac{p_n}{p_1-p_{\mathrm{s1max}}}\times\frac{T_1}{T_n}\times\frac{Z_1}{Z_n} \tag{3.14}$$

式中的符号与式(3.10)、式(3.11)、式(3.12)相同。

④ 湿煤气工作状态质量流量的计算

$$q_{\mathrm{m}}=q_{\mathrm{v1}}\rho_1 \tag{3.15}$$

求得 q_{m} 和 ρ_1 后，就可利用式(3.4)计算差压上限。

⑤ 湿煤气流量计的温度压力补偿

气体温度和压力变化后，湿气体干部分在标准状态下的流量可用式(3.16)进行补偿：

$$q'_{\mathrm{v}n}=q_{\mathrm{v}n}\frac{p'_1-p'_{\mathrm{s1max}}}{p_1-p_{\mathrm{s1max}}}\times\frac{\varepsilon'_1}{\varepsilon_1}\times\frac{T_1}{T'_1}\times\frac{Z_1}{Z'_1}\sqrt{\frac{\rho_1}{\rho'_1}} \tag{3.16}$$

式中，带“ ′ ”符号者为实际使用工况条件下的参数，不带“ ′ ”为设计工况所对应的参数（$q_{\mathrm{v}n}$为设计工况所对应的体积流量）。

式(3.16)，由于工况变化，ρ_1 已经从式(3.13)所表示的值变成式(3.17)所表示的值：

$$\rho'_1=\frac{p'_1-\varphi'_1 p'_{\mathrm{s1max}}}{p_n}\times\frac{T_n}{T'_1}\times\frac{Z_n}{Z'_1}\rho_{gn}+\rho'_{\mathrm{s1max}} \tag{3.17}$$

$$\rho'_{\mathrm{s1max}}=f(T'_1) \tag{3.18}$$

因此，将式(3.17)代入式(3.16)就可得到完整的补偿公式：

$$q'_{\mathrm{v}n}=q_{\mathrm{v}n}\frac{p'_1-p'_{\mathrm{s1max}}}{p_1-p_{\mathrm{s1max}}}\times\frac{\varepsilon'_1}{\varepsilon_1}\times\frac{T_1}{T'_1}\times\frac{Z_1}{Z'_1}\left[\rho_1/\left(\frac{p'_1-p'_{\mathrm{s1max}}}{p_n}\times\frac{T_n}{T'_1}\times\frac{Z_n}{Z'_1}\rho_{gn}+\rho'_{\mathrm{s1max}}\right)\right]^{\frac{1}{2}} \tag{3.19}$$

式中 $q'_{\mathrm{v}n}$——经过补偿的湿气体干部分体积流量，m^3/h（标准状态）；

$q_{\mathrm{v}n}$——设计状态湿气体干部分体积流量，m^3/h（标准状态）；

p'_1——工作状态节流件正端取压口气体压力，MPa（实测值）；

p'_{s1max}——工作状态下饱和水蒸气压力，kPa（由 T'_1 查表 3.1 得）；

p_1——设计状态节流件正端取压口气体压力，MPa（查孔板计算书得）；

p_{s1max}——设计状态下饱和水蒸气压力，kPa（由 T_1 查表 3.1 得）；

ε'_1——工作状态流体可膨胀性系数［按式(3.5)计算得］；

ε_1——设计状态流体可膨胀性系数（查孔板计算书得）；

T_1——设计状态气体热力学温度，K（$T_1=t_1+273.16$，查孔板计算书得）；

T'_1——工作状态气体热力学温度，K（由气体温度实测值换算得）；

Z_1——设计状态气体压缩系数（查孔板计算书得）；

Z'_1——工作状态气体压缩系数（设置或自动计算[6]）；

ρ_1——设计状态节流件正端取压口气体密度，kg/m^3；

P_n——标准状态气体压力，101.325kPa；

T_n——标准状态气体热力学温度，K（293.16K）；

Z_n——标准状态气体压缩系数（$Z_n=1.0000$）；

ρ_{gn}——标准状态干煤气密度，kg/m^3。

上述计算可以在流量演算器或DCS中完成。

3.13 测量气体的涡街流量传感器常被蒸汽烫坏

3.13.1 存在问题

广东某炼油厂用涡街流量计测量一般气体流量，在全厂停车设备大检修之后须用高温蒸汽吹扫管道，每次检修都有一批涡街流量计被烫坏。

3.13.2 分析与诊断

设备停车检修之后用蒸汽对工艺管道进行吹扫，这是工艺操作的一部分，通常是由工艺规程决定的。问题是仪表专业所选用的仪表要能够适应这一项操作。

涡街流量计被蒸汽烫坏，可能是所选的涡街流量计耐温等级不够。

炼油厂的中压蒸汽温度最高也就400℃，如果在吹扫时有可能被烫坏的涡街流量计耐温等级选得足够高（例如450℃等级），就不会被烫坏。

另外，如果换用标准差压式流量计，也不存在烫坏的问题。

几种品牌涡街流量计耐温等级如表3.2所列。

表3.2 几种品牌涡街流量计的耐温等级

公司名	涡街流量计型号	最高介质温度
横河	DY系列 HT1	450℃
横河	DY系列 HT2	400℃
罗斯蒙特	8800D	427℃
E+H	72F	400℃
菲波	10VM	350℃

3.14 换上相同通径的新型涡街流量计反而无输出

3.14.1 现象

某精细化工厂测量氯气流量，原用YF100 * E *DN*15涡街流量计可以测量，但换成相同通径的DY015数字式旋涡流量计，反而无输出。

3.14.2 分析

提问者所提供的工况参数和被测流体的物性数据表明，该测量点的最小流量已大于横河公司*DN*15涡街流量计最小可测流量，所以，原来用的YF100 * E *DN*15涡街流量计能正常测量。提问者用DY015数字式涡街流量计本意是提高抗振动能力，扩大范围度，没想到换上新型产品后反而不能测量。

查阅新老两种产品用来测量气体时的最小可测流量，完全相同。这就表明，既然YF100 * E *DN*15涡街流量计可测，DY015仪表就一定能正常测量。现在新型仪表不能正常测量，如果不是安装接线问题，就应检查涡街流量计的参数设置，例如与小信号切除（LOW CUT）有关的数据需仔细调试。如果管道无明显振动，小信号切除值可在出厂设定数值的基础上缩小50%左右。在测量气体流量时，这个小信号切除最小值还与表内设置的流体压力值有关，适当减小此压力值，可使小信号切除最小值再缩小一些（当被测流体为蒸汽时，小信号切除最小值与表内所设置的蒸汽密度相关联）。当然，小信号切除值减小后要留心观察振动引起的干扰，不能出现“无中生有”的情况。

涡街流量计内的压力、密度数据修改到与实际工况数据不符后，最好取用流量计的脉冲输出信号。如果取用其模拟输出信号，则所设置的压力值就要作为“设计状态压力”，所设置的密度值就要作为“设计状态密度”写入流量二次表，以完成补偿运算。

3.15 氨气流量示值偏低6%

3.15.1 存在问题

某化工厂气态氨流量计在管道外面不结霜时，流量示值与工艺专业理论值相符，在管道外面结霜时，流量示值偏低6%。

3.15.2 检查与分析

(1) 工艺流程及仪表选型

该台孔板流量计用于反应器进口气态氨流量测量，测量结果送调节器，实现进料流量比值调节，因此对测量精确度、稳定性和可靠性要求较高。

工艺流程是：从外单位购进的液氨存放在氨储槽内，然后送氨蒸发器气化。在绝大多数时候，进入流量计的流体为过热状态的氨气，但由于工艺操作上的原因，偶尔会带液，液态氨在输送管道内继续蒸发，以致吸收蒸发热，管道温度低于0℃，表面结霜。

避免带液的方法在于工艺专业，或增加蒸发器的供热量，或降低氨的流量。

(2) 为什么气氨带液后孔板流量计示值偏低

气氨带液后，液氨在气氨中的形态很难确定，总的来说是所带的液氨并不多。不管液滴在气体中是均匀分布的还是非均匀分布的，气液混合物的平均密度都比不带液时来得大。

严格地说，带液的氨气其属性是气液两相流。

按气态氨设计的孔板流量计用来测量带液氨气时仪表示值严重偏低，其原理分析如下。

从式(2.1)所示的关系式中可以看出流体密度对流量示值影响。先说差压装置，假定流过差压装置的气液混合物压力参数部分与干气体时相同，仅仅密度增大，又假定质量流量与干气体相同的混合物流过差压装置，除了ε_1可能有微小的变化之外，其余的变化只能是差压减小才能使等式成立。

流量二次表在对这种差压信号进行处理时，并不知道氨气已经带液，更不知道带了多少液，所以仍然按照干气体计算流体密度ρ_1，这样就使演算结果对这种偏低得不到任何补偿。

利用式(2.19)估算，如果忽略带液后ε_1的微小变化，也忽略混合物流过差压装置时可能存在的相变的影响，流量示值偏低6%，混合物密度应比干气体密度大12%左右。

(3) 工艺专业是如何计算流量理论值的

工艺专业一般是根据化学平衡方程式和对反应生成物的组分分析计算原料消耗量。但是短时带液很难用这种计算方法做出精确计算，所以偏低6%是个粗略的估算数字，而偏低是肯定的。

(4) 如果改用涡街流量计测量偏低得更多

涡街流量计说到底是体积流量计，混合物中夹带少量液体后，液体对仪表的输出频率基本没有影响，所以液态氨与气态氨气液混合物的质量比如果为12%，涡街流量计的测量结果也就偏低 12%，详见 2.27 节的分析。

3.16 结晶物清除后流量示值仍偏低

3.16.1 存在问题

东北某化工厂煤制甲醇装置中，焦炉煤气用孔板流量计测量流量。冬季因煤气温度太低，萘吸收设备中的焦炭因煤气中的水汽冷凝结冰，堵塞微孔，无法运行，所以煤气中萘含量升高，严重时萘的结晶物将三阀组的通道堵塞，以致差压变送器高低压室排放口排不出气。待用蒸汽对管道及三阀组加热将结晶物融化后，高低压室排放口能排出被测流体，但流量显示值仍偏低，约偏低 50%。

3.16.2 分析与诊断

这是个典型的气体内一部分结晶物影响流量测量的实例。被测流体中含萘是工艺原因，仪表专业没有力量根除这些萘，只能被动地接受并在结晶物堵塞信号传输通道后设法予以疏通。好在这些结晶物清理并不困难，只要用蒸汽吹扫或管外加热，而且吹扫时也不会对仪表造成损坏。

提问者提的问题是差压信号传输通道疏通后，为什么流量示值严重偏低。

按差压式流量计工作原理分析，差压信号管传递干气体差压信号时，只要不堵不漏就不影响流量示值。

提问者介绍的是差压信号传输通道被结晶物堵塞，其实，结晶物在节流件 A 面（迎流面）和 B 面（背流面），在工艺管道内壁上都可能有沉积。但在孔板开孔内不会有沉积，因为此处流速高。

结晶物在管道内沉积，在节流件板面上沉积，只会引起微小的误差，不会引起 50%的误差，如此大的误差应是由差压变送器误差引起。

差压变送器误差最有可能是由下面两个原因引起：

① 变送器膜盒的波纹处有结晶物尚未除尽，所以不像正常的膜片那么“柔软”；

② 大量的结晶物导致膜盒上波纹的破坏。

3.16.3 处理方法

① 将差压变送器拆下校验，如果测量范围已与设置值不符，可用溶剂注入高低压室进一步清洗。

如果清洗后差压变送器仍不合格，则送制造厂修理，换上一台备用表。

② 如有可能将三阀组通道也彻底清洗。

③ 防止差压变送器高低压室内和差压信号传输通道内以后再结萘，更有效的方法是增设伴热保温，只要将上述与煤气接触的部位温度保持在 80℃或以上，萘就不会结晶。

3.17 气体流量计投运后发现组分不符怎么办

3.17.1 提问

中海油某气田 28 口气井天然气流量计，订货时气体相对密度按 0.82，仪表投运后发现没有一口井采出的气体相对密度是 0.82。

3.17.2 解答

(1) 起因

中海油南海某气田有 4 个生产平台，共 28 口生产井，气田不同单井的产能和产出天然气组分都有较大差异。各井烃类（摩尔百分）含量在 23%～83%之间，CO_2 含量在 0.3%～73%之间，N_2 含量在 4%～35%之间，相对密度在 0.64～1.28 之间。而该处所安装的全部孔板流量计，都是按相对密度 0.82 设计的。待气田投产后才发现所有气井没有一口所产天然气的相对密度为 0.82。

相对密度的差异，引起仪表出现很大误差，甚至对气井评价产生相反的结果。因为纯烃含量高的气井，天然气热值高，但因相对密度小，仪表所显示的体积流量值大幅度偏低，从而落了个“低产”的罪名。而 CO_2 含量高的气井，天然气热值低，但因相对密度大，仪表所显示的体积流量值大幅度偏高，从而获得“高产”的美名。

错误测量结果的误导，也给单井配产和天然气组分调配工作带来问题。

据报道[14]，该处共有 28 口气井，投产三年多以来，除一口井产出天然气组分在缓慢变化外，其余生产井天然气组分基本稳定。

本书将变组分气体分成三类。上面所述为第一种类型。即流量计订货时，工艺专业提供的一种组分数据，待仪表投入使用时，发现实际气体的组分与订货时的组分数据有很大差异。但组分还是基本稳定的。

第二种类型的变组分气体情况更加严酷，其组分的变化是随机的，没有任何规律，变化的幅度也较大，例如炼油厂的干气，将在 3.18 节中讨论。

第三种类型的变组分气体是火炬气。这种气体的组分变化特点与第二种类型气体相同，所不同的是火炬气静压低、流速低、流量变化范围大，而且管道内径特别大。一些适用于第二类情况的测量方法，在此也变得无能为力。这种类型流量测量将在 3.20 节中讨论。

(2) 第一类变组分气体的解决方法

① 用差压式流量计测量气体质量流量的基本公式与式(2.1) 相同，符号定义也与式(2.1) 相同：

$$q_m=\frac{\pi}{4}\times\frac{C}{\sqrt{1-\beta^4}}\varepsilon_1 d^2\sqrt{2\Delta p}\sqrt{\rho_1} \tag{3.20}$$

式中 ρ_1——气体在工作条件下正端取压口处的密度，kg/m^3。

气体在标准状态下的体积流量计算基本公式为[13]：

$$q_{vn}=\frac{\pi}{4}\times\frac{C}{\sqrt{1-\beta^4}}\varepsilon_1 d^2\sqrt{2\Delta p}\sqrt{\rho_1}/\rho_n \tag{3.21}$$

式中 ρ_n——气体在标准状态下的密度，kg/m^3。

对于变组分气体，ρ_n 也是变量，即气体组分变化时，其标准状态密度也相应变化。为了分析的方便，定义两个新的变量，即

ρ_{nd}——设计计算时气体在标准状态下的密度，kg/m^3；

ρ_{nf}——实际使用时气体在标准状态下的密度，kg/m^3。

为了研究 ρ_1 对流量测量的影响，定义另两个变量，即

ρ_{1d}——设计计算时节流件正端取压口处气体密度，kg/m^3；

ρ_{1f}——实际使用时节流件正端取压口处气体密度，kg/m^3。

将式(3.21) 中的 ρ_1 改写成式(3.22)，式(3.21) 中的 ρ_n 改写成式(3.23)：

$$\rho_1 = \rho_{1d}\frac{\rho_{1f}}{\rho_{1d}} \tag{3.22}$$

$$\rho_n = \rho_{nd}\frac{\rho_{nf}}{\rho_{nd}} \tag{3.23}$$

将式(3.22) 和式(3.23) 代入式(3.21) 得

$$q_{vn} = \frac{\pi}{4}\times\frac{C}{\sqrt{1-\beta^4}}\times\varepsilon_1 d^2\sqrt{2\Delta p}\times\frac{\sqrt{\rho_{1d}}\sqrt{\frac{\rho_{1f}}{\rho_{1d}}}}{\rho_{nd}\frac{\rho_{nf}}{\rho_{nd}}}$$

$$= q_{vnd}\sqrt{\frac{\rho_{1f}}{\rho_{1d}}}\Bigg/\frac{\rho_{nf}}{\rho_{nd}}$$

$$= q_{vnd}\sqrt{\frac{\rho_{1f}}{\rho_{1d}}\times\frac{\rho_{nd}^2}{\rho_{nf}^2}} \tag{3.24}$$

式中 q_{vnd}——未经密度补偿的标准状态体积流量，m^3/h（标准状态）。

$$q_{vnd} = \frac{\pi}{4}\times\frac{C}{\sqrt{1-\beta^4}}\times\varepsilon_1 d^2\sqrt{2\Delta p}\sqrt{\rho_{1d}}/\rho_{nd}$$

从气体方程知：

$$\rho_{1f} = \frac{\rho_{nf}p_f T_n Z_n}{p_n T_f Z_f} \tag{3.25}$$

$$\rho_{1d} = \frac{\rho_{nd}p_d T_n Z_n}{p_n T_d Z_d} \tag{3.26}$$

式中 ρ_{1f}——使用状态气体密度，kg/m^3；
p_f——使用状态气体绝对压力，MPa；
p_n——标准状态气体绝对压力，MPa；
T_n——标准状态气体热力学温度，K；
T_f——使用状态气体热力学温度，K；
Z_n——标准状态气体压缩系数；
Z_f——使用状态气体压缩系数；
ρ_{1d}——设计状态气体密度，kg/m^3；
ρ_{nd}——设计时标准状态气体密度，kg/m^3；
P_d——设计状态气体绝对压力，MPa；
T_d——设计状态气体热力学温度，K；
Z_d——设计状态气体压缩系数。

将式(3.25) 和式(3.26) 代入式(3.24) 并化简得：

$$q_{vn} = q_{vnd}\sqrt{\frac{p_f T_d Z_d}{p_d T_f Z_f}}\cdot\sqrt{\frac{\rho_{nd}}{\rho_{nf}}} \tag{3.27}$$

式中 q_{vn}——气体在标准状态下的体积流量，m^3/h（标准状态）；
q_{vnd}——未经密度补偿的标准状态体积流量，m^3/h（标准状态）；

其余符号与式(3.26) 相同。

式(3.27) 的计算是在流量演算器（模块）中完成的。其中，p_d、T_d、ρ_{nd} 的数值可由孔板计算书查得，然后写入仪表的菜单。p_f 和 T_f 是实测值。Z_d 是 T_d、p_d、T_c（临界温度）和 p_c（临界压力）的函数，在流量演算器中计算得到。Z_f 是 T_f、p_f、T_c 和 p_c 的函数，也在流量演算器中得到。详情见参考文献[6]。

式(3.27) 中的 ρ_{nf} 是实际使用气体在标准状态下的密度。由于第一类气体的组分比较稳定，可以离线计算。计算方法可参阅文献[6]。

这一方法适用于被测气体组分只随时间作缓慢而小幅度变化的流量测量对象。

② 气体组分完全不变化的测量对象

对于气体组分完全不变化的测量对象，如果投运时发现被测气体组分与差压装置计算书中有明显差异，除了可用上面所述的具有特殊功能的流量演算器解决问题之外，还可按 GB/T 2624—2006 提供的方法对差压流量计进行重新设计计算。

GB/T 2624—2006 中提供的计算命题共有三个[15][16]。

a. 第一个命题是根据已知条件计算节流件的开孔直径，其程序框图如图 3.14 所示。仪表制造厂提供的差压装置计算书就是第一个命题完成后所做的报告。

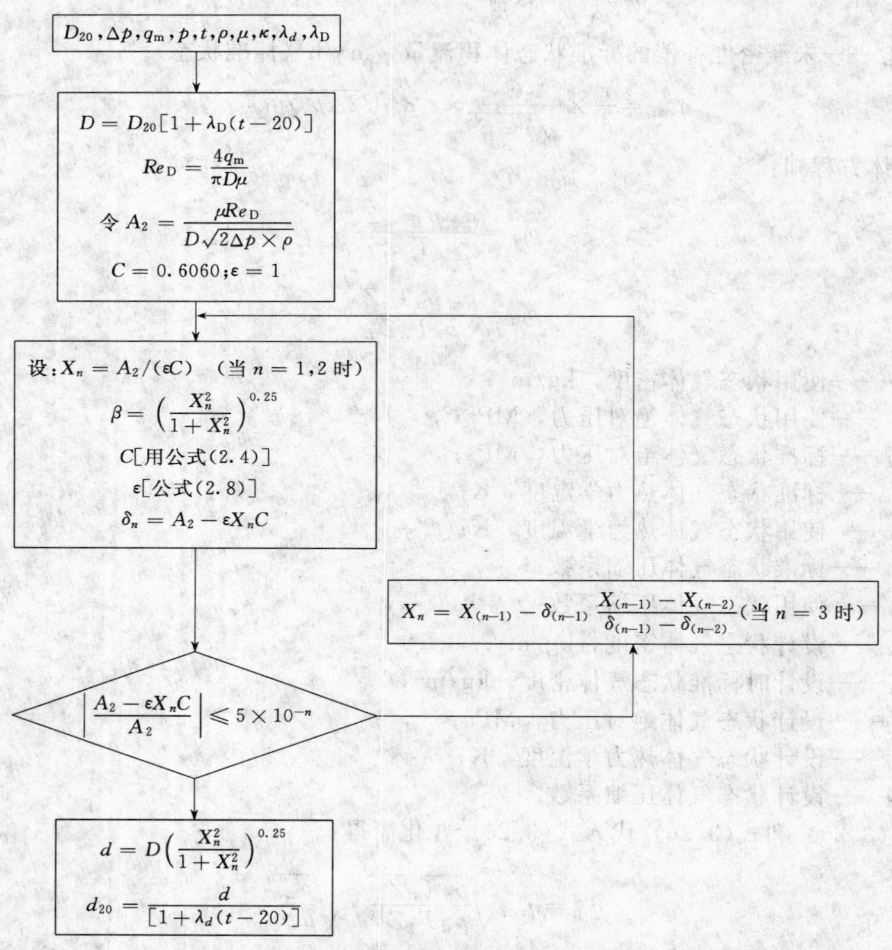

图 3.14 计算开孔直径 d 的程序框图

b. 第二个命题是根据已知条件计算差压上限，其程序框图如图 3.15 所示。

c. 第三个命题是根据已知条件计算流量测量上限 q_{mmax}，其程序框图如图 3.16 所示。

至于是采用修改差压变送器差压上限的方法，还是采用修改刻度流量的方法，要根据仪表投运后的具体情况选定，也可既修改 Δp_{max} 又修改 q_{mmax}。

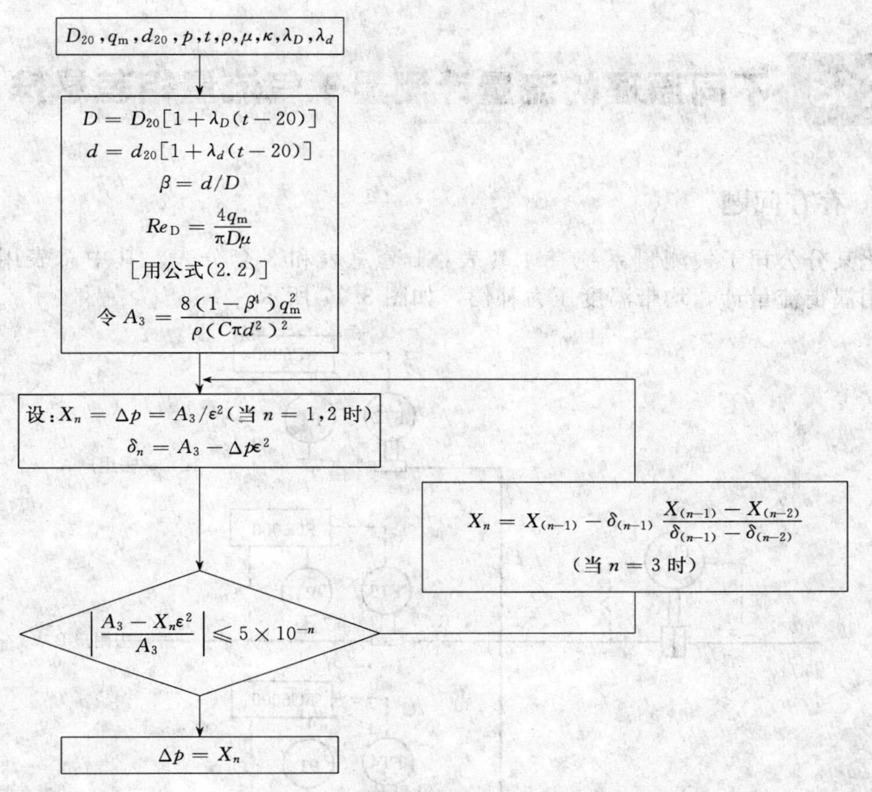

图 3.15 计算差压 Δp 的程序框图

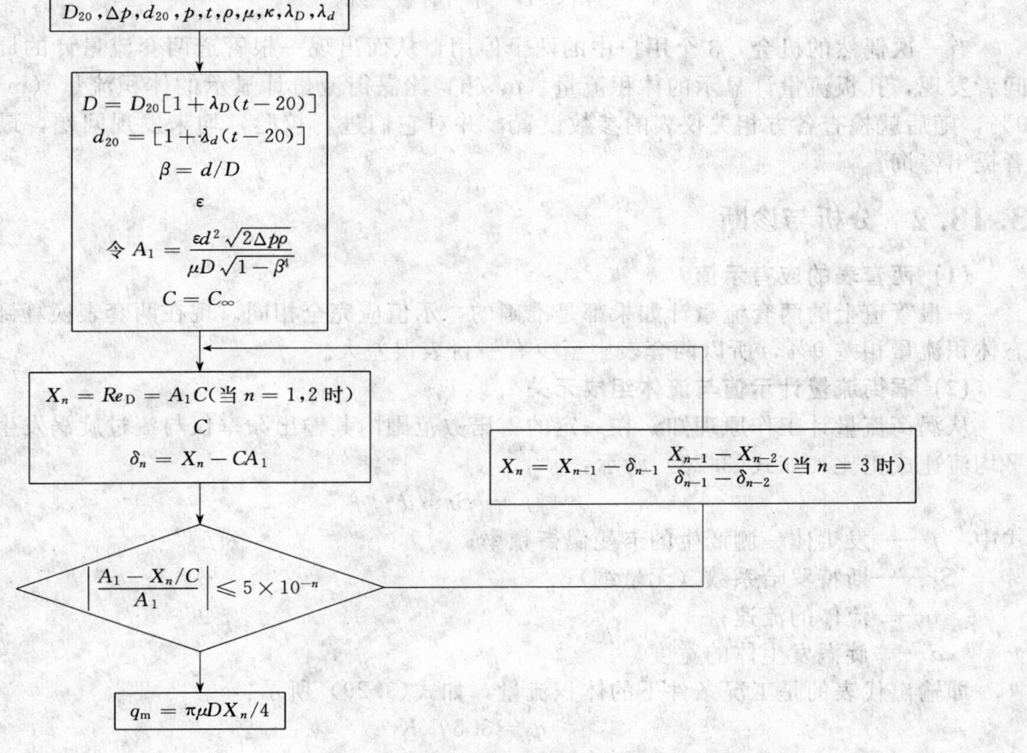

图 3.16 计量质量流量的程序框图

3.18 不同原理的流量计测量干气流量相差悬殊

3.18.1 存在问题

中石化某分公司干气测量系统有 4 套表：1 套总表和 3 套分表。其中总表用孔板流量计，分表用涡街流量计，均带温度压力补偿，如图 3.17 所示。

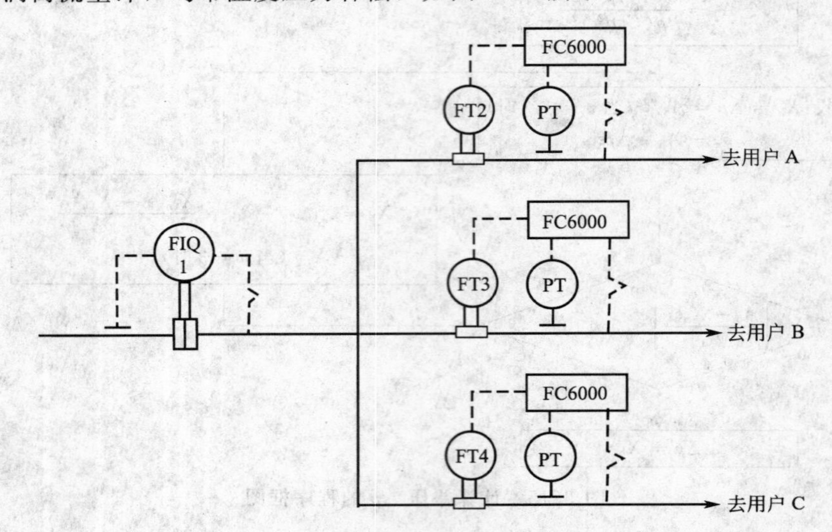

图 3.17 干气计量系统

有一次偶然的机会，3 个用户中的两个停用，从而出现一根管道两套流量计的局面。提问者发现，孔板流量计显示的体积流量（m^3/h）比涡街流量计显示的体积流量（m^3/h）高 9%，随后就检查各方相关仪表的参数设置，并对它们进行校验，均未发现问题，最后向作者提出咨询。

3.18.2 分析与诊断

（1）两套表的应有示值

一根管道上的两套流量计如果都是准确的，示值应完全相同。现在两套表换算到标准状态体积流量相差 9%，所以两套表中至少有一台表误差大。

（2）涡街流量计示值与流体组成无关

从涡街流量计工作原理知，在一定的雷诺数范围内其输出频率仅与流过旋涡发生体处的平均流速成正比，如式(3.28) 所示：

$$f = Srv/d \tag{3.28}$$

式中 f——发生体一侧产生的卡曼涡街频率；

Sr——斯特罗哈系数（无量纲）；

v——流体的流速；

d——旋涡发生体的宽度。

即输出代表的是工况条件下的体积流量，如式(3.29) 所示：

$$q_v = 3.6f/K_t \tag{3.29}$$

式中 q_v——工况条件下的体积流量，m^3/h；

f——涡街流量计输出频率，P/s；

K_t——流量系数，P/L。

将工况条件下的体积流量换算到标准状态下的体积流量，采用的公式如式(3.30) 所示：

$$q_{vn}=q_{v}\frac{p_f T_n Z_n}{p_n T_f Z_f} \tag{3.30}$$

式中 q_{vn}——标准状态体积流量，m^3/h；

q_v——工况条件下的体积流量，m^3/h；

p_f——使用状态流体绝对压力，MPa；

p_n——标准状态流体绝对压力，MPa；

T_n——标准状态热力学温度，K；

T_f——使用状态热力学温度，K；

Z_n——标准状态气体压缩系数；

Z_f——使用状态气体压缩系数。

所以，与流体的物性（密度、黏度、组成）无关。式(3.30) 中的温度、压力，仅仅是为了将工况条件下的体积流量换算到标准状态条件下的体积流量。

(3) 差压式流量计的一般公式

如式(3.31) 表示[15][16]：

$$q_v=\frac{\pi}{4}\times\frac{C}{\sqrt{1-\beta^4}}\varepsilon_1 d^2(2\Delta p)^{\frac{1}{2}}(\rho)^{-\frac{1}{2}}=K\rho^{-\frac{1}{2}} \tag{3.31}$$

式中 q_v——体积流量，m^3/s；

C——流出系数；

β——直径比，$\beta=d/D$；

d——工作条件下节流件的开孔直径，m；

D——管道内径，m；

ε_1——节流件正端取压口平面上的可膨胀性系数；

Δp——差压，Pa；

ρ——流体密度，kg/m^3；

K——系数。

用偏微分的方法分析密度 ρ 的变化对流量测量误差的影响。

从式(3.31) 可得
$$\frac{\partial q_v}{\partial \rho}=-\frac{1}{2}K\rho^{-\frac{3}{2}}$$

则
$$\partial q_v=-\frac{1}{2}K\rho^{-\frac{3}{2}}\partial\rho$$

两边除以式(3.31) 后得
$$\frac{\partial q_v}{q_v}=-\frac{1}{2}\times\frac{\partial\rho}{\rho} \tag{3.32}$$

在此式中，值得重点关注的是最后一项$\frac{\partial\rho}{\rho}$，因为被测流体干气是一种变组分气体，组分变化引起标准状态密度变化，而式中的密度 ρ 的计算是建立在固定组分的基础上的，所以温度、压力补偿只能解决气体温度和压力的变化对气体密度的影响，而无法解决组分变化对密度的影响，如式(3.33) 所示：

$$\rho=\rho_n\frac{p_f T_n Z_n}{p_n T_f Z_f} \tag{3.33}$$

式中 ρ——工况条件下气体密度，kg/m^3；

ρ_n——标准状态条件下气体密度，kg/m^3。

即式(3.33)只能解决 p_f、T_f、Z_f 偏离标准状态的问题，组分的变化引起 ρ_n 相应变化。

在本例中，提问者提供的孔板计算书上的标准状态气体密度为：

$$\rho_n = 0.8\text{kg/m}^3 \tag{3.34}$$

而计算误差时，根据分析室提供的报告知标准状态气体密度为：

$$\rho_n' = 0.6764\text{kg/ m}^3 \tag{3.35}$$

从式(3.32)和式(3.33)计算密度相对误差：

$$\begin{aligned}\frac{\delta\rho}{\rho} &= \frac{\rho_n' - \rho_n}{\rho_n} \\ &= \frac{0.6764 - 0.8}{0.8} \\ &= -15.45\%\end{aligned} \tag{3.36}$$

从题意知密度的相对变化率 $\frac{\partial\rho}{\rho}$ 与密度相对误差 $\frac{\delta\rho}{\rho}$ 是等值的。

将密度误差值代入式(3.32)得差压流量计的流量相对变化率：

$$\frac{\partial q_v}{q_v} = 7.7\%$$

本题中相对变化率 $\frac{\partial q_v}{q_v}$ 就是流量测量相对误差 $\frac{\delta q_v}{q_v}$。

(4) 变组分气体流量的测量

干气流量的测量通常要换算到质量流量，3.17 节中的两种方法都有缺陷，都会因组分变化而失准。下面介绍的组合式气体质量流量测量方法是已在现场使用多年的成熟方法，它不需要压力变送器和温度传感器，但需要两个流量传感器，一个是涡街流量传感器，另一个是孔板差压式流量计（配差压变送器）。

采用涡街流量计与孔板差压式流量计串联并同流量演算器一起组合而成的测量系统，能很好地解决变组分气体流量测量问题，其原理框图如图 3.18 所示。

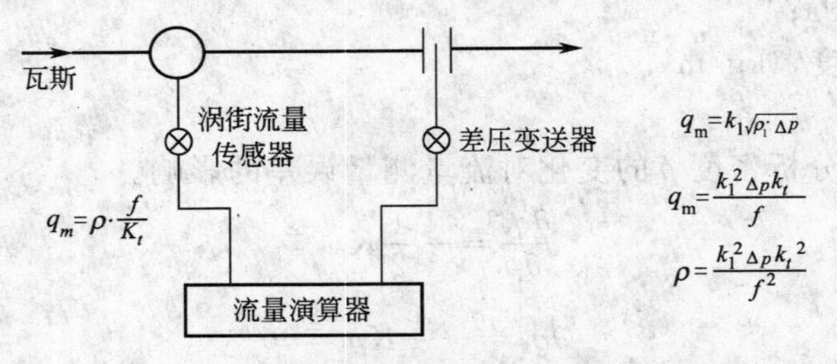

图 3.18 测量组分变化气体的质量流量框图

在该系统中，有下面的关系式[17]。

涡街流量传感器数学模型为：

$$q_m = \rho\frac{f}{K_t} \tag{3.37}$$

式中 q_m——质量流量；

ρ——涡街流量传感器出口端流体密度；

f——涡街流量传感器输出频率；

K_t——涡街流量传感器工作状态下流量系数。

孔板式差压流量计数学模型为：

$$q_m = k_1\sqrt{\rho_1\Delta p} \tag{3.38}$$

式中 k_1——系数；

ρ_1——节流体正端取压口处流体密度；

Δp——差压。

将式(3.38) 平方后除以式(3.37) 得：

$$q_{\mathrm{m}}=\frac{k_1^2\rho_1\Delta pK_t}{\rho f} \tag{3.39}$$

由于孔板差压式流量计串接在涡街流量计后面，ρ_1 与 ρ 近似相等，即

$$\rho_1=\rho \tag{3.40}$$

所以式(3.39) 可化简为：

$$q_{\mathrm{m}}\approx\frac{k_1^2\Delta pK_t}{f} \tag{3.41}$$

在流量演算器中具体实现式(3.41) 时，Δp 可由式(3.42) 求得：

$$\Delta p=A_{\mathrm{i}}\Delta p_{\max} \tag{3.42}$$

式中 A_{i}——差压输入信号，0～100%；

$\Delta p_{\max}$——流量测量上限所对应的差压。

而 k_1 可由孔板差压式流量计的满度条件求得。

从式(3.38) 得：

$$q_{\mathrm{mmax}}=k_1\sqrt{\rho_{1d}\Delta p_{\max}} \tag{3.43}$$

式中 q_{mmax}——流量测量上限；

ρ_{1d}——设计状态下孔板正端取压口流体密度。

所以

$$k_1=q_{\mathrm{mmax}}/\sqrt{\rho_{1d}\Delta p_{\max}}$$

因此将 K_t、$\Delta p_{\max}$、q_{mmax}和 ρ_{1d} 置入演算器，仪表就能从输入信号 A_{i} 和 f 计算 q_{m}。

演算器不仅能计算和显示质量流量，而且能计算和显示密度 ρ。

将式(3.37)、式(3.41) 和式(3.40) 联立解之得：

$$\rho=\frac{k_1^2\Delta pK_t^2}{f^2} \tag{3.44}$$

仪表显示的流体密度值可用成分分析仪器测得的混合气体组分值，与经下式计算得到的理论密度进行比较，求得示值误差：

$$\rho_n=X_1\rho_1+X_2\rho_2+\cdots+X_{m-1}\rho_{m-1}+X_m\rho_m \tag{3.45}$$

式中 ρ_n——标准状态混合气体密度；

$X_1\cdots X_m$——各组分的含量（V/V）；

$$X_1+X_2+\cdots+X_{m-1}+X_m=100\%$$

$\rho_1\cdots\rho_m$——标准状态条件下各组分密度。

工作状态下混合气体理论密度 ρ_f 为：

$$\rho_f=\frac{p_fT_n}{p_nT_f}\rho_n \tag{3.46}$$

求得理论密度后，还可用式(3.37) 计算理论质量流量，用以校验仪表的质量流量示值。

这一方法尤其适合流体组分变化频繁、变化幅度大的对象，但需两台流量计，对于管径较大的对象，投资略大些。所以对于组分变化不频繁、变化幅度也不很大的对象，例如天然气流量测量，可用温度、压力补偿再配上组分修正的方法，更可节约投资。

使用这个方法进行组分补偿时，选择几个变化幅度较大的组分定期用仪器进行分析，并用人工方法修改流量演算器中相应窗口的组分设置值，用新的分析值取代原有的设置值。仪

表运行后就可按式(3.45)和式(3.46)计算流体密度，进而计算质量流量或标准状态体积流量。

智能流量演算器是工业仪表，采用演算器完成上述演算不仅精确度高，可靠性好，而且安装使用方便。

3.18.3 小结

① 从上面的分析可知，两套表所显示的标准状态体积流量存在的量差，是由孔板流量计偏高引起的。

② 孔板流量计示值偏高是因被测气体组分变化，标准状态密度变小。

③ 变组分气体质量流量用孔板流量计和涡街流量计测量都不理想，组合式流量计能很好地解决这一问题。当然，如果资金允许，工况条件也在科氏力质量流量计可测范围之内，最好还是使用科氏力质量流量计。

④ 干气是最常见的变组分气体之一，对于其他变组分气体，上述方法也适用。

3.19 火炬气流量测量难度高

3.19.1 提问

热式流量计测量火炬气流量存在什么问题?

3.19.2 解答

火炬气流量测量是一个难度极高的测量任务，不仅用热式流量计测量有困难，而且喷嘴流量计、阿牛巴流量计也因量程比太小和被测流体组分多变，测量误差太大而效果欠佳。

热式流量计用来测量洁净的流体可以工作得很好，例如氮气、氧气、氩气、干燥又洁净的空气流量测量，但用于火炬气流量测量却遇到了困难。

(1) 火炬气的来源

石油和石化企业一般都配有火炬系统，这对保证工艺装置安全生产、保护环境、节能降耗具有重要意义。

火炬气的来源主要有：

① 有关生产装置排出的尾气、废气；

② 生产装置事故状态下紧急排放的瓦斯；

③ 暂时还不能利用的瓦斯。

为了节约能源、降低消耗和保护环境，很多石化厂建立了瓦斯（可燃气）回收系统，即气柜所收集的瓦斯经压缩机升压后送回收装置，只有在各生产装置排放量过大而超过回收能力时，才送火炬燃烧。

(2) 火炬气计量的难点

与一般流量测量对象相比，火炬气流量监测和瓦斯排放量监测有其特有的难点，其中[18][19]：

① 安全性要求高　为了保证紧急情况下生产装置所有气体能够快速、安全排放，流量监测的前提要确保安全，保证故障状态能紧急放空；

② 管道直径大　火炬主管道直径大，非插入式测量仪表安装、测量都很困难；

③ 量程比要求高　一个精炼厂在完全正常运转时，其火炬气流量是很小的，低流量时

的流速通常在 0.01～1.5m/s 的范围之中，一台设备的小的扰动可以增加流量，而很多设备的大的扰动则可以产生很大的流量，在短时间内，有的系统中的瓦斯流速可能超过 60m/s，因此要求流量测量仪表必须具有很宽的量程比；

④ 火炬气（瓦斯）常有油污，有时还有冷凝液析出　火炬气（瓦斯）中常有油污存在，容易造成某些流量敏感元件玷污，使测量产生很大误差，甚至损坏；

⑤ 火炬气组分复杂多变　火炬气的组分常常很复杂，除了多种碳氢化合物之外，还有氢气、硫化氢、二氧化碳、氮气等，每种单一组分的相对百分比经常是不断变化的，这就给流量测量增加了难度。

(3) 用超声流量计测量火炬气流量

GE Sensing 公司早期产品命名为 7100 型，后改型为 GF868 型。这是一种时差法超声流量计。其工作原理在 4.32 节介绍。

时差法超声流量计，在测量得到顺流超声传播时间 t_D 和逆流超声传播时间 t_U 后，可进一步计算其平均传播时间 t_a 和声速 C。即

$$t_a=\frac{1}{2}(t_D+t_U) \tag{3.47}$$

式中　t_a——平均传播时间；

t_D——顺流超声传播时间；

t_U——逆流超声传播时间。

$$C = L/t_a \tag{3.48}$$

式中　C——声速；

L——声道长度；

t_a——平均传播时间。

由于固定介质在已知温度和已知压力情况下声速是保持不变的物理量，从声速可以推算出流体内介质的组成成分及相对分子量，并进而计算质量流量。

GE Sensing 公司经过多年研究，得到了气体平均分子量与声速 C 关系的经验公式[20]：

$$C=\sqrt{\frac{\kappa RT}{MW}} \tag{3.49}$$

式中　C——声速；

κ——定压比热容与定容比热容之比（绝热指数）；

R——气体常数；

T——绝对温度；

MW——平均分子量。

该公式适用于碳氢气体，对氮气等非碳氢气体，要另做补偿。与该公式相对应的曲线如图 3.19 所示。

对于火炬气来说，计算得到即时相对分子量数据具有特殊的意义，因为来自不同装置的气体，其相对分子量是不同的，从即时分子量数据可判断泄漏来源。

可以测量极低的气体流速和具有很大的范围度，是火炬气超声流量计的一大优势。

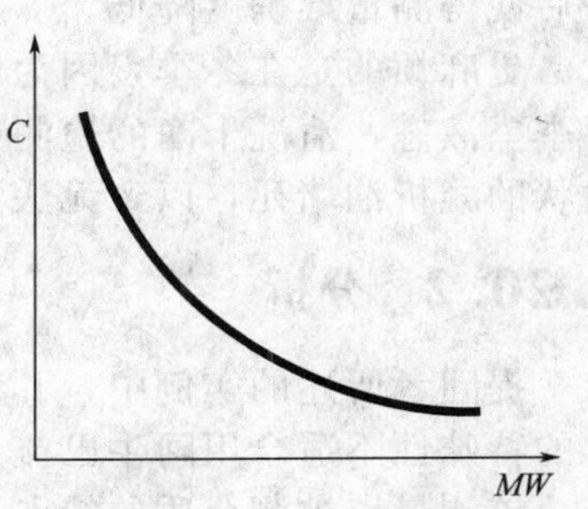

图 3.19　MW 与 C 的关系

GF868 可以测量 0.1～0.5m/s 的低流速流体，极端情况下满足最低流速 0.03m/s 的测量。当出现“扰动”时，火炬气超声波流量计可测量高达 80m/s 的高流速气体，并且满足双向流体的要求。GF868 火炬气超声波流量计采用插入式探

头，可以满足工艺管线直径从 76mm～3m 的变化。

该流量计可以配置 1 对或 2 对测量探头。单声道测量时，当流速在±0.3～±85m/s 之间，流量测量精度满足读数的±2%～±5%。双声道测量时，当流速在±0.3～±85m/s 之间，流量测量精度满足读数的±1.4%～±3.5%。测量相对分子质量时，测量精度满足±1.8%。

GF868 型火炬气流量计由转换器、T5 型传感器、前置放大器、不断流插拔装置（填料函、隔离阀、接管）、电缆、压力变送器、温度变送器等组成，如图 3.20 所示。从现场使用情况来看，效果是令人满意的。

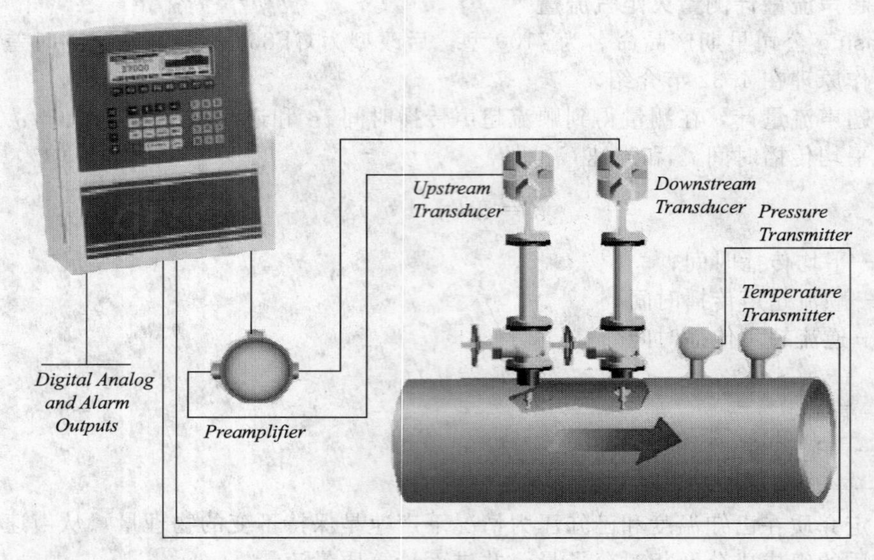

图 3.20 GF868 型火炬气流量计系统图

3.20 天然气处理厂用阿牛巴测量流量，冬季故障频发

3.20.1 现象

重庆某天然气净化厂入口原料气（原井气）采用 T 型阿牛巴配 3095MV 多参数变送器测量。常用压力 8MPa，常用温度与大气温度相同。由于原料气来自多口气井，而不同的气井产出的气体组分差异很大，所以混合气组分也变化较大。组分的变化引起平均密度变化，最后使得测量准确度降低。

更麻烦的是在冬季，因为原料气在进厂之前只经过粗处理，气体中夹带的微量凝析油在冬季呈液态，清洗干净的检测杆用不了几天，检测杆上的正端取压槽和负端取压孔就会被焦油状的凝析油堵死，以致无法测量。

3.20.2 分析

提问者所述的实例中，T 型阿牛巴用不好，并非阿牛巴本身存在问题，而是该测量点流体的特殊性不适合用阿牛巴流量计测量。

该测量点被测介质的特点是：

① 组分经常变化，引起流量计安装处被测气体密度变化，而阿牛巴流量计属差压式流

量计，其测量精确度与流体密度密切相关；

② 气体在冬季有凝析油析出，堵塞取压槽（孔）。

3.20.3 解决方法

(1) 天然气常用流量计选型指南

本实例所讨论的问题是流量计的合理选型问题。在 GB/T 18603—2001《天然气计量系统技术要求》中，提供了一个天然气常用流量计选型指南，如表 3.3 所列。

表 3.3 天然气常用流量计选型指南[21]

应用因素	旋转式容积流量计	涡轮流量计	涡街流量计	超声流量计	孔板流量计
操作条件下的气体密度	危险增大	最小流量随密度增加而变得更低	最小流量随密度增加而变得更低	在规定密度范围内不受影响	决定测量结果
气中夹带固体	可能堵塞叶轮，需要过滤器	可能有沉积物，叶片可能受损影响旋转，需要过滤器	可能有沉积物，非流线体可能受侵蚀，需要过滤器	一般不受影响，如果传感器孔被污垢阻塞，流量计功能会受到影响，建议增加过滤器	可能有侵蚀和沉积物需加过滤器
气中夹带液体	可能有腐蚀、结垢，结构材料会受影响	可能有腐蚀、结垢，润滑油被稀释，转子出现不平衡	测量导管内可能有液体沉积物，这会影响计量值	可能变坏的信噪比会影响功能，如果传感器孔受阻，流量计功能会受影响	由流量计腐蚀引起的磨损会造成流量误差，孔板端面和孔板取压孔内有沉积物会影响准确度
压力和流量变化	突然变化会造成损坏。因为叶轮的惯性，流量的突变会致使上游或下游管道内压力时高时低	压力突变可能造成损坏	不会造成损坏，但可能造成计量误差	压力突变会造成超声换能器损坏	压力突变会造成损坏
脉动流	不受影响	流量快速的周期变化会使测量结果过高，影响取决于流量变化的频率和幅度、气体的密度和叶轮的惯性	准确度受影响，影响的程度取决于流量变化的频率和幅度	只要脉动的周期大于流量计的采样周期，就不会受影响	准确度取决于仪表响应速度，准确度要受影响
允许误差范围内典型的量程比	30：1	30：1，密度越高，流量比就越大	30：1，密度越高，流量比越大	30：1	10：1，如果采用双量程差压计
过载流动	可短时间过载	可短时间过载	可过载	可过载	可过载至孔板上的允许压差
增大公称设计能力	增大最大流量需要加大流量计，或增加气路，或提高压力				增大最大流量需要加大孔板流量计内径，或增加气路，或提高压力
供气安全性	流量计故障可能中断供气	流量计故障不造成影响			
流量计及其管道所需配管设置要求	对上下游管道无特殊要求，遵照制造厂的说明，为保证连续供气需加旁通	上下游需直管段长度，长度根据适用标准的安装说明而定		根据 GB/T 18604，上下游需一定直管段长度	依据 SY/T 6143，上下游需直一定管段长度
典型直管长度： 上游 下游	 4D 2D	 5D 2D	 20D 5D	(依据配置) 10D 3D	(依据配置) 30D 7D

注：1. 流量计最初用的型号过大，会影响小流量的测量准确度。
2. D 为流量计内径。

(2) 关于流量计选型的讨论

在表 3.3 所列的选型指南中，旋转式容积流量计主要是气体腰轮流量计，现在已经很少使用，因为易卡，而且只在小管径测量点才会用。其余的就是涡轮流量计、涡街流量计、超声流量计和孔板流量计 4 种。若流体为供给最终用户的天然气，这 4 种流量计都能工作得很好，因为流体既洁净组分又稳定。但在本例中，由于流体既不洁净，组分又有很大波动，这就为流量计选型带来困难。

① 孔板流量计

本实例中的介质不适合用孔板流量计等各种差压流量计测量。因为组分变化必然引起标准状态介质密度的变化，进而使得工况条件下的流体密度 ρ_1 难以确定。孔板流量计中流体密度与流量之间的关系如式(2.1) 所示。

在天然气关口表的选型中，常常选用孔板流量计，而流量计安装处的天然气组分也会有些许变化。但是有关标准规定，应配备气体成分分析仪并对气体组分变化引起的误差进行自动补偿。由于成分分析仪（一般为工业气相色谱仪）价格昂贵，不适合本实例中的测量对象。

② 超声流量计

表 3.3 中所列的超声流量计，一般为带测量管段的插入式多声道流量计，精确度能达到 0.5 级，多用在门站作关口表使用。价格很高，而且冬令季节流体中的凝析油容易将超声流量计的换能器污染，使信噪比变差，影响测量，显然也不适合本实例中的测量对象。

③ 涡街流量计

夏季由于流量计安装处的介质温度较高，气体中不会析出凝析油，涡街流量计肯定能使用得很好。但是冬季凝析油多的时候，焦油状的凝析油粘附在旋涡发生体上，如果管道中再有灰尘或颗粒状物体流过测量管，很容易在旋涡发生体的迎流面堆积，使仪表的流量系数变化。关于这种情况的分析详见 5.12 节。

④ 涡轮流量计

气体涡轮流量计的优点是结构简单，安装方便；外形尺寸相对较小；精确度高；重复性好；范围度宽可达到 15：1 到 25：1，在高压输气的情况下，范围度还可增大；其输出为脉冲频率信号，因此在同可编程流量显示表配用时，容易得到较小的系统不确定度。近几年来，国内已有不少仪表厂生产这种仪表，并在油气田推广应用。

其不足之处是涡轮高速转动，轴承与轴之间机械摩擦，寿命不很长，因此应注意润滑，可利用制造厂所提供的润滑手段，定期补给润滑油。

另外，高速流动的气体中如果含有较大的固体颗粒，很容易将涡轮叶片打坏，因此，涡轮流量计前的管道上应加装过滤器。

仪表投运步骤　如果计量回路装有旁通阀，应先开足旁通阀，然后开足上游切断阀，再缓慢开启下游切断阀，最后缓慢关闭旁通阀。如果计量回路没有安装旁通阀，则应先开足上游切断阀，然后缓慢开启下游切断阀，防止涡轮受高速气流冲击而损坏。

本实例中的凝析油等对其他原理的流量计产生的是不利影响，而对涡轮流量计来说，产生的是有利影响，因为微量的凝析油有利于轴承与轴的润滑，所以冬季不需另外注油。

参考文献

[1] 王森，纪纲．仪表常用数据手册．第二版．北京：化学工业出版社，2006.

[2] ISO 1217—1986　容积式压缩机验收试验．

[3] [日] 川田裕朗，小宫勤一，山崎弘郎．流量测量手册．罗泰，王金玉，谢纪绩，韩立德，洪启德译．北京：中国计量出版社，1982 年．

[4] 毛新业．均速管流量计．北京：中国计量出版社，1984..

[5] 林鸿稼，刘军．湿煤气流量测量的一种方法，98工业仪表与自动化学术会议论文集．杭州：1998，137～142.
[6] 纪纲．流量测量仪表应用技巧．第二版．北京：化学工业出版社，2009.
[7] 曹王剑．含有杂质的煤气流量测量．自动化仪表，1993，(12)．
[8] GB/T 18215.1—2000 城镇人工煤气主要管道流量测量．第一部分：采用标准节流装置的方法．
[9] 贺正勤．T型阿牛巴流量计．第六届工业仪表与自动化学术会议论文集，上海：2005年6月．
[10] 戴祯建．差压式流量计在大管道煤气计量中的应用．自动化仪表，2002，20(4)：25～28.
[11] 文瑞中等．煤气湿度检测与流量计量自动补偿技术的研究与开发．冶金自动化信息网站20周年论文汇编．1997，119～123.
[12] JB/T 5325—91 均速管流量传感器．
[13] SY/T 6143—2004 用标准孔板流量计测量天然气流量．
[14] 邓传忠，李伟，郑永建．孔板流量计在复杂组分气田生产管理中的应用．2007中国油气计量论文集．太原：2007年11月，27～34.
[15] GB/T 2624—2006 用安装在圆形截面管道中的差压装置测量满管流体流量．
[16] 孙淮清，王建中．流量测量节流装置设计手册．第二版．北京：化学工业出版社，2005.
[17] 袁庆青．瓦斯质量流量及其密度测量．化工自动化及仪表．1994.2：56～57.
[18] 金涛．燕山石化在火炬气计量方面的问题和思考．中石化变组分气体计量研讨会论文集．南宁：2010年11月．
[19] 徐志芹．瓦斯排放计量监控的探讨．中石化变组分气体计量研讨会论文集．南宁：2010年11月．
[20] Lei Sui，Toan. H. Nguyen，James E. Matson，Peter Espina，Ivan Tew. Ultrasonic Flowmeter for Accurately Measuring Flare Gas over a Wide Velocity Range. 15th Flow Measurement Conference (FLOMEKO)，2010. TaiPei.
[21] GB/T 18603—2001 天然气计量系统技术要求．

第4章
液体流量测量系统

本章引言

本章所讨论的实例被测流体全部为液体，其中有自来水、凝结水、河水、污水、冷冻水、盐水、重油、渣油、熔盐、液态天然气、化工产品等。所涉及的流量计有孔板流量计、阿牛巴流量计、楔形流量计、涡轮流量计、电磁流量计、涡街流量计、超声流量计、科氏力质量流量计等。

(1) 由电磁流量计组成的液体测量系统，问题的关键原因有：

① 测量管内积气或空管，计 3 例；

② 水中溶解的气体因水温升高或压力降低释放出来，引起流量示值偏高，计 2 例；

③ 凝结水减压后释放出蒸汽，计 1 例；

④ 测量管内壁结淤泥，计 1 例；

⑤ 测量管内电极被结晶物覆盖，计 1 例；

⑥ 被测流体中的铁锈将电极短路，计 1 例；

⑦ 被测液体电导率太小，低于允许值，计 1 例；

⑧ 被测液体与电极之间的电化学作用，计 1 例。

(2) 由差压式流量计组成的液体流量测量系统，问题的关键原因有：

① 导压管坡度不符合规范，引起差压信号传递失真，计 2 例；

② 差压变送器高低压室排气不彻底，计 1 例；

③ 楔形流量差压装置取压法兰管口内积气，计 1 例。

(3) 由科氏力质量流量计组成的液体流量测量系统，问题的关键原因有：

① 测量管内壁被高黏度流体粘结，引起挂壁，计 2 例；

② 压力对测量结果产生影响，未进行补偿，计 1 例；

③ 水锤效应，计 1 例；

④ 超上限流量使用，计 1 例；

⑤ 高饱和蒸气压液体，因背压不足引起液体在测量管内气化，或因输送管道从大气吸收热量，引起液体部分气化，使含气率升高。

每一个实例的具体关键原因详见本章各节的分析和附录 E：关键原因索引。

4.1 差压式流量计引压管坡度不符要求引出的问题

4.1.1 存在问题

中石化某分公司有一醋酸装置，一套关键的流量计—甲醇流量计示值偏高，投入使用几年以来一直未找到原因。

这个流量测量点，差压装置安装在 $DN80$ 的垂直管道上，流体自下而上流动。一套差压装置有 3 对差压信号取压口，分别去 3 个差压变送器，3 个变送器输出分别去 DCS、安全联锁系统和计量系统。3 对取压口均为 1in 法兰取压，在法兰圆周上的布置相隔 120°，根部阀为法兰式闸阀，如图 4.1 所示。

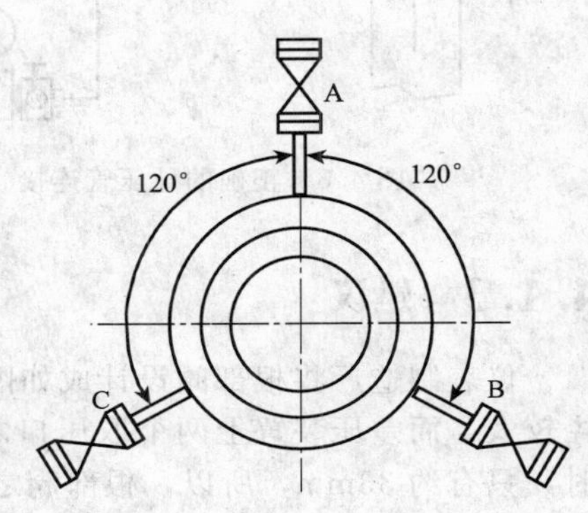

图 4.1　3 对取压口在节流装置上的分布

提问者介绍，该测量点所测量的介质甲醇，是货轮上卸下经科氏力质量流量计计量，然后送储罐的，此科氏力流量计即为双方贸易交接计量手段。储罐中的甲醇再用泵打出，经该流量计测量后送生产系统。卸船后的计量结果用作醋酸成品单耗计算的依据，从几年来的单耗统计结果分析，科氏力流量计计量结果是准确的，经醋酸产品产量核算，在均衡生产的情况下，甲醇流量应为 32t/h，但该计量点的 3 路输出信号，均高于 32t/h，而且各不相同，有时 A 最高，有时 B 或 C 最高，最高时可达 41t/h。

经校验，差压变送器均未超差，五阀组排气也正常。

4.1.2 分析与诊断

① 从提问者所提供的现场仪表照片可看出，差压变送器的选型和安装是合理的。

② 从提问者所提供的照片上可看出，差压装置上的引压管引向有问题，将照片画成原理图，如图 4.2 所示。因为负压管从取压口引出后爬高一段距离，再装根部阀，根部阀出去后再下行去差压变送器。毛病就出在引压管的最高点易积气，而且无气体收集器和排气阀，导压管内的气体使差压传送出现正向偏移。

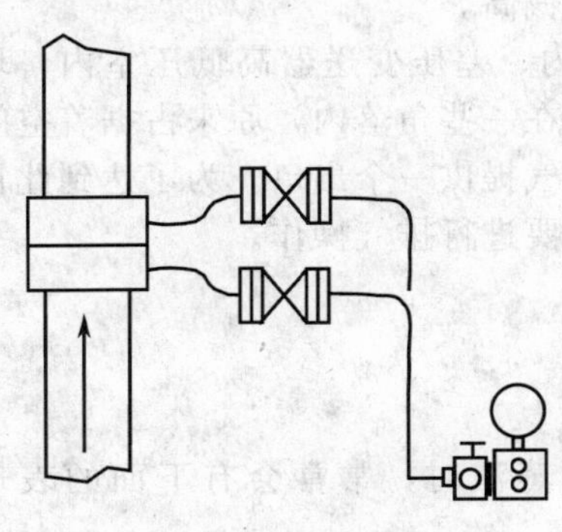
图 4.2　不正确的导管连接

甲醇在正常情况下是液态，但无法保证它在任何时候都不会析出气体。为了防止析出的气体进入引压管，必须采用如图 4.3 所示的方法来保证坡度[1]。

③ 差压变送器的排气。在仪表投运前，引压管和差压变送器高低压室内均充满空气，开表后，甲醇依靠其重力从母管进入引压管，管内的空气密度较小，翻滚上升进入母管。五阀组排气时，可将阀组前面流路内的气体排净，而差压变送器高低压室内的气体，必须打开高低压室上的上面一个排气口才能排净。提问者漏掉了差压变送器排气操作这一步。

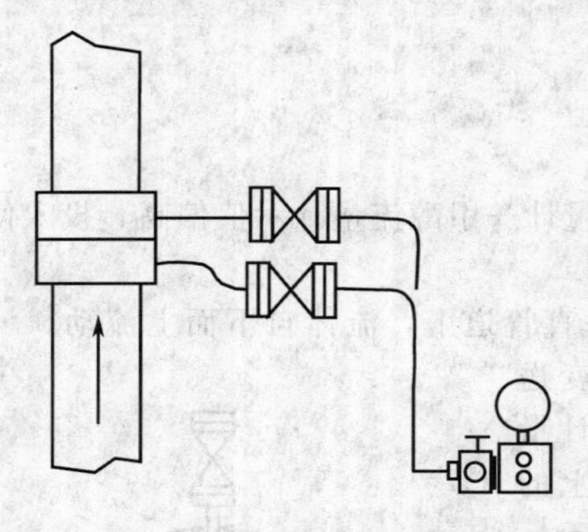

图 4.3 正确的导压管连接

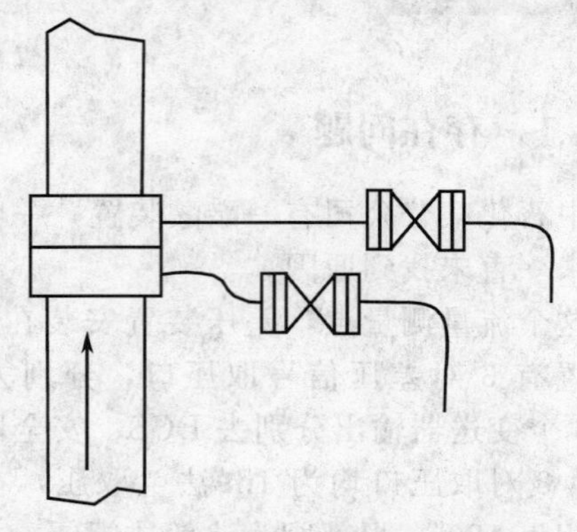

图 4.4 负压管改装示意图

4.1.3 建议

仪表制造厂将根部阀设计成如图 4.2 所示的样子，是因为根部阀为法兰连接，法兰的外径较大，而差压装置上两个取压口之间的距离较小，1in 取压时，只有约 51mm，环室取压时，只有约 33mm，所以，根部阀之间的距离要设法放大。

根据现场的情况，可将负压管按图 4.4 所示予以改装，从而杜绝负压管内积气的事情发生。

4.1.4 小结

① 安装在垂直管道上的差压装置，导压管的处理很容易出问题。在测量不同介质的流量时，导压管的敷设应满足下列要求：

被测介质为气体时，导压管内一般应充满气体，残存的液体将会引起差压信号的传递失真；

被测介质为液体时，导压管内一般应充满液体，残存的气体、气泡将会引起差压信号的传递失真；

被测介质为蒸汽时，冷凝罐或冷凝管到差压变送器（包括高低压室）导压管内应充满凝液，残存的气体将会引起差压信号的传送失真。

本实例中就是因为负压管内有气体潴集，引起流量示值偏高。

② 流量计开表之前，导压管内、五阀组（或三阀组）内、差压变送器高低压室内，均充满空气。开表时，甲醇依靠其本身的重力进入导压管，但在一些角落内，原来占据着空间的空气并不能完全赶走，因此需进行排气操作，为残存的空气提供一个出口。为了达到此目的，不仅五阀组处要进行排气操作，差压变送器的高低室也要进行排气操作。

4.1.5 讨论

（1）差压装置导压管的不合理配置的另一种形式

上面所述是被测介质为液体时的实例，当被测介质为蒸汽时，常常会有下面的表现形式。

按照信号不失真传递原理，被测介质为蒸汽时，差压装置的导压管、根部阀和冷凝罐的布置应如2.28节中的图2.36所示的结构，在该图中，切断阀采用直通阀（闸阀或球阀）后，只要冷凝罐一端导压管略高于差压装置的一端，则从冷凝罐溢出的冷凝液就可顺畅地流回母管，两只冷凝罐中的液位可保持等高，管中的蒸汽也可正常地向冷凝罐的上部补充，从而实现正常的汽液交换。但是有不少仪表厂供应的却是如2.28节中的图2.35所示的结构，这种导压管连接方式的优点是外观漂亮，但却损害了它的基本功能。

(2) 仪表制造厂差压装置导压管不合理配置的原因

上面的实例表明，差压装置导压管不合理配置为流量测量带来严重后果，那么，制造厂为什么要这样配制呢？据调查，原因有下面几个。

① 讲究外观好看。

② 只求不堵不漏，不知道中看不中用的配置方法会带来严重后果。

③ 国家标准中未提到垂直管上使用的差压装置，当然也不会对这种情况下使用的差压装置导压管应如何布置作规定。

④ 用户也未向制造厂提出具体要求。

4.2 冷量表上冷冻水流量示值升不高

4.2.1 存在问题

上海大众汽车某厂的空调用冷冻水冷量计量项目中，系统调试时发现有几处流量升不高，该公司仪表调试人员怀疑流量计有毛病。

4.2.2 分析与诊断

冷冻水供水管道在流量计等仪表安装完毕初次投运时，管道内充满空气，在开系统时，管内排气不充分，就会形成“气堵”现象。这是供冷专业范畴内的事情，但仪表专业人员也需要了解。

典型的客户端供冷换热器（一般为板式热交换器）与流量计之间的关系如图4.5所示。

在图4.5所示的系统中，冷冻水进入空管道时，管内和设备内的部分空气被冷冻水赶入回水管，但管道和设备的最高点，尤其是死角内的空气不易被赶走，这些深藏不露的介质必须打开设置在管道和设备最高处的排气阀排放。系统投运时，要将冷冻水循环流量开到最大，而且将排气阀 V_4 适度打开，不停地排出空气。有时候，排气1h，仍不时有气体从排气阀排出。如果漏开个别排气阀，空气就会“憋在”大管道的最高点，占据冷冻水的流通截

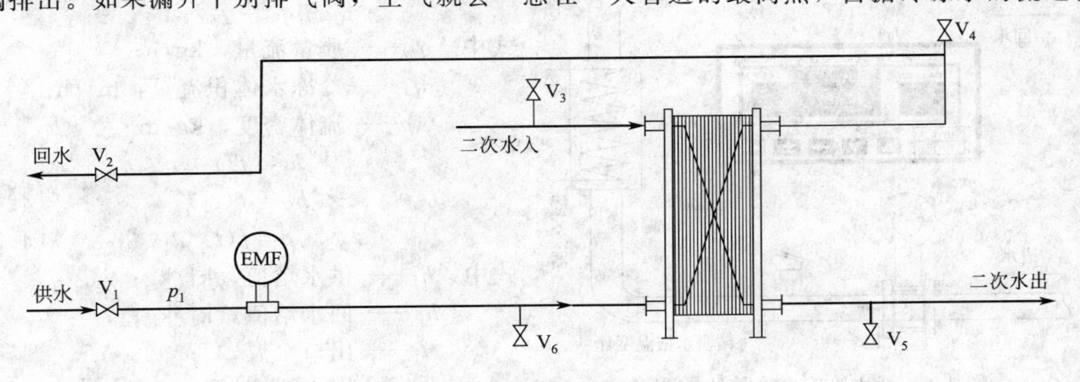

图4.5 客户端热交换器

面，导致流量升不高。处理方法就是开足主管道阀门，加大循环量，带走气体和从排气阀充分排气，直至死角内所憋的气体全部排出。

4.2.3 反馈的信息

打开冷冻水管道的顶部排气阀前，该路 $DN300$ 管道的流量显示值只有每小时几立方米，打开排气阀后，随着空气的排出，流量示值缓慢升高到十几立方米、几十立方米，最后到每小时三百多立方米。

4.2.4 讨论

冷冻水管内排气是一项经常性的工作，因为冷冻水在客户端供出部分冷量后，水温相应升高，水中的空气溶解度相应减小，释放出来的气体积累在管道和设备的最高点，占据一定的流通截面。必须打开排气阀，才能将这些气体排放掉。

4.3 供冷站送出冷量比冷机铭牌数据大很多

4.3.1 现象

上海某机场能源中心供冷站出口冷量总表显示的冷量与各分表之和差不多，但比冷机铭牌上的额定冷量大很多。

4.3.2 检查与分析

(1) 冷量计量方法

冷冻站采用焓差法计算冷量，其系统图如图 4.6 所示[2][3]。即在冷冻水供回水管道上各装一支铠装铂热电阻，分别测量供、回水温度。再装一台电磁流量计，测量冷冻水体积流量，然后送冷量表计算冷量。

其表达式为：

$$\Phi=q_m(h_i-h_0) \tag{4.1}$$

式中 Φ——制冷机供出冷流量，MJ/h；

q_m——质量流量，kg/h；

h_i——供水焓值，kJ/kg；

h_0——回水焓值，kJ/kg。

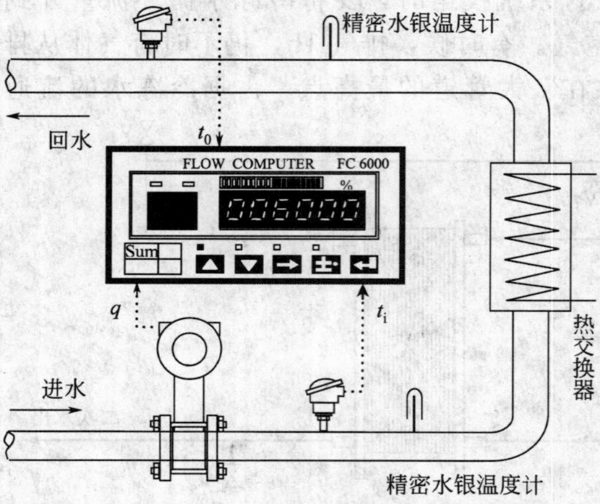

图 4.6 淡水冷冻水冷量计量系统

$$q_m=q_v\rho \tag{4.2}$$

式中 q_m——质量流量，kg/h；

q_v——冷冻水体积流量，m^3/h；

ρ——流体密度，kg/m^3。

$$h_i=f(t_i) \tag{4.3}$$

$$h_0=f(t_0) \tag{4.4}$$

$$\rho=f(t) \tag{4.5}$$

式中 h_i——供水焓值，kJ/kg；

h_0——回水焓值，kJ/kg；

t_i——出口水温，℃；

t_0——回水温度，℃；

ρ——流体密度，kg/m³；

t——流体温度,℃（当流量计安装在供水管上时，$t=t_1$；当流量计安装在回水管上时，$t=t_0$）。

(2) 检查与分析

仪表人员检查了该表计的工作情况，发现流量计和冷量计算部分工作正常，供回水温度显示值与精密水银温度计示值相符。但比设计温度高10℃多，于是就怀疑冷量表所显示的冷量比铭牌数据大得多，是因制冷机未在额定工况条件下运行。

一台制冷机铭牌上所注的额定制冷量，是在冷冻水进出口温度为额定值的条件下测得的，当它在冷冻水进出口温度比额定值高很多的条件下运行时，制冷机的制冷系数将大幅度提高。例如某品牌的不同功能的低温制冷机，进出口水温为－5℃/－10℃的机型，制冷系数为2.4～2.5，但进出口水温为12℃/7℃的机型，制冷系数可达4.3～4.7。

所谓制冷系数就是制冷量（kW）与功耗（kW）之比。它是制冷机内蒸发温度的函数，而蒸发温度又与进出口温度密切相关，进出口水温越高，蒸发温度越高，制冷量越大，制冷系数越大。

4.3.3 讨论

这是一个用设备能力验证计量表计准确度的问题。工艺人员还经常以压缩机、鼓风机、泵的铭牌数据为依据对表计的测量结果提出异议。分析此类问题都离不开额定工况。

下面是离心泵出口流量受出口压力影响的例子。

图4.7是离心泵的性能曲线[4]，其中曲线a为$H=f(q)$(扬程-流量）的关系曲线，b为$N=f(q)$(轴功率-流量）的关系曲线，c为$\eta=f(q)$(效率-流量）的关系曲线。经效率曲线的最高点作一根垂线与轴功率曲线的交点即得到额定功率N_h，与横坐标的交点即为额定流量q_h，与扬程曲线的交点即为额定扬程H_h。

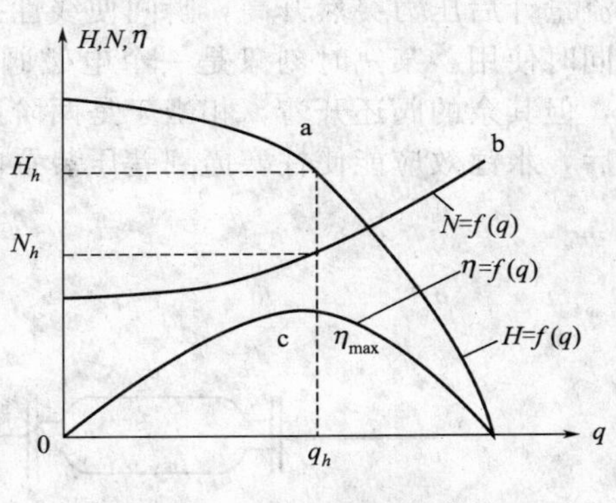

图4.7 离心泵的性能曲线

离心泵出口阻力一般是作为调节流量q的手段。当出口阀全关时，阻力最大，$q=0$，H最高；当出口阀逐渐开大时，阻力逐渐减小，流量逐渐增大，扬程逐渐减小。当出口阀开度为一定值时，出现额定流量q_h、额定扬程H_h，这时效率达最大值。出口阀继续开大，q相应增大。这时出口流量表显示值比额定流量大是正常的，是离心式机泵的特性所决定的。

4.4 科氏力流量计用于批量控制时为何强调配两阶段阀

4.4.1 提问

科氏力流量计用于批量控制时为何强调配两阶段阀？

4.4.2 解答

(1) 水锤现象

在批量控制过程中，若控制阀安装在流量计下游，当阀门快速切断，在管路中容易产生强烈的“液体撞击”（即“水锤”）现象，造成流量计的损坏或影响流量计的正常工作。这一情况在科氏力质量流量计中尤为突出，因为液体在测量管中流过时，线速度很高，阀门的快速关断，动能转换成静压，引起静压大幅升高，形成“水锤”。

(2) 处理方法

科氏力流量计应用初期，人们对“水锤”的影响有多大还缺乏认识，后来发现这种流量计与电磁阀配用实现批量发油时，计量准确度并不高，忽多忽少，后来将电磁阀移到流量计前面，发油量就准确了，从而找到了原因[5]。

防止发生“水锤”现象的另一个方法，是将控制阀改为分阶段阀，通常是两阶段阀，即发料总量即将到达预定值时，先关断第一阶段阀（大阀），由第二阶段阀（小阀）继续发料，待终量到达时，将小阀也关断，结束发料。

由于小阀继续发料时管内流速已降到很低，所以第二阶段阀快速关断不会产生明显的“水锤”现象。

4.4.3 讨论

水锤效应不仅对科氏力流量计有影响，对线性孔板的影响也很可观。

在图 4.8 所示的系统中，蒸汽经线性孔板流量计计量后去几个由电磁阀控制的负荷。电磁阀周期性打开和关闭，阀门由关闭状态突然打开，流量有一个阶跃增量，对流量计无不良影响，但若由打开状态突然关闭，电磁阀内高速流动的流体所具有的能量转换成静压，就会使流量计后压力突然升高，瞬间使线性孔板差压装置中的柱塞进入孔板开孔内。如果几路负荷同时使用，某一时刻只是一个电磁阀突然关闭，影响还不是那么大，因为一个阀突然关闭，但其余的阀还开着，相当于是两阶段阀，但若本来就只有一路开着，该路电磁阀突然关闭后，水锤效应能使柱塞撞到差压装置的限制器，因此引发担忧。

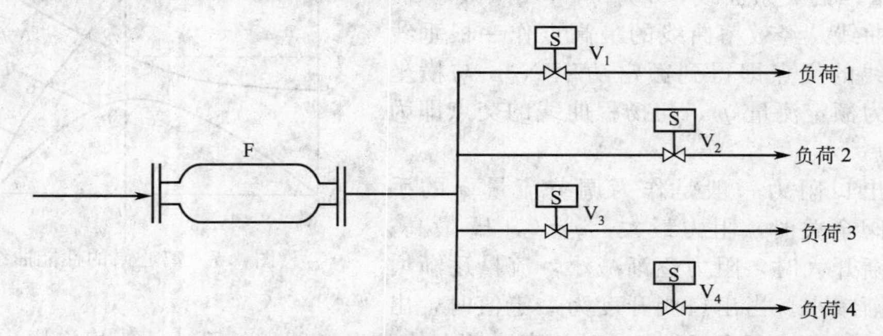

图 4.8 线性孔板与电磁阀控制的负荷

F—线性孔板；V_1～V_4—电磁阀

处理这一问题的方法是在电磁阀与线性孔板之间安装一个止回阀。

4.5 两套科氏力流量计为何示值悬殊

4.5.1 现象

陕西某化工厂二甲醚产品计量中，前面的一套是 Micro Motion 科氏力质量流量计，用于二甲醚交库计量，后面的一套是 KROHNE 科氏力质量流量计，用于发货计量。两套表口径相同，但后者计量结果比前者低得多。

4.5.2 分析

科氏力质量流量计是一种高准确度流量计，如果正确使用能获得很高的计量精确度。

提问者所提供信息是在不同的部位计量同一个产品。其流程如图 4.9 所示。从质量守恒定律分析，如果发送方储罐和管路无泄漏，两套计量表的计量结果应该是相等的。

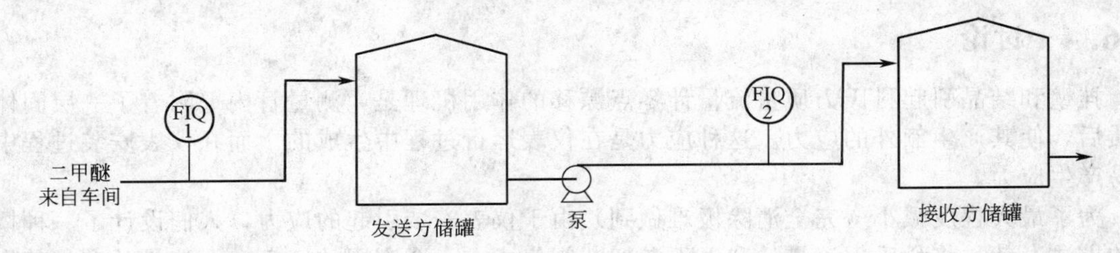

图 4.9 二甲醚收发流程

提问者介绍说，接收方的流量计只要一开泵，就打满度，所以上面所说的两套表计量误差是在后一套表超量程使用的情况下发生的。

为什么前一套流量计不超量程而后一套表超量程？前一套流量计是作为生产车间产品交库之用，流量较均匀而且连续，而后一套流量计是作为卖方发到买方的物料交接计量之用，是间歇发送。科氏力质量流量计压力损失较大，后一套流量计有输送泵为它提供动力，所以达到很高的流速。

4.5.3 建议

将后一套表的测量上限调大，使发送方储罐满罐时仪表也不会超上限流量。

4.6 科氏力质量流量计测量管内“挂壁”的影响

4.6.1 提问

科氏力质量流量计测量管内“挂壁”对流量计测量有何影响？

4.6.2 解答

科氏力质量流量计常常用来测量高黏度流体，例如作原油、重油等交接计量。甚至有文献报道[6]用来测量沥青、石墨糊流量，也工作得很好。

然而科氏力质量流量计用来测量高黏度流体时，由于流体黏度高，容易在测量管内壁上粘结，出现“挂壁”现象，这一层覆盖物会增加测量管的质量，对测量管的振动频率产生影响，导致密度测量误差[5]。当仪表为间歇使用时，这一问题更为严重。

浙江某科氏力质量流量计制造厂曾处理过一次故障。该公司的一台科氏力流量计用来测量己内酰胺和己二胺液体流量，冬季因伴热保温不善，导致局部结晶，仪表零点漂移，经用蒸汽吹扫，因挂壁物清理得不彻底，零点仍不好。经过二次吹扫，零点趋好。

中石化某分公司用科氏力质量流量计测量 50%浓度液体烧碱，因伴热保温不善，引起测量管内壁结晶，以致流量零位升高。经用蒸汽吹扫后，恢复正常。

通过监测密度测量的趋势，有可能诊断出测量管内严重的“挂壁”情况。

处理“挂壁”问题的方法是定期吹扫管线和良好的伴热保温。所以有的设计中，仪表配管图上就预先留好蒸汽吹扫口。

4.6.3 建议

对于有可能会结晶和挂壁的流体，在选用科氏力质量流量计时，建议选用直管型结构仪表，以利日后维护。

4.6.4 讨论

挂壁和结晶引起科氏力质量流量计零点漂移的作用机理是，测量管内壁附着了一层固体物质后，使其产生额外的应力。这种应力是在仪表运行过程中生成的。而在仪表安装过程中更易产生应力。

为了最大程度减小（完全消除极难做到）由于仪表安装引起的应力，人们设计了一种橇装的方法，就是将科氏力流量计和上下游切断阀集成在一个牢固的底盘上，流量计在与其靠得很近的两个支架上呈自由状态而不受应力的作用，如图 4.10 所示。然后再将底盘用底脚螺钉固定在地坪上。这样将流量计、切断阀和 4 根支架与大地形成一个整体，既消除了应力，又隔断了机泵振动对流量计的干扰。

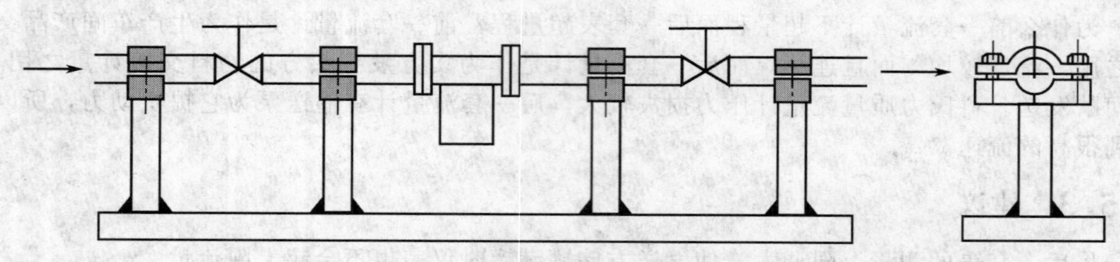

图 4.10 橇装的科氏力质量流量计

这样安装的流量计，在安装完毕后一般要通入被测介质，然后用手持终端测试其安装系数 S_t 和零点漂移量，如果各个环节操作均到位，零点漂移量既小又稳定，S_t 值也可达到很小的数值。

4.7 科氏力流量计背压为什么很重要

4.7.1 提问

科氏力质量流量计的使用要求中为什么对背压提出要求？

4.7.2 解答

科氏力流量计的使用必须满足背压要求，这是因为这种流量计的测量管内流速很高，在仪表的进出口之间有较大的压损，在测量管近出口处容易因部分液体闪蒸而产生的气穴和伴随而来的汽蚀现象，影响仪表的准确度和寿命。

在测量液化的气体或热溶剂以及有析出气体趋向的介质时，为防止汽蚀的产生，必须保证安装在管路中的传感器有足够的背压。背压是指传感器下游端口处流体的压力，一般常在距传感器下游端口 $3L$（L 为传感器长度）之内的管道处测量。最小背压指标为[5]

$$p \geqslant A\Delta p + Bp_0 \tag{4.6}$$

式中，Δp 为流量计压损；p_0 为最高工作温度下介质的饱和蒸气压；A、B 为系数，视流量传感器的结构及介质的性质而定，一般由实验得出。目标是避免管路系统中任何一处的压力不低于管内液体的饱和蒸气压，以防液体气化。

直管型流量计，其测量管刚度大，谐振频率高，由于上述的各种原因，当背压不足时，对测量管的振动稳定性会造成一定影响。实验表明，零流量时，流量测量管内至少要保持0.02MPa（表压）的静压力。要做到这一点，将传感器装在上升管的较低部位，而且传感器下游上升管道的高度应不低于2m（视介质密度而定），如图4.11所示。

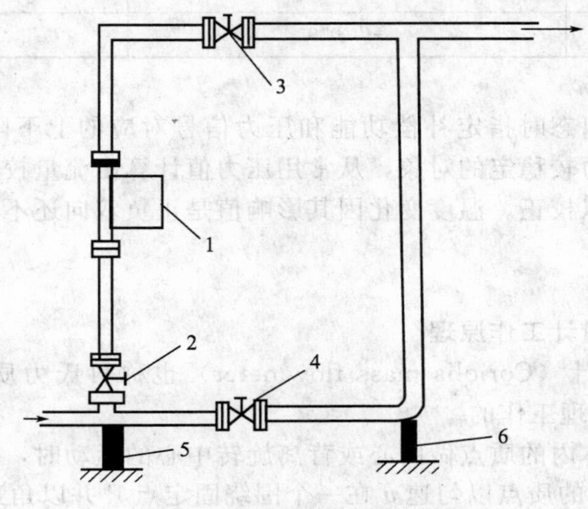

图4.11 确保背压的配管方法

1—传感器；2～4—阀门；5、6—支架

4.8 测量重油的两套科氏力流量计示值相差悬殊

4.8.1 现象

中石化某分公司渣油从炼厂经管道输送到化肥二厂作原料，在一根 *DN*80 的管道上交接双方各装一套相同型号规格的国外知名品牌科氏力质量流量计，整根管道上没有分支和泄漏，但接收方的计量结果比发送方高，平均累计月误差大于1.5%，个别月份误差大于3.5%[7]，远远大于供应商所承诺的误差限。

4.8.2 分析

早期仪表制造商的产品样本和使用说明书等技术文件中，通常声称科氏力质量流量计的流量示值不受流体温度、压力、密度和黏度变化的影响。这种流量计因为测量精确度较高，有很大部分用于贸易交接。一根管道将交接双方连接起来，在供需双方各装一套流量计，而且往往是同一制造厂的同一型号规格产品。由于输送距离较远，流体的温度、压力、密度、黏度等参数都会有一定变化，于是引发了计量量差[7][8]，制造厂处于非常被动的地位，只得投入人力财力作进一步研究，并收到一定效果。例如 Micro Motion 公司在其新的样本中对其不同型号的产品的流体静压影响作了表述[9]。表4.1所列是部分产品介质压力变化影响和介质温度变化影响。由于出厂检验时所用的压力是0.1～0.2MPa，所以在实际使用压力较高时，造成的实际影响也是可观的。对压力影响进行补偿的常用方法有两个：一是在线补偿，适用于流量变送器中带有压力补偿功能的产品，另装一台压力变送器并将信号送入流量

表 4.1 介质压力、温度变化对流量示值的影响❶

传感器型号	介质压力变化影响量/%实际流量·psi⁻¹	介质温度变化影响量/%额定流量·℃⁻¹
DS300S,DS300H	−0.009	±0.004
DS600S	−0.005	±0.004
DS300Z	−0.009	±0.004
DL100	−0.005	±0.002
DL200	−0.009	±0.004

注：1psi=6894.76Pa。

转换器，然后在转换器组态时指定补偿功能和压力信号对应的上下限压力值[7]；另一方法是离线补偿，适用于压力较稳定的对象，从常用压力值计算出流量校正值，然后在转换器组态中将流量标定系数予以校正。温度变化因其影响值是正负双向还不能予以校正。

4.8.3 讨论

(1) 科氏力质量流量计工作原理

科里奥利质量流量计（Coriolis mass flowmeter）也称科氏力质量流量计（以下简称CMF），它是基于下述原理工作的。

当一个位于一旋转体内的质点做向心或背离旋转中心的运动时，将产生一惯性力，如图4.12所示。当质量为 δ_m 的质点以匀速 v 在一个围绕固定点P并以角速度 ω 旋转的管道T内移动时，这个质点将获得两个加速度分量：

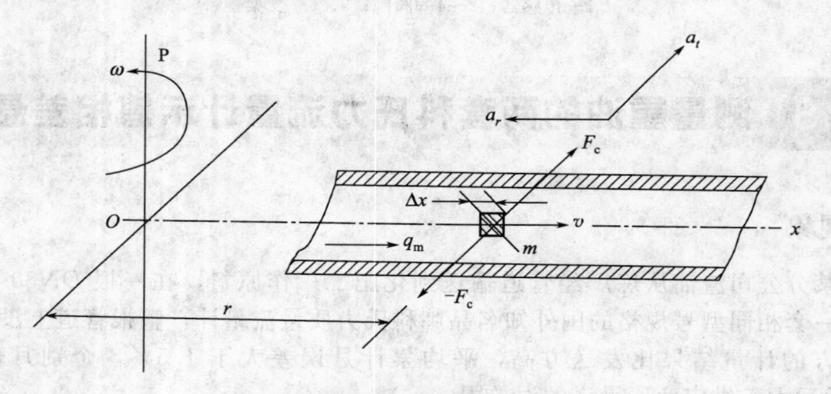

图 4.12 科里奥利力

其一是轴向加速度 a_r（向心加速度），其量值等于 $\omega^2 r$，方向朝向P；其二是横向加速度 a_t（科里奥利加速度），其量值等于 $2\omega v$，方向如图4.12所示，与 a_r 垂直。

为了使质点具有科里奥利加速度，需在 a_t 的方向施加一个大小等于 $2\omega v\delta_m$ 的力，这个力来自管道。反向作用于管道上的反作用力就是科里奥利力 $F_c=2\omega v\delta_m$。

从图4.12可看出，当密度为 ρ 的流体以恒定流速 v 沿图中所示的旋转管道流动时，任何一段长度为 Δx 的管道都将受到一个大小为 ΔF_c 的横向科里奥利力：

$$\Delta F_c = 2\omega v\rho A\Delta x \tag{4.7}$$

式中 A——管道的内截面积。

由于质量流量 δq_m 可表示为：

❶ EMERSON 产品样本：高准（Micro Motion ®）1000 和 2000 系列变送器——带 MVD™技术。

$$\delta \frac{d}{dt}m=\rho vA$$

因此
$$\Delta F_c=2\omega\delta q_m\Delta x \quad (4.8)$$

由此可以看出，通过（直接或间接）测量在旋转管道中流动的流体施加的科氏力，就能测得质量流量。

对商品化的科氏力流量计，通过旋转运动产生惯性力是不切合实际的，而代之以使管道振动产生所需的力。当充满流体的管道以等于或接近其自然频率振动时，维持管道流动所需的驱动力是最小的。在多数 CMF 中，流体管道的两侧被固定，并在两个固定点的中间位置上振动，这就使管道的两个半段以相反的方向振动旋转。当无流量时，在检测点相对位移的相位是相同的；当有流动时，科氏力所产生的附加的扭曲振动使得在检测点的相对运动有一个很小的相位差，这一相位差同质量流量成正比[11]。

以 U 形测量管为例，如图 4.13 所示，在外力的驱动下，U 形测量管绕 O-O 轴按其自然频率 ω 振动。当流体以匀速流过 U 形管时，根据质点动力学原理，在 U 形管向上运动时，入口一侧产生向上的科氏加速度，相应的科氏力 F_1 向下作用在管壁上；出口一侧产生向下的科氏加速度，相应的科氏力 F_2 向上作用在管壁上。F_1 与 F_2 大小相等，方向相反（$F_1=F_2=F_c$）。

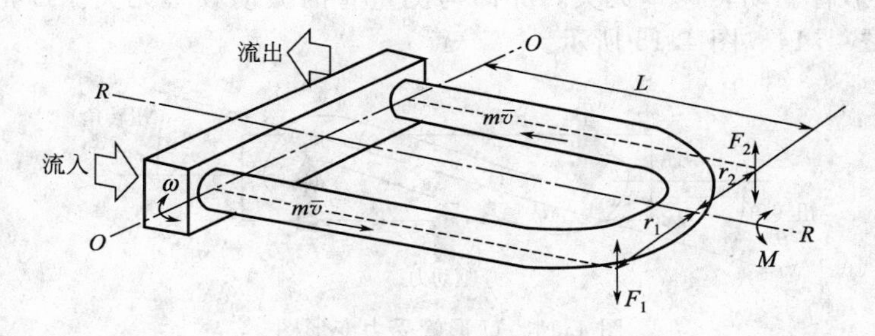

图 4.13 测量管动作原理图

$$F_c=2m\omega\times v \quad (4.9)$$

此处，F_c、ω 和 v 是矢量，“×”是矢量相乘。当 U 形管沿 O-O 轴转动时，科氏力绕 R-R 轴产生力矩 M，转动力臂为 r，于是

$$M=F_1r_1+F_2r_2 \quad (4.10)$$

因 $F_1=F_2$，$r_1=r_2$，由式(4.9) 和式(4.10) 得

$$M=2F_cr=4mv\omega r \quad (4.11)$$

质量流量 q_m 取决于每单位时间内通过给定点的质量 m。$q_m=m/t$，$v=L/t$，经代换得 $q_m=mv/L$，此处 L 是管子的长度，于是式(4.11) 变成

$$M=4\omega rqL \quad (4.12)$$

力矩 M 引起 U 形管扭曲，扭曲角 θ 为测量管绕轴 R-R 的夹角。由于 M 引起的扭曲受测量管的弹性刚度 K_s 的制约，扭矩

$$T=K_s\theta \quad (4.13)$$

因 $T=M$，质量流量 q_m 同偏转角 θ 之间的关系可通过整理式(4.12)、式(4.13) 得

$$q_m=\frac{K_s\theta}{4\omega rL} \quad (4.14)$$

即
$$q_m=K_1\theta \quad (4.15)$$

式中，$K_1=K_s/4\omega rL=$常数。

扭转角 θ 是时间 t 的函数，U 形管每根支管通过中心点，由两侧的两个位置检测器测取。当没有流量时，右面和左面的支管在向上和向下越过中心线的时差为零；而流量增大时，θ 角增大，上升和下降开关信号之间的时间差 Δt 也增大。设管子通过中心线的速度为 v_t，则

$$\sin\theta=\frac{v_t}{2r}\Delta t \tag{4.16}$$

当 θ 角很小时，它近似等于 $\sin\theta$，即 $\theta=\sin\theta$，且此时有 $v_t=\frac{2\pi L}{T}$，$\omega=\frac{2\pi}{T}$，T 为周期，所以 $v_t=\omega L$，于是式(4.16) 变为

$$\theta=\frac{\omega L\Delta t}{2r} \tag{4.17}$$

即

$$\theta=K_2\Delta t \tag{4.18}$$

式中，$K_2=\omega L/2r=$常数。综合式(4.14)、式(4.17) 得

$$q_{\rm m}=\frac{K_{\rm s}L\omega\Delta t}{8r^2\omega L}=\frac{K_{\rm s}}{8r^2}\Delta t \tag{4.19}$$

即

$$q_{\rm m}=K_3\Delta t \tag{4.20}$$

对特定的流量传感器来说，$K_3=\frac{K_{\rm s}}{8r^2}=$常数。可见，质量流量仅与时间间隔 Δt 和几何常数有关，与 U 形管驱动转速 ω 无关，亦即与测量管的振动频率无关。U 形测量管受力变形和振动扭曲如图 4.14、图 4.15 所示。

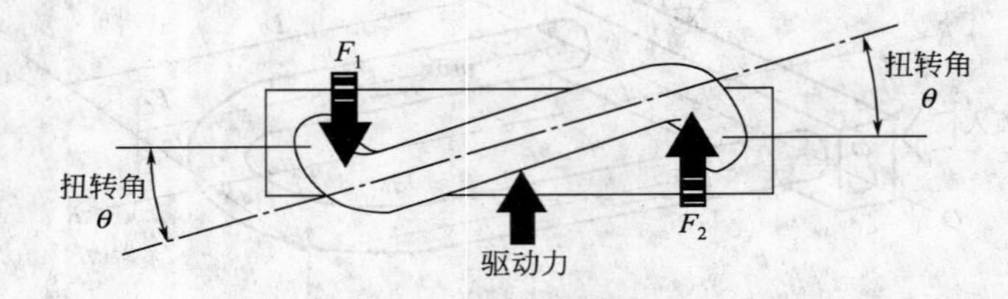

图 4.14 U 形管受力变形图

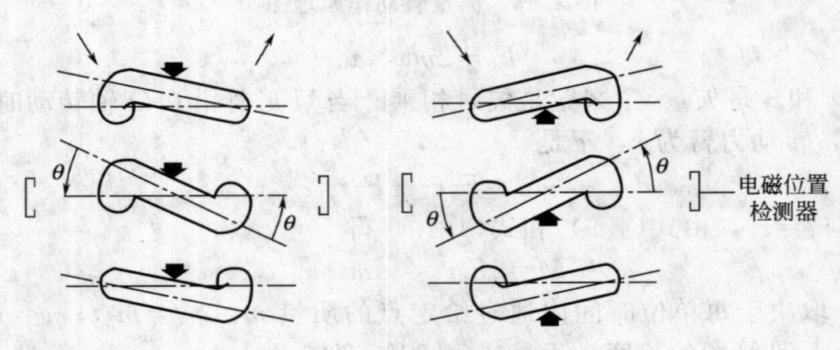

图 4.15 U 形管振动扭曲图

总之，单位时间流经测量管的流体质量越多，则测量管扭转角 θ 越大（$q_{\rm m}=K_1\theta$），而 θ 角越大，则左右两管通过中心点的时差 Δt 亦越大（$\theta=K_2\Delta t$），从而流量 $q_{\rm m}$ 与时差 Δt 成正比（$q_{\rm m}=K_3\Delta t$）。这样，通过传感器的设计，把对科里奥利力的测量转变成对振动管两侧时差的测量，这就是流量传感器的工作原理。

(2) 各类参数对科氏力质量流量计的影响

一种理想的质量流量计将不受流体热力学状态（密度、温度、压力）的影响，不受它的流变学特性（动力黏度）的影响，也不受流动状况（雷诺数、流速分布）的影响。

CMF 曾被普遍认为是“真正的”质量流量计。就直接测取质量流量这一点来说，其显而易见的优点已作了说明。然而，由于 CMF 是利用金属薄壁管的机械振动作为敏感元件来检测流量，因此它不可避免地会受到各种物理参数不同程度的影响，迄今尚无“绝对理想”

的流量仪表。人们在理论和实验的基础上，在仪表内采取了某些自动补偿的措施，有的从结构设计或其他措施方面加以改进，有的明确其应用范围，把某些影响基本消除或减小至允许的范围。

① 温度影响　当被测流体温度升高时，CMF 的振动管系统的刚性减小，这是由于测量管材料的固有弹性常数（包括弹性模量 E 和泊松比 μ）产生变化的缘故。从式(4.19) $q_m=\frac{K_s}{8r^2}\Delta t$ 可以看出，弹性刚性 K_s 减小，则流量 q_m 减小。此外，温度还会影响管子的几何尺寸和振动系统的结构尺寸，这也将对流量产生影响。目前在所有 CMF 中都加了温度补偿系统，对温度变化作了有效的补偿，但还存在补偿过度或不足的问题，残留较小的温度影响。

② 压力影响　最初一般认为流体压力变化不会影响 CMF 的性能，事实上经试验研究表明，在中压和高压（$p \geqslant 1.5$MPa）下，流体压力对 CMF 精确度的影响是不可忽略的。流体压力的作用使测量管变硬，流体压力和测量管的刚度成正比。由于刚度增加，从式(4.19)中可看出，在同样的变形条件下，流量将增大，这同温度的影响作用正好相反。此外，压力的变化也会引起管子尺寸的变化，从而影响流量计的灵敏度。在意大利 Furio Cascetta 的一份研究报告里，提供了用一台某种型号的 DN80 的 CMF 的试验情况，在标准条件下（$t=20$℃、$p=0.2$MPa）标定过，其范围为 15～30t/h。然后，分别在 2MPa、2.4MPa 和 2.8MPa 压力下试验，其结果是最小误差大约为 1.57%（在 $p=2$MPa 时），而最大误差为 4.56%（在 $p=2.8$MPa 时）。这样的试验仅仅是个别的试验。应该说，各种不同型号的 CMF，由于管子形状结构不同，尺寸不同，压力影响的情况也是不一样的，但在中压和高压应用的条件下，压力补偿问题对 CMF 来说也是必不可少的。

③ 黏度影响　黏度对 CMF 的影响极微小，通常应用中不需要补偿。但当流体黏度过高时，可能会消耗激励驱动系统较多的能量，特别是在流动开始时，这种现象可能引起测量管瞬间阻塞，直到流量达到适当的程度为止。这种情况同仪表的设计有关。这种情况下，通常会在变送器内引起一个瞬间的报警状态。有的产品带有辅助电源箱，当黏度较高时，接入激励系统，以补充其能量的不足。

④ 流动状况的影响　由上游和下游管子的构造状况所引起的旋涡和非均匀的畸变流速分布，CMF 的性能通常是不受其影响的，因而一般不要求专门的直管段。尽管如此，一个好的管路系统均应遵守最优的原则。

CMF 一般也能在脉动流的条件下应用。但在某些情况下，例如流体脉冲频率同管子振动频率相近时，将会影响 CMF 的性能，这就要求遵守制造厂家对于应用条件的推荐，避开谐振频率这样的脉动状况，也可采用脉动减振器。

⑤ 振动影响　由于 CMF 是基于振动原理而工作的，如何防止外来振动（来自泵、管路系统及其他机械振动、流动介质的水力学噪声等）对仪表性能的影响，是一个十分重要的问题。主要有 4 个方面的措施来解决。

a. 在产品设计上加以考虑。所有设计者都在自己的产品中采取了不同程度的抑制振动对测量管干扰的措施。

b. 制造厂家应向用户说明自己产品工作振动频率的范围，以便用户在应用中加以注意。一般弯管式频率为 80～100Hz，而直管式为 700～1100Hz。各厂家产品有所不同。

c. 安装时仪表的进口和出口应有夹持和支撑，轴向管接头应与 CMF 接头尺寸相等，防止安装期间有过分的应力施加在 CMF 上。

d. 在安装环境较差时，考虑采用振动隔离——用柔性管连接（注意柔性管不能直接连接在传感器上）。

⑥ 零点稳定性　很多制造厂家给出的 CMF 精确度指标中，在百分比误差之后有“±零

点稳定性”一项，这也可以说是对于零点不稳定的一项控制指标。形成 CMF 零点不稳定的因素大体有如下几点。

a. 两根测量管不可避免的不对称性，从而在实际使用条件下由于温度、压力等影响而造成零流量下的输出偏差；

b. 流体中含有物质的非均匀性，甚至有某些沉淀产生，造成不对称；

c. 仪表出厂时，动平衡补偿达不到理想要求；

d. 由于测量管的环绕产生的应力，在安装过程中产生应力，以及在安装过程中不注意产生的应力，均附加在测量管上。

减少零点漂移的途径，首先应在结构设计、制造工艺上加以考虑，保证两支管的对称性。为了更好地应用，仪表安装后应在现场使用的条件下重新调零。

还需要注意，CMF 安装地点不应靠近有较强电磁场的设备。

⑦ 液体中夹杂气体的影响　意大利 G Cignolo 在“一次科氏力质量流量计的比较试验”报告中，用 7 家公司的 25mm 口径 CMF 仪表各 1 台进行试验。在水中注入 1%空气时，其误差为 1%～15%，而在注入 10%空气时，不同表的误差高达 15%～80%。NEL 的 Nicholson 于 1994 年公布其试验结果：在液体中空气体积小于 2%时，给出的误差为 3%～58%，在 8 种仪表中他试验了两种便中止了试验[11]。可见，像其他流量仪表一样，CMF 对液-气两相的应用也受到限制。可喜的是艾默生公司研究开发出适用于气液两相流的 CMF，据称含气率（体积比）允许值最高可达 30%。

⑧ 闪蒸、气穴和汽蚀的影响　当管道内压力等于或低于流体饱和蒸气压时会发生闪蒸现象，这常常是由于流体流速增高而引起的局部压力降低所致。闪蒸产生的气泡聚集在低压区域就会形成气穴，这种气泡随着液体流到压强高的区域时，气泡中的蒸气会重新凝结成液体，此时气泡变形破裂，四周液体流向气泡中心，产生剧烈的撞击，压力急剧增高，其值可达几百个大气压，不断破裂的气泡使流道壁面的材料受到不断的冲击，从而使材料受到侵蚀，引起测量误差，甚至损坏传感器。这就需要在 CMF 本身结构设计上以及接管、阀门等的选择和安装上避免流速和压力降的突然变化（如控制阀同 CMF 串联时，阀门应放在仪表下游等）。

⑨ 冲蚀和腐蚀影响　由于固体颗粒或者空化现象在流动状态下的作用，流体在测量管内部会产生冲蚀。冲蚀影响的大小同仪表尺寸和几何形状、颗粒大小、耐磨性和流速等因素有关。对于每一种应用情况，都应针对性地加以估计。

对于同介质接触的材料的腐蚀，包括电化学腐蚀，会缩短传感器的使用寿命。注意，必须选择适当的结构材料，同时用户要合理选型，保证同被测流体，包括清洗流体，都必须是相容的。

4.8.4 小结

本实例两 CMF 示值形成差别的原因主要是因沿程压力损失，两 CMF 所受压力差别的影响。

4.9 用科氏力流量计测量聚氨酯液体流量误差大

4.9.1 现象

用科氏力质量流量计测量聚氨酯液体流量，误差大。

4.9.2 分析

(1) 聚氨酯的性质

聚氨酯全称为聚氨基甲酸酯，是主链上含有重复甲酸酯基团（NHCOO）的大分子化合物的统称。聚氨酯大分子中除了氨基甲酸酯外，还可含有醚、酯、脲、缩二脲、脲基甲酸酯基团。通过改变原料种类及组成，可以大幅度地改变产品形态及其性能，得到从柔软到坚硬的最终产品。聚氨酯产品形态有软质、半硬质及硬质泡沫塑料、弹性体、油漆涂料、胶粘剂、密封胶、合成革涂层树脂、弹性纤维等。

聚氨酯由于种类多、黏度范围广、性质复杂，为其流量测量带来很多困难。

(2) 聚氨酯流量测量的难点

聚氨酯流量测量是难度较高的测量任务，难点主要在黏稠和易堵。旋涡流量计因流体雷诺数小而不能产生稳定的旋涡。椭圆齿轮流量计因流体黏度高而粘住齿轮，刮板流量计易被打坏。弯管型科氏力质量流量计一旦测量管被堵极难清理。直管型科氏力质量流量计稍好些，但易挂壁，影响测量。双螺旋流量计因这种液体的自润滑作用，能工作得较好。

(3) 螺旋转子流量计的工作原理和特点[23][24]

螺旋转子流量计的典型结构如图 4.16 所示。它是由两个以径向螺旋线间隔套装的螺旋状转子组成，当液体从正方向流经转子时带动转子转动，转子与测量室壳体将流入的液体分割成已知体积的“液块”并排出，液体流量与转子的转数成正比。

图 4.16 螺旋转子流量计结构与原理示意图

螺旋转子式流量计具有椭圆齿轮、腰轮流量计等的高精确度，但消除了椭圆齿轮、腰轮流量计等所固有的流量脉动和噪声大的缺点。

① 准确度高。螺旋转子流量计准确度可高达±0.1%以内；综合滑动系数为零，啮合系数高达 2（腰轮流量计<1），泄漏量低，小流量也可实现高准确度计量；误差调整器有的采用了油浸锥形齿轮结构，减少了机械磨损，微调最小修正值可细到 0.05%，保证了仪表的稳定度。

② 量程比宽，脉动小。螺旋转子每转动 360°，其凹槽与表体内壁形成 8 个计量腔将介质送出，旋转一周的排出量较大。因此，其表体虽小，但计量容量较大，最大流量是相同口径液体容积式流量计的 1.5 倍以上。典型产品的流量范围如表 4.2 所示。在额定流量下最大压损<0.06MPa，介质的流入流出为连续动作，液流平稳，不产生脉动，流场稳定，噪声低。

③ 寿命长。流量计两只螺旋转子虽互咬合，却是依靠介质差压转动的。令转子受力面长为 l，突棱的有效高度为 h，仪表入口处介质有效压强为 Δp，则每只转子受到的作用力 F 为计量腔圆周侧的 $F_1=\Delta plh$ 及咬合部分的 $F_2=-0.5\Delta plh$，从而形成合力 $F=F_1+F_2=0.5\Delta plh$ 的旋转力矩，转矩均匀，转子间不存在相互作用，转子面上无负荷，齿面力为

表 4.2 双螺旋流量计的量程范围（液体黏度≤100mPa·s）

型号	口径/mm	最小流量/$m^3 \cdot h^{-1}$	最大流量/$m^3 \cdot h^{-1}$	型号	口径/mm	最小流量/$m^3 \cdot h^{-1}$	最大流量/$m^3 \cdot h^{-1}$
PDH-15	38.1	0.0249	11.4	PDH-60	152.4	0.906	306.6
PDH-25	63.5	0.1134	34.08	PDH-100	254.0	2.952	908.4
PDH-40	101.6	0.3408	102.18	PDH-120	304.8	4.542	1249.08

零，在等速、等扭矩的旋转过程中不发生磨损，大大延长其使用寿命。这一特点是其他容积式流量计难以类比的。如椭圆齿轮流量计在介质通过转子时，转子 a 因受到介质压力而首先旋转，与此同时，它带动转子 b 旋转；当 b 旋转到某一位置，它受到介质压力产生的推力大于 a 受到的推力时，它带动 a 旋转。依次循环，转子间始终存在着能量的传递，也发生着不可避免的相互磨损。而螺旋转子流量计的一对转子在介质前后差压的作用下，上述情况同时发生，又被同时抵消，因此相互间无能量传递，使之寿命大为延长。

④ 适应性强。螺旋转子流量计受介质黏度、密度、温度等特性的影响相对较小，可广泛用于各种液体包括高温、高黏度液体的计量。

螺旋转子流量计对介质黏度范围要求较宽，只要介质为液态，黏度在 2000mPa·s 以下均可测量。在介质黏度小于 0.3 mPa·s 时（例如液化气），泄漏量会增加，流量计的实际准确度只能达到±0.5%。

⑤ 不受管道内流速分布影响，无需考虑直管段。安装方便，方向可水平也可垂直。对场所的振动也无苛刻要求。如果不需信号远传，则无需提供电源。

4.10 循环水流量示值逐步降到零

4.10.1 存在问题

上海某化工厂的一根 *DN*400 循环水管道安装了一套阿牛巴流量计，由于工艺管道标高较低，检测杆从水平管道的上方插入，仪表投运后，流量示值正常。但随着时间的推移，流量示值逐渐降低，3 天后流量示值降到 0，从正压管最高点的气体收集器内排出很多气体。排尽正负压端气体收集器内积气后，仪表示值恢复正常，但数天后，又旧病复发。

4.10.2 分析与改进

(1) 分析

该台流量计的安装犯了一个错误，就是用阿牛巴流量计测量水流量时，阿牛巴检测杆应从工艺管道的水平直径以下插入（如图 4.17 所示），这样，形成一段液封，从而使水中析出的气体无法进入导压管内。

但实际安装如图 4.18 所示，水中析出的气体进入导压管内，并很快将气体收集器装满，继而空气占据导压管，影响差压信号的准确传递。

(2) 为什么正压管气体收集器内空气容易积满

原因是正压管与阿牛巴检测杆的迎流面开孔相通。水在流过检测杆时撞击在检测杆上，水中析出的气体从迎流面开孔钻入导压管，并因其密度小而上升到气体收集器。

(3) 水中的气体是从哪里来的

水中总是溶解有空气，循环水在用泵送往用户之前，一般均经冷却塔冷却，并在曝气池内存放，与空气充分接触，所以，水中溶解的空气达到饱和程度。溶解在水中的这种空气，

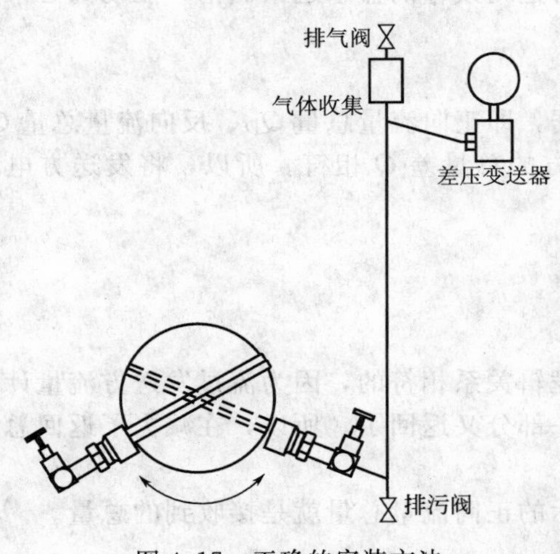

图 4.17 正确的安装方法

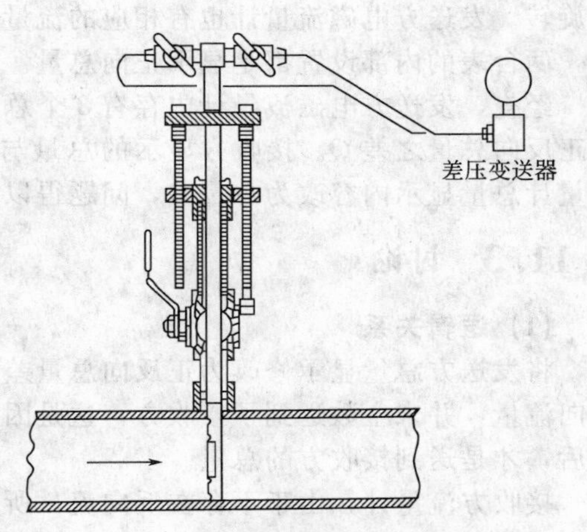

图 4.18 错误的安装方法

因输送过程中水温升高或其他原因，从水中析出，进入导压管，就要影响流量测量。

(4) 解决方法

将阿牛巴在工艺管道上按图 4.17 进行改装。

4.10.3 反馈的信息

按图 4.17 改装后，测量正常，气体收集器内再也没有很多气体进入，从而使流量计得以长期稳定运行。

4.11 两台盐水计量表示值相差悬殊

4.11.1 现象

某氯碱厂的盐水车间，将盐水用泵打到电解车间，发送方和接收方各装一套智能电磁流量计计量，如图 4.19 所示。流量计型号规格相同，但所计各批发料总量却相差很多，发送方比接收方高 5%以上，大大超过电磁流量计允许误差。

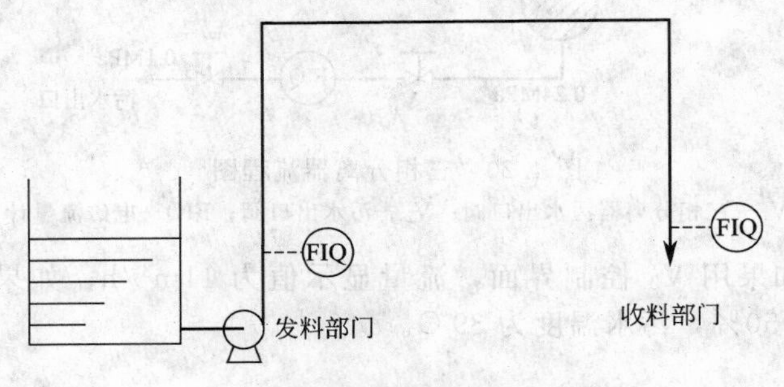

图 4.19 液料间歇输送系统

4.11.2 分析

供应商代表查看了工艺流程和仪表的安装，发现这是一个批量发料过程。当一批盐水发送完毕，离心泵停止运行，但管架上输送盐水的管道内残存的盐水返回储槽，驱动离心泵反向旋转。发送方电磁流量计也有相应的流量显示。

两台表的内部设置都是显示正向总量。

经查，发送方电磁流量计内存有3个总量数据，即正向流量总量Q_D、反向流量总量Q_R和正反向总量之差Q。接收方显示的总量与发送方的总量差Q相符。所以，将发送方电磁流量计总量显示内容改为总量差，问题得以解决。

4.11.3 讨论

(1) 逻辑关系

将发送方总量显示修改为正反向总量差是与逻辑关系相符的，因为流过发送方流量计的正向流量，并未全数送到了接收方，这是因其中一部分又返回了。所以，在减去了返回总量之后，才是送到接收方的总量。

接收方流量计，由于不存在反向流，所以显示的正向流量总量就是接收到的总量。

(2) 普遍性

在液体产品批量发料装车系统中，也常常遇到与本例相似的情况，尤其是一天中的第一车，实际装入容器的液体量比流量计显示的总量少得多，这是因为夜间停止作业时，输送管内的液体经止回阀漏回大槽。

4.12 用不同的阀控制电磁流量计示值相差悬殊

4.12.1 现象

油田三相分离器水相出口管装有控制阀，以控制油水分界面。装有电磁流量计，用以测量水相流量。控制流程如图4.20所示。

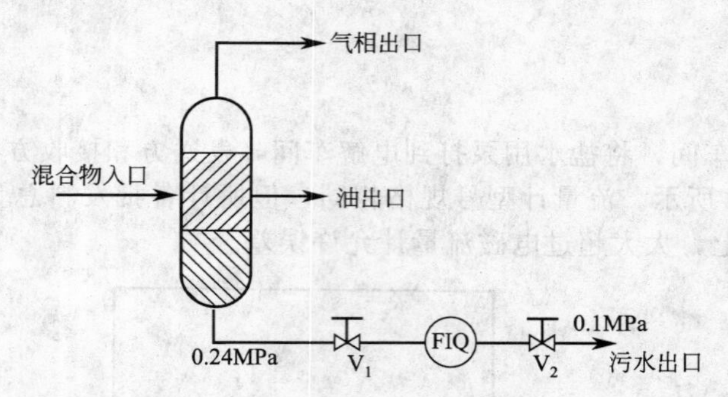

图4.20 三相分离器流程图

V_1—三相分离器污水出口阀；V_2—污水出口阀；FIQ—电磁流量计

在图4.20中，如果用V_2控制界面，流量显示值为$11m^3/h$；如果改用V_1控制界面，电磁流量计示值升高50%，污水温度为39℃。

4.12.2 分析

(1) 用V_2阀控制时流量测量正常

从图4.20所示的流程可见，控制阀两端压差较大。在用阀V_2控制界面时，V_1全开，流过电磁流量计的污水中所溶解的气体不会释放出来，因为流量计测量管内的压力应为

0.24MPa，比三相分离器内气液分界面处的压力要高一些。

在三相分离器内，污水中所溶解的气体应该已达饱和程度，因为油、水、气三相在从油井中抽出时就已充分接触。而从三相分离器流出时，由于污水出口位于三相分离器底部，与气液分界面之间存在一个高度差，这个高度差就是污水出口压力比气相压力高的原因。用公式表示则为

$$dp=(h_0\rho_0+h_w\rho_w)g \tag{4.21}$$

式中 dp——高度差引起的压力差，Pa；

h_0——油层高度，m；

ρ_0——油层密度，kg/m^3；

h_w——水层（直至水平管）高度，m；

ρ_w——水层密度，kg/m^3；

g——重力加速度，m/s^2。

随着压力的升高，污水中溶解的气体进入欠饱和状态，所以气体不会释放出来。

(2) 用 V_1 阀控制时流量示值偏高

当用 V_1 阀控制界面，V_2 阀开足时，V_1 后面管内液体压力降低到 0.1MPa。由于压力比气液分界面处低得多，所以溶解在污水内的气体被释放，气液混合物体积陡增，其中一部分还有可能停留在电磁流量计测量管圆形截面的上部，使实际流通截面积减小，导致流量示值大幅偏高。

(3) 液体中溶解的气体数量同压力温度的关系[10]

空气溶解于液体的量与压力成正比，如冷水中当绝对压力为 1×10^5Pa 时约溶解 2%空气（在标准状态下），绝对压力为 2×10^5Pa 则溶解 4%，温度升高时溶解度减小。在碳氢化合物中空气的溶解度要大得多，如绝对压力为 1×10^5Pa 时，润滑油中约溶解 8%空气，在煤油中为 12%，在汽油中为 16%，并且这个数值当温度升高时不会减少很多。溶解的空气当压力突然降至大气压时要释放出来，形成气泡，显著地影响测量精确度。这个问题在油品的计量中是一个严重的问题，必须设法解决以减少测量误差。

生活中也不乏溶解在液体中的气体被释放出来的例子。啤酒从冰箱里取出，往往看不出液体内溶解有气体，但啤酒瓶在餐桌上放置一段时间后，就可发现玻璃瓶内壁附着有很多气泡，这些气泡是因液体温度升高而被释放出来的。将瓶盖打开时有大量泡沫涌出，这是因为压力突然降低，溶解在液体中的气体被均匀释放，夹带着液体一起溢出所致。二氧化碳气体在啤酒中的溶解度要比空气的溶解度大若干倍，所以啤酒瓶中溢出的泡沫数量可观。

在本实例中，溶解在污水中的气体可能很大一部分是二氧化碳，因为二氧化碳容易溶解在水中。否则，突然减压后流量计示值不会偏高那么多。

4.13 测量凝结水的电磁流量计总是指示满度

4.13.1 存在问题

广东某卷烟厂在开展节能活动中有一个项目，是将安装在地面上的板式换热器出口的凝结水，利用斯派莎克公司的疏水器背压，送到设在锅炉房二楼的回收热水槽。为了对回收热量进行核算，在回收管上安装了流量计，其流程如图 4.21 所示。

为了不使疏水器背压升得太高，疏水器到回收热水槽之间的管道直径放大到 $DN150$。为了减小阻力，回收水流量选用科隆公司电磁流量计。但此流量计投运后，示值超过满度，

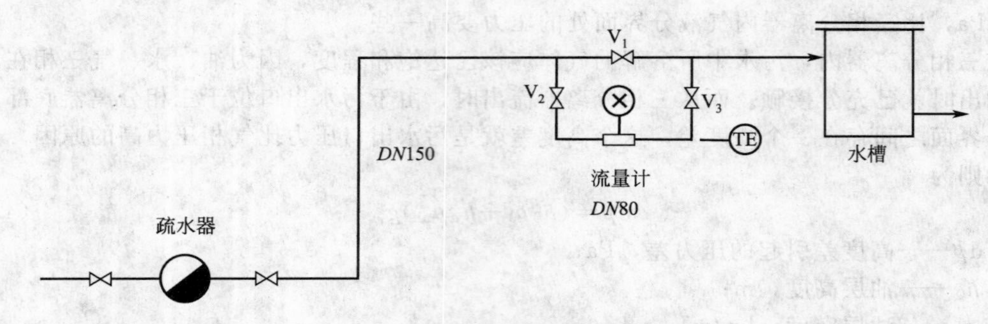

图 4.21 凝结水回收系统

将其测量上限放大了 3 倍，流量示值仍超满度。对于 *DN*80 的电磁流量计，此时量程上限为 180t/h，而该厂 3 台燃油锅炉总的蒸发量才 30t/h，显然电磁流量计指示的流量值不正确另有其他问题。

4.13.2 分析与诊断

(1) 该厂的设计方案是合理的

该厂利用疏水器背压输送凝结水的方法是合理的。如果采用凝结水泵输送，除了增加泵、凝结水缓冲槽的投资外，还要考虑缓冲槽的水位控制。而采用凝结水背压输送，既节省投资，又简化了操作和管理，适合距离不太远的输送。

(2) 采用电磁流量计测量凝结水流量是合理的

在图 4.21 中，将阀 V_1 关闭，电磁流量计就开始工作，不增加系统阻力。

(3) 电磁流量计指示满度原因分析

① 校零试验

要求提问者做电磁流量计校零试验，结果是，打开旁通阀 V_1 并关闭流量计的上游切断阀 V_2，或者仅仅打开旁通阀，流量计示值均回零。显然，流量计工作正常。

② 怀疑蒸汽进入流量计

凝结水在从疏水器内排出之前，因压力较高，所以汽液相平衡温度也较高。例如压力为 0.6MPa G，温度约为 164℃。

凝结水从疏水器排出之后，由于突然减压，部分凝结水因闪蒸变成蒸汽，温度也随之下降。例如疏水器出口处压力为 0.1MPa G 时，温度降到 121℃。

凝结水在管内上行时，随着静压的逐渐降低，不断有一定量的凝结水被蒸发，因此，蒸汽逐渐增多。这些蒸汽在阀 V_1 关闭之前，是在 *DN*150 水平管的上部流向回收热水槽。凝结水则贴在管道底部流向回收热水槽。而当阀 V_1 被关闭后，蒸汽只能与水一起，经电磁流量计流向热水槽。

水和蒸汽的混合物流过电磁流量计时，电磁流量计的电极难免要被混合物中的蒸汽覆盖，由于蒸汽导电性很差，就使两电极之间呈高阻状态。因为两电极之间的电阻就是电磁流量传感器的信号源内阻，内阻增大后，受外界干扰，使流量计输出指示满度。

4.13.3 建议

综上分析，电磁流量计指示满度是因蒸汽进入电磁流量计测量管。而蒸汽所以进入测量管，是因蒸汽原有的通道被阻断，在无路可走的情况下，只得与凝结水一起经流量计测量管流向回收热水槽。所以须给蒸汽另外提供一条通道。

在图 4.22 中，增设一根 *DN*50 的蒸汽管，从 *DN*150 的水平管道顶部通向回收热水槽。

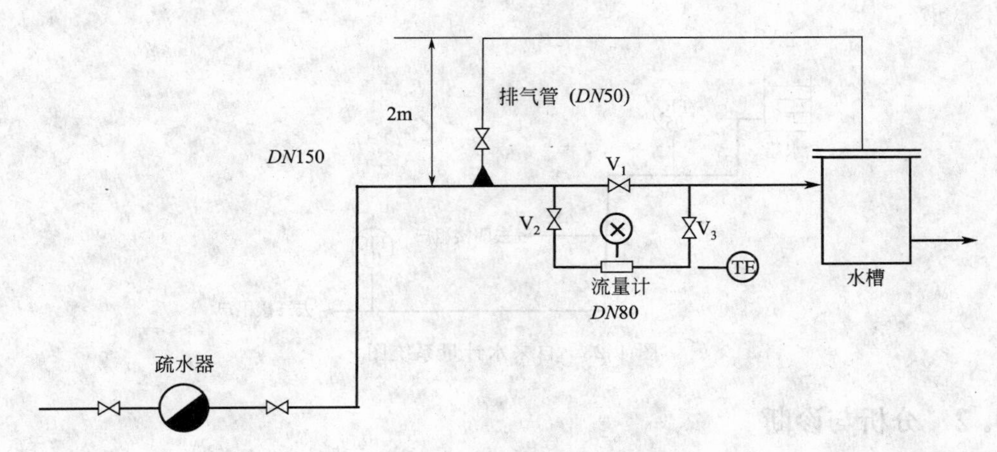

图 4.22 改进后的系统

在正常情况下，DN150 的水平管段并不充满凝结水，但为了防止流量较大时，由于电磁流量计及相关的 DN80 管的阻力引起 V_1 阀前压力有些许升高，以致凝结水从 DN50 蒸汽管流向回收热水槽。DN50 蒸汽管设置 2m 高的龙门架。

4.13.4 反馈的信息

提问者按上述建议增设蒸汽管后，电磁流量计工作正常。

4.13.5 讨论

关于流动脉动问题。

疏水器疏水是间歇的，在疏水阀两端压差恒定的情况下，从疏水器排出的凝结水流量随时间变化的关系是一个方波，由于疏水量的平均值有变化，所以方波宽度和两个方波之间的距离并不规则。从电磁流量计的特性来看，它适合脉动流测量，如果选用涡街流量计，就要担心脉动流引起流量示值偏高。

4.14 自来水分表比总表走得快

4.14.1 存在问题

用科隆电磁流量计测量自来水流量，一年里大多数时间很准，但高温时间段，分表比总表走得快。

上海某大厦裙房五楼和三楼各装电磁流量计一套，四楼未装表，用差值法计算耗水量：

$$Q_4 = Q_5 - Q_3 \tag{4.22}$$

式中 Q_4——四楼用户耗水总量，m^3；

Q_5——五楼总表水总量，m^3；

Q_3——三楼用户耗水总量，m^3。

系统图如图 4.23 所示。

从计算机计量数据采集系统统计数据计算，以前几年，耗水总量统计结果属正常，但在 2010 年夏季上海最热的数天，Q_4 出现负值，原因是 $Q_3 > Q_5$，这个结论是错误的。

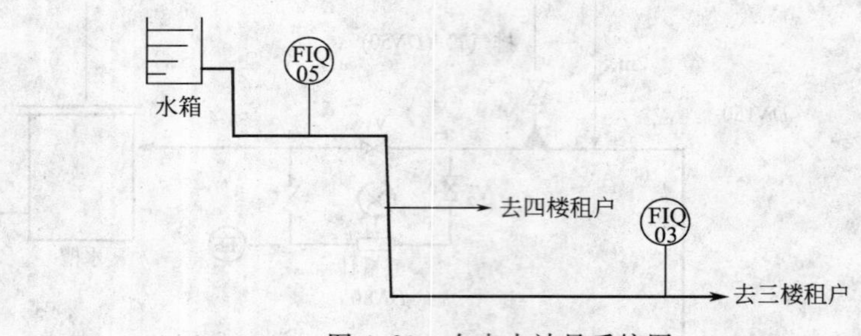

图 4.23 自来水计量系统图

4.14.2 分析与诊断

(1) 三楼电磁流量计示值为什么会偏高

有关人员察看了现场，发现设在五楼的水箱无太阳的直接照射，由自来水管网补水，水温较低。由于水箱是开口容器，所以水中溶解的空气应已达饱和程度。沿途自来水管从大气中吸收热量，水温有所升高，尤其是在三楼处，有一段约 20m 长敷设在室外，温度升得更高，自来水流过此处进入三楼流量计处有气体从水中析出，聚集在水平管道的上部。这段管道到了三楼就再也没有上行的机会，所以水平管内积的气体排不出去。

安装在三楼水平管上的电磁流量计测量管内也难免有气体，占据一定的流通截面积，从而使流量示值偏高。

(2) 整改建议

在三楼水平管的合适位置增设气体收集器和排气阀，定期排放掉管内积气。秋、冬、春三个季节管内不会积气，一般不需排气。

4.14.3 讨论

(1) Q_4 出现负值的原因

Q_4 出现负值的原因有两个，一是三楼水平管内积气，而且不能自行排出，也未设排气口，以致三楼电磁流量计示值偏高；二是在式(4.22) 中，Q_4 是个很小的数值，即四楼是个很小的用户，按月统计的报表显示，其耗水量不及三楼用户的 2%，所以 Q_5 和 Q_3 的误差最终均由 Q_4 来消化，会对四楼计量数据带来较大的误差。

如果将表计改装在四楼，三楼耗水量改由做减法的方法得到，则不会有用户出现负值的情况。这一教训可得出“测量小的”“推算大的”是一条有用的经验。

(2) 在必要的地方装个排气阀

在可能积气而且无法自行排出这些气体的地方装个排气阀，也是一条重要的经验。

(3) 另一类非满管流量测量对象

市政排水、废水处理等流量测量对象，虽然管道也不充满，但与上述的情况截然不同，处理的方法也完全不同。

对于经常会处于部分充满状态而且无法使其变成满管的测量对象，应选用非满管流量计。下面是非满管流量计的一种。

非满管电磁流量计的工作原理

管道式电磁流量计通常应用于封闭管道的液体满管流。对于流量变化很大，有时充满管道、有时充不满管道的情形，管道式电磁流量计不能适用。这时就需要非满管电磁流量计。

非满管电磁流量传感器可以与安装管径一致，在很大的范围内工作，能够用于封闭管道的满管流和非封闭管道或敞开管道自由表面流测量，且不产生水头损失，如市政排水、废水处理、农用灌溉，流体靠自然流下的流量测量。

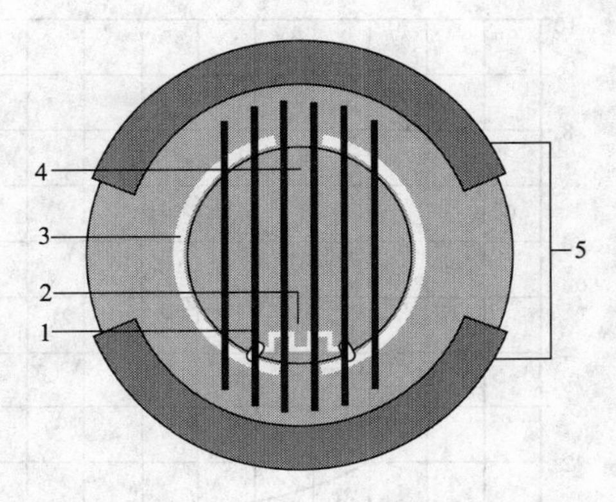

图 4.24 测量原理图

1—电极；2—感应电动势 E（与流速成正比）；3—液位高度测量的电容板；4—磁场；5—励磁线圈

电磁流量计是以传感器截面面积恒定，测量平均流速得到流量。非满管内的流体截面面积是变化的，流量测量不仅要测量流过传感器的平均流速，而且还要测量流过传感器的流体截面积，这就是说，非满管电磁流量计的流量测量所要求的至少是流速和液位两个变量[11]。

图 4.24 所示是一种型号为 TIDALFLUX 4000 的非满管流量传感器的结构原理。它是一个带有集成电容液位测量系统的电磁流量传感器，是为导电液体而设计的。流过管道的流量 $q(t)$ 为：

$$q(t)=v(t)A(t) \tag{4.23}$$

式中 $v(t)$ ——流速；

$A(t)$ ——流体截面积。

流速是基于已知的电磁流量测量原理确定的。为了可靠地测量 10% 的液位，两个测量电极被布置在测量管的下部约 10% 的高度。在测量管上下方有一对励磁线圈，当励磁电流流过线圈时产生磁场。导电流体经绝缘管道流过磁场产生感应电动势 E：

$$E=vKBD \tag{4.24}$$

式中 v——平均流速；

K——几何校正系数；

B——磁感应强度；

D——测量管内径。

感应电动势 E 由电极采集，它正比于平均流速 v，也就正比于流量 q，感应电动势 E 非常小（典型参数是 1W 线圈功率，在 $v=3$m/s 时得到 1mV 信号），然后经信号转换器放大、滤波，并转换成累计、记录和输出信号。

在图 4.24 中，流体截面积 A 由已知的测量管内径和液位测量系统计算得到，液位检测电极被设置在测量管衬里内。

与满管式电磁流量计相比，非满管电磁流量计由于多了一个液位变量，所以测量精确度没有满管式那么高。在图 4.25 和图 4.26 所示的曲线中，是假定满度值在流速最小为 1m/s，而且经过标定。

① 流体充满管道时

a. $v \geqslant 1$m/s 时 $E_r \leqslant 1\%$ MV

b. $v<1$m/s 时 $E_r=0.5\%$ MV+5 mm/s

c. 最低液位：管道内径的 10%

② 流体部分充满管道时

满度流速≥1m/s $E_r \leqslant 1\%$ FS

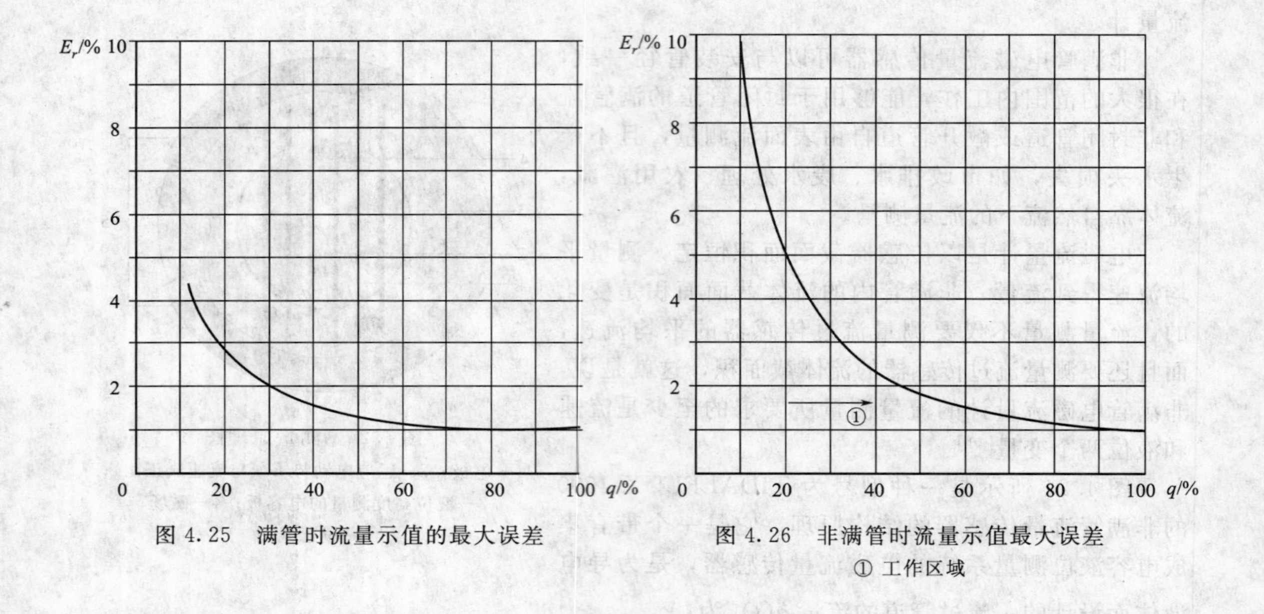

图 4.25 满管时流量示值的最大误差

图 4.26 非满管时流量示值最大误差
① 工作区域

4.15 电磁流量计出现潜动

4.15.1 存在问题

某机场的宾馆，空调用冷冻水管道上装有电磁流量计，总阀已关闭，但数据采集系统的历史曲线反映出，在一段时间里，有断断续续的小流量出现。

4.15.2 分析与诊断

液体流量计潜动现象时有发生，即在总阀已关闭的情况下，数据采集系统却记录下有流量存在，如图 4.27 所示。

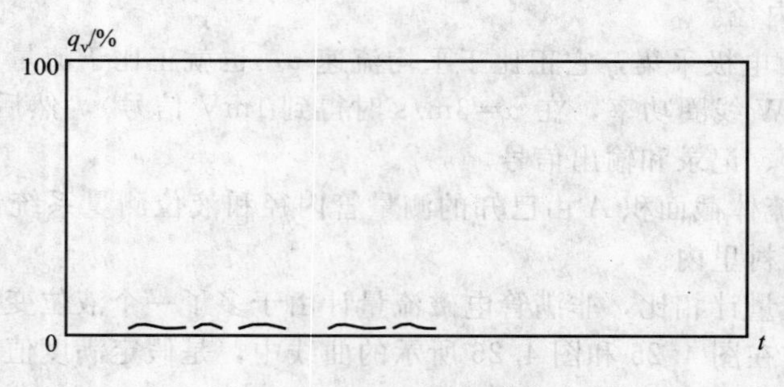

图 4.27 记录到的流量潜动

(1) 液体流量计潜动发生的条件

液体流量计潜动要满足 3 个条件才会发生：

① 管道内有气体存在；

② 管道内有压力波动；

③ 流量计在小流量测量时灵敏度较高。

本实例中，流量计和管道及设备的关系如图 4.28 所示。

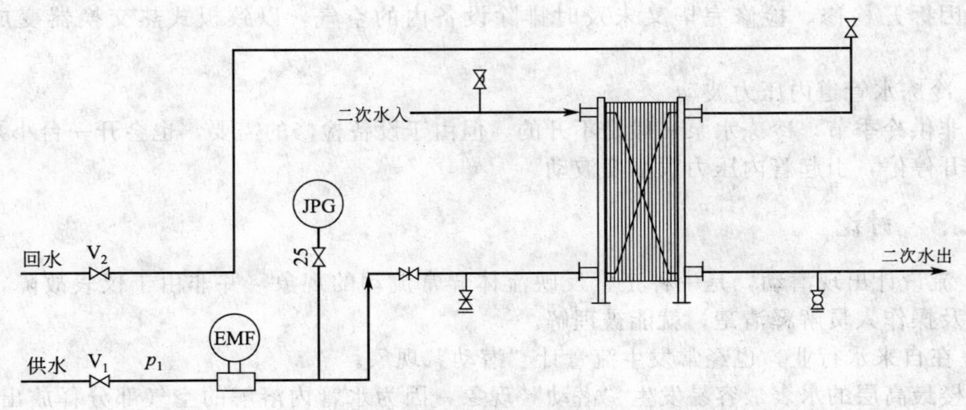

图 4.28 二级换热站

(2) 潜动流量形成的过程

① 假定回水阀 V_2 已关闭，而且板式热交换器内积有气体，相当于一个气容。

② 当进水管内压力 p_1 升高时，气容内的气体受压缩，体积缩小，从而产生液体流量计测量管内从左向右的流动。

③ 当进水管内压力 p_1 降低时，气容内的气体膨胀，体积增大，从而产生液体在流量计测量管内从右向左的流动。因此，流量计内的流体潜动是双向的。

由于电磁流量计有双向流量测量能力，根据调试人员的选择，输出信号可以代表正向流量，也可以代表反向流量，但两者之中只能选择其一。所以记录显示出来的是其中一个方向的流量。

(3) 为什么潜动现象仅在宾馆发生

① 流量计条件

该机场范围内，用于空调冷量计量的电磁流量计有几十台，都是科隆公司的 IFM 4080 型。这种流量计的准确度等级是读数值的 0.3%，在流速<0.3m/s 时，不确定度略大些，如图 4.29 所示。

因为其输出信号与流量之间呈线性关系，所以在零点附近也有较高的灵敏度。

② 流路中有气容存在

冷冻水管道内在正常供冷时，管道内是没有气体的。在非供冷季节，为了防止管道内壁与空气接触，以致被氧化，也让水充满管道，这种水是经加药处理的。本实例中，板式热交

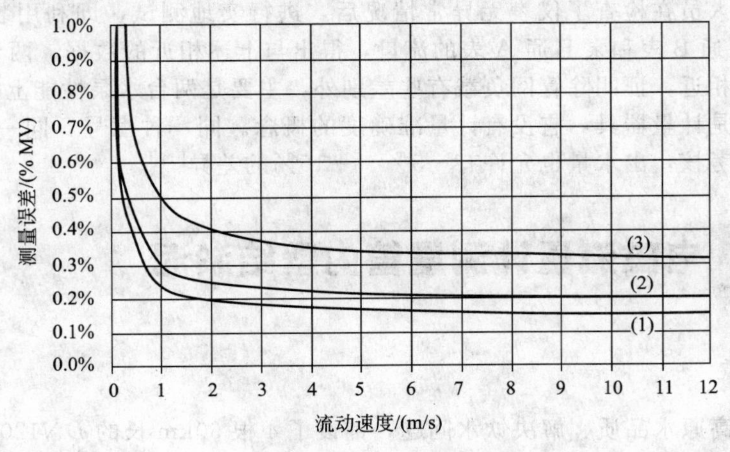

图 4.29 IFM 4080 误差限

换器是因拆开检修，检修完毕又未及时排除设备内的空气，以致板式热交换器变成一个气容。

③ 冷冻水管道内压力波动

在非供冷季节，冷冻水泵一般是不开的，但由于设备检修的需要，也会开一台小泵，特别是开开停停，引起管内压力大幅度波动。

4.15.3 讨论

① 流量计出现潜动，是一种正常反映流体异常流动的现象，并非由于仪表故障，一旦向工艺及操作人员解释清楚，就能被理解。

② 在自来水行业，也经常发生流量计“潜动”现象。

大楼最高层的水表最容易发生“潜动”现象，因为水管内溶解的空气部分释放出来后，沿着管道上升，最容易在最高处聚积，为潜动创造了条件。

4.16 两台同规格水泵出水量差异大

4.16.1 现象

某水厂两台同规格水泵输给两条管线，分别装有 *DN*600mm 电磁流量计，布置如图 4.30 所示。该水厂运行人员从泵铭牌上的额定流量来核对仪表读数，称泵 A 通 A 表（即关闭阀 C）仪表误差 10%～15%，泵 B 通 B 表误差为－5%，出水量差异为何如此之大。

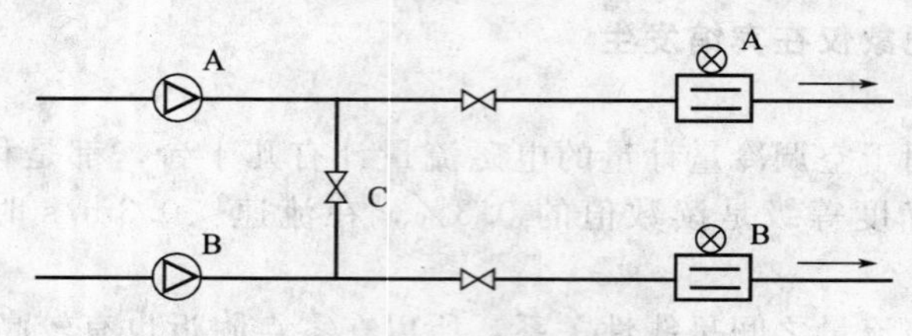

图 4.30 双泵双表交叉测试管线

4.16.2 检查与分析

仪表厂服务人员在检查了仪表无异常情况后，进行实地测试，即利用装有阀 C 的有利条件，试测泵 A 通 B 表和泵 B 通 A 表的流量，得出与上述相近的数据。两台流量计测出同一台泵的输水量相近，证明除管网负载有些差别外，主要是两台水泵性能上的差异[10]。

水泵毕竟不是计量器具，它没有计量准确度的概念。同一种型号、同一种规格的水泵，在规定的条件下考核，出水量也允许有－5%～＋15%的差异[12]。

4.17 电磁流量计测量管内壁结淤泥

4.17.1 现象

某市为了提高原水品质、解决饮水问题，铺设了 4 根 60km 长的 *DN*1200 管道从河流上游取水，并在每根管道的始端（泵的出口处）各安装 *DN*1200 电磁流量计 1 台。仪表用了两年后，发现 4 套流量计示值逐渐偏高。

4.17.2 分析

原水管理机构请来了专家组对这一情况进行诊断分析，专家们怀疑流量计测量管内壁结了一层淤泥。但由于 4 根管道一根也停不下来，无法马上证实。

后来原水管理机构采取措施停了其中的一路，在管道上割开一个观测孔，发现管道内壁结了一层十多毫米厚的淤泥，于是流量示值偏高的问题有了一个明确答案[16]。

为了解决淤泥淤积问题，后来在管道上开了一个清洗门，可定期打开盖头，用高压水枪对流量计及前后管道内壁进行清洗，从而解决了这一疑案。

4.17.3 讨论

(1) 为什么管道内壁结淤泥后流量计示值偏高

电磁流量计是一种速度型流量计，其输出信号与流过测量管的流速成正比。即

$$v=q_V/A \tag{4.25}$$

式中 v——流速，m/s；

q_V——体积流量，m^3/h；

A——流通截面积，m^2。

例如，8000m^3/h 的水流过 $D=1200$ 的测量管时，其 $v=1.9649m/s$，当管道内径缩小到 $D'=1170mm$ 时，8000m^3/h 的流量流过，流速增大到 $v'=2.0669m/s$，从而引起流量示值偏高。

(2) 阿牛巴流量计同样有此问题

在工厂的原水流量测量中，阿牛巴流量计也有同样的问题，因为这种流量计输出的信号代表的是整个流通截面的平均流速。当管道内壁结了一层淤泥后，实际流通截面积比设计计算时小，所以流量示值相应偏高。

(3) 大直径流量计容易发生此类问题

直径大的流量计测量管，例如上述电磁流量计测量管和阿牛巴流量计测量管，水平管道底部很容易积泥沙，管道内壁很容易结淤泥，尤其是被测流体为河水、污水等。这是因为大口径管道的设计中，流速通常都取得较低。如果有可能将流量计安装在垂直管道上，让水自下而上流动，可大大改善泥沙堆积现象。在设计时应考虑测量管内壁的定期冲洗。在停车检修期间应将测量管拆下检查清洗，并进行其他方面的检查保养。

4.18 电磁流量计显示值晃动和噪声从何而来

4.18.1 现象

电磁流量计显示值出现晃动和噪声是何原因？

4.18.2 分析

(1) 显示值晃动和噪声

所谓晃动是显示值比较缓慢的变化，噪声则是显示值快速变化。这是电磁流量计显示值不稳定的两种常见现象。

引起晃动和噪声的原因很多，4.19节所述的是由于电极材质选择不当引起的电化学现象。本例所述是另外的原因。

(2) 液体电导率超过允许范围引发晃动

液体导电率若接近下限值也有可能出现晃动现象。因为制造厂仪表规范（specification）规定的下限值是在各种使用条件较好状态下可测出的最低值，而实际条件不可能都很理想。于是就多次遇到测量低电异率蒸馏水或去离子水，其电导率接近电磁流量计规范规定的下限值5μS/cm，使用时却出现输出晃动。通常认为能稳定测量的导电率下限值要高1～2个数量级。

液体电导率可查阅有关手册[13]，缺少现成数据则可取样用电导率仪测定。但有时候也有从管线上取样去实验室测定认为可用，而实际电磁流量计不能工作的情况。这是由于测电导率时的液体与管线内液体已有差别，譬如液体已吸收了大气中的 CO_2 或 NO_x 生成碳酸或硝酸，电导率增大。

(3) 液固两相流体引发的噪声[14]

能测量纸浆、泥浆、煤浆、矿浆、番茄酱等液固两相流是电磁流量计的一大优势。由于固体颗粒或纤维在导电液体中分布的不均匀性，也容易发生噪声，采取提高激励频率的方法能有效地改善输出晃动。

表4.3所示是频率可调的IFM 3080F型*DN*300电磁流量计，测量浓度3.5%瓦楞纸板浆液，在现场以不同激励频率测量所显示的瞬时流量晃动量。当频率较低，为50/32Hz时，晃动高达10.7%；频率提高到50/2Hz时，晃动降低至1.9%，效果十分明显。

表4.3 不同激磁频率下瞬时流量晃动量[15][16]

激磁频率/Hz	显示流量(峰值晃动范围)/$m^3 \cdot h^{-1}$	与平均值的百分比
50/32	180～223	10.7
50/18	200～224	5.6
50/6	190～220	7.3
50/2	255～265	1.9

4.19 电磁流量计指示晃动

4.19.1 现象

上海某化工（冶炼）厂用20多台哈氏合金B电极电磁流量计测量浓度较高的盐酸流量，出现输出信号不稳的晃动现象。

4.19.2 分析

首先现场检查确认仪表正常，也排除了会产生输出晃动的其他干扰原因。但是其他用户用哈氏合金B电极仪表测量盐酸时运行良好。分析故障原因是否由盐酸浓度差别上引起的，因当时尚无盐酸浓度对电极表面效应影响方面的经验，尚不能作出判断。为此仪表制造厂和使用单位一起利用化工厂现场条件，做改变盐酸浓度的实流试验。盐酸浓度逐渐增加，低浓度时仪表输出稳定，但当浓度增加到15%～20%时，仪表输出开始晃动起来。浓度到25%

时，输出晃动量高达 20%。改用钽电极电磁流量计后就运行正常[16]。

4.20 液体结晶引起电磁流量计工作不正常

4.20.1 现象

湖南某冶炼厂安装一批电磁流量计测量溶液流量，因电磁流量传感器的测量管难以实施伴热保温，数星期后内壁和电极上就结上一层结晶物，导致信号源内阻变得很大，仪表示值失常。

4.20.2 分析

前些年，因液体结晶引起电磁流量计无法正常工作的例子并不少见，这是因为电极上结了一层结晶物之后，导致信号源内阻变得很大。后来仪表制造厂相继开发出清理电极上覆盖层的方法，例如 KROHNE 公司的带刮刀电磁流量计，能定期清除电极上的覆盖层。罗斯蒙特公司用超声波清洗技术清洗电极表面覆盖物，都收到较好的效果。

4.21 扬程特别高的泵并联运行引起的误会

4.21.1 现象

吉林某厂用几台泵并联输送液体，每台泵的下游各装一台电磁流量计，然后汇集总管输出。各泵单独运行或其中几台泵并联运行，都很正常，但增开某一台泵并入管系，原来运行各泵的仪表指示的流量明显减小，甚至出现反向流现象。运行人员怀疑该特定的泵所装电磁流量计干扰了其他运行中的仪表。

4.21.2 检查与分析

仪表人员检查了各台仪表，确认仪表均正常。查看了各台泵的铭牌数据，发现增开泵的扬程比其他高得多，致使压抑低扬程泵的输出，使其出口流量减小，甚至倒流[10]。

从离心泵的文献知[4]，多台泵联合工作是为了达到不同的目的，必须遵守一定的规则。

多台泵串联使用是为了增大压头，串联工作的各台泵必须流量相同，而总压头等于各台泵压头之和。

多台泵并联使用是为了增大流量，并联工作的各台泵必须扬程相同，而总流量等于各台泵之和。该厂将不同扬程的泵并联使用，显然不合适。

4.21.3 讨论

这是个用户机泵选型不合理引发的问题，流量计本身并无问题。这个实例给仪表专业人员的启示是，处理现场问题，不仅要对仪表本身了如指掌，而且要对服务对象、对关联的设备也有一定程度的了解。

例如同样是输送液体的泵，就有离心泵、齿轮泵以及柱塞泵等，各种泵的工作原理、结构、特性大不相同。有的会引发流动脉动，引起流量计测量误差，有的会产生流量噪声，引起超声流量计等工作失常。即使是同一种原理的泵，由于规格不同，使用当中也存在匹配问题。

4.22 总阀已关电磁流量计一直指示满度

4.22.1 存在问题

某机场宾馆从机场能源中心获取冷冻水用于空调。在冬令时节，冷冻水停用，进出宾馆的冷冻水管道上的关口阀已关，电磁流量计示值却指满度。

4.22.2 分析与诊断

(1) 停止供冷但冷冻水管道内仍然充满水

在供冷系统中，能源公司一般以水为冷媒向用户提供冷量。这些冷媒除了淡水、盐水之外，有时也采用淡水和酒精的混合物以及乙二醇等，以满足不同温度等级的需要。在以空调为目的的供冷系统中，一般采用淡水，供水温度常取5～6℃。这些淡水均经加药处理，防止水中的氧对钢管内壁产生腐蚀。

在冬令季节，虽已停止供冷，管内淡水停止循环，但仍让淡水充满管道，防止空气侵入管道，导致管道内壁生锈。

(2) 电磁流量计对空管的适应能力

现在现场使用的电磁流量计，绝大多数空管适应能力均不佳，即不允许测量管空管，因为测量管一旦空管，电极暴露在空气中，就会因信号源内阻特别大而感应励磁线圈的干扰，导致流量示值升到满度。

本例中，电磁流量计指满度也应是由测量管空管所引起。

(3) 为什么会出现空管

空调冷冻水系统平时应充满水，但因该宾馆设备检修，将水放空，检修完毕又忘了开阀进水，从而出现空管。

4.22.3 讨论

(1) 空管检测与空管置零

电磁流量计是专为测量导电液体的体积流量而设计的。测量原理是基于法拉第电磁感应定律。按照该定律，导电流体通过磁场作切割磁力线运动时，在垂直于磁场及流速的方向上产生感应电动势，此电动势由4.14节中的式(4.24)给出。其原理如图4.31所示。

多年以来人们在寻找空管检测和空管置零的方法。

图4.32所示是一个国外公司已成功运用的方法[17]。

这一方法是基于电导率测量。在图4.32中，两电极之间的电阻可用式(4.26)表示：

$$R_e=\frac{K}{E_f\sigma} \tag{4.26}$$

式中 R_e——电极间电阻；

K——常数；

E_f——电极系数（与电极面积和测量管内径有关）；

σ——电导率。

从式(4.26)可得式(4.27)：

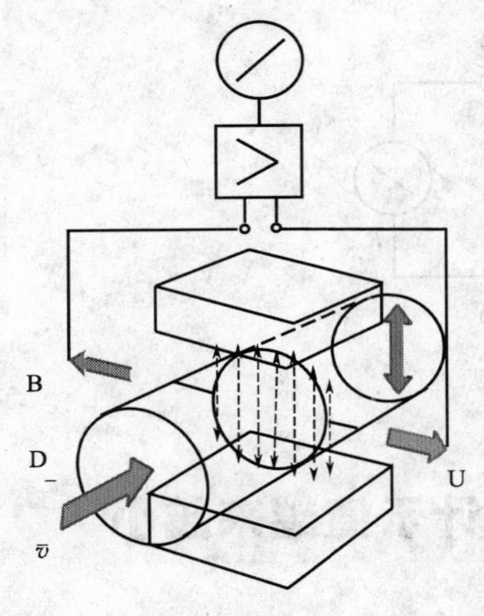

图 4.31　电磁流量计原理

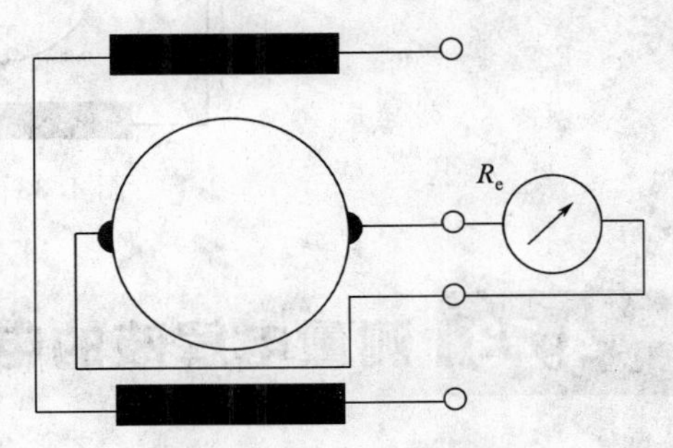

图 4.32　空管检测原理

$$\sigma=\frac{K}{E_f R_e} \tag{4.27}$$

式中符号意义与式(4.26) 相同。

对于自来水以及酸、碱溶液等，满管时 R_e 约为 10Ω～1kΩ，而空管时，液位低于电极，原理上 R_e 为无穷大。由于两个电极之间导管内壁可能潮湿，实际上 R_e 只为有限的阻值，但比正常操作时的电阻值大得多。一般判定是否空管的 R_e 值取正常操作时电阻值的 3 倍。

仪表一旦判定导管为空管，仪表中的单片机即采取两项措施，其一是使输出置零，其二是发出空管报警信号，从而杜绝空管时的错误计量或错误控制。

(2) 空管指满度与安全

空管指满度是电磁流量计所特有的一大缺陷，容易给人以错觉。尤其是在流量计输出信号用于自动调节时，此错觉易使调节阀跑到极限位置，所以应注意安全。

(3) 非满管检测

电磁流量计是速度式流量计中的一种。它给出的信号其实是流过测量管的液体平均流速，在测量管内液体充满的情况下，式(4.28) 成立：

$$q_v=A\overline{v} \tag{4.28}$$

式中 q_v——体积流量；

A——测量管流通截面积；

$\overline{v}$——平均流速。

但若有非满管的情况存在，由于导管截面积的一部分被气体占据，以致液体实际流通截面积比 A 小，最后导致流量示值偏高。

电磁流量计大量应用于供水和给排水，水在水平管内流动，常因水温变化而析出气体，并聚集在水平管道的顶部。如果电磁流量计测量管的顶部也存有气体，仪表的高精度特性就会大打折扣，因此非满管检测很早以前就已作为研究者的课题。

非满管检测也是基于电导率检测的方法。在图 4.33 所示的电磁流量传感器中，增加了一个（或一对）非满管检测电极。当导管内液体满管时，顶部电极与其他电极之间的电阻值很小；而当存在非满管情况时，顶部电极与导电液体之间有气体阻隔，所以电极电阻显著增大，从而做出非满管判断。

电磁流量计出现非满管情况，处理方法一般是在流量测量管上游管道的顶部设置排气阀。

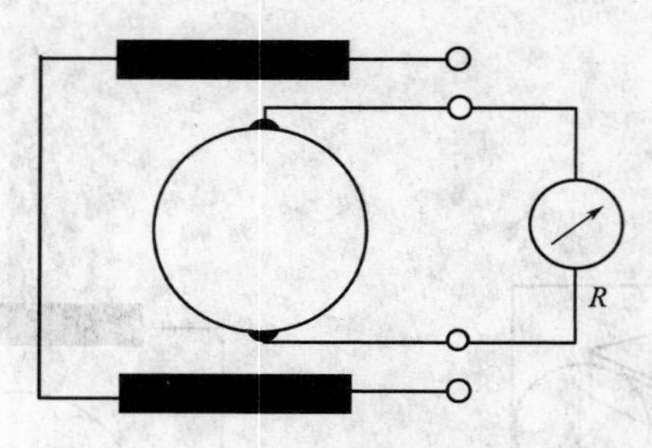

图 4.33 非满管检测原理

4.23 测量电解液的电磁流量计示值越来越小

4.23.1 现象

某柴油机厂工具车间电解切削工艺试验装置上，用 *DN*80 电磁流量计测量和控制饱和食盐电解液流量，以获取最佳切削效率。起初流量计运行正常，间断使用 2 个月后，流量显示值越来越小，直到接近零。

4.23.2 检查与分析

现场服务人员拆下电磁流量传感器的测量管检查，发现绝缘内衬上结了一层黄锈，将黄锈擦拭洗尽，测量恢复正常。

黄锈层是电解液中大量氧化铁沉积所致[16]。

4.23.3 讨论

① 氧化铁沉积层为什么会使流量示值减小？

电磁流量计是利用发电机原理工作的。当导电液体流过测量管时，因切割磁力线而在两电极之间感应生成电动势，两电极之间的液体所构成的电阻即为信号源内阻。

电磁流量计出厂前是用自来水标定的，信号源内阻为两电极之间的自来水所构成的电阻。如果两电极之间的沉积层导电性很好，就会将感应生成的电动势部分短路，毫伏值减小，导致流量示值偏低。

② 本实例所述故障虽不多见，但若铁管锈蚀严重，也有可能在两电极之间产生沉积锈层，也有可能产生短路效应。凡是开始运行时正常，随着时间推移，流量显示值越来越小，就应分析有此类故障的可能性。

③ 用电磁流量计测量强酸强碱时，因电导率特别大，有时也发现显示值略有偏低，应在订货时向仪表制造厂声明，并提供具体物性数据。

4.24 液体温度升高体积流量相应增大

4.24.1 现象

江苏某化工厂两台 *DN*100 电磁流量计分别测量两根管道的两种稀酸，汇合后进入总管，并由 DN200 电磁流量计测量总流量。使用者发现，总表显示的流量比上游的两台分表之和高 20%～30%。

4.24.2 检查与分析

制造厂服务人员考察了现场，管道绝对压力为 0.6MPa，两分管液体温度为 30℃，混合液体进入总表前经换热器加热到 180℃，流程如图 4.34 所示。

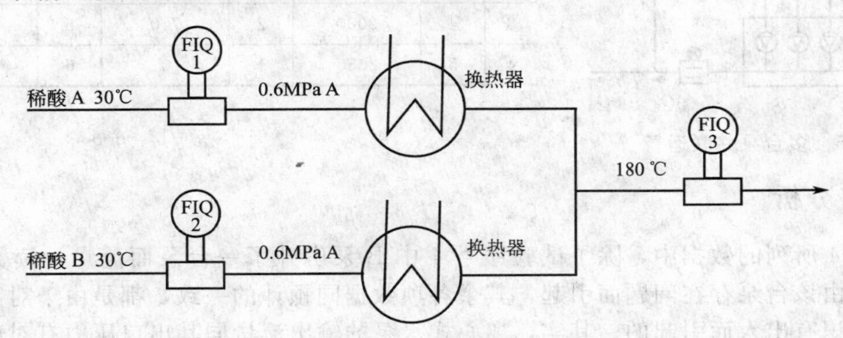

图 4.34 稀酸预热系统

(1) 总表显示的流量值为什么高

电磁流量计是一种体积流量计，被测流体流过分表时温度为 30℃，而流过总表时温度升高到 180℃，由于体积膨胀，所以体积流量相应增大[16]。

假定稀酸体积膨胀系数与水相近，从 30℃升高到 180℃体积增大约 12.3%，再加上稀酸中溶解的气体因温度升高而释放，占据相当的体积，都是总表显示的流量值增高的因素。

(2) 总表测量管内液体是否已沸腾值得研究

使用者未提供稀酸浓度数据，如果与水接近，则管道内液体已沸腾，犹如锅炉炉管内的水。因为绝对压力 0.7MPa（表压近 0.6MPa）时，水的沸点为 165℃。

如果总表测量管内液体已处于沸腾状态，总表显示的体积流量比分表之和高得更多些也有可能。

4.24.3 讨论

用质量守恒定律对相互有关系的流量计进行验证时，应注意流体工况的变化，有时就是由于流体工况的差异，引起仪表测量误差，或者流体工况已经有很大变化了，运行人员仍然按照变化之前的数量概念来估算流量值。质量守恒定律没有错，错的是温度已大幅度升高的稀酸，实际密度已经大幅度减小，却把它看作与升温前相同的密度。所以，质量守恒并非体积守恒。

4.25 多台同规格泵并联运行输出量变化的误解

4.25.1 现象

河南某水厂如图 4.35 所示 A、B 两泵房，各装有同规格水泵 7 台，各自汇集到 DN700mm 总管输出。分管上各装有一台电磁流量计，在流量计下游两总管接有连通管和闸阀，平时此闸阀全开。试开动两泵房不同台数的泵，得出如表 4.4 所示流量计上读数。将 A、B 两泵房开泵台数对调，所得读数亦相接近。水厂运行人员认为流量仪表线性不好，低流量时指示偏低。

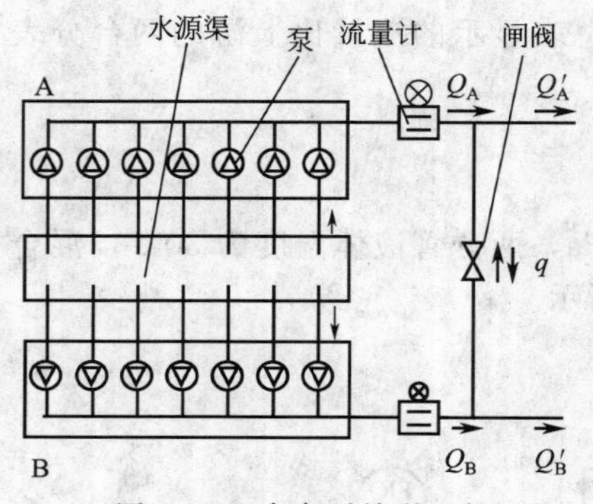

图 4.35　多台泵并联运行

表 4.4　泵并联运行试验数据[16]

试验序号	A 泵房		B 泵房		合计	
	开泵台数	流量计读数/(m^3/h)	开泵台数	流量计读数/(m^3/h)	开泵台数	流量计读数/(m^3/h)
1	4	1800	4	1750	8	3550
2	4	1900	3	1150	7	3050
3	4	2000	2	750	6	2750
4	5	2050	1	0	6	2050

4.25.2　分析

在表 4.4 所列的数据中，除了试验序号 4 中 B 泵房开了一台泵而流量计读数却为零一项，可能是由该台泵存在问题而引起，其余各项数据同预计的一致，都是由于对离心式水泵输出特性认识有出入而引起的。其实，离心式水泵的输出流量同其出口压力有对应关系，出口压力越低，输出流量越大，反之则小。多台离心式水泵并联运行时，瞬间停掉其中的一台泵，则继续运行的各台泵出口压力下降，输出流量增大。

离心泵输出流量与出口压力之间的关系如图 4.7 所示。

4.26　与电磁流量计串联的控制阀关闭后流量指示满度

4.26.1　现象

某造船厂有一台 *DN*80 电磁流量计测量水流量，运行人员反映关闭阀门后流量为零时，输出反而达到满度值。

4.26.2　检查与分析

(1) 检查与原因分析

现场检查发现截止阀装在传感器上游，如图 4.36 所示。传感器下游仅有一段短管，水直接排入大气，阀门关闭后传感器测量管内水全部排空。这类故障原因在制造厂售后服务事例中是经常碰到的，当属工程设计之误。

(2) 电磁流量计空管为什么流量指示满度

本题所讨论的也是电磁流量计空管问题，空管的原因虽与 4.22 节不同，但结果相同。

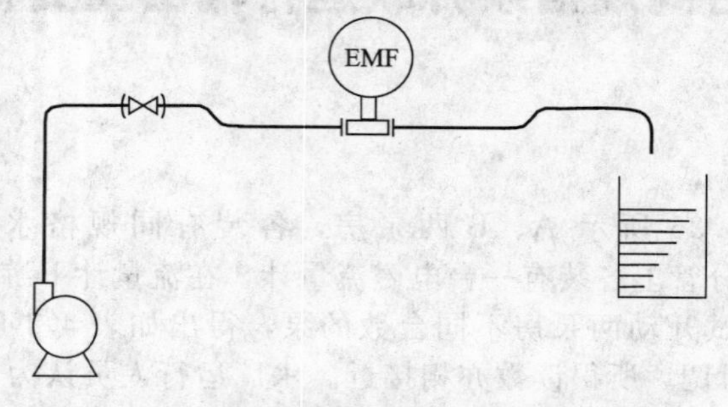

图 4.36　导致管内未充满的不合理安装示例

(3) 管内液体未充满的影响

由于背压不足或流量传感器安装位置不良，致使其测量管内液体未能充满，故障现象因不充满程度和流动状况有不同表现。若少量气体在水平管道中呈分层流或波状流[9]，故障现象表现为误差增加，即流量示值偏高；若流动是气泡流或塞状流，故障现象除测量值与实际值不符外，还会因气相瞬间遮盖电极表面而出现输出晃动。若水平管道分层流动中流通截面积气相部分增大，即液体未满管程度增大，也会出现输出晃动。若液体未满管情况较严重，以致液面在电极以下，则会出现输出超满度现象。

4.26.3 整改方法

图 4.36 中的安装方法不管是老式电磁流量计还是新式电磁流量计都是不允许的，因为流速低的时候，即使仪表未因电极暴露在空气中而指示满度，但管内未充满，引起仪表示值偏高和指示晃动是无法避免的，所以需进行整改。

整改的关键是确保流量计测量管内充满液体，如图 4.37 所示。

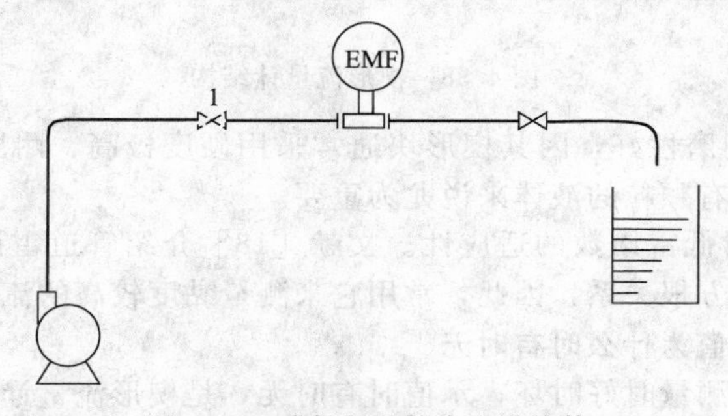

图 4.37 确保测量管内充满液体

4.27 熔盐流量用差压式流量计测量效果不佳

4.27.1 存在问题

熔盐为液态盐，温度为 300℃，压力 0.6MPa，温度低于 150℃就结为固体，所以采用楔形流量计配隔膜密封式差压变送器测量。但效果不佳，时好时坏。有什么合适的方法?

4.27.2 分析与诊断

(1) 楔形流量计工作原理

楔形流量计是非标差压式流量计的一种。其节流件是一个 V 形楔块（又称楔形节流件）。当被测流体流过楔形节流件时，在其上下游侧产生一个与流量值平方成正比的差压，将此差压从楔形块两侧取压口引出，送至差压变送器转换为电信号输出，再经流量二次表计算后，即得流量值。

(2) 楔形流量计的特点

① 楔形流量计的主要结构特点是用 V 形楔块作节流件。楔块的圆滑顶角朝下，这样有利于含悬浮颗粒的液体或黏稠液体顺利通过，不会在节流件上游滞留，具有自洁能力，无滞流区。楔形块两侧取压口通常设计成法兰管口，隔膜密封式差压变送器的法兰头直接安装在此法兰管口上如图 4.38 所示，因此差压信号传输通道不易被流体中的悬浮颗粒堵塞。

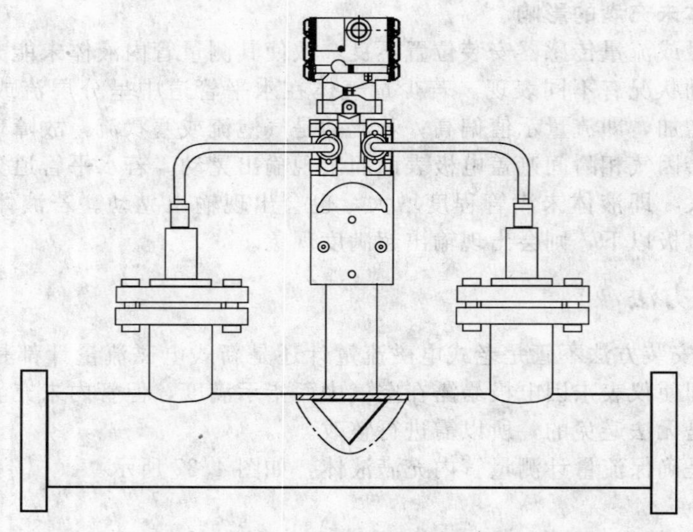

图 4.38 楔形流量计结构

② 特点之二是其耐磨性好，因其楔形块通常采用硬度极高、耐磨性极好的碳化钨材料制作。这一点对测量含有颗粒的液体来说尤为重要。

③ 特点之三是其对低雷诺数的适应性。文献［18］介绍管道雷诺数在 500 以上，流量与差压之间就能保持平方根关系，因此，常用它来测量黏度较高的流体。

(3) 楔形流量计示值为什么时有时无

提问者所述流量计测量时好时坏，示值时有时无，是楔形流量计测量高温流体时的常见病。毛病的实质是流量计的零点漂移。零漂的根本原因不在楔形流量计本身，而是楔形节流件产生的差压信号在传送到差压变送器时产生了失真。

在如图 4.38 所示的结构图中，欲使差压变送器测量到的差压与楔形节流件上下游侧取压口在测量管管壁处的差压完全相同，必须使一对管口内的介质满足下列三种情况中的一种：

① 一对管口内充满被测液体；

② 一对管口内充满气体；

③ 两个管口内的液面高度完全相等。

由于被测流体的情况很复杂，有的时候要真正满足上述条件往往很困难。

(4) 为什么会产生差压信号传递失真

在流过楔形节流件的流体中，不管是重油、渣油还是熔盐等，难免溶解有气体，这些气体在液体中的饱和溶解度与流过楔形节流件的流体温度、压力值有关，当温度升高或压力降低时，饱和溶解度减小，于是会释放出气体，使法兰管口内积累的气体增多，如果法兰管口内未充满气体，气体的积累会使液面下降。如果流体的温度降低或压力升高，饱和溶解度相应增大，会将法兰管口内积累的气体缓慢地吸收，使法兰管口内的液面升高。

这种气体的释放和吸收总是在进行的，如果两个法兰管口内的气体释放和吸收能以相同的速率同步进行，则可使两个法兰管口内的液面高度保持相等，从而不产生差压信号的传递失真，但是没有可行的手段，因此，法兰管口内的液面高度是不确定的。在结构上，由于负压端法兰管口在流路的下游，此处的静压比正压端略低，液体在此处容易释放出气体，所以负压端法兰管口内的液位容易降得比正压端低，从而使差压信号产生负向传递失真，这就是为什么流量指示值跌到零的原因。

(5) 如何减小和消除差压信号传递失真

从上面的分析可知，液体经楔形节流件流过时，析出气体和吸收气体是无法避免的，因此，取压法兰管口中的液位高度的变化也是不可控的。但是有办法将取压法兰管口中的液位波动范围减小，也有办法使液面高度的变化基本不影响差压的准确测量。

办法之一是将法兰管口设计得短一些，在测量管内径较大时，甚至可将连接法兰直接焊接在测量管上，如图 4.39 所示。也可采用插入式膜片隔离式差压变送器，如图 4.40 所示。

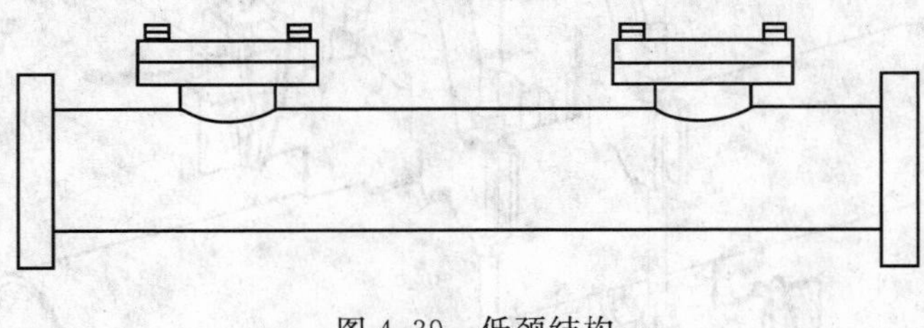

图 4.39 低颈结构

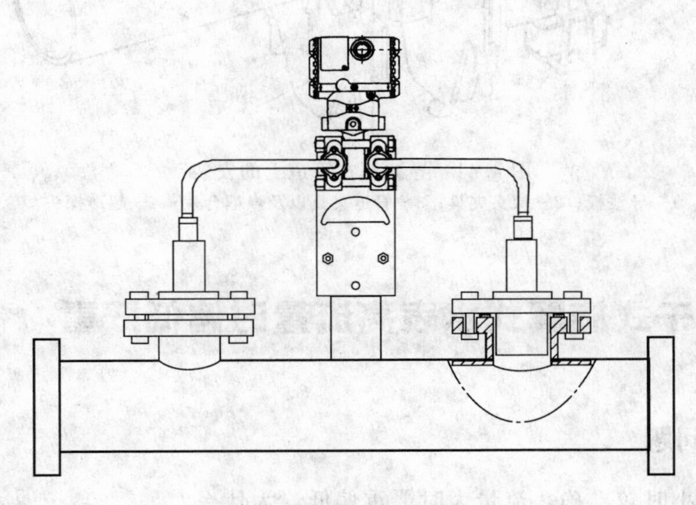

图 4.40 用插入式测量头的结构

差压变送器测量头插入深度 h 常取 50mm、100mm 或 150mm，根据具体情况选定。

办法之二是将满量程差压选得大一些。这样，尽管差压信号还存在一点传递失真，但对测量结果的影响减小了。

4.27.3 讨论

(1) 改选其他类型流量计

提问者所测量的流体熔盐，应是液态盐，流体中并不含有固态物，所以采用高温型涡街流量计测量其流量也是可行的。例如横河公司的 DY 系列 HT2 型，最高流体温度可达 400℃，HT1 型最高流体温度可达 450℃。熔盐的类型有多种，在各种温度条件下的黏度也有很大差别。为了保证测量精确度，应对具体牌号（或组成）的熔盐在实际操作条件下的雷诺数进行验算，如果最小流量对应的雷诺数仍大于等于 20000，就是可行的。在高温导热油测量中具有很好的业绩。

DY 系列涡街最大公称通径为 300mm。如果实际流量大于 $DN300$ 仪表测量上限，可选用夹装式超声流量计。

(2) 高温型超声流量计

夹装式超声流量计能耐受的温度取决于换能器，换能器的耐温等级分低温、中温和高温三种，每一个等级都有相适应的耦合剂与之匹配。当流体温度高于180℃时，可以增装导波板，能将可耐受的流体温度提高到400℃。导波板的作用有二：一是传递超声，二是散热，400℃的管道温度经导波板散热，到换能器安装处就降到了180℃以下。图4.41所示为一种典型导波板与换能器安装图。

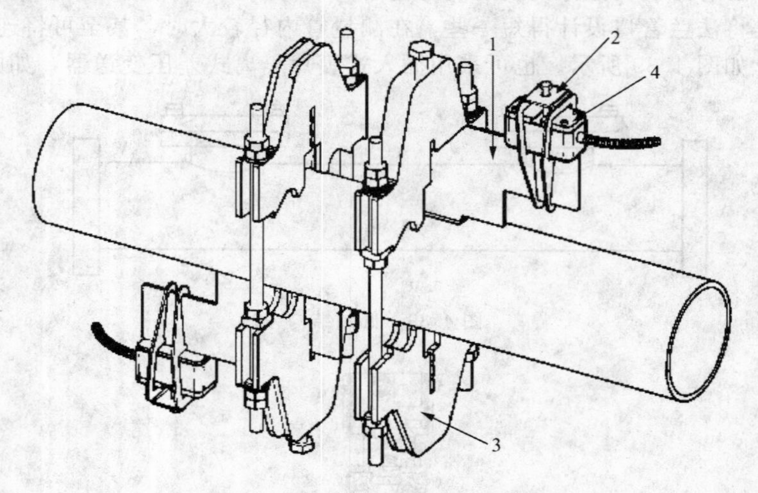

图4.41 导波板在管道上的安装

1—导波板；2—探头夹具；3—管道夹具以及声耦合片；4—超声探头

4.28 干式旋翼式水表高流量时偏低严重

4.28.1 存在问题

干式水表流量小时较准确，流量大时严重偏低，为什么？

4.28.2 分析与诊断

旋翼式和螺翼式干式电远传水表，由于价格便宜，常在水计量中被选用。

所谓干式就是在齿轮系与叶轮部分之间，用一块非磁性板材予以隔离，并承受水管内的静压。而叶轮的转数通过磁性机构耦合到齿轮系，其结构图如图4.42所示。这种磁性耦合机构所设计的耦合力只适用于规定的最大流量，如果实际流量大大超过规定的测量上限，导致叶轮旋转速度太快，就会出现“失耦”现象。

干式水表出现“失耦”现象，首先应检查齿轮系是否存在卡牢问题。如果齿轮不卡，而且在实际流量降低后能正常工作，那就可以确定“失耦”是由于超速引起的。

如果确认“失耦”是由超速引起的，则应调节阀门，适当减速。如果不能用调节阀门的方法降低流速，则可将水表的通径换大一挡。

4.28.3 反馈的信息

提问者所述的这台流量计安装在水箱的补水管道上，由于控制阀为两位式，阀门一旦打开就使流量升得很高，导致流量计“失耦”。将管道上与位式控制阀串联的手动阀适当关小，流量降低到允许值后，流量计恢复了正常工作。

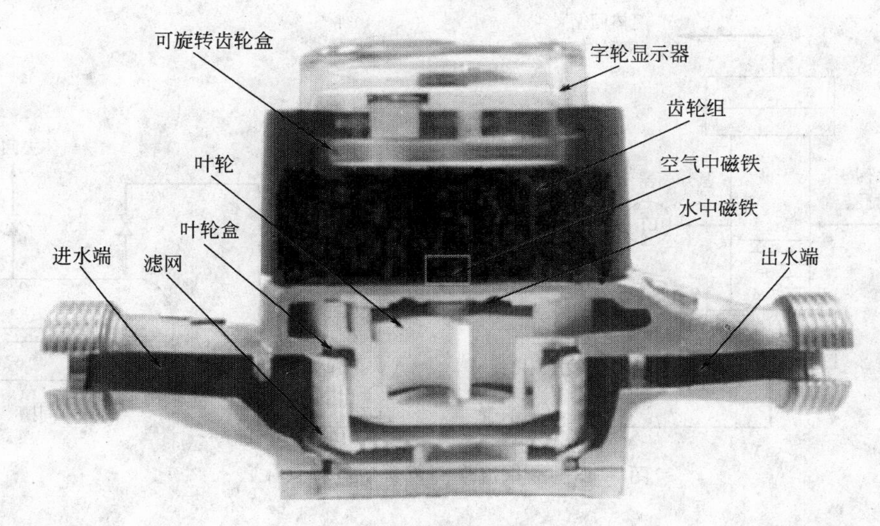

图 4.42 干式水表的构造

4.29 氨分离器出口阀关小流量不降反升

4.29.1 存在问题

氨分离器出口管上安装有控制液位用的控制阀和与之串联的流量计，在阀门关小时，流量计示值不降反升，但若控制阀关死，流量计却又回零。

4.29.2 分析与诊断

(1) 氨分离器液位控制流程

氨分离器是合成氨生产流程中的关键设备之一，其任务是将来自氨冷凝器的气液混合物进行重力分离，气相从其顶部导出去循环压缩机，液相就是液氨从其底部导出送氨中间槽。在液氨管道上串联安装有液氨流量计和用于控制氨分离器液位的控制阀。

控制阀和液氨流量计相互之间的合理位置应是流量计在前，控制阀在后，如图 4.43 所示。

提问者所述的情况可能采用的流程如图 4.44 所示，就是将流量计安装在控制阀后面。

(2) 气液分界面上的平衡状态分析

在氨分离器内压力和液位均稳定的情况下，在其气液分界面上，气相和液相处于平衡状态。液氨的温度与其所处位置的压力一一对应，一旦分界面上方的气相压力有些许降低，于是分界面液氨压力相应降低，在此降低的瞬间，液氨部分蒸发升腾到分界面之上。由于蒸发吸收热量，于是液氨温度相应降低。

如果分界面上方的气相压力有些许升高，则气相中的气态氨部分凝结成液滴，同时放出凝结热，导致气相温度有些许升高。液滴的温度也相应升高。此液滴沉降到气液分界面上，使表层液氨温度有所上升。而深层液氨暂时处于过冷状态。

其实，氨分离器内的气液两相平衡状态是动态的，即不断有气液混合物进入分离器，也不断有气体从其顶部，液相从其底部流出，所以恢复平衡状态就比上面叙述进

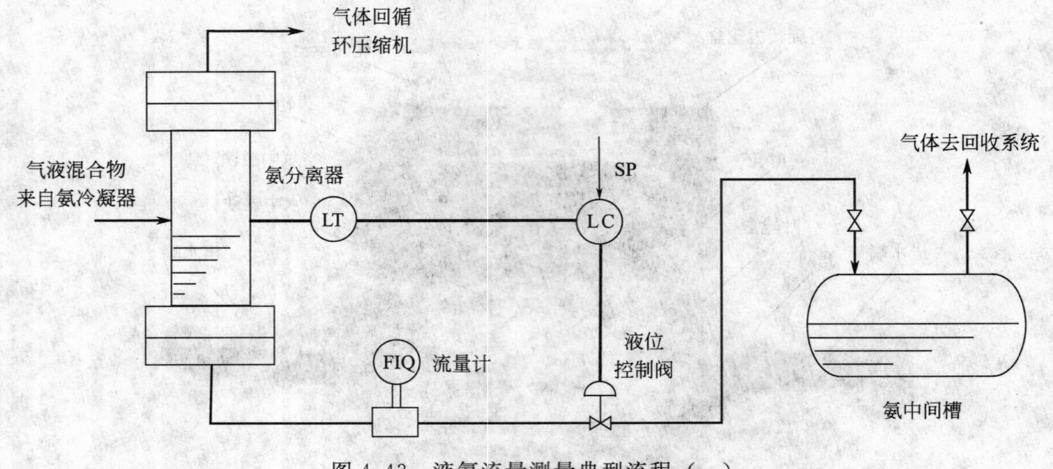

图 4.43 液氨流量测量典型流程（一）

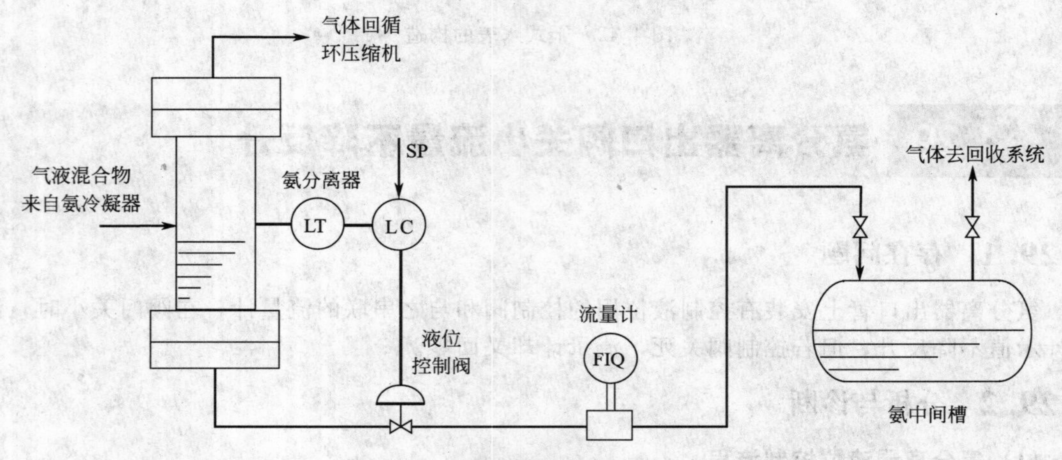

图 4.44 液氨流量测量典型流程（二）

行得更快。

(3) 控制阀后压力降低导致液氨含气率增高

在图 4.44 所示的流程中，氨中间槽压力较低，只有一点几兆帕，而氨分离器压力要高达几兆帕。为了让流量计正常工作，氨中间槽进口阀也起节流作用。

控制阀在关小时，控制阀后压力降低，按照上面的分析，较多的液氨被蒸发，从而使液氨温度降低，进入平衡状态。液氨蒸发后，体积膨胀几十倍，引起流量计示值升高。

目前，液氨流量测量较多的是使用涡轮流量计和涡街流量计，这两种流量计的输出信号都是与体积流量成正比。

当控制阀关死后，管道内流体停止流动，所以流量指示零。

4.29.3 解决方法

上述问题的根本解决方法是将流量计移到控制阀前面，而且与氨分离器靠得越近越好。

如果能在液氨进入流量计之前，设法将其过冷深度提高，则更能保证流量计的测量准确度。

提高过冷深度的方法有降低液氨温度和降低流量计的安装标高等。

4.29.4 讨论

(1) 普遍意义

本实例中所涉及的流体属高饱和蒸气压液体，液态乙烯、丙烯、氯乙烯等也都属于此类液体。此类液体的流量测量有其固有的特点。

(2) 液氨流量测量的特点

本节以液氨为例讨论乙烯、丙烯、氯乙烯等高饱和蒸气压液体流量的测量。

液氨流量测量同水流量测量、油流量测量有以下两个重大的差别。一是液氨的饱和蒸气压高，在标准大气压条件下，其沸点为－33.4℃，因此必须在压力条件下输送和储存。二是这种流体的流量测量中容易因仪表的压损而在流量计的出口处产生气穴和伴随而来的汽蚀现象，引起流量计示值偏高和流量一次装置受损。液态乙烯、丙烯等流量测量中遇到的情况也相同。

① 储存在储槽中液氨的气液分界面处一般处于气液平衡状态。图 4.43 所示是氨厂入库液氨流量测量的典型流程。来自氨冷凝器的合成气、气态氨、液态氨混合物在氨分离器中进行分离，液氨经流量计和液位控制阀送低压氨中间槽。显然图中氨分离器和中间槽的气液分界面处气液两相均处于平衡状态。

液氨流量测量应尽量避免出现两相流。然而接近气液平衡状态的液氨，在流过流量计时，如果压头损失较大，则很容易引起部分汽化，影响测量精确度。

② 流体密度的温度系数较大

从液氨的 $\rho=f(t)$ 函数表[19][20]可知，在常温条件下，液氨温度每变化 1℃，其密度变化 0.2%以上。因此，液氨计量必须进行温度补偿[21]。

③ 测量精确度要求高

原化工部有关文件要求，液氨计量应达到 1 级精确度。如果不采取有效措施，是很难达到这个要求的。

④ 流体易燃易爆

仪表选型时应选用防爆型仪表，仪表安装、使用和维修中都应遵守防爆规程。

⑤ 被测介质有腐蚀性

氨对铜等材料有强烈的腐蚀作用，因此，仪表与被测介质直接接触的部分应能耐受氨的腐蚀，仪表的电子学部分应有 IP67 及以上的防护能力，以防周围环境中腐蚀性气体对电子学部分的气体腐蚀。

(3) 气穴和气蚀及防止流体气化问题

在液体流动的管路中，如果某一区域的压力降低到液体饱和蒸气压之下，那么在这个区域内液体将会产生气泡，这种气泡聚集在低压区域附近，就会形成气穴，发生气穴现象。在装有透明管道的试验装置上，能观察到气穴的存在，它表现为在管道内一个基本不变的区域出现一个气团。

在水流管路中，这种气泡所包含的主要是水蒸气，但是由于水中溶解有一定量的气体，所以气泡中还夹带有少量从水中析出的气体。这种气泡随着水流达到压强高的区域时，气泡中的蒸气会重新凝结为液体，此时气泡会变形破裂，四周液体流向气泡中心，发生剧烈的撞击，压力急剧增高，其值可达几百个大气压，不断破裂的气泡会使流道壁面的材料受到不断的冲击，从而使材料受到侵蚀。如果管路上装有流量计，则汽蚀现象将引起测量误差增大并能损坏一次装置。气泡从形成、增长、破裂以及造成材料侵蚀的整个过程就称为汽蚀现象。

汽蚀现象与热力学中的沸腾现象有所不同，两者虽然都有气泡产生，但是汽蚀起因是由于压强降低，而沸腾则是由于温度升高。

液氨同其他饱和蒸气压较高的流体一样，在流量测量中，流量一次装置内或出口端极易出现气穴现象。

处于气液平衡状态的流体，在温度升高或压力降低时，必然有部分液体发生相变。例如液氨在10℃条件下，平衡压力为0.5951MPa。如果将压力降低一些（例如将液氨中间槽中的气态氨排掉一些），必然引起一定数量的液氨汽化，升腾到气相中。由于这一蒸发过程是从液相中吸取汽化热，所以，汽化现象发生的同时，液相温度下降，一直降低到与槽中新的压力相对应的平衡温度。

同样，如果为槽中的气相提供一定的冷量，则有一部分气态氨变成液态氨，槽中气相压力相应下降。

处于气液平衡状态的氨，在输送过程中，如果温度不变而将其压力升高（例如用泵加压），或者压力不变而将其温度降低（例如用冷却器将液氨冷却），则液氨进入过冷状态。

处于过冷状态的液氨，如果压力降低一些，只要不低于当时液氨温度相对应的平衡压力，液氨不会出现汽化现象。

液氨储槽或中间槽总有一定高度，在稳态情况下，处于气液平衡状态的液氨，仅仅是气液两相分界面处的那一部分，如果槽中无冷却管之类的附件，槽中液体的温度可看作是均匀一致的。因此，分界面以下液位深处的液氨，由于液柱的作用使静压升高，所以进入过冷状态。离分界面越远，液氨过冷深度越深。

4.30 液氨流量计示值跳跃

4.30.1 提问

用 *DN*25 科氏力流量计测量液氨流量，仪表显示的流体密度为 610kg/m^3 时，流量示值稳定；密度在 $280\sim610\text{kg/m}^3$ 之间变化时，流量示值跳跃。流量计安装和管道走向如图4.45所示。

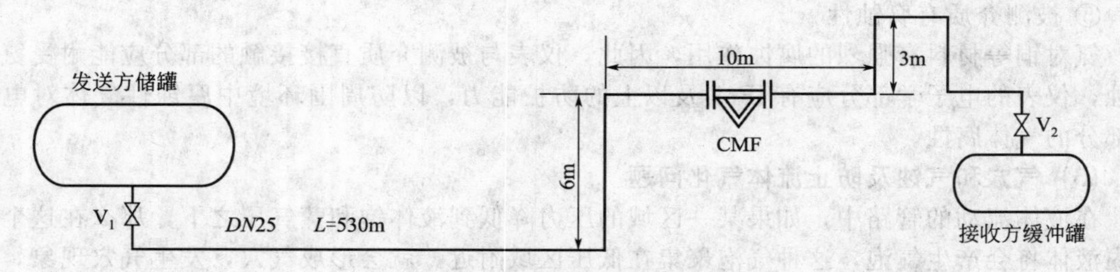

图4.45 液氨输送和计量流程图

4.30.2 分析

(1) 流量示值跳跃的原因

提问者要解决的问题是科氏力质量流量计示值稳定性问题。

图4.45中的科氏力质量流量计CMF，自带被测流体密度显示。提问者介绍，密度显示正常时，流量显示也正常；而密度下跌到 280kg/m^3 时，质量流量显示也下跌，此时的流量示值准与不准也不清楚。

这个问题的实质是两相流流量测量问题。在液氨含气率高时，质量流量示值小，流体密度小得更严重，所以体积流量增大。

(2) 液氨中含气率估算

从气液混合物含气率定义可推导出式(4.29)：

$$R_V\rho_W+(1-R_V)\rho_L=\rho_f \tag{4.29}$$

式中 R_V——流体中气相所占的体积比，m³/m³；

ρ_W——流体中气相当前的密度，kg/m³；

ρ_L——流体中液相当前的密度，kg/m³；

ρ_f——气液混合物当前的密度，kg/m³。

从图4.45可看出，这是一个发送方利用储罐中的气液相平衡压力将罐内液氨送到接收方缓冲罐的流程。储罐内气相压力 p 与气液分界面上的温度 t 处于气液平衡状态，夏季由于环境温度较高，储罐内流体温度相应较高，气液相平衡压力 p 也较高。冬季则较低。

提问者介绍，流量示值稳定的时候，科氏力流量计显示的流体密度为610kg/m³，温度约20℃，查相关手册知[19][20]，氨在纯度较高时，20℃所对应的气液相平衡压力为0.857MPa，此时的液相密度

$$\rho_L=610.28\ \text{kg/m}^3$$

此时的气相密度

$$\rho_W=6.707\ \text{kg/m}^3$$

假定 $\rho_f=280\ \text{kg/m}^3$ 时，流体温度保持不变，则将上述3个密度数据代入式(4.29)得：

$$R_V=54.7\ \%$$

上面的估算含有一些误差，因为科氏力流量计测量管内出口端和进口端的压力不同，流体温度和气液相的密度也随之变化，但在 $\rho_f=280\ \text{kg/m}^3$ 时含气率高这个结论还是正确的。

(3) 液氨中气体的生成

假定发送方储罐中的液氨温度与环境温度相等，但液氨在从储罐流向下游的液氨缓冲罐过程中，在阀门 V_1、仪表CMF以及管道上总是有压力损失，液氨在沿着管道爬高6m时，也会因流体静力学原因而出现36.6kPa的压降（含气率为0时的数值），压力的降低对应着一个液氨温度的降低，也对应着一定数量液氨蒸发，由液态变成气态，这是气体生成的第一个原因。

第二个原因是因为液氨温度降低后，与周围环境温度出现温差，从而有一定数量的热量被处于气液平衡状态的液氨所吸收，引起液氨蒸发变成气相。

(4) 仪表的适应能力

制造厂在产品样本中声称，用来测量液体的科氏力质量流量计，即使在含气的条件下也能保证测量精确度。但这是有限度的，2400S型含气率能达到30%（V/V），1700型含气率只能达到5%（V/V）。在本实例中，根据提问者提供的数据估算，含气率大于50%，显然在这样的条件下，流量示值将产生很大误差。

4.30.3 处理方法

(1) 流量计安装位置前移

管道中的气态氨是在液氨输送过程中逐渐生成并流向下游的缓冲罐的。其实，液氨在从储罐底部刚刚流出时，管道内并无气体，不仅如此，此处的液氨还有一定的过冷深度，因为此处位于气液分界面以下约1m，由于流体静力学的原因，分界面以下每过1m高度差，流体静压就升高5.98kPa（液氨密度以610kg/m³计）。所以，将流量计的安装位置前移，能有效地减少流量计测量管内流体的含气率。

(2) 避免用流量计前的阀门控制流量

在图4.45中，缓冲罐上方有一台控制阀 V_2，用于控制进入缓冲罐的流量。在储罐的出口有一台阀 V_1。正确的做法是将 V_1 开足，而且流量计前的任何一段输送管道内不能有大

的阻力，用 V_2 控制流量。

如果将阀 V_1 关小，将会使流量计测量管内压力大幅度降低，含气率大幅度升高。

(3) 注意管道绝热保温

液氨在管道内从储罐流到缓冲罐，沿途经管壁从大气吸收热量，含气率逐渐升高，改善管道和管件的保温，有利于降低含气率。

4.30.4 反馈的信息

提问者后来利用停车检修机会从液氨总管上开口取氨，科氏力流量计显示的密度值稳定在 510～610kg/m³，流量示值也较稳定。流体温度稳定在 20℃左右。$\rho=510\ kg/m^3$ 时，用式(4.29) 计算，对应含气率为 16.6%，比改装前大幅度降低。

4.30.5 讨论

本节和 4.29 节所讨论的都是液氨流量测量问题。在流量测量中，液氨和其他高饱和蒸气压的液体一样，是难度极高的被测介质，如果处理的不好，涡轮流量计、涡街流量计、差压流量计等绝大多数流量计都会败下阵来。老式的科氏力流量计，液体中含有百分之几的气体（体积比）已经产生显著的流量测量误差，改进后的产品如前述的2400S 型，容忍的含气率能达到 30%（V/V)。即使如此，也还是要设法降低流体流过测量管的液体的含气率。

各个品牌不同型号规格的科氏力质量流量计，能够容忍的液体含气率各不相同。具体选用的科氏力流量计产品能耐多高的含气率，需向供应商作咨询，并在采购前签好技术协议。

4.31 液化天然气等极低温流体流量如何测量

4.31.1 提问

液氮、液氧、液化天然气等极低温流体流量如何测量?

4.31.2 解答

(1) 极低温流体的定义

工业上的极低温流体一般是指在大气压力下沸点为－50℃以下的流体。

代表性的极低温流体有 LNG（液化天然气)、LN_2（液氮)、LO_2（液氧)、液化乙烯、液氢、液氦以及这些低温气体。LPG（液化石油气）不包括在极低温流体内。

(2) 极低温流体流量测量的特点

① 容易引起状态变化

构成极低温流体（以液化天然气为例）的物质具有表 4.5 所示的物理常数。这些流体通常以饱和状态储存在绝热的储存容器里。用泵升压、送出，开始过程处理，并反复进行加压、减压。在此过程中，饱和状态的极低温流体一会儿变为过冷状态，一会儿变为沸腾状态，状态容易变化。因此，配管设计和流量计设计需要采取措施。

② 有因浓缩而出现的物态变化

液化天然气是由表 4.5 所示的物质组成的混合物。由于从外部向储存容器或配管内加热，所以，先从甲烷开始蒸发，发生称为浓缩的如图 4.46 所示那样的成分变化。液化天然气的成分物质甲烷、乙烷、丙烷、丁烷的液态密度如图 4.47 所示。由于浓缩，液化天然气

表 4.5 液化天然气成分物质的物理常数[22]

项 目	甲烷	乙烷	丙烷	异丁烷	正丁烷	异戊烷	正戊烷	二氧化碳
分子式	CH_4	C_2H_6	C_3H_8	C_4H_{10}	C_4H_{10}	C_5H_{12}	C_5H_{12}	CO_2
分子量	16.042	30.068	44.094	58.120	58.120	72.146	72.146	44.010
摩尔体积	22.36	22.16	21.82	21.77	21.49	—	—	22.26
熔点/℃(101.325kPa)	−182.5	−183.3	−187.7	−159.6	−138.4	−159.9	−129.7	−56.6
沸点/℃(101.325kPa)	−161.5	−88.6	−42.1	−11.7	−0.5	27.8	36.1	−78.5
								37℃
液体相对密度(4℃水=1)	0.425	0.550	0.580	0.562	0.605	—	—	1.107
气体相对密度(空气=1)	0.554	1.038	1.522	2.006	2.006	2.491	2.491	1.519
临界温度/℃	−82.1	+32.4	+96.8	+135.0	+152.0	+187.2	+196.4	+31.1
临界压力/MPa	4.58	4.82	4.20	3.60	3.74	3.29	3.33	7.29
蒸发热/(kcal/kg)	121.8	116.9	101.7	87.5	92.1	81.7	85.3	132.3
溶解热/(kcal/kg)	14.0	22.2	19.1	—	18.0	—	—	45.3
空气混合下限/%	5.0	2.9	2.1	1.8	1.8	1.4	1.4	—
燃烧界限上限/%	15.0	13.0	9.5	8.4	8.4	8.3	8.3	—
高位发热量/(kcal/Nm³)	9500	16639	23674	30597	30682	37623	37708	—
高位发热量/(kcal/kg)	13269	12402	12036	11799	11833	11689	11716	—
低位发热量/(kcal/Nm³)	8550	15219	21784	28227	28321	34783	34867	—
低位发热量/(kcal/kg)	11950	11350	11080	10900	10930	—	10850	—
定压气体比热容 $C_p$kcal/kg·℃	0.5271	0.4097	0.3885	0.3872	0.3908	0.3827	0.3883	0.1991
定容气体比热容 $C_v$kcal/kg·℃	0.403	0.344	0.343	0.353	0.357	0.355	0.361	—
气体比热容比 C_p/C_v	1.307	1.192	1.133	1.097	1.095	1.078	1.076	—
液体比热容/(kcal/kg·℃)	0.83 (162℃)	0.58 (−89℃)	0.60 (−42℃)			0.535 (15.6℃)	0.542 (15.6℃)	—
蒸汽压 MPa(37.8℃)	37.2	5.37	1.34	0.51	0.36	0.14	0.11	—
燃烧需要空气量 m³/m³	9.55	16.71	23.87	31.03	31.03	38.19	38.19	—

注：1kcal=4.1868kJ。

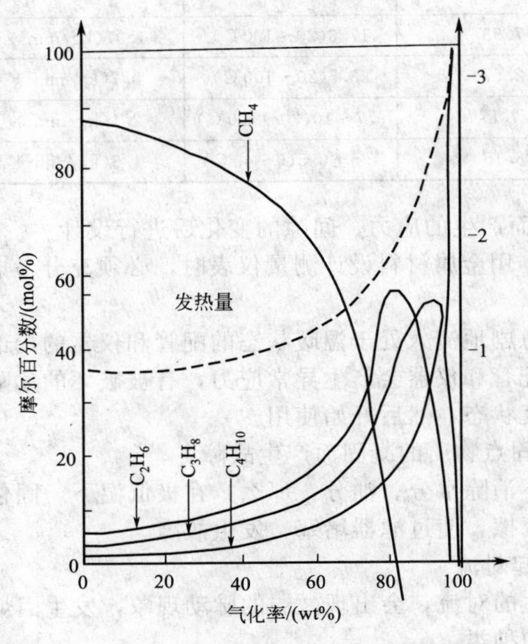

图 4.46 液化天然气的浓缩

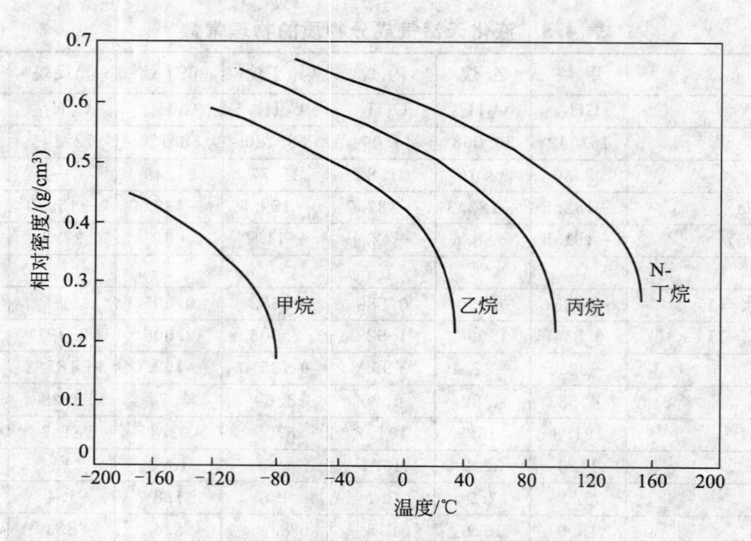

图 4.47 液化天然气成分的液态密度

的液态密度变大，所以测量流量时必须修正密度。

③ 对材料有限制

金属材料在极低温度下的屈服点、拉伸强度、延伸率、冲击试验值等机械性质与常温下有很大不同。在极低温下，金属材料的拉伸强度上升，但延展性降低，冲击值也随材料而显著下降。因此，在极低温下所使用的仪器的材料，应是有充分抗破坏韧性的材料，使之不引起脆性破坏，这些材料就叫做低温材料。但是，现在使用的最一般的材料有不锈钢、铝合金、90%的镍钢、35%的镍钢（镍铁合金）。表 4.6 示出了低温材料的机械性质。

表 4.6 低温材料的性质

材　料	密度/(g/cm³)	热膨胀系数(×10⁻⁶)	纵弹性模数(×10⁻⁴)	热传导率(×10⁻²) 100℃
不锈钢(18-8)	7.93	17.3(20～100℃)	1.97(kg/mm²)	3.89(cal/cm³/cm/s/℃)
铝合金(3.5 锰)	2.67	23.5(20～100℃)	0.7(kg/mm²)	4.5(cal/cm²/cm/s/℃)
9%镍钢	7.8	9.7～10(20～100℃)	2.1(kg/mm²)	7(cal/cm²/cm/s/℃)
镍铁合金(36%镍)	8.15	1.5±0.5(0～40℃)	1.5(kg/mm²)	—(cal/cm²/cm/s/℃)

④ 要求考虑因冷缩而产生的应力、间隙的变化后进行设计。

由于流体温度极低，用金属材料设计测量仪表时，必须充分考虑冷缩的影响。

⑤ 需要预冷

如果使极低温流体急剧地流入处于温暖状态的配管和仪器的局部，则不能控制从法兰漏出极低温流体，这样，配管和仪器会产生异常应力，有被破坏的危险。因此，必须进行预冷作业，冷却到所定的温度状态，然后开始使用。

⑥ 必须注意因高凝固点物质的凝固而产生故障。

开始使用前，如果不消除水分、油分，那么，在极低温下，固化的水分、油分、二氧化碳等会增大可动部分的摩擦，使过滤器堵塞，发生故障。

⑦ 在气液分界面引起对流

在气液分界面内产生的对流，会出现微弱的脉动现象，发生因烟雾而产生的故障。

(3) 流量测量仪器的种类

目前使用最多的极低温流体的流量测量仪器是孔板流量计，可靠性也最高，设计和制造时应注意下列事项：

① 材料采用 316L；

② 为了防止冷缩引起的流体泄漏，建议采用焊接方法连接，孔板和管道采用相同材质；

③ 多孔孔板在液化天然气等极低温度流体的流量测量中具有优势，因为可能生成的气体可以从孔板上部的小孔中顺畅地流向下游，而不致在孔板前积气。

4.32 夹装式超声流量计测柴油流量效果好测重油无信号

4.32.1 现象

用夹装式超声流量计比对柴油流量计，效果很好，但比对重油流量计无显示。

4.32.2 分析

(1) 诊断与分析

超声流量计是通过检测流体流动时对超声束（或超声脉冲）的作用，以测量体积流量的仪表。

目前市场上销售的超声流量计有两种：时差法超声流量计和多普勒法超声流量计。两种方法各有所长，互为补充。其中，时差法适用于清洁单相液体和气体。在悬浮颗粒较多时，因超声信号严重衰减而不能测量。而多普勒法适用于测量含有适量能给出强反射信号的颗粒或气泡的液体。例如未处理的污水、工厂排放液、脏流程液和含气泡量不高曝气处理后的液体。通常不适用于清洁液体，除非液体中引入散射体或者扰动程度大到能获得反射信号[11]。

提问者所说的超声流量计应是便携式外夹安装型超声流量计，应属时差法。所以测量洁净程度较高的柴油流量能工作得很好，但测量重油时，因流体中悬浮颗粒较多，超声信号被严重衰减而不能测量。

为了进一步解释两种方法的测量特点，下面介绍两种方法的测量原理。

(2) 时差法超声流量计工作原理

图 4.48 所示为 Tx1 和 Tx2 两个换能器的简化几何关系，声道与管道轴线间的夹角为 φ，管径为 D。在某些仪表中采用了反射声道，此时声波脉冲在管壁上经一次或多次反射。

超声脉冲穿过管道如同渡船过河流。如果没有流动，声波将以相同速度向两个方向传播。当管道中的流体流速不为零时，沿流动方向顺流传播的脉冲将加快速度，而逆流传播的

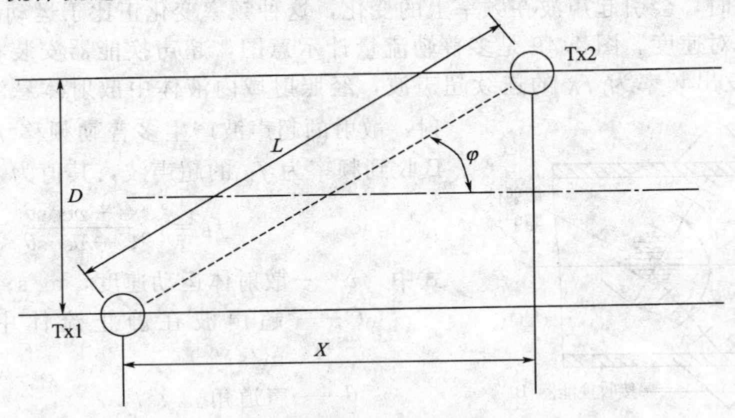

图 4.48 超声流量测量的简化几何关系

脉冲将缓慢。因此，相对于没有流动的情况，顺流传播的时间 t_D 将缩短，逆流传播的时间 t_U 会增长，根据这两个传播时间，就可以计算测得流速。这就是时差法超声流量计的基本原理。

在图 4.48 中，有下面的关系式成立：

$$t_D=\frac{L}{C+V_m\frac{X}{L}} \tag{4.30}$$

$$t_U=\frac{L}{C-V_m\frac{X}{L}} \tag{4.31}$$

将式(4.30) 和式(4.31) 联立并解之得

$$v_m=\frac{L^2}{2X}\left(\frac{1}{t_D}-\frac{1}{t_U}\right) \tag{4.32}$$

式中 L——超声在换能器之间传播路径长度，m；

X——声道长度在管轴线的平行线上的投影长度，m；

t_D、t_U——超声顺流传播时间和逆流传播时间，s；

C——超声在静止流体中的传播速度，m/s；

v_m——流体通过换能器之间声道上平均流速，m/s。

其实，式(4.32) 计算得到的流速还只是沿声道方向流体速度的平均值。而用户想知道的是管道横截面上的平均流速 v。由 v_m 计算 v 一般引入一个速度分布校准系数 k_c，即

$$v=k_c v_m \tag{4.33}$$

式中 v——管道横截面上的平均流速；

k_c——速度分布校准系数；

v_m——含义同式(4.32)。

k_c 的数值主要取决于流体的雷诺数。如果声道在通过管道轴线的平面内，则由下式给出 k_c 的一个近似值[10]

$$k_c\approx\frac{1}{1.12-0.011\times\lg Re_D} \tag{4.34}$$

对于充分发展的紊流，如果声道不在通过管道轴线的平面内（即倾斜的弦线），则 k_c 系数及它与雷诺数的关系都将不同。

(3) 多普勒法超声流量计工作原理

多普勒（效应）法是利用声学多普勒原理确定流体流量的。多普勒效应是当声源和目标之间有相对运动时，会引起声波在频率上的变化，这种频率变化正比于运动的目标和静止的换能器之间的相对速度。图 4.49 是多普勒流量计示意图，超声换能器安装在管外，超声换能器 A 向流体发出频率为 f_A 的连续超声波，经照射域内液体中散射体悬浮颗粒或气泡散射，散射的超声波产生多普勒频移 f_d，接收换能器 B 收到频率为 f_B 的超声波，其值为

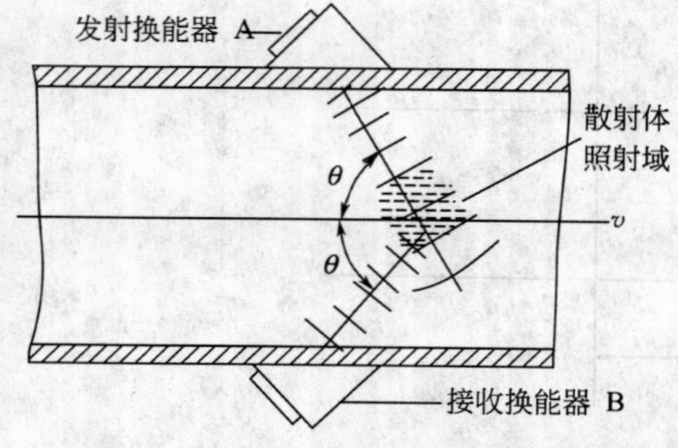

图 4.49 多普勒法超声流量计原理图

$$f_B=f_A\frac{C+v\cos\theta}{C-v\cos\theta} \tag{4.35}$$

式中 v——散射体运动速度，m/s；

C——超声波在静止流体中的传播速度，m/s；

θ——声道角。

由于液体的声速为 1500m/s 左右，被测流速仅

每秒数米，即 $C \geqslant v$，于是上式可简化成

$$f_{\mathrm{B}}=(1+\frac{2V\cos\theta}{C})f_{\mathrm{A}} \tag{4.36}$$

多普勒频移 f_d 正比于散射体流动速度

$$f_{\mathrm{d}}=f_{\mathrm{B}}-f_{\mathrm{A}}=f_{\mathrm{A}}\frac{2v\cos\theta}{C} \tag{4.37}$$

移项整理得

$$v=\frac{f_{\mathrm{d}}}{f_{\mathrm{A}}}\times\frac{C}{2\cos\theta} \tag{4.38}$$

在液体流量测量中，传播时间法超声流量计适用于洁净流体的流量测量，而多普勒超声流量计适用于固相含量较多或含有气泡的液体。

超声流量计的精确度差异很大。在传播时间法超声流量计中，大管径的带测量管的多声道流量计，精确度较高，基本误差一般可达到±(0.5～1)%R，也有的高达±0.15%R，夹装式可达到±(1～3)%R。而多普勒法超声流量计，一般可达到±(3～10)%FS，但当固体粒子含量基本不变时，可达±(0.5～3)%FS。

参考文献

[1] 吴育，纪纲．冷量计量技术的新进展．化学世界，2002 年增刊

[2] 甄兰兰，沈昱明．热量表的热量计量原理及计算．自动化仪表，2003 (10)：41～43

[3] 伍悦滨，朱蒙生．工程流体力学泵与风机．北京：化学工业出版社，2005

[4] 肖素琴，韩厚义主编．质量流量计．北京：中国石化出版社，1999

[5] 孙丹，胡福根．科里奥利质量流量计在高黏度液体流量测量中的应用．自动化仪表，1997，18 (5)：20～21

[6] 武胜林．质量流量计计量超差原因分析．石油化工自动化，1999 (4)：66～69

[7] 赵晶．介质压力对罗斯蒙特质量流量计的影响及解决．化工自动化及仪表，2002.29 (1)：71～72

[8] 纪纲．流量测量仪表应用技巧．第二版．北京：化学工业出版社，2009：265，279

[9] 蔡武昌，孙淮清，纪纲．流量测量方法和仪表的选用．北京：化学工业出版社，2001

[10] 蔡武昌，应启戛．新型流量检测仪表．北京：化学工业出版社，2005

[11] 蔡武昌．水泵特性排量与流量仪表测量值之间出现偏差的分析．自动化仪表，1999 (4)：7～9

[12] 王森，纪纲．仪表常用数据手册 第二版．北京：化学工业出版社，2006

[13] 蔡武昌．电磁流量计使用中常见和罕见故障例．自动化仪表，2001 (1)：28～30，32

[14] 蔡武昌．电磁流量计应用失误例．炼油化工自动化，1984 (1)

[15] 蔡武昌．流量仪表应用常见失误情况分析．石油化工自动化，2002 (5)：71～74，84

[16] 2009 质量和安全年全国计量器具质量征文优秀论文集．北京：中国计量出版社，2010：175～177

[17] 苏彦勋，梁国伟，盛健．流量计量与测试，第二版．北京：中国计量出版社，2007：167～168

[18] 中国环球化学工程公司．氮肥工艺设计手册．北京：化学工业出版社，1988

[19] CRC The handbook of Chemical and Physics

[20] 朱步陶．液氨计量中的温度补偿及应用．化工自动化及仪表，1994 (5)

[21] [日] 川田裕朗，小宫勤一，山崎弘郎编著．罗泰，王金玉，谢纪绩，韩立德，洪启德译．流量测量手册．北京：中国计量出版社，1982

[22] 何挺．螺旋转子流量计在油品贸易计量的特殊应用．世界仪表与自动化，2004，7：52～53，57

[23] 何松杰．质量流量计在流程工业的确认方式及其间隔．计量技术，2006，4：34～36

第5章

流动脉动、批量控制及涡街流量计应用中的问题

本章引言

本章所列举的实例集中讨论流动脉动、批量控制和涡街流量计应用中的问题。

① 流动脉动对流量测量产生影响共6例。脉动源分别有：减压阀振荡，调节系统振荡，搅拌器叶片挡住进料口引起脉动，三通管处旋涡引起脉动，往复泵引起脉动，气泡破裂引起脉动等。

② 流量批量控制共4例，引起发料总量误差大的关键原因分别为：测量和控制滞后，止回阀内泄，液体中析出气泡等。

③ 涡街流量计使用中的问题共10例，其中旋涡发生体几何形状变化，2例，涡街流量传感器安装3例，振动干扰1例，其他3例。

5.1 减压阀振荡引起流量计示值陡增多倍

5.1.1 存在问题

用来测量蒸汽流量的涡街流量计为何在收工期间示值陡增十多倍？

该实例所述之事发生在上海的一幢88层大厦。大厦所属锅炉房经分配器向洗衣房供汽。因蒸汽压力太高，所以中间设置一个直接作用式减压系统，减压阀为英国产的世界名牌产品，流量计为日本名牌涡街流量计。减压与测量系统图如图5.1所示[1]。

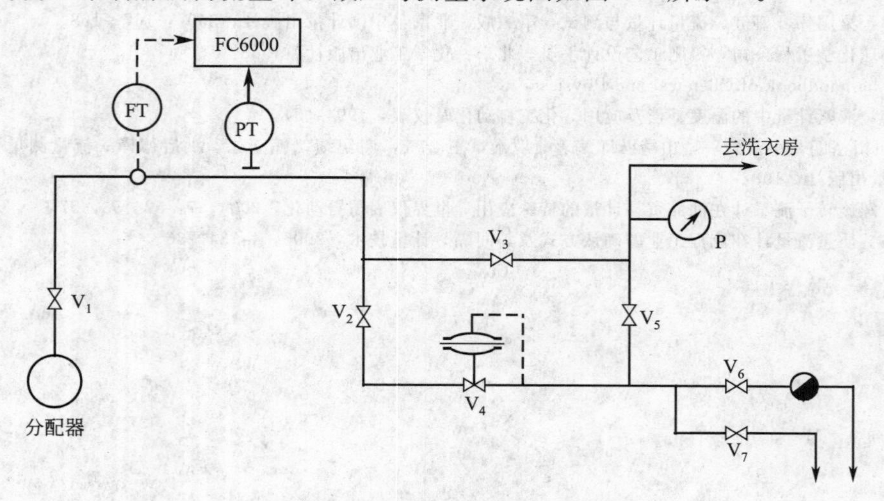

图5.1 蒸汽减压与流量测量系统

该系统投运后的最初几年，运行一直良好。白天和上半夜，洗衣房开工，蒸汽流量在1.0～2.5t/h 之间波动。后半夜收工后，流量减为 0.2t/h 左右。典型的历史曲线如图5.2 所示。

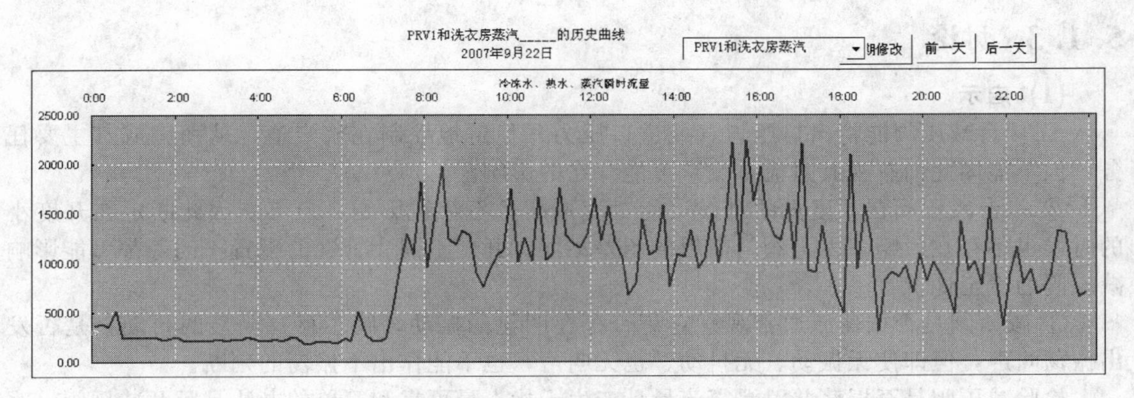

图 5.2 减压阀正常时的典型流量曲线（纵坐标单位：kg/h）

可是在 2007 年 1 月的一次停车小修之后，情况发生了变化。其中，开工期间的流量变化范围并无异样，而停工期间的流量示值却大幅度升高，甚至比开工期间的最大流量还要大。典型的历史曲线如图 5.3 所示。因此，有关人员特地在收工期间进行检查。

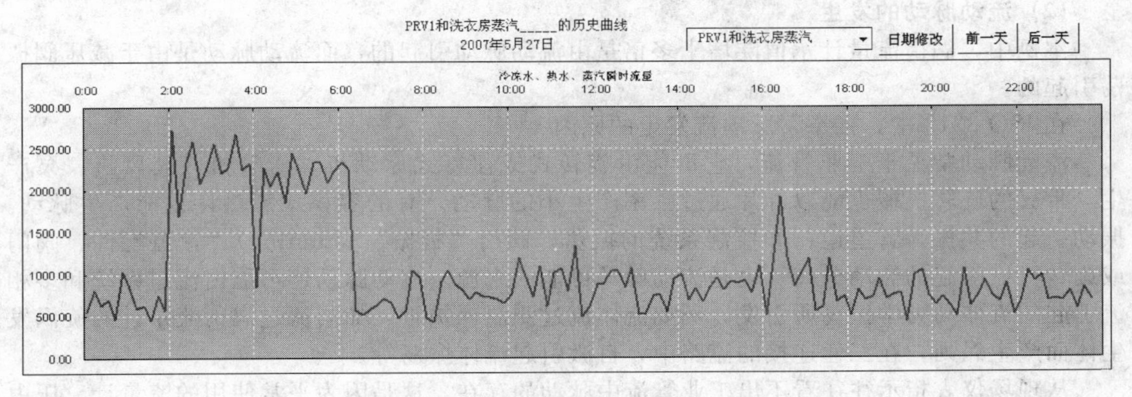

图 5.3 减压阀异常时的典型流量曲线

5.1.2 检查与分析

先是检查涡街流量计的零点。然而，关掉切断阀后，流量计指零。

其次怀疑涡街流量计损坏。然后，将涡街流量计拆下放在流量标准装置上校验，一切正常，指标合格。

在停工期间，检查人员靠近图 5.1 中阀门 V_5 的位置听管道中流体流动的声音，噪声很大，在场人员推算，管内流体流速很高。可是顺着管路去查，沿途无任何泄漏，也无疏水器漏汽的迹象。

有人怀疑疏水器损坏，以致在停工期间流量太小，饱和蒸汽带入减压系统的凝结水有可能在图 5.1 中的 V_5 前积累，使得蒸汽通过水层时，出现鼓泡，导致流量脉动。可是，打开阀门 V_7，并无积水的证据。

在一筹莫展的情况下，开始怀疑减压阀，因为不论流量大与小，减压阀后的压力总是稳定在 0.4MPa，所以，人们一直认为它是好的，没有怀疑的必要。

于是，通过阀门 V_3 对出口压力进行控制，而将阀门 V_2 逐步关小，直至关死。

待切换完毕，流量示值跌到 0.2t/h 以下，从而真相大白。后来，维修人员更换了减压阀的金属膜片，最终处理了故障。

5.1.3 讨论

(1) 启示

① 一台减压阀能将出口压力（或进口压力）稳定地控制在规定值，从而完成其主要任务，但不能因此而忽视其对流量测量可能存在的影响。

② 一台减压阀在开度大的时候可能对流量测量不存在影响，但不能因此断定在开度小的时候也不存在影响，因为阀门前后的压差不同、开度不同、管网的配置不同等都可能影响减压阀的稳定性。

③ 减压阀是否振荡。通常观察它是否存在明显的振动，阀芯存在明显的抖动，是否发出振荡叫声，但即使无振动、无抖动、也无叫声，也不能作出不振荡的判断。

检验减压阀是否振荡并对涡街流量计产生干扰，最可靠和简单的办法是跳开减压阀，改由旁通阀控制。

④ 减压阀振荡（或仅在某一开度存在振荡现象）导致涡街流量计示值偏高，是由于振荡引起流动脉动，干扰涡街流量传感器的工作。

⑤ 解决减压阀振荡的方法是对减压阀进行维修或改善其工作条件，使振荡条件不成立。

(2) 流动脉动的发生

本例中，涡街流量计示值陡增十多倍是由流动脉动引起的，而流动脉动是由于减压阀振荡引起的。

在 ISO 3313 中，列举了脉动流发生的原因[2][3]。

流动脉动常见于工业管流，它可能由旋转式或往复式原动机、压气机、鼓风机、泵产生，带翼的旋转机械也能以叶片通过频率产生小的脉动。有的容积式流量计也能产生脉动。振动引起的共振，管道运行和控制系统的振荡，阀门“猎振”（hunting）、管道配件、阀门或旋转机械引起的流动分离，也是流动脉动可能的来源。流动脉动还可能由流量系统和多相流引起的流体动力学振荡所引发。例如流体流过测温保护管，如同流过涡街流量计的旋涡发生体而产生涡列；在三通连接的流路中，自激引起流体振荡等。

从现场仪表指示往往看不出工业管流中脉动的存在，这是因为平常使用的流量计、压力计响应较慢，而且设有阻尼，但事实上，流动脉动可能是存在的。脉动还可以从上游传递到下游，也可以从下游回溯到上游，所以脉动源可能在流量计的上游影响其示值，也可能在流量计的下游影响其示值。然而从脉动源到流量计的距离增大能使脉动衰减，幅值变小。可以通过可压缩性效应（包括气体和液体），使之衰减到在流量计安装地点探测不到脉动幅值。

流动脉动频率范围从若干分之一赫到数百赫，脉动幅值从平均流量的百分之几到百分之一百甚至更大，都是可能的。在脉动幅值小的时候，往往难以区别脉动流和紊流。

(3) 流动脉动对涡街流量计的影响

在分析流动脉动对涡街流量计影响时，脉动频率也是重要参数。起决定性作用的是脉动频率与旋涡剥离频率之比值，当此比值较小时，具有近似的稳定流特性，旋涡剥离频率随流速变化，斯特罗哈尔数或校准常数不变（详见 5.3 节）。

(4) 结论

① 在涡街流量计与控制阀（减压阀）串联安装在同一根管道的情况下，要特别留心控制阀可能存在振荡及振荡对涡街流量计的影响。

② 涡街流量计是最容易受流动脉动伤害的流量计之一。

③ 破坏振荡的条件、消除振荡是消除控制阀（减压阀）对涡街流量计产生影响的较直接的方法。在最终无法根除振荡的情况下，也可在流量计与干扰源之间增设阻尼器[3]，阻断流动脉动的传递。

5.2 调节系统振荡引起涡街流量计示值增加多倍

5.2.1 存在问题

锅炉除氧器蒸汽流量有时正常有时陡增3倍。

上海某轮胎公司新建两台35t/h锅炉供3.9MPa饱和蒸汽，蒸汽流量用涡街流量计测量，仪表配置如图5.4所示[4][5]。锅炉投入运行后，各路蒸汽分表示值之和与总表经平衡计算，差值≤1%R，发汽量与进水量平衡测试结果也令人满意，运行3个星期后出现了新情况，即去除氧器的一套蒸汽流量计示值有时突然跳高，从而使分表之和比总表示值高约20%。

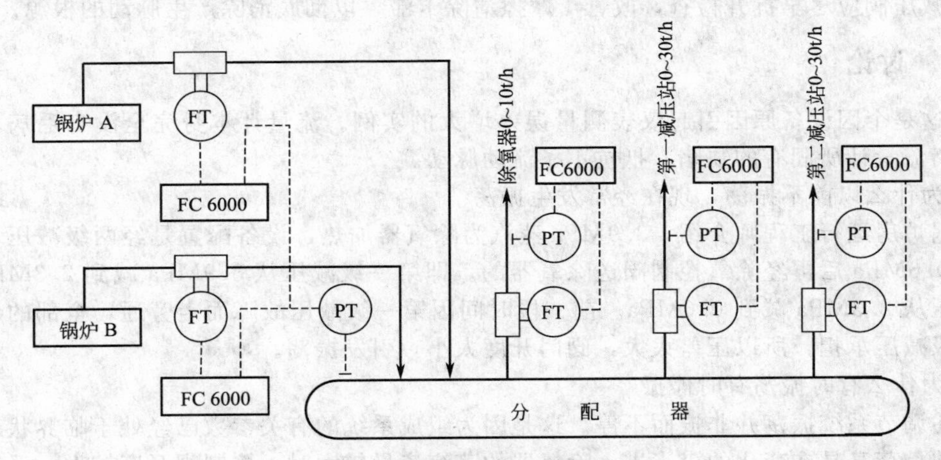

图5.4 锅炉房蒸汽计量系统

5.2.2 检查与分析

在现场听运行人员介绍之际，仪表人员观察到流量计示值跳高现象突然发生，从记录纸上也可清楚看出，测量范围为0～10t/h的除氧器耗汽流量，正常时在3t/h左右波动，最高时也未高于5t/h，但是异常情况发生后，流量示值突然跳到10t/h以上并长时间维持此值。

仪表人员立即到蒸汽分配器处观察，发现去除氧器的一路蒸汽管有异常的振动，管内压力有周期性的小幅度摆动。仪表人员又到除氧器处观察，其配管如图5.5所示。3.9MPa蒸汽经直接作用压力调节器减压到0.6MPa后，再经用于除氧温度控制的偏芯旋转阀送除氧器。仪表人员发现，减压阀后蒸汽压力在0.1～0.8MPa之间大幅度、周期性摆动，周期约4s，而偏芯旋转阀阀位并无明显摆动，显然，压力振荡是由直接作用式压力调节系统振荡引起的。

仪表人员建议热力工程师将减压阀前的切断阀缓慢关小，直至振荡停止，流量示值也恢复正常。

分析上述现象，归纳出以下5点。

① 流量示值突然跳高是由于流体从定常流突然变为脉动流。

② 脉动流的形成源于减压阀振荡。

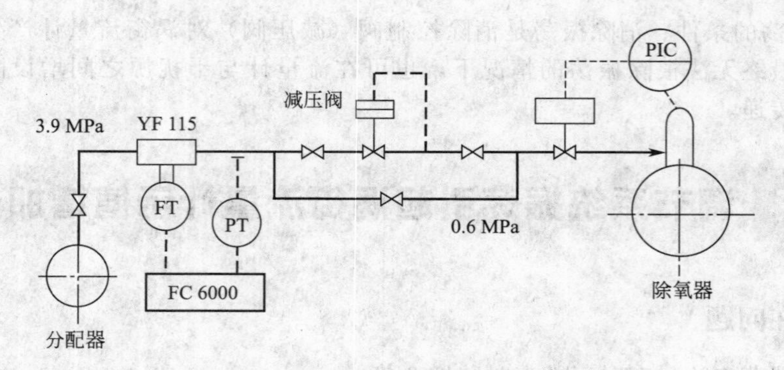

图 5.5 除氧器蒸汽系统图

③ 减压阀振荡是因其两端压差大，阀门开度小，阀芯还可能存在一定的干摩擦。

④ 关小减压阀的上游切断阀后，减压阀开度增大，振荡停止，是因为阀门开大后，减压阀两端压差减小，等效放大系数相应减小。

⑤ 减压阀应尽早拆开检查，改善干摩擦清除卡滞，以彻底消除产生脉动的根源。

5.2.3 讨论

① 这是个因设备原因引起仪表测量误差增大的实例。流量计本身完全没有毛病，只是由于涡街流量计所固有的缺陷，抵抗不了流动脉动。

② 为什么以前不振荡，现在经常发生振荡

据锅炉房运行工程师介绍，3.9MPa 蒸汽为除氧器加热，设备配置是经两级减压，将压力降到 0.6MPa 后再经除氧控制阀送除氧器的。即第一级减压从 3.9MPa 减到 2.3MPa，第二级减压从 2.3MPa 减到 0.6MPa。前一段时间因第一级减压故障而走旁通，全部的压差都由第二级减压承担，所以压差太大，阀门开度太小，引发振荡。

③ 为什么有时振荡有时停振

上述调节系统振荡并非振而不停。这是因为组成系统的有关参数已经处于临界状态，而除氧器的负荷又是在变化的，当进入除氧器的蒸汽流量较大时，控制阀开度较大，系统有可能停振，而流量较小时，控制阀开度减小，系统又恢复振荡。

5.3 新型除氧器对流量测量的影响

5.3.1 存在问题

上海的一幢 88 层高楼，锅炉房内装有德国 ROS 公司的蒸发量各为 10t/h 的 4 台锅炉，随锅炉带来除氧器。该除氧器加热蒸汽用 1 台 *DN*80 涡街流量计测量，仪表投入运行后，发现流量示值比理论值高 150%～170%。

5.3.2 检查与分析

锅炉的除氧器是用蒸汽将进水加热到规定温度，于是水中氧的饱和溶解度相应减小，从而达到除去水中部分氧的目的。

国产锅炉除氧器，蒸汽是从除氧器下部引入，进水从除氧器上部引入，汽和水在除氧器内的筛板段进行热量传递和质量传递。这样的结构形式，对除氧器蒸汽流量测量毫无影响。

但是本实例中所述的除氧器却是另一种情况。该除氧器加热方法是在卧式热水箱接近底部的高度横卧一根蒸汽喷管，在喷管上密密麻麻打了很多小孔，全部蒸汽均从这些小孔中喷出同周围的水接触，完成热量传递，并带着水中的氧上升，浮出水面，达到除氧目的。其蒸汽计量和加热系统如图 5.6 所示。

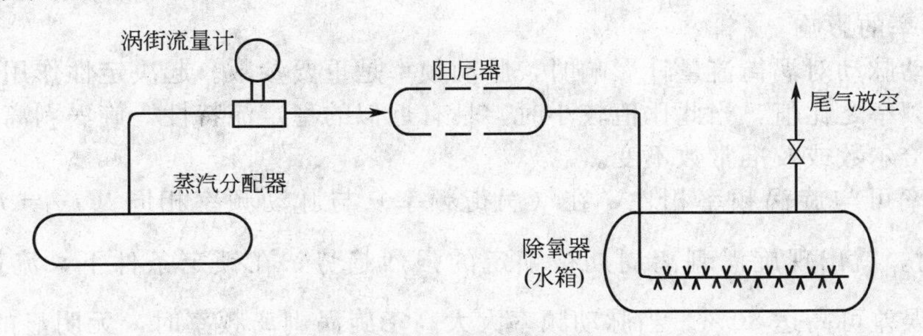

图 5.6 除氧器加热蒸汽计量系统

这种结构的除氧器对蒸汽流量测量带来严重威胁。因为蒸汽从小孔中喷出后，马上同温度较低的水接触，导致汽泡破裂，仿佛水箱底部每秒都有许多小气球在爆破。这种爆破产生的流动脉动经蒸汽管路反向传递到安装在上游的涡街流量计，使流量计示值比热平衡计算得到的理论值高 150%～170%，显然，问题是严重的。后在流量计与除氧器之间加装了一台阻尼器，使汽泡破裂产生的脉动在阻尼器中得到衰减。阻尼器投入运行后，不仅流量计示值与理论计算值基本符合，而且管道振动也明显减小。为了解决安装空间问题，阻尼器结构采用管道式，如图 5.7 所示。

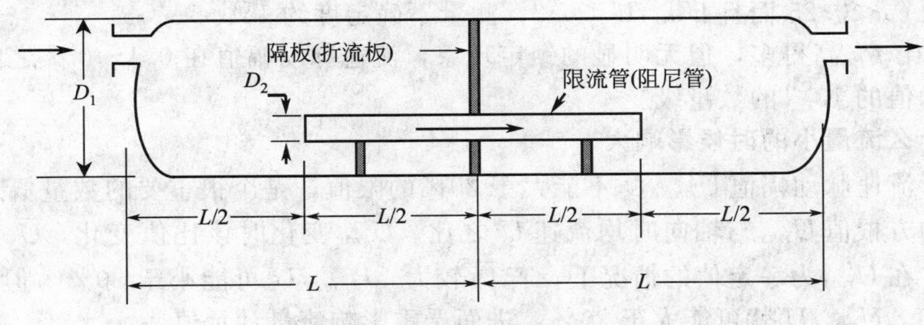

图 5.7 阻尼器结构

在设计蒸汽（气体）阻尼器时，两个气罐容积大小和限流管内径的设计是关键，因为容积太小，阻尼效果不好，而容积做大，效果好了，但体积和成本均增大。限流管的内径也如此，管径取得太大，阻尼效果不佳，而管径取得太小，阻力大，压损大。因此需合理计算。

文献 [2] 不仅给出了阻尼器的推荐形状，还给出了在不同流量条件下阻尼器的尺寸，如表 5.1 所示。该资料中计量单位为英制，表 5.1 中已换算成公制。

表 5.1 阻尼器尺寸

流量 q_s/×100m³/h	罐直径 D_1/mm	阻尼管直径 D_2/mm	长度 L/mm
35	400	38	950
35～127	600	50	850
127～200	750	80	1000

5.3.3 讨论

(1) 浴室蒸汽计量中也有类似情况

大多数浴室、浴场都是采用蒸汽通入水箱直接加热的方法，蒸汽与周围的水接触产生剧烈的振动并发出强烈的噪声。蒸汽在喷嘴处的脉动经介质逆向传递到流量计，引起流量示值偏高。如果流量计选的是涡街流量计，则偏高尤为明显，特别是在蒸汽流量较小时。这与本实例中所讨论的除氧器水箱情况相似。

(2) 流动脉动对涡街流量计的影响

① 脉动频率的影响

在分析流动脉动对涡街流量计影响时，脉动频率是重要参数。起决定性作用的是脉动频率与旋涡剥离频率之比值，当此比值较小时，具有近似的稳定流特性，旋涡剥离频率随流速变化，斯特罗哈尔数或校准常数不变。

当脉动频率可与旋涡频率相比，在（涡街频率）与脉动频率相同（$f_V=f_P$）或一半$\left(f_V=\frac{1}{2}f_P\right)$时，就出现旋涡剥离周期被锁定的强烈趋势，在锁定条件下，流量输出不可靠，流量指示误差可高达80%。当脉动频率大大高于旋涡剥离频率时，无明显的锁定现象，但斯特罗哈尔数变化，其后果是稳定流校准数据明显偏离，达到10^{-1}的数量级。

关于流速脉动幅值$U'_{rms}/\overline{U}$的试验数据表明，此幅值不能超过20%。关于脉动频率的限定，在最低流速时，脉动频率应小于旋涡剥离频率的25%。

② 用涡街流量计测量脉动流流量

采取合适的阻尼方法将脉动衰减到足够小的幅值（通常为3%），是用涡街流量计测量脉动流流量的最常用也是最有效的方法。但当经过努力脉动幅值仍高于3%，则可对测量不确定度进行估算，然后对误差进行校正。

③ 测量不确定度的估算

如果$f_V/f_P<0.25$而且$U'_{rms}/\overline{U}<0.2$，测量不确定度约1%。

如果f_V比f_P高得多，但无明显的锁定现象，流速脉动幅值在0.1～0.2之间，则误差可能为流量示值的10^{-1}的数量级。

(3) 为什么流量小的时候影响大

前面关于流速脉动幅值$U'_{rms}/\overline{U}$不能大于20%的限值，是个很重要的数量概念，它是流速脉动分量均方根值U'_{rms}与轴向时均流速$\overline{U}$之比。U'_{rms}变化时该比值变化，$\overline{U}$变化时，该比值也变化。在U'_{rms}为一定值的情况下，若$\overline{U}$较大，$U'_{rms}/\overline{U}$可能小于20%，但若$\overline{U}$较小，相同的U'_{rms}值，U'_{rms}/U就可能大于20%，进而严重影响流量计示值。

(4) 改进方法

涡街流量计是受流动脉动伤害最严重的流量计，如果在水箱加热蒸汽流量测量系统中已经安装了涡街流量计，则可像5.3.2条的方法增设阻尼器，将脉动的幅值衰减到足够小，以基本消除其影响。如果水箱加热蒸汽流量测量系统还在设计阶段，则建议不要选用涡街流量计，而选用差压式流量计。

5.4 搅拌器叶片对流量测量的影响

5.4.1 现象

电磁流量计示值以固定的频率上下跳动。

江苏仪征某化工厂一段工艺流程如图5.8所示，母液经FT-377电磁流量计从前一设备送向母液罐。仪表投运后，流量示值以固定频率上下跳动，DCS显示器上显示的瞬时流量历史曲线成一根很宽的带子。现场检查前后直管段长度及接地等安装条件均符合要求，未查

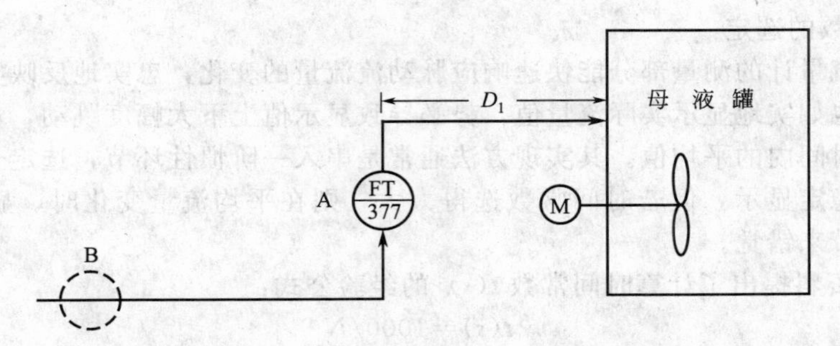

图 5.8 电磁流量计 FT-377 安装示意图

出原因。一次偶然机会，母液罐内的搅拌器停止运转，发现流量示值自己恢复稳定，向操作工调查工艺操作上有何变化，才知母液罐内的搅拌器停止转动。经进一步检查发现，此搅拌器是侧壁安装，而且其位置距安装流量计的进料管管口仅 1m 左右，很明显是搅拌器桨叶以固定的周期翻起浪波，使得进料口处的阻力周期变化导致管内流速脉动。电磁流量计出口端到容器壁的距离 D_1 太近，仅约 1.5m，使流量计出口流速不稳，流量示值产生有规则的摇摆。后将流量计从 A 位置改到 B 位置，远离原安装位置约 10m，流量计示值趋稳定。

5.4.2 讨论

(1) 示值脉动的危害

本例中所说的流动脉动对仪表积算总量影响还不大，因为搅拌器桨叶引起的脉动频率较低，其数值远远低于所选电磁流量计的激励频率，所以尽管流量示值大幅度周期性摆动，但其准确度并无明显变化，其影响仅仅是示值难以读数和 DCS 中趋势曲线无法制作。

(2) 脉动幅值过大时的处理

脉动流的平均值如果离标尺上限不远，则脉动峰值很容易超过上限而进入饱和区，导致仪表示值偏低，这时就须启用电磁流量计的脉动流测量功能。

具有脉动流测量能力的电磁流量计，当它选用较高的激励频率时，能对脉动流作出快速响应，因此能对脉动流流量进行测量，常用来测量往复泵、隔膜泵等的出口流量。

能用于脉动流测量的电磁流量计，通常在下列 3 个方面须作特殊设计，并在投运时作恰当的调试，即激励频率可调，以便得到与脉动频率相适应的激励频率；流量计的模拟信号处理部分应防止脉动峰值到来时进入饱和状态；为了读出流量平均值，应对显示部分作平滑处理。

① 激励频率的决定

以 IFM 型电磁流量计为例，该仪表的技术资料提出，当脉动频率低于 1.33Hz 时，可以采用稳定流时的激励频率；当脉动频率为 1.33～3.33Hz 时，激励频率应取 25Hz（电源频率为 50Hz 时）[1]，显然，激励频率要求虽不很严格，但必须与脉动频率相适应，太高和太低都是不利的。

② 流量信号输入通道饱和问题

脉动流的脉动幅值有时高得出奇，如果峰值出现时仪表的流量信号输入通道进入饱和状态，就如同峰值被削除，必将导致仪表示值偏低。

IFM 型电磁流量计流量信号输入通道的设计分两挡，其中测量稳定流时，A/D 转换器只允许输入满量程信号的 150%，而测量脉动流时，允许输入满量程信号的 1000%。因此，在测量脉动流流量时，编写菜单应指定流动类型为“PULSATING”（脉动流）而不是“STEADY”（定常流）。

[1] KROHNE IFM4110 电磁流量计 使用安装说明书。

③ 时间常数的选定

由于电磁流量计的测量部分能快速响应脉动流流量的变化，忠实地反映实际流量，但是显示部分如果也如实地显示实际流量值，势必导致显示值上下大幅度跳动，难以读数，所以显示应取一段时间内的平均值。其实现方法通常是串入一阶惯性环节，选定合适的时间常数后，仪表就能稳定显示。但若时间常数选得太大，则在平均流量变化时，显示部分响应迟钝，为观察者带来错觉。

IFM 仪表资料提出了计算时间常数 $t(s)$ 的经验公式：

$$t(s)=1000/N$$

式中　N——每分钟脉动次数。

(3) 结论

① 本实例中的流动脉动，是由搅拌器转动时其叶片泛起的波浪阻挡母液管出口引发的。

② 本实例中，处理流动脉动带来的不良后果的方法是将流量计移到离脉动源较远的地方，通过管阻将脉动衰减。

③ 如果经衰减后脉动幅值仍然较大，则可启用电磁流量计中的脉动流测量功能。

5.5 三通管处的脉动如何处理

5.5.1 存在问题

三通管处的压力表指针有抖动，涡街流量计示值偏高，如何处理？

5.5.2 分析

(1) 起因

厂区内的蒸汽总管、压缩空气总管、氮气总管等铺设在管架上，某个车间或部门需要，则通过三通取用。按照设计规范，流量计要放在控制阀之前，于是就出现如图 5.9 所示的系统。

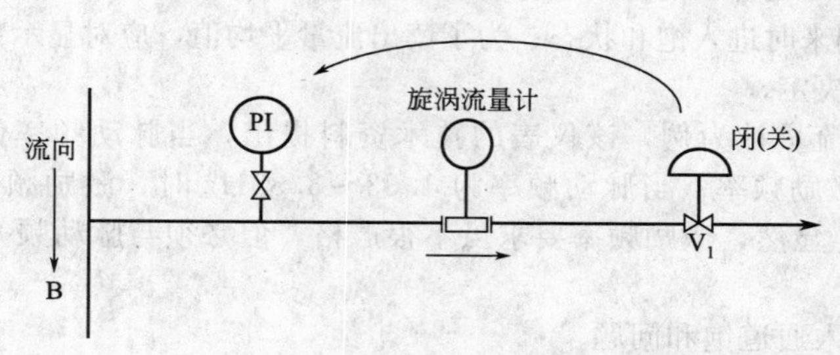

图 5.9　T 形管道引起的脉动

在图 5.9 所示的系统中，往往发现压力表指针有左右抖动，与之串联的涡街流量计示值也有明显的偏高。这是因为流体在总管内高速流动，经过三通管时产生旋涡，因为旋涡消耗能量，使三通管内静压降低，一个旋涡就使压力表示值往负方向抖动一次，从而出现压力表指针抖动现象。

(2) 压力脉动引起涡街流量计示值偏高

压力表指针抖动的实质是管道内流体的压力脉动。由于有脉动存在，即使仪表下游的阀门关闭，流量计仍会因压力脉动而出现“无中生有”现象。

解决这一问题的方法，有的涡街流量计制造厂建议如果流量计停用，不是关闭流量计后面的阀门，而是关闭流量计前面的阀门。如果能做到这一点当然很好，但实际效果并不佳，因为图 5.10 中的阀门 V_2 大多装在管架上，很少有人爬到管架上去操作此阀，而是操作设在车间内的阀门 V_1。这样压力脉动引起流量示值偏高的问题仍未真正解决。

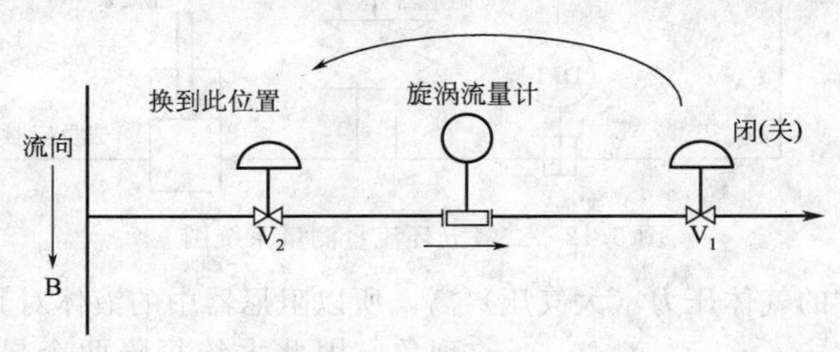

图 5.10 改进方案之一

(3) 新的方案

将涡街流量计移到支管下游离脉动源尽可能远的地方，能使脉动大大衰减（如图 5.11），从而使流量计免受压力脉动的伤害。

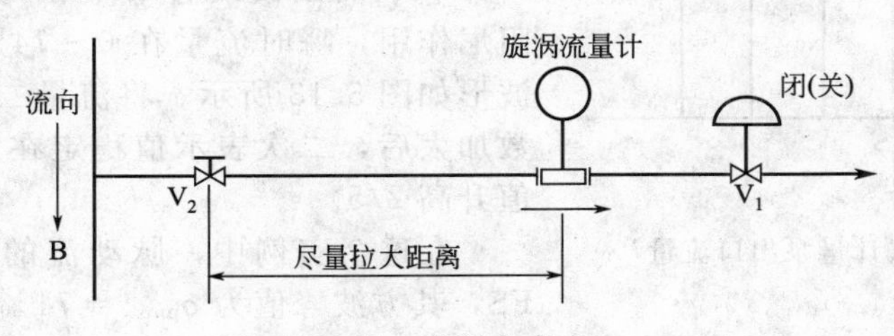

图 5.11 改进方案之二

人们早就知道流体的振动会因在介质中传播距离的加长，振动幅值得到衰减，而且振动频率越高，衰减越快。

人们交谈的声音是一种空气的振动，在几米远处还能听清楚，待传到几十米远处，振动就被衰减得很微弱，往往是只见嘴巴动，不见声音来。

所以，增大距离是一个简单易行、成本低廉的好方法。

5.6 往复泵脉动引发的问题

5.6.1 存在问题

往复泵脉动用机械储能元件衰减，储能元件工作异常时，流量示值陡增 40%。

在聚甲醛连续聚合流程中，精单体、共单体、催化剂等均需保持恒定的流量，这一任务就交由往复式计量泵来完成。这种泵使用一段时间后，常因活门的卡滞、泄漏而出现流量失控现象，对生产酿成重大损失。为了对计量泵输送的流量进行监视，于是安装了流量计。图 5.12 所示为其中的二氧五环（共单体）流量计系统图[4]。

图 5.12 中流量计为 FT 900 型内藏孔板流量计，测量范围为 0～25 kg/h，用机械储能元件（波纹管）作阻尼器，吸收往复泵引起的流动脉动，以减小对流量计的影响。为了改善阻尼效果，波纹管内充压缩空气。由于阻尼器设计、安装合理，系统投运后，仪表示值稳定准确。在阻尼器内充以洁净的压缩空气是保证阻尼效果的必要条件。但是由于阻尼器内压力

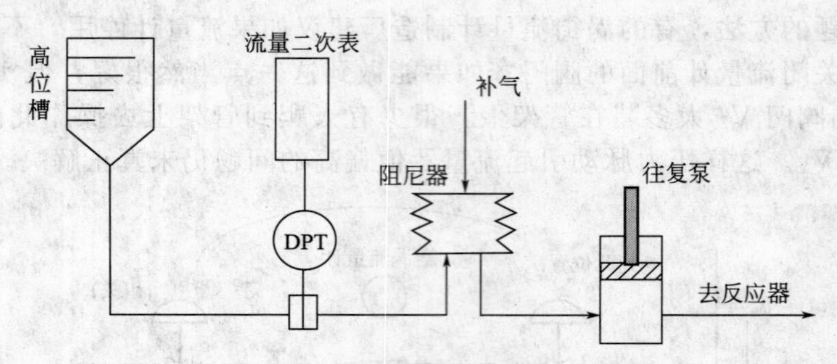

图 5.12 二氧五环流量测量系统图

比高位槽内液面上方的气体压力（大气压）高，所以阻尼器中的液体对其上方的气体存在吸收现象，因此大约每隔两个星期就需（通过减压阀）补一次气。如果忘记补气，阻尼器中的气体耗尽后，脉动就会严重影响流量计的工作。例如有一段时间，阻尼器正常工作，流量二次表示值稳定在37%FS，后因波纹管卡牢和内部缺气，完全丧失阻尼作用，瞬时流量在0～74%FS之间摆动，其波形如图5.13所示。将流量二次表内阻尼时间常数加大后，二次表示值稳定在52%FS，比正常示值升高2/5。

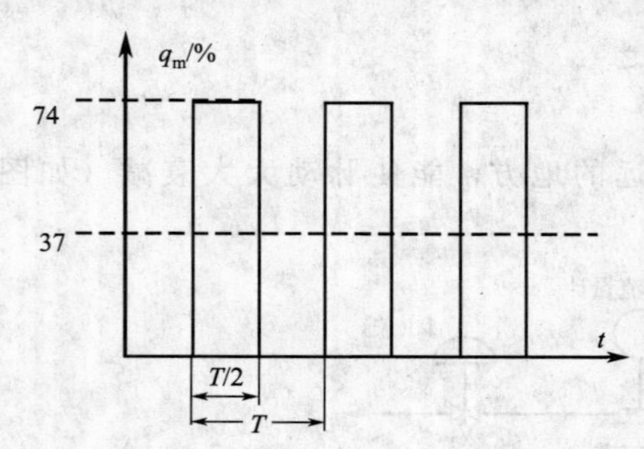

图 5.13 往复式计量泵出口流量

在这个实例中，脉动流的平均流量$\overline{q_p}=37\%$ FS，其方波峰值为$q_{pmax}=74\%$FS，它对应的差压$\Delta p_{pmax}=54.78\%$，则$\overline{\Delta P_p}=\Delta p_{pmax}/2=27.39\%$，$(\overline{\Delta p_p})$ 1/2=52.33%。

5.6.2 分析与诊断

(1) 液体的充分阻尼条件

液体脉动流的阻尼有两种方法：调压室和空气阻尼器，如图5.14和图5.15所示的布置，脉动源在流量计的上游。如果脉动源在仪表的下游，则须将图5.14中的调压室与恒压压头容器互换位置，或将图5.15中的空气容室与恒压压头容器互换位置。

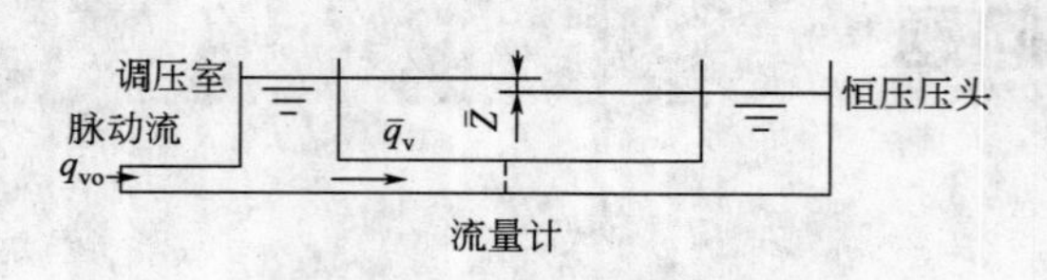

图 5.14 调压室液体阻尼系统

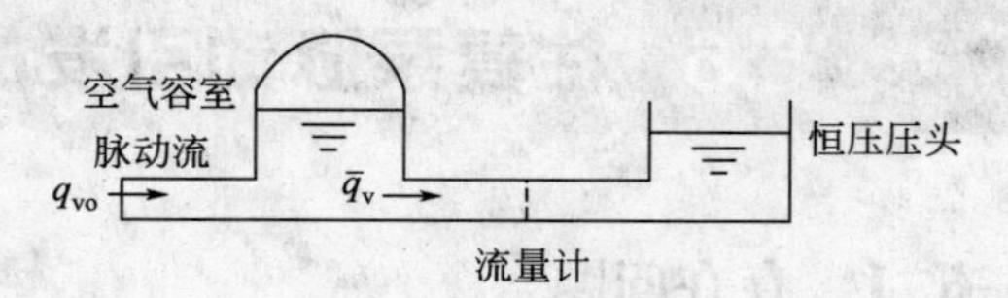

图 5.15 空气容室液体阻尼系统

a. 调压室阻尼系统

调压室液体阻尼系统满足充分阻尼的条件为[3]

$$\frac{\overline{Z}A}{\overline{q}_v/f_P}\geqslant\frac{1}{4\pi\sqrt{2}}\times\frac{1}{\sqrt{\psi}}\times\frac{q'_{vo,rms}}{\overline{q}_v} \quad (5.1)$$

式中 $\overline{Z}$——调压室与恒压头容器之间的时均位差；

A——调压室的横截面面积；

$\overline{q}_v/f_P$——一个脉动周期的时均（时间平均）体积流量；

ψ——脉动流下流量计示值的最大允许不确定度；

$q'_{vo,rms}$——脉动源处流体的体积流量脉动分量均方根值；

$\overline{q}_v$——平均体积流量。

b. 空气容室阻尼系统

空气容室阻尼系统满足充分阻尼的条件为

$$\frac{1}{\kappa}\times\frac{V_0}{\overline{q}_v/f_P}\times\frac{\overline{\Delta\omega}}{p_0}\times\frac{1}{(1+V_0\rho g/p_0\kappa A)}\geqslant\frac{1}{4\pi\sqrt{2}}\times\frac{1}{\sqrt{\psi}}\times\frac{q'_{vo,rms}}{\overline{q}_v} \tag{5.2}$$

式中 V_0——空气阻尼器中空气的体积；

κ——空气的等熵指数；

ρ——液体密度；

g——重力加速度；

A——空气阻尼器中液体的自由表面面积；

$\overline{\Delta\omega}$——空气阻尼器与恒压头容器之间的时均压差；

p_0——空气阻尼器中空气静压；

ψ——脉动流下流量计示值的最大允许不确定度。

其余符号同式(5.1)。

(2) 流动脉动对差压流量计的影响

流量测量仪表的种类很多，在脉动流条件下，容积式流量计精确度已经很清楚，影响极微，除此之外，对节流式差压流量计、涡轮流量计和涡街流量计也进行了较多的研究，而且取得了一些成果。

脉动流对节流式差压流量计的影响主要是平方根误差、动量惯性引起的误差和流出系数的变化。

a. 平方根误差

对于稳定流，流体流过差压装置，其流量正比于节流件正负端取压口间差压的平方根，其关系如式(2.1) 所示。

如果此关系被推广用于瞬时变化的脉动流，而且按照稳定流条件用时均差压的平方根代表时均流量，必将产生平方根误差，因为[3]

$$(\overline{\Delta p})^{1/2}\neq\overline{(\Delta p^{1/2})} \tag{5.3}$$

b. 惯性影响

当流量快速变化时，差压组件需要产生一个瞬时加速度，而流体通过节流件需要传递(convective) 加速度，流量-差压关系为[3]

$$\Delta p_p=K_1\frac{dq_m}{dt}+K_2q_m{}^2 \tag{5.4}$$

式(5.4) 的右边，第一项是动量惯性，第二项是传递惯性，其中 K_1 是节流件几何尺寸和取压口之间轴线距离的函数，K_1 和 K_2 又都跟流体的速度分布有密切的关系。在脉动流中，节流件上游和流体通过节流件的速度分布是周期变化的，所以 K_1 和 K_2 是周期变化的，它们的时均值往往与稳定流数值不相等，除非脉动幅值很小，脉动频率很低。差压式流量计测量脉动流更准确的特性现在还不清楚。

c. 对流出系数的影响

在稳定流中，各种类型差压装置的流出系数都同入口流体的速度分布有关，比标准分布廓形平坦的速度分布，流出系数减小；比标准廓形尖锐的速度分布，则效果相反。

在脉动流中，瞬时速度分布随脉动周期而变，变化程度由速度分布脉动幅值、波形和脉动斯特罗哈尔数决定，因此，瞬时流出系数有赖于脉动频率、幅值、波形和斯特罗哈尔数。现在还不能用数学方法描述瞬时流量系数与脉动参数的关系。

d. 误差估算

现在与差压装置配用的差压变送器响应都不快（频率上限约 1Hz），输出的是平均差压 $\overline{\Delta p_{\mathrm{p}}}$，在此基础上相应的平均流量指示 $(\Delta\overline{p_{\mathrm{p}}})^{1/2}$ 即包含平方根误差和动量惯性误差。

式(5.1) 中所给出的充分阻尼条件如能得到满足，即可按 GB/T 2624—2006 或 ISO 5167-1 确定脉动流的平均流量，并估计流量测量总不确定度。

脉动流流量总不确定度等于按 GB/T 2624—2006 计算的测量基本误差与脉动附加不确定度的合成。

理论上脉动附加不确定度 E_T 总是正的，其估算公式为

$$E_T=\left[1+\left(\frac{U'_{rms}}{\overline{U}}\right)^2\right]^{1/2}-1 \tag{5.5}$$

或

$$E_T=\left[1+\frac{1}{4}\left(\frac{\Delta p_{p,rms}}{\Delta p_{ss}}\right)^2\right]^{1/2}-1 \tag{5.6}$$

或

$$E_T=\left(\frac{1}{2}\left\{1+\left[1-\left(\frac{\Delta p_{p,rms}}{\overline{\Delta p_p}}\right)^2\right]^{1/2}\right\}\right)^{-\frac{1}{2}}-1 \tag{5.7}$$

$$U=\overline{U}+U'$$

式中 U——轴向流速；

$\overline{U}$——轴向时均流速；

U'——流速脉动分量；

U'_{rms}——流速脉动分量均方根值；

Δp_p——脉动流时节流件取压口处差压；

$$\Delta p_p=\overline{\Delta p_p}+\Delta p'_p$$

$\Delta p'_p$——差压脉动分量；

$\overline{\Delta p_p}$——差压时均值；

$\Delta p_{p,rms}$——差压脉动分量均方根值；

Δp_{ss}——稳定流下差压值。

公式应用条件为：

$$\frac{q'_{v,rms}}{\overline{q_v}}=\frac{U'_{rms}}{\overline{U}}\leqslant 0.32$$

$$\frac{\Delta p'_{p,rms}}{\Delta p_{ss}}\leqslant 0.64$$

$$\frac{\Delta p'_{p,rms}}{\overline{\Delta p_p}}\leqslant 0.58$$

E_T 为实际测量的附加不确定度，它可能小于阻尼条件的允许不确定度 ψ。可以用 $(1-E_T)$ 作为修正系数，对差压装置流出系数进行修正。

在具体实施中，以下的措施也是有益的：差压装置尽量远离脉动源；差压装置采用尽量大的 β 和 Δp，为此可适当减小管径；两根差压引压管阻力应对称。

(3) 结论

① 液体脉动流的阻尼方法与气体不同。本例采用的是空气容室阻尼法。使用时应注意避免容室的容积逐渐缩小，以致最后为零。

② 脉动流对节流式差压流量计的影响，虽不像涡街流量计那么大，但也不可忽视。

③ 在节流式差压流量计中，脉动流引起的误差有平方根误差、惯性影响引起的误差和流出系数影响引起的误差。

本实例中显示的误差主要是平方根误差。

5.7 批量发料中为何会出现超量现象如何解决

5.7.1 提问

批量发料控制中为何会出现超量现象，如何解决？

5.7.2 解答

(1) 超量的原因

流量批量发料控制中出现超量现象是普遍存在的问题。所谓超量就是在控制过程中，当发料总量到达预定值，控制器立即发出指令，关断控制阀，但由于滞后和惯性，仍有一定数量的流体流到接收方，以致最终发料总量比预定值多。

引起超量现象的原因主要是执行器的滞后。超量值约为滞后时间 τ 与瞬时流量 q_v 的乘积 τq_v，其中滞后时间为从 CPU 发出关阀指令到切断阀关死之间的全部时间，即包括继电器的动作滞后和切断阀的动作滞后，其性质属纯滞后。具体滞后时间主要取决于阀门的型号及通径，小通径电磁阀的滞后时间约为数十毫秒，通径越大，滞后时间越长。

动作滞后引起的误差可从控制器的累积值显示中准确地读出。纠正这一误差最简单的方法是在控制器“提前量”窗口设置一个提前量 Q_f，即在实发总量 Q 比预定发料量 Q_s 小 Q_f（即 $Q=Q_s-Q_f$）时，CPU 就发出指令，关闭切断阀。

反复测定数次，得到超量的平均值，然后作为提前量 Q_f 置入仪表，就可长时期使用。

(2) 将单阀控制改为大小阀控制

从上面的分析可知，超量的数值与关阀之前的瞬时流量值成正比。根据这一原理，人们设计出用大小两台阀控制的方案。

两台阀分别有两个提前量设定窗口，就是当大阀提前量到达时，先将大阀关闭，由小阀继续发料，当小阀提前量到达时，再完全停止发料。

小阀的流通能力与大阀的流通能力之比 K，根据控制精度要求和发料效率决定，一般取 1/20～1/10 。

由于结束放料时的瞬时流量只有大阀放料时的 1/20～1/10，因此控制精确度相应提高 10～20 倍。

5.8 批量发料控制精度为何受大槽内液位高度影响

5.8.1 存在问题

液体定量装车（发货）系统中，大槽内液位高时，实发量大；液位低时，实发量小。是何原因。

5.8.2 分析与诊断

(1) 系统的组成

液体定量装车（发货）系统是个典型的流量批量控制系统（Batch Control System），它由流量测量仪表、批量控制器、执行机构和对象组成，如图 5.16 所示，是一个流量演算和逻辑控制系统。

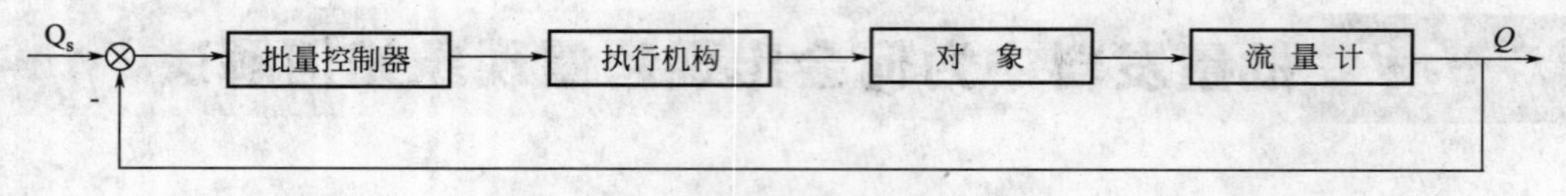

图 5.16 流量批量控制系统框图

(2) 控制超量问题

在图 5.16 所示的系统中，Q_s 为控制的目标值（液体总量），Q 是实际发料总量。在批量控制器中，如果在 Q 增大到 Q_s 时立即发出关阀命令，但结果会发现最终注入接收容器（槽车等）的总量比设定的总量 Q_s 大得多。例如以 120t/h 瞬时流量的速度装车的系统，约超量 53kg。产生超量的原因是有关环节的滞后和阀门全关后和管道内的残液仍在流入接收容器。

这里所说的滞后包括控制器运算周期引起的滞后和执行器的滞后，其实流量计的响应时间滞后也在起作用。

解决超量问题的最简单方法是在控制器内设置一个“提前量”，如 5.7 节所述。

5.8.3 表前压力变化对定量精确度的影响

在流量定量控制系统中，流量计前的流体压力经常发生变化。压力变化主要是储罐中液位高度变化所引起的。满罐时，储罐中的液位可能有 10m 高度，罐中料液即将发完时，可能只剩 1m 高度，由此引起的流量计前的压力变化十分显著，压力变化引起发料时流量变化。

发料时流量变化对定量控制精确度带来两个影响。

a. 瞬时流量不同，要求相应改变提前量。

从 5.7 节 5.7.1 条可知，执行器动作滞后引起的误差为 τq_v，合理的提前量 Q_f 应与此误差值相等，即

$$Q_f = \tau q_v \tag{5.8}$$

式中 Q_f——关阀提前量，L；

τ——纯滞后时间，s；

q_v——瞬时流量，L/s。

因此，提前量设置为一个常数是不合理的，它应与 q_v 成正比。但是，在实际操作中经常修改提前量又是一件很麻烦的事。如果舍弃提前量这个概念，而采用提前时间这个方法，就可以完全不受表前压力的影响了。这个方法是简单的，但提前关断切断阀的时间间隔 Δt 需在实际的装置上具体测定。测定方法如下。

先在控制器的对应窗口设定一个数值很小的“本次发料量”，而“提前时间”设定为 0。定量控制系统“启动”后，正常发料，读出瞬时流量。当本次发料结束后，总是会发现实发量比设定值多一些，则可按式(5.9) 计算滞后时间：

$$\tau = \frac{Q_e - Q_s}{q_v} \tag{5.9}$$

式中 τ——滞后时间，s；

Q_e——最终实际发料量，L；

Q_s——预定发料量，L；

q_v——瞬时流量，L/s。

反复测定数次，得到滞后时间平均值 $\bar{\tau}$，置入仪表，就可长时期使用。此项工作通常由批量控制器自动完成。

b. 不同流量时流量传感器流量系数不同

表前压力变化引起流量变化对定量控制精确度的影响的另一个原因，是流量传感器的非

线性，即流量系数的变化。

在经流量定量控制系统发出的料液属贸易实物时，往往此料液要连同装载运输工具一同称重，作为贸易结算依据。以不同的瞬时流量值所发的料装的车，往往会出现千分之几的差异，这主要是流量传感器非线性所引起的。例如 0.2 级涡轮流量传感器的各点流量系数允许偏离平均流量系数 ±0.2%，而 0.5 级传感器则允许偏离 ±0.5%。表 6.12 所示为一台 *DN*40 涡轮流量传感器试验报告中的各个试验点流量系数，以及与平均流量系数相比较的相对误差。显然，在以 $8.84m^3/h$ 瞬时流量发料时，偏高 0.38% 属必然之事；而若以 $4.55m^3/h$ 瞬时流量发料时，偏低 0.08% 也属理所当然。

对流量传感器的非线性进行恰到好处的校正，最简单的方法是将该传感器的标定数据制作成校正折线，然后写到智能流量定量控制器中。仪表运行后，用查表和线性内插相结合的方法得到流量系数校正系数，进而精确地计算瞬时流量，从而完成对传感器非线性的校正。CPU 求取流量系数校正系数的程序框图如图 6.35 所示。

5.9 批量发货装车系统每天第一车总要少 80kg

5.9.1 存在问题

液碱 IC 卡发货装车系统，每天第一车总要少一些，不同的车位少的数量不相同，但每天少的数字是固定的。

5.9.2 分析与诊断

(1) 差量从何而来

批量发货装车系统是液体产品发货工序的重要装备。每一套装车系统通常包括泵、流量计、控制阀、鹤管、管道和控制系统等。图 5.17 所示为一个车位的液碱 IC 卡发货控制系

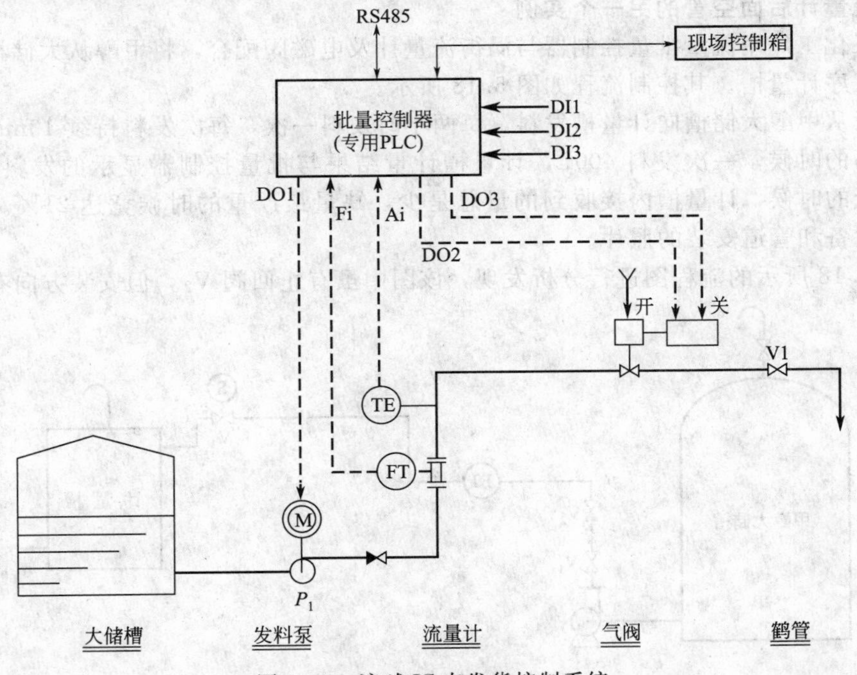

图 5.17 液碱 IC 卡发货控制系统

统。所装的车辆可以是汽车槽罐车，也可以是火车槽罐车。

发货装车操作大多数是白天进行，夜晚休息，或者是早中班进行，夜班休息。

由于装车控制中的量是以流量计的累积值为准，这是假定所有流过流量计的液体全部进入槽罐。一般情况下，这一假定是成立的，因为流量计出口管中是充满液体的。但在每天的第一车，这一假定却不成立。因为输送泵出口虽然装有止回阀，但有谁能保证它一点不漏呢？微小的泄漏持续一个夜晚，也会导致流量计出口到鹤管顶部的一段管道空管。第二天第一车开始发料时，流量计的累积值虽然在增加，但最初的一段时间液体并未注入槽罐，而是填充了这段空管。

(2) 不仅是第一车

从上面的分析可知，每天第一车实发数量不足是因为流量计后面出现空管现象。出现这种现象的条件有 3 个：一是切断阀、止回阀内泄；二是流量计出口管标高比大储槽内液位高；三是回流时间。

每天第一车发现缺量，是因为缺量数字较大。其实以后各车这个因素也都在起作用。如果第一车发完之后紧接着发第二车，因为回流的时间很短，所以看不出缺量。但若在前面一车发完之后间隔数小时才发下一车（这种情况是有的），则会因回流的时间较长，而出现明显的缺量。

(3) 改进方法

从上面的分析可知，每天的第一车缺量是因为止回阀泄漏，夜间将流量计出口以后的管道内液体漏尽，所以各个不同的车位第一车缺量的具体数字各不相同。这段管道越长，管径越大，缺少的量就越大。

由于止回阀要做到一滴不漏几乎是不可能的，所以减少缺量的有效方法是将流量计的安装位置尽可能后移。另外，在获得一个车位的具体缺量数据后，如果数值较稳定，可以用软件的方法将控制器中每天第一车的发货预定量增加一个固定量。

5.9.3 讨论

(1) 流量计后面空管的另一个实例

江苏某化工厂用流量批量控制器与涡街流量计及电磁阀配合，将甲醇从大储槽发到 40m 远的下道工序计量槽。其控制流程如图 5.18 所示。

提问者从甲醇大储槽向计量槽发料，每两小时发料一次，每次发料持续 10min。甲醇大储槽液位高的时候，一次发料 400L，计量槽计量结果与批量控制器显示的发料非常接近。但在液位低的时候，计量槽内接收到的量总是少，缺量最严重的时候竟达 21%。提问者提供了现场设备和管道安装的照片。

对图 5.18 所示的流程图进行分析发现，该图中虽有止回阀 V_2，但安装方向有误。普通

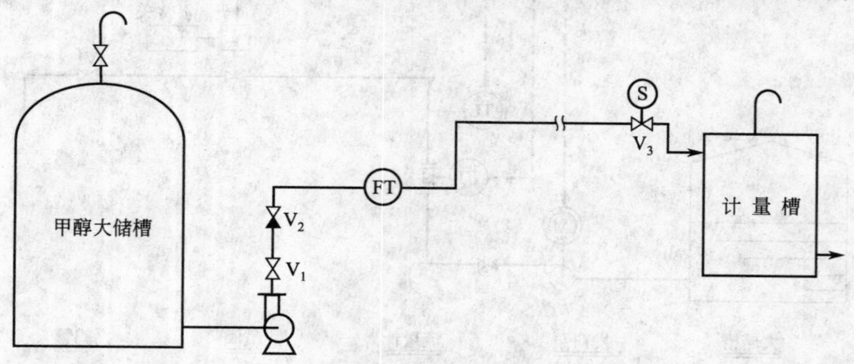

图 5.18　甲醇批量发料流程

的止回阀都是利用其阀芯本身的重力将阀关闭，即阀门中液体正向流动时，依靠流体对阀芯的冲击力将阀芯推开，当液体停止流动时，该冲击力消失，依靠其阀芯自身重力将阀座盖住，从而防止液体倒流。所以止回阀 V_2 安装在垂直管路上，起不到止回作用。发料停止后，管架上的管道内液体就会顺利回流到大储槽。

图 5.18 中的另一个特点是大储槽高度比输送管道高得多，这是它与图 5.17 的本质差别。

在图 5.18 中，当大储槽内液位高于输送管道高度时，由于位差的原因，管内液体不会回流到大储槽内，因而不会因空管而缺量。但当大储槽内液位低于输送管道高度时，输送管道的液体具备了回流到大储槽的条件，因而输送管道内容易发生空管现象，导致接收方缺量。

解决这个问题的方法是，除了将止回阀移到水平管上之外，更重要的是将涡街流量计移到输送管道末端，如图 5.19 所示。

(2) 流量计的选型也很重要

在图 5.17 中，流量计选的是电磁流量计 OPTIFLUX4300，由于这种流量计有空管判断和空管置零功能，所以每天第一车发料时，很长一段空管中的气体流过流量计并不会引起流量计的虚假指示，只在液体流过流量计而且液位高度将一对电极浸没后，流量才有显示，所以，装车缺量多少仅与流量计下游的空管有关。

在图 5.19 中，由于流量计选的是涡街流量计，因表内设置的被测介质是液体，所以只有液体流过仪表时才有相应输出，流量计之前很长一段空管中的气体流过仪表时，流量计无输出，所以流量计后移能很好解决缺量问题。

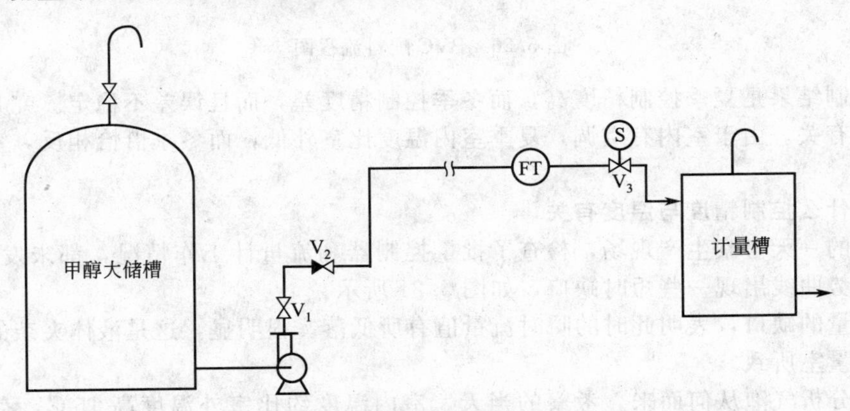

图 5.19 改进后的甲醇批量发料系统

如果流量计采用的是涡轮流量计或椭圆齿轮流量计之类的容积式流量计，由于气体流过流量计也会使其旋转，因而有相应的输出，所以流量计安装位置后移并不能解决缺量问题。

5.10 批量发料控制夏季很准冬季不准

5.10.1 存在问题

上海某工程塑料造粒厂将 PVC 粉料与葵二酸二丁酯按比例混合，其中葵二酸二丁酯用流量批量控制器定量进料，用称量法检验控制精度发现，夏季很准，均在±0.5%范围内，但冬季误差大，每次缺量1%～3%不等。

5.10.2 分析与诊断

(1) 控制流程和操作条件

该厂有几条生产线，流程相同，如图5.20所示。存放在高位槽内的增塑剂葵二酸二丁酯，靠其自身位差经椭圆齿轮流量计FT和电磁阀V，注入反应釜。

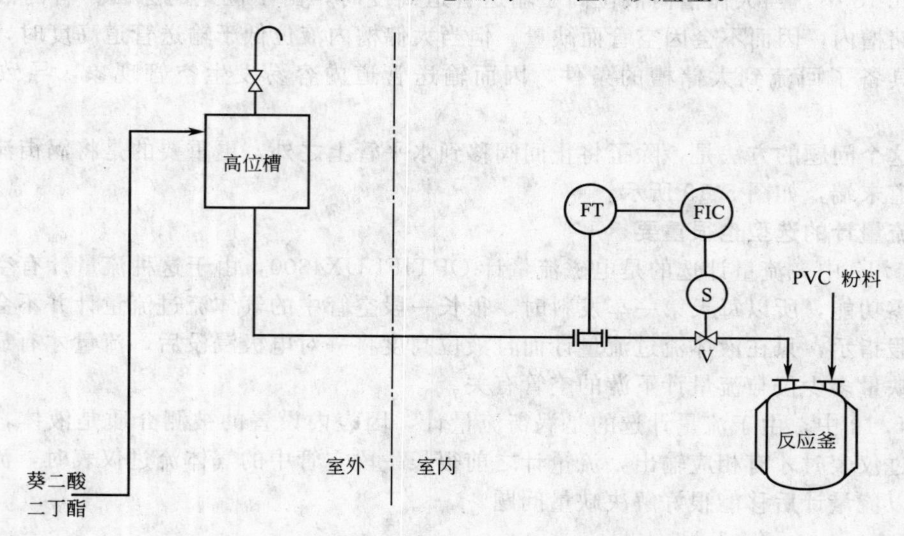

图5.20 PVC配料流程图

实际控制结果是夏季控制精度高，而冬季控制精度差，而且误差不稳定。究其原因，与室内外温差有关。由于室内有空调，夏季室内温度比室外低，而冬季恰恰相反，室内温度比室外温度高。

(2) 为什么控制精度与温度有关

在冬季的一天考察生产现场，检查了批量控制器和流量计工作情况，都未发现大问题，只见流量趋势曲线出现一些短时缺口，如图5.21所示。

瞬时流量的缺口，表明此时的瞬时流量值有所低落。很明显，这是液体夹杂的气泡进入流量计的计量室所致。

进一步分析气泡从何而来。考察的当天，室内温度约比室外温度高15℃，存放在高位槽内的葵二酸二丁酯因长时间与空气接触，所以液体中溶解的空气量达到饱和程度。又因为高位槽放在室外，液体温度低，所以液体中溶解的气体较多。

高位槽中的葵二酸二丁酯从槽的底部沿着管道流向流量计。在进入室内后，液体从管壁

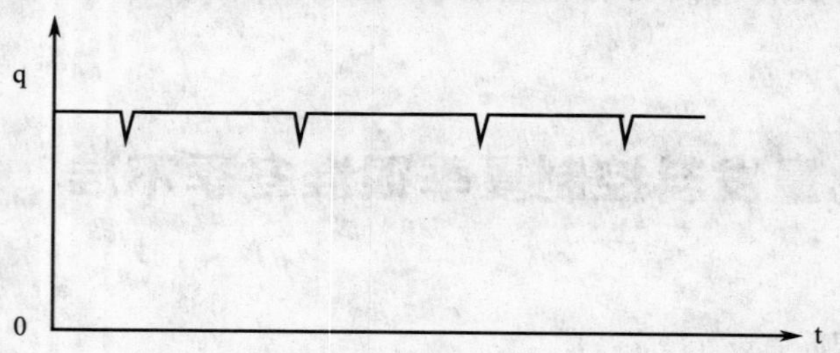

图5.21 流量趋势图

吸收热量，导致液体温度升高，液体中空气的溶解度相应降低，有一定数量的气体析出并随液体一起流向下游。在流经椭圆齿轮流量计时，由于气体也占有一定的空间，所以流量值偏高。

(3) 为什么流量计偏高的数值不稳定

由于此段流程中的配料是间歇操作，当放料操作停止了很长一段时间重新开始放料时，由于液体在管道内停留很长时间，温度升得较高，放出的气体量也相对较多，所以流量计偏高的也较多。当放料操作时进行了数次，输送管道中温度高的液体已被冷的液体更新，这时液体中析出的气体较少，所以流量计偏高的数值也就不那么多。

5.10.3 整改建议

由于流量计示值是液体中夹带的气泡所引起，所以只要不让气泡流过流量计就能保证控制精度。为此建议厂方在流量计前增设简易气液分离器（兼作气体收集器），并定时将分离出来的气体排放掉。

5.10.4 反馈的信息

厂方已及时做了整改，提高了控制精度。

5.11 旋涡发生体及孔板锐缘磨损对测量的影响

5.11.1 提问

在涡街流量计中，旋涡发生体锐缘被磨损，对流量测量有何影响？

5.11.2 解答

(1) 旋涡发生体锐缘为什么会变成圆弧？

涡街流量计旋涡发生体的迎流面的两条棱边正常情况下是锐利的，但若被测流体中含有固形物，则锐缘很容易被磨损而变成圆弧，虽然流量系数 K 对边缘的锐利度的变化不像孔板流量计那样敏感，但由于几何形状和尺寸发生了变化，也会引起流量系数的变化。

(2) 圆弧对流量系数的影响

横河公司对旋涡发生体锐缘变钝和标准孔板锐缘变钝对流量系数的影响做过测试，发现在相同的圆弧半径的情况下，涡街流量计流量系数的相对变化率比孔板流量系数的相对变化率小得多[6]，其相互关系如图 5.22 所示。

(3) 孔板锐缘被磨损后流量系数变化更大

从图 5.22 可清楚地看出，随着锐缘半径 r 的增大，孔板的流量系数和涡街流量计的流量系数都相应增大，但因流量系数的定义不相同，对流量测量误差的影响却相反，其中孔板流量系数的增大导致孔板输出差压减小，流量示值变化与流量系数变化成反比。而涡街流量计流量系数的增大却使流量示值成正比地增大。

(4) 处理方法

选择耐磨性优良的材质制造发生体，是改善磨损的积极方法。一旦发现磨损，应对仪表的流量系数重新标定，当磨损严重流量系数变化太大时，应考虑更换发生体。

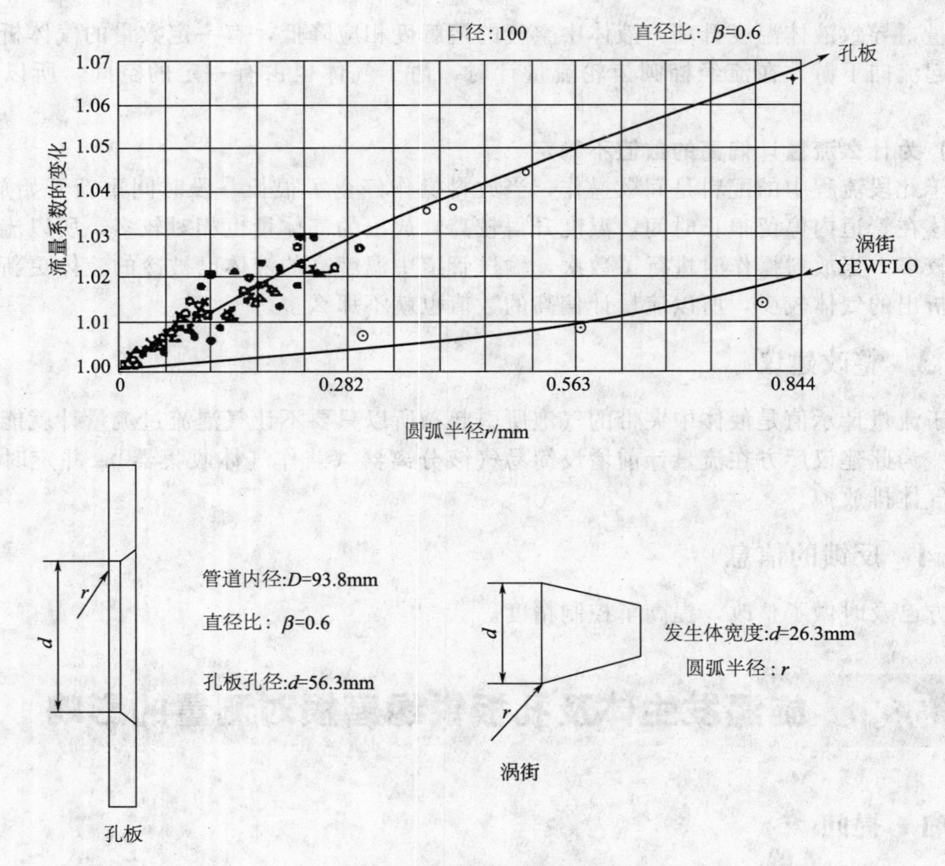

图 5.22 锐缘磨损及其影响

5.12 旋涡发生体迎流面有堆积物对测量的影响

5.12.1 提问

在涡街流量计中，旋涡发生体迎流面有堆积物对流量测量有何影响？

5.12.2 解答

如果被测流体中存在黏性颗粒或夹杂较多纤维状物质，则可能会逐渐堆积在旋涡发生体迎流面上，使其几何形状和尺寸发生变化，因而流量系数也相应变化（见图 5.23）。据日本 Oval 公司工作人员著文透露模拟试验结果，在该公司三角柱发生体端面的堆积物厚度 γ 为 0.01D 时附加误差为－2%；γ 为 0.02D 时，附加误差为－3.4%[7][8]。

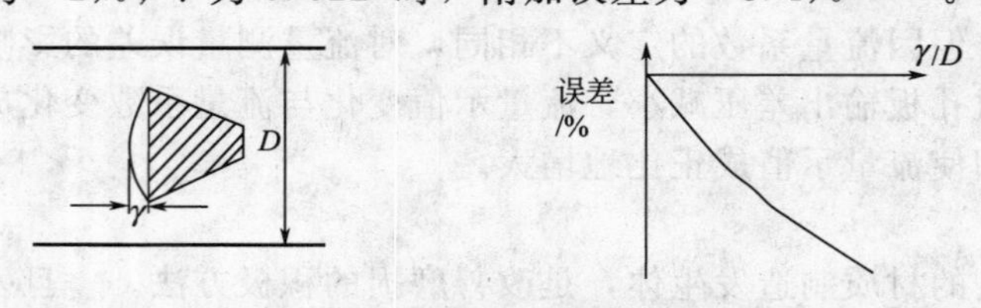

图 5.23 发生体迎流面堆积及影响

5.13 管道内径比涡街流量计测量管内径小有何影响

5.13.1 提问

管道内径比涡街流量计测量管内径小时，发现流量示值偏高，如何处理。

5.13.2 分析

(1) 管道内径与涡街流量计测量管内径常有差异

与涡街流量计连接的管道，其内径与涡街流量计测量管内径完全一致的情况并不很多，尤其是大家喜欢使用的进口涡街流量计和引进技术生产的涡街流量计，因为外国的无缝钢管管径标准与中国标准不一致，例如名义管径 6in 的无缝钢管，国外标准为外径 168mm，而中国为 159mm，相差较多。另一个原因是名义管径标准相同的无缝钢管，由于壁厚规格差别大，内径也产生较大差异。

(2) 管道内径比测量管内径大时的影响

在实流标定中发现管道内径等于或略大于涡街流量计测量管内径时，流量示值稳定，流量系数正常。由于管径的差异，流体流过台阶时也有二次流产生，但因二次流存在的部件在测量管之外，对仪表的影响不明显，如图 5.24 所示。

(3) 管道内径比测量管内径小时的影响

当管道内径比测量管内径小时，流量示值出现强烈的噪声，这是因为流体流过台阶时产生的二次流，如图 5.25 所示。

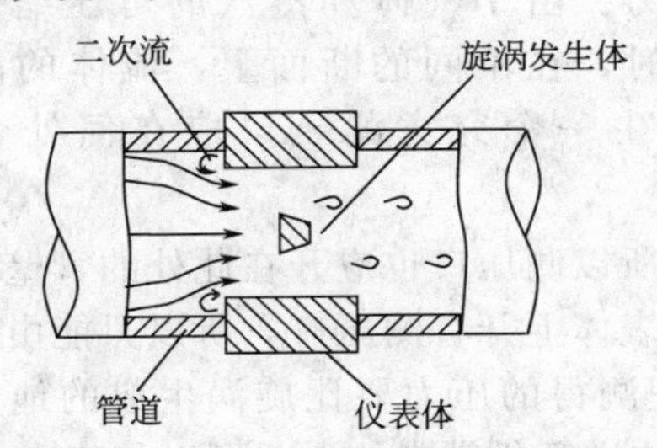

图 5.24 管道内径比测量管内径大

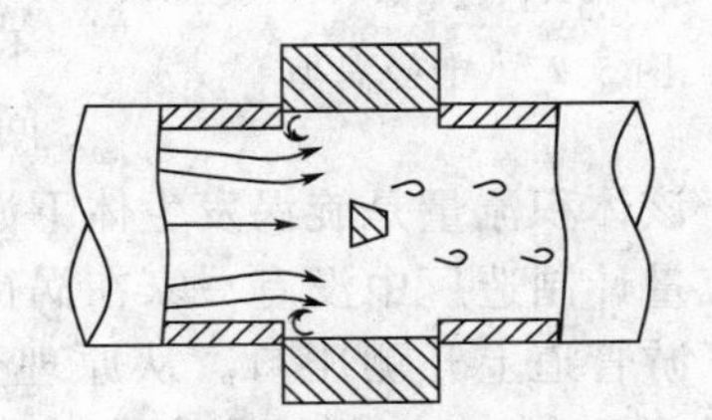

图 5.25 管道内径比测量管内径小

当管道内径小于测量管内径（3%以内）时，因为流体以很高的流速流经内径较大的测量管，由于流体的惯性作用，流束来不及膨胀，撞击在发生体上。测量管内流速分布如图 5.26 所示，这样就使流量示值偏高。此误差可通过修正流量系数 K_m 来补偿，其修正系数 F_D 的表达式为[9]：

$$F_D=\left(\frac{D_1}{D_2}\right)^2$$

式中 D_1——测量管实际内径；

D_2——管道实际内径。

经过修正的流量系数 K'_m 为：

$$K'_m=F_DK_m=K_m\left(\frac{D_1}{D_2}\right)^2 \qquad (5.10)$$

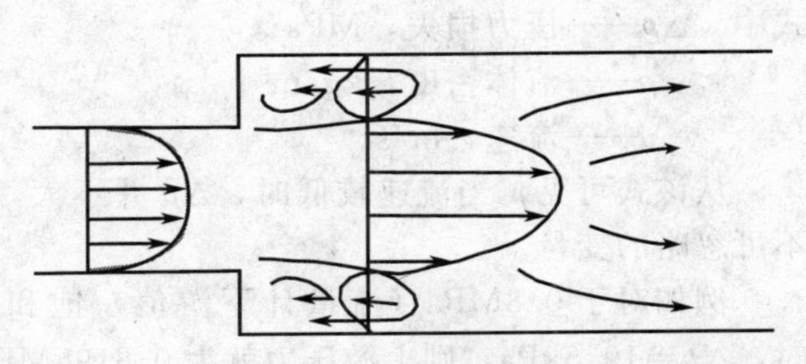

图 5.26 测量管内流速分布

流体流过测量管时，其流通截面积之所以不能立即扩大，是因流体流过测量管时流速高和它惯性的存在。

5.13.3 讨论

管道内径比涡街流量计测量管内径小带来的问题，除了上述的示值偏高外，还有其可测最小流量增大，因为通常涡街流量计安装处都是经缩径处理的。

5.14 涡街流量计的测压点为何不能选在表前

5.14.1 提问

在用涡街流量计测量气体和蒸汽流量时，一般都要测量流体压力，大多数制造厂都要求测压点取在涡街流量传感器的下游，但也有制造厂要求取在上游，究竟应如何取。

5.14.2 解答

(1) 应取在下游

从涡街流量计的工作原理可知，旋涡剥离频率与旋涡发生体下游的平均流速成正比，如图 5.27 所示。即涡街流量计输出频率代表的是旋涡发生体处的体积流量。

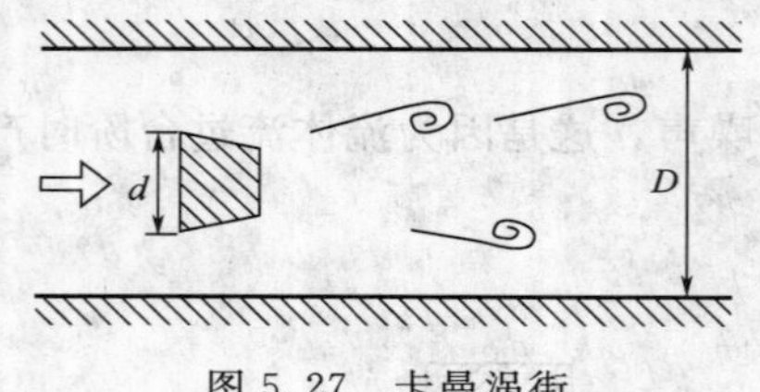

图 5.27 卡曼涡街

在被测流体为气体时，要将工况条件下的体积流量换算到标准状态体积流量。在被测流体为蒸汽时，要求取该体积流量所对应的流体密度，都要知道工况条件下的流体压力。由于气体和蒸汽的可压缩性，流体在管道内流动时，在不同的断面上，流体的静压也不同，于是就产生一个究竟测压口取在何处合理的问题。

由于该体积流量是旋涡发生体下游的体积流量，所以测压口也应开在此处的管壁上。但是涡街流量计制造厂中没有一家在涡街流量传感器的表体上开有测压口，所以只能由用户在流量计下游管道上开测压口。从原理分析，这样处理测得的压力要比旋涡生成的地方压力高，但对 0.75%～1.5%精确度等级的流量计来说，这样简化带来的误差可以忽略。

(2) 上游测压带来多大误差

如果将测压口开在涡街流量计的上游，测得的压力要比下游高得多。因为流体流过旋涡发生体时，在发生体前后要产生压力降。横河公司对自己的涡街流量计的压力降提出了一个公式，如式(2.27) 所示。即

$$\Delta p=1.1\times10^{-6}\rho v^2 \tag{5.11}$$

式中 Δp——压力损失，MPa；

ρ——流体密度，kg/m^3；

v——流速，m/s。

从该式可见，当流速较低时，Δp 并不大，但随着流速的增高，Δp 就快速增大，成为不可忽略的变量。

例如对于 0.8MPa（流量计下游值）饱和蒸汽，ρ 约为 $5.15kg/m^3$，在流速为 60m/s 时，$\Delta p=19.5kPa$，则上游压力就为 0.8195MPa。对应的密度 $\rho=5.26kg/m^3$，于是质量流量计算结果偏高 2%，这是个不小的数字。

(3) 来自其他方面的意见

在英国国家标准 BS 7405—1991《封闭管道中流体流量测量用流量表应用和选择指南》中有一幅图如图 5.28 所示[11]。这个建议与涡街流量计工作原理是吻合的。另外，图 5.29 是典型的旋进旋涡式流量计结构图。从图中可见，在旋涡检测元件的正下方开有一个取压孔，从原理分析，这样设计是合理的。如果没有这个孔，要将测压孔开到流量计下游的管道上，那就差得更多了，因为在检测元件下游有一个消旋器，流速较高时，消旋器上的压力降也不容忽视。

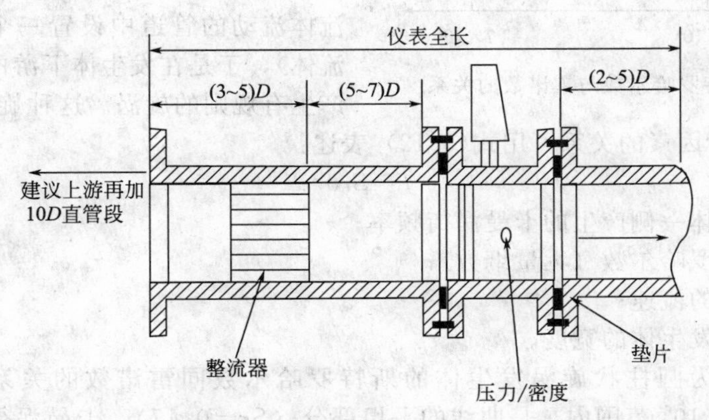

图 5.28 涡街流量计安装建议

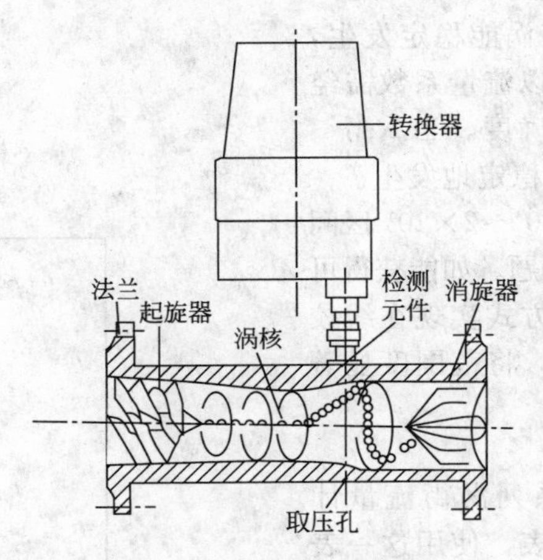

图 5.29 旋进旋涡流量计结构

5.15 雷诺数较低时如何提高涡街流量计的测量精确度

5.15.1 提问

雷诺数较低时，如何提高涡街流量计的测量精确度？

5.15.2 解答

(1) 雷诺数对涡街流量计的影响

在一定的雷诺数范围之内，涡街流量计输出频率信号同流过测量管的体积流量之间的关

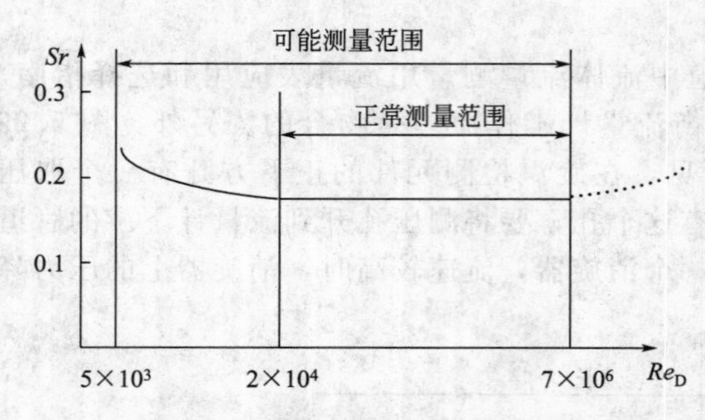

图 5.30 斯特罗哈尔数与雷诺数的关系

系不受流体物性（密度、黏度）和组分的影响[10][13]，即流量系数只与旋涡发生体及管道的形状尺寸有关，因此只需在一种典型介质中标定其流量系数而适用于各种介质，这是涡街流量计的一大优点。但若雷诺数超过这一范围，就要产生影响了。

图 5.27 所示为涡街流量计工作原理。在流体流动的管道中设置一个旋涡发生体（阻流体），于是在发生体下游的两侧就会交替地产生有规则的旋涡。这种旋涡称为卡曼涡街。此旋涡的频率同诸因素的关系可用式(5.12)表述：

$$f=Srv/d \tag{5.12}$$

式中 f——发生体一侧产生的卡曼涡街频率；

Sr——斯特罗哈尔数（无量纲数）；

v——流体的流速；

d——旋涡发生体的宽度。

图 5.30 所示为圆柱状旋涡发生体的斯特罗哈尔数同雷诺数的关系。由图可见，在 $Re_D=2\times10^4\sim7\times10^6$ 范围内，是曲线的平坦部分（$Sr=0.17$），卡曼涡街频率与流速成正比，这是仪表正常工作范围。在 $Re_D=5\times10^3\sim2\times10^4$ 范围内，旋涡能稳定发生，但因斯特罗哈尔数增大，所以流量系数需经校正后才能保证流量测量精确度。当 $Re_D<5\times10^3$ 后旋涡不发生或不能稳定地发生。

本节讨论的是 $Re_D=5\times10^3\sim2\times10^4$ 区间如何提高流量测量精确度的问题。如能获得可靠的校正系数，并用适当的方式实现在线校正，就能将测量精确度提高，将范围度显著扩大。

(2) 雷诺数影响的校正

表 5.2 给出了 YF100 系列涡街流量计低雷诺数测量段的校正系数表。使用这一表格的方式，也有在线计算和离线计算之分。其中在线计算法多在带 CPU 的涡街流量变送器（传感器）中使用，离线计算多在流量显示表中用折线法实现校正时使用。

表 5.2 雷诺数校正系数[16]

雷诺数 Re_{Di}	校正系数 A
5.5×10^3	0.886
8.0×10^3	0.935
1.2×10^4	0.964
2.0×10^4	0.990
4.0×10^4	1.000

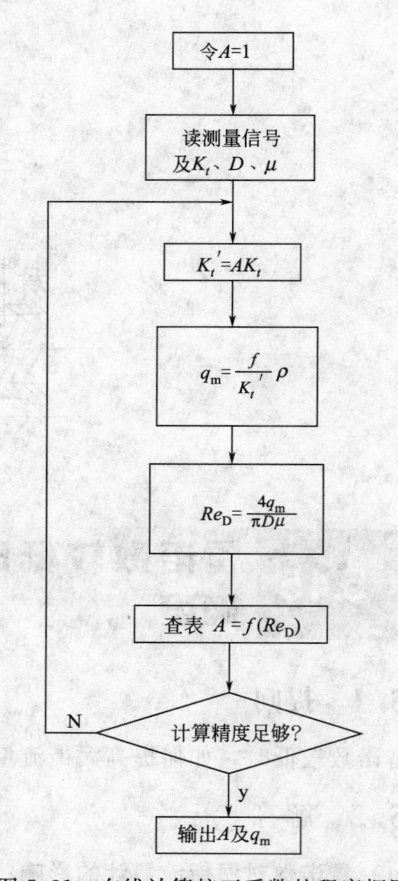

图 5.31 在线计算校正系数的程序框图

图 5.31 所示为校正系数在线计算的程序框图。图中的 K_t 为流量系数，D 为测量管内径，μ 为流体动力黏度，q_m 为质量流量。

离线计算就是计算满量程的雷诺数和各典型流量点的流量值，然后制作折线，填入仪表的程序菜单，仪表运行后，实现自动校正。

(3) 举例

① 已知条件

a. 流体名称　柴油

b. 流体温度　30℃

c. 流体密度　$\rho=810\text{kg/m}^3$

d. 流体黏度　$\mu=0.0031\text{Pa}\cdot\text{s}$

e. 管道内径　$D=0.05\text{m}$

f. 最大流量　$q_{\text{vmax}}=50\text{m}^3/\text{h}$

② 计算

a. 最大质量流量 q_{mmax} 的计算

$$q_{\text{mmax}}=\rho q_{\text{vmax}}=11.25\text{kg/s}$$

b. 最大流量时的雷诺数 Re_{Dmax} 的计算［使用式(2.2)］：

$$Re_{\text{Dmax}}=\frac{4q_{\text{mmax}}}{\pi D\mu}=\frac{4\times 11.25}{\pi\times 0.05\times 0.0031}=9.24\times 10^4$$

c. 各典型流量点的体积流量 q_{vi} 的计算

$$q_{\text{vi}}=\frac{q_{\text{vmax}}}{Re_{\text{Dmax}}}\cdot Re_{\text{Di}} \tag{5.13}$$

将表 5.2 中各典型流量点雷诺数代入式(5.13) 得各点流量 q_{vi}，列于表 5.3 中。

表 5.3　各特征点校正系数

流量值 $q_{\text{vi}}/\text{m}^3\cdot\text{h}^{-1}$	雷诺数 Re_{Di}	校正系数 A
2.976	5.5×10^3	0.886
4.329	8.0×10^3	0.935
6.494	1.2×10^4	0.964
10.823	2.0×10^4	0.990
21.645	4.0×10^4	1.000
50.000	9.24×10^4	1.000

这一方法可用来对黏度比水高一些的液体低流速段进行误差校正。

(4) 在流量传感器（变送器）中的实现

上面所述的雷诺数影响的校正是在流量二次表中完成的，适用于涡街流量计本身无校正能力的测量系统。随着计算机技术渗透到流量一次表，有些涡街流量计本身具备了这种校正功能。例如横河公司的 DY 型涡街流量计中，是用 4 段折线实现此项校正。折线的横坐标为旋涡频率 f，其纵坐标为校正系数 A，如图 5.32 所示。

在表 5.3 所示的例子中，可从表 5.3 中的流量值 q_{vi} 按式(5.14) 求取各特征点频率 f_i：

$$f_i=q_{\text{vi}}\cdot K_t \tag{5.14}$$

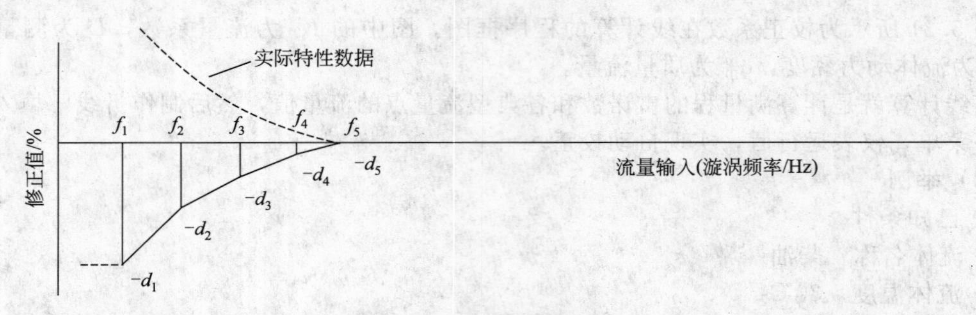

图 5.32　校正值与旋涡频率的关系

式中　q_{vi}——体积流量，L/s 或 m^3/s；

　　K_t——流量系数，P/L 或 P/m^3。

然后将各点频率和所对应的校正值填入涡街流量计（变送器）菜单（第 D21～D30 条），并在“REYNOLDSADJ”（雷诺数校正）项指定“1”（执行），仪表运行后，就能将雷诺数对流量系数 K_t 的影响自动按下式进行校正：

$$K_t' = AK_t$$

式中　K_t'——校正后的流量系数，P/L 或 P/m^3；

　　A——校正值；

　　K_t——未经校正的流量系数，P/L 或 P/m^3。

5.16 涡街流量计流量系数与温度之间有何关系

5.16.1 提问

中石化某分公司热电厂向很多单位供蒸汽，每年结算的营业收入十多亿元，计量表计采用的是国产某厂生产的涡街流量计。听说涡街流量计的流出系数与温度有关，询问详情。

5.16.2 解答

(1) 涡街流量计的流量系数为什么受温度影响

流体温度通过两个因素对涡街流量计的流量系数产生影响。一是温度升高后，旋涡发生体的宽度 d 变大，使得流体以相同的流速通过旋涡发生体时，输出频率相应减低；二是温度升高后，流量传感器测量管内径增大，导致流通截面积相应增大，以致相同体积的流体流过旋涡发生体时，流速相应降低。

上述这种关系也可以用数学方法分析。

根据涡街流量计工作原理知旋涡剥离频率与诸因素之间有式(5.12) 所示的关系。又从流速与流通截面积的关系知

$$v = \frac{q_v}{A} = q_v / \frac{\pi}{4} D^2 \tag{5.15}$$

式中　v——流速，m/s；

　　q_v——体积流量，m^3/s；

　　A——管道流通截面积，m^2；

D——管道内径，m。

将式(5.15)代入式(5.12)得

$$f=Srq_{v}/\frac{\pi}{4}D^{2}d \tag{5.16}$$

式中符号意义同式(5.12)和式(5.15)。

由于 d 的增量是与温度的增量成正比，D 的增量也与温度的增量成正比，所以 f 与温度的增量的三次方成反比。

d 和 D 同温度及材料线膨胀系数的关系可用式(5.17)和(5.18)表示：

$$\frac{\Delta d}{d}=\lambda_{d}(t-t_{0}) \tag{5.17}$$

式中 $\frac{\Delta d}{d}$——旋涡发生体宽度的变化率；

λ_{d}——旋涡发生体材料线膨胀系数，℃$^{-1}$；

t——使用时流体温度，℃；

t_0——标定时流体温度，℃。

$$\frac{\Delta D}{D}=\lambda_{D}(t-t_{0}) \tag{5.18}$$

式中 $\frac{\Delta D}{D}$——管道内径的变化率；

λ_{D}——管道材料线膨胀系数，℃$^{-1}$。

其余符号的意义同式(5.17)

如果旋涡发生体的材料与管道材料相同，则 $\lambda_{d}=\lambda_{D}=\lambda$，即 f 的变化率与 3λ 成正比，与温差 $(t-t_0)$ 成正比，但变化方向相反。即

$$\frac{\Delta f}{f}=-3\lambda(t-t_{0}) \tag{5.19}$$

式中 $\frac{\Delta f}{f}$——旋涡剥离频率的变化率；

λ——材料的线膨胀系数，℃$^{-1}$；

t——使用时流体温度，℃；

t_0——标定时流体温度，℃。

为了纠正这一偏差，必须计算实际使用温度条件下的流量系数 K_t，即

$$K_{t}=[1-3\lambda(t-t_{0})]K_{m} \tag{5.20}$$

式中 K_t——流体温度为 t 时的流量系数，P/L；

λ——材料的线膨胀系数，℃$^{-1}$；

t——使用时流体温度，℃；

t_0——标定时流体温度，℃；

K_m——流体温度为 t_0 时的平均流量系数，P/L。

(2) DY 型旋涡流量计流量系数的温度系数

$$K_{t}=[1-4.81\times10^{-5}(t-t_{0})]K_{m} \tag{5.21}$$

式中 K_t——流体温度为 t 时的流量系数，P/L；

K_m——流体温度为 t_0 时的平均流量系数，P/L；

t——工作温度，℃；

t_0——校准温度，常取 15℃。

(3) 8800D 型涡街流量计流量系数的温度影响

8800D 型涡街流量计也可根据用户输入的介质温度对 K 系数进行自动修正，表 5.4 给

表 5.4 8800D 型仪表的介质温度影响

材料	每 50℃ K 系数变化的百分比
316L $t<25$℃	+0.20
316L $t>25$℃	−0.24
哈氏合金 C $t<25$℃	+0.20
哈氏合金 C $t>25$℃	−0.20

出了介质温度与参考温度（25℃）每相差 50℃ K系数变化的百分比（对于直接脉冲）。

(4) 重新计算 K_t

实际使用的流体温度往往同设计时预计的流体温度有明显的差异。例如有的热网在做设计时所有用户的蒸汽计量表都按 $t=280$℃的过热蒸汽计算，系统投运后发现，有 1/3 的远离热源厂的用户蒸汽已进入饱和状态。其蒸汽压力以 0.7MPa（表压）计，相应的温度按 170℃计，则按式(5.21) 计算温度变化引入的流量系数误差为

$$\delta=(K_{td}-K_t)/K_t=(0.9872535K_m-0.9925445K_m)/0.9925445K_m$$
$$=-0.53\%$$

式中 K_{td}——按设计条件计算的流量系数，P/L；

K_t——按实际温度计算的流量系数，P/L。

显然，由此引入的误差是可观的。

解决这一问题的方法是按照流体的实际温度重新计算流量系数。如果计量数据用于贸易结算，可能还要编写计算书并履行结算双方确认的手续。

(5) 其他品牌涡街流量计流量系数的温度影响

国产品牌涡街流量计流量系数的温度影响大多未给出具体数据，但影响是客观存在的。从上面对原理的分析，影响量均可用式(5.20) 来表示。

5.17 涡街流量计一般要缩径而电磁流量计一般不缩径

5.17.1 提问

涡街流量计、科氏力质量流量计一般要缩径，而电磁流量计、标准差压流量计一般不需缩径，为什么？

5.17.2 解答

(1) 什么叫缩径

在确定流量计公称通径时，如果选配的流量计公称通径比工艺管道公称通径小，称为缩径。

由于缩径后要配上相应的异径管和公称通径与流量计相同的前后直管段，所以安装工作量显著增大。尽管如此，有几种流量计由于特定的目的，还是选择了缩径的方法。

(2) 涡街流量计缩径的目的

涡街流量计缩径的目的是将最小可测流量往下推，扩大范围度（rangebility）。

所谓范围度就是保证精确度的最大流量与最小流量之比，以前称为量程比。

在涡街流量计用来测量气体和蒸汽时，流体种类和工况条件一旦确定，其保证精确度的最小流速也就被确定。例如当被测流体为 0.2MPa 绝压的空气时，最低流速约为 3m/s，*DN*150 的工艺管道，如果选用 DY150（*DN*150），则下限流量只能到 377Nm³/h，而若选 DY100（*DN*100），则下限流量可小到 172Nm³/h，如表 5.5 所列。当被测流体为蒸汽时，也有相似的情况，如表 5.6 所列。而工艺设计中，气体的经济流速一般取 10～25m/s，这为流量计的缩径提出了任务。因为品质优良的涡街流量计，上限流速可达 76～80m/s，也就是说，即使涡街流量计测量管的截面积缩小到工艺管截面积的 1/3，上限流速也不会超过允许值。

表 5.5 DY 型涡街流量计工况压力下空气的可测流量范围

公称通径		流量范围	最小与最大的可测流量/(m³/h)									
mm	in		0MPa	0.1MPa	0.2MPa	0.4MPa	0.6MPa	0.8MPa	1.0MPa	1.5MPa	2.0MPa	2.5MPa
15	1/2	最小	4.8(11.1)	6.7(11.1)	8.2(11.1)	10.5(11.1)	12.5	16.1	19.7	28.6	37.5	46.4
		最大	48.2	95.8	143	239	334	429	524	762	1000	1238
25	1	最小	11.0(19.5)	15.5(19.5)	19.0(19.5)	24.5	29	33.3	40.6	59	77.5	95.9
		最大	149	297	444	739	1034	1329	1624	2361	3098	3836
40	1 1/2	最小	21.8(30.0)	30.8	37.8	48.7	61.6	79.2	97	149	184	229
		最大	356	708	1060	1764	2468	3171	3875	5634	7394	9153
50	2	最小	36.2(38.7)	51	62.4	80.5	102	131	161	233	306	379
		最大	591	1174	1757	2922	4088	5254	6420	9335	12249	15164
80	3	最小	70.1	98.4	120	155	197	254	310	451	591	732
		最大	1140	2266	3391	5642	7892	10143	12394	18021	23648	29274
100	4	最小	122	172	211	272	334	442	540	786	1031	1277
		最大	1990	3954	5919	9847	13775	17703	21632	31453	41274	51095
150	6	最小	268	377	485	808	1131	1453	1776	2583	3389	4196
		最大	4358	8659	12960	21559	30163	38765	47365	68867	90373	111875
200	8	最小	575	809	990	1445	2202	2599	3175	4617	6059	7501
		最大	7792	15482	23172	38549	53933	69313	84693	123138	161591	200046
250	10	最小	1037	1461	1788	2306	3127	4019	4911	7140	9370	11600
		最大	12049	23939	35833	59611	83400	107181	130968	190418	249881	309334
300	12	最小	1485	2093	2561	3303	4479	5756	7033	10226	13419	16612
		最大	17256	34266	51317	85370	119441	153499	187556	272699	357856	443017

注：1. 标准状态（STP）温度为 0℃，压力为 101.325kPa。

2. 表中所列压力为流体温度等于 0℃时的表压。

3. 最大流速低于 80m/s。

4. 最小流量值根据密度验算公式求出（见 5.21 节），（　　）中的值为保证精确度的最小流量（Re_D=20000 或 Re_D=40000），无（　　）的数据表示最小可测流量和保证精确度的最小流量为同一值。

具体决定仪表公称通径时，应根据工艺提供的最大流量和最小流量，对照制造厂各种公称通径流量计所承诺的最大流量和最小流量，合理选定。切忌不顾流量大小，有多大的工艺管就选多大通径的涡街流量计。

表 5.6 DY 型涡街流量计工况压力下饱和蒸汽可测流量范围

公称通径		流量范围	最小与最大的可测流量/(kg/h)									
mm	in		0.1MPa	0.2MPa	0.4MPa	0.6MPa	0.8MPa	1.0MPa	1.5MPa	2.0MPa	2.5MPa	3.0MPa
15	1/2	最小	5.8(10.7)	7.0(11.1)	8.88(11.6)	10.4(12.1)	11.6(12.3)	12.8	15.3	19.1	23.6	28.1
		最大	55.8	80	129	177	225	272	390	508	628	748
25	1	最小	13.4(18.9)	16.2(20.0)	20.5	24.1	27.1	30	36	41	49	58
		最大	169.7	247.7	400	548	696	843	1209	1575	1945	2318
40	11/2	最小	26.5(29.2)	32	40.6	47.7	53.8	59	72	93	116	138
		最大	405	591	954	1310	1662	2012	2884	3759	4640	5532
50	2	最小	44	53	67.3	79	89	98	119	156	192	229
		最大	671	979	1580	2170	2753	3333	4778	6228	7688	9166
80	3	最小	84.9	103	130	152	171	189	231	300	371	442
		最大	1295	1891	3050	4188	5314	6435	9224	12024	14842	17694
100	4	最小	148	179	227	267	300	330	402	524	647	772
		最大	2261	3300	5326	7310	9276	11232	16102	20986	25907	30883
150	6	最小	324	392	498	600	761	922	1322	1723	2127	2536
		最大	4950	7226	11661	16010	20315	24595	35258	45953	56729	67624
200	8	最小	697	841	1068	1252	1410	1649	2364	3081	3803	4534
		最大	8851	12918	20850	28627	36325	43978	63043	82165	101433	120913
250	10	最小	1256	1518	1929	2260	2546	2801	3655	4764	5882	7011
		最大	13687	19977	32243	44268	56172	68005	97489	127058	156854	186978
300	12	最小	1799	2174	2762	3236	3646	4012	5235	6823	8423	10041
		最大	19602	28609	46175	63397	80445	97390	139614	181960	224633	267772

注：1. 最大流速低于 80m/s。

2. 最小流量值根据密度验算公式求出（见 5.21 节），（　）中的值为保证精确度的最小流量（Re_D＝20000 或Re_D＝40000），无（　）的数据表示最小可测流量和保证精确度的最小流量为同一值。

(3) 科氏力流量计缩径的目的

科氏力质量流量计缩径的目的是减小零漂带来的误差。当然，公称通径减小后，投资也可相应的节省一些。

科氏力质量流量计是一种零点稳定性较差的仪表，这种仪表的零点稳定性与仪表的通径有关。表 5.7 所列为 Micro Motion 公司 D 型和 DT 型仪表用来测量液体流量时的零点稳定性指标。

表 5.7 D 型和 DT 型仪表零点稳定性指标

传感器类型	型号(通径)	零点稳性指标/(kg/h)
标准型传感器	D150(25～50mm)	9.0
	D300(50～100mm)	19.2
	D600(150～250mm)	66.0
高压型传感器	DH100(15～25mm)	9.0
	DH150(25～40mm)	32.6
	DH300(40～80mm)	108.0

续表

传感器类型	型号(通径)	零点稳性指标(kg/h)
高温型传感器	DT65(6～15mm)	0.84
	DT100(15～25mm)	2.16
	DT150(25～40mm)	3.84

经过多年研究，该公司的新型ELITE仪表零点稳定性已经有了很大改进，表5.8所列是ELITE系列科氏力质量流量计零点稳定性指标。

表5.8 ELITE系列仪表零点稳定性指标

型号(通径)	零点稳定性/(kg/h)	型号(通径)	零点稳定性/(kg/h)
CMF010(10mm)	0.002	CMF100(100mm)	0.680
CMF010P(10mm)	0.004	CMF200(200mm)	2.18
CMF025(25mm)	0.027	CMF300(300mm)	6.80
CMF050(50mm)	0.163	CMF400(400mm)	40.91

从表中可见，通径差一挡，零点稳定性的值（kg/h）就相差数倍。但是，通径也不能无限制缩小，因为要受到流量计压损的制约。

在科氏力质量流量计的选型计算中，压力损失是一个关键参数，尤其是被测流体黏度较高的测量对象，仪表的压力损失比其他原理流量计高得多，如果所选定的流量计其流量测量范围能满足要求，但在需要测量的最大流量附近压损大于工艺专业允许压损，就会导致因阻力过大而影响流体输送。

图5.33所示为典型的科氏力流量计*DN*150流量传感器压损线列。

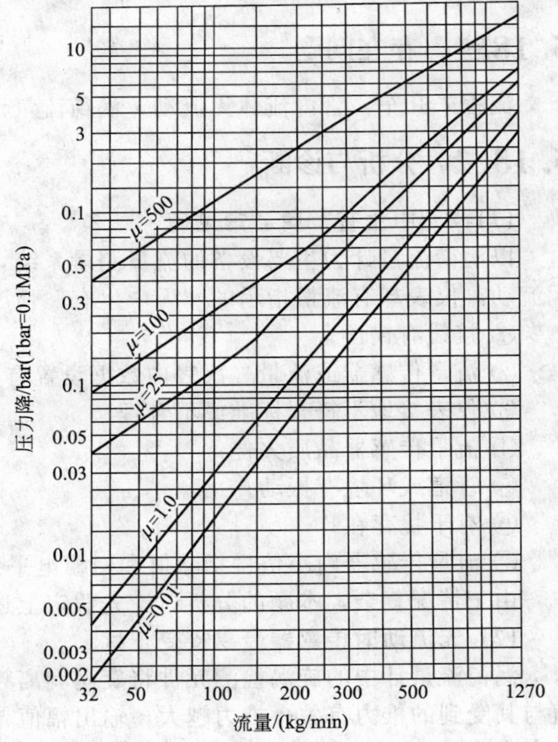

图5.33 *DN*150流量传感器压损线列图

（μ为动力黏度，单位mPa·s）

(4) 电磁流量计一般不缩径

电磁流量计在流速很低时，已经有信号输出，也有较高的精确度（如图4.29所示），不像涡街流量计那样，一定要雷诺数大于20000，也不像科氏力流量计那样要受到零漂的威胁。

一般情况下，经济流速可选用与现场工艺管道相同口径尺寸的仪表。特殊情况下，可以通过选择口径，满足用户高精确度测量的要求；或降低传感器内流速，以减小流体对衬里的磨损；或提高传感器内流速，以防止固态物的沉淀。

电磁流量传感器是线性电压信号输出，低流速时，信号电压的幅值低，信噪比低，测量精确度会下降。所以，选择口径时，推荐测量流速在1～5m/s。

流体中含有固体颗粒会磨损衬里和电极。这种情况下，可选择扩大的传感器口径，使传感器内的流速在3m/s以下。但是，必须注意使用扩大的传感器时，上、下游的直管段要长，以保证传感器内流速分布的对称性。

当测量固-液两相流体，易有固体附着在衬里和电极上以及发生沉淀时，可以选择缩小口径，加大传感器内流速的办法（3m/s 以上）来解决。但是，必须注意变径将引起附加压力损失，应选择较小的变径锥角（<15°）。一般增加压力损失在几十个毫米到几百个毫米汞柱之间。

在测量纯水等低电导率流体时，由于流动噪声的存在，需要降低测量流速，改变口径，选择流速在 3m/s 以下[12]。

(5) 差压式流量计一般不缩径

标准差压流量计的测量范围和压损可用开孔直径予以控制，因此，没有必要缩径。但若测量对象流速太低，要求测量的最小流量所对应的雷诺数低于 5000（对标准孔板而言），测量精确度无法保证，可用缩径的方法提高流速，增大雷诺数，但这样的例子并不多见。

5.17.3 讨论

差压式流量计还有一种与缩管相反的方法，即在测量高密度高流速流体时，由于规定的差压上限所对应的直径比 β 太大，不符合标准，可用扩大管径的方法降低流速。但实际使用的也不多。

5.18 无流量时涡街流量计有流量指示

5.18.1 存在问题

流程未开车，管内流体无流动，涡街流量计已有流量指示。

5.18.2 分析与诊断

(1)“无中生有”属“常见病”

以涡街流量计为主要设备的流量测量系统，在安装完毕调试投运时，常常遇到管内流体无流动，仪表却有流量指示的“无中生有”情况。引起“无中生有”现象的原因有多种：

① 接线有错误；

② 流量传感器或流量二次表内数据设置有错误；

③ 仪表接地不符合标准或不合理；

④ 流量传感器品质欠佳；

⑤ 管道或环境有振动；

⑥ 有干扰存在；

⑦ 流量传感器内小信号切除值和门槛电平设置不合理等。

由于情况复杂，本题的分析讨论先假定上述第①、②、④的问题不存在。

(2) 无流动时传感器最易接受干扰

涡街流量计中的旋涡检测元件将旋涡剥离频率转换成电信号。检测元件输出的电信号幅值与其受到的推力有关，推力越大，输出幅值越大；推力越小，输出幅值越小。此推力与流体密度成正比，与流速的平方成正比[13]。如果仪表的范围度能做到 40 倍，则此推力的变化就达千倍。仪表内的放大器为了适应这一特性，则设计为变增益放大器。由于放大器输入信号大小相差悬殊，所以放大器输出达到规定幅值时，其增益也就差千倍。其中，流速高时，检测元件送出的电信号幅值大，放大器增益小。而流速低时，检测元件送出的电信号幅值小，放大器增益大。流速为0时，检测元件送出的电信号只有干扰和噪声，这时，放大器增益最大。削弱干扰和噪声的方法是浮空、屏蔽、隔离、接地等一套技术。

(3) 检查调试接地

一套品质优良、安装正确的仪表，有时因接地处理得不好而出现“无中生有”现象，但有时候完全按照说明书的规定接地，仍然存在“无中生有”现象，若将转换器中通往传感器中的信号电缆屏蔽层浮空，“无中生有”现象却消失了，所以，需现场调试。

横河涡街流量计中的传感器接线盒内有屏蔽盖板，如果盖板漏盖或接线盒端盖未盖，会接受50Hz干扰。

(4) 触发电平的调整与小信号切除功能的应用

如果管道有微小的振动或无法克服的干扰，则可试试改变门槛电平的方法将振动或干扰产生的电平滤除。例如DY涡街流量计中的触发电平调整（TLA）就是为实现此项调整设计的，此项调整窗口中的每一挡都代表一个门槛电平。触发电平提高后，在噪声被滤除的同时，幅值低于触发电平的信号也被滤除，因此，可测最小流量被抬高，这是采用这一方法付出的代价。所以采用这一方法消除“无中生有”要慎重。

如果干扰是突发性的，而且幅值较大，则可调整小信号切除值，予以切除。

5.19 用两台涡街流量计测量蒸汽双向流，反向流动时也有输出

5.19.1 存在问题

广州某工厂用两台涡街流量计反向串联，分别测量蒸汽的正向流量和反向流量，投运后，不论正向流还是反向流，两台表都有流量显示。

两台流量计连接方式如图5.34所示

图5.34 用涡街流量计测量蒸汽双向流

5.19.2 分析与诊断

一台流量计对正反向流都有响应，这是一个蒸汽双向流测量的问题。

在两个锅炉房之间互供蒸汽，单独考核（或核算）的系统很常见。带余热锅炉的生产装置也常需要计量外供蒸汽量和开车阶段的耗用蒸汽量，这都需要测量蒸汽的双向流量。

提问者选用的方法是在一根连通管上安装两套流量计，其中一套测量正向流量，另一套测量反向流量。看来问题很简单，但仪表开起来后两套流量计同时都有流量显示，究其原因是流量计选型失误。

在涡街流量传感器内，旋涡发生体和检测件是核心部件。这两个部分的种类很多，但各

自的任务却是相同的，即旋涡发生体将流体流过旋涡发生体时的平均流速转换成旋涡频率，而检测件将此旋涡频率转换成电信号，然后送至放大器。

检测件与旋涡发生体的配合方式也不尽相同，有的是两个部件相互分离，发生体在流体的上游，检测元件在下游；而有的是检测件安放在发生体内。

市场上采购的涡街流量计，发生体断面多为梯形，梯形的顶面和底面虽然宽度不一样，但流体以相反的方向流过发生体时照样会有旋涡产生，只是旋涡的强度和流量系数等不相同。而检测件依其所在的位置不同，感受这些旋涡的情况也不同。对于分离型布置的检测件，能将其上游传过来的旋涡进行正常的信号转换，当流体反方向流动时，检测件的上游无旋涡过来，但旋涡发生体产生的旋涡引发的扰动也可能上溯到检测件，以致输出脉冲信号。对于安放在发生体内部的检测件，只要发生体有旋涡，不论是正向流动引发还是反向流动引发，都会作出响应，输出脉冲信号。

5.19.3 讨论

测量蒸汽双向流的另一种方法是使用双向孔板。

(1) 双向孔板原理

普通的孔板流量计只能测量单方向流动，在国家标准 GB/T 2624（及 ISO 5167）中也对双向孔板作了规定[14][15]：

① 孔板不切斜角；

② 两个端面均应符合国标中关于上游端面的规定；

③ 节流孔的两个边缘均应符合国标中关于上游边缘的规定；

④ 孔板厚度应等于（0.005～0.02）D，其中 D 为管道内径。

为了防止孔板变形，在结构上和其他相关方面必须采取相应措施。双向孔板结构见图 5.35。

(2) 对直管段的要求

测量正向流时的后直管，在测量反向流时变为前直管，因此，仪表的两个直管段都应满足国家标准中前直管段的要求。

(3) 正端取压口压力 p_1 的计算

仪表的节流件正端取压口压力 p_1，用压力变送器测量。该变送器安装在正向流的正端取压口。在流体反向流动时，该点压力变成了反向流的负端取压口，根据正端取压口压力、负端取压口压力和差压的定义知：

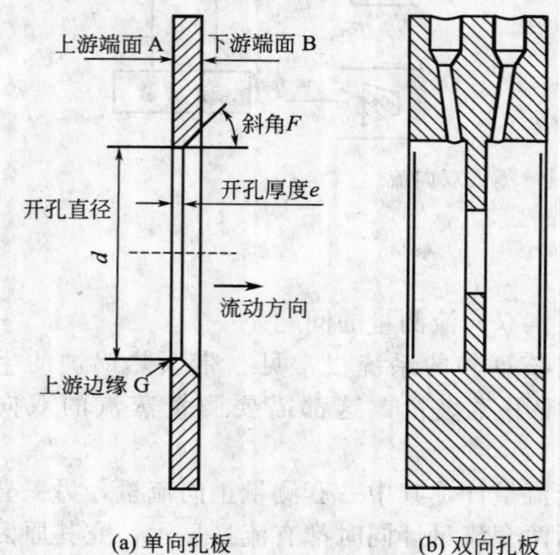

图 5.35 单向孔板和双向孔板

$$p_1' = p_1 + \Delta p'$$

式中 p_1'——反向流正端取压口压力，Pa；

p_1——正向流正端取压口压力，Pa；

$\Delta p'$——反向流差压，Pa。

其实 p_1' 就是正向流的负端取压口压力，只因该点未安装压力变送器，所以只能用间接的方法得到。

(4) 差压的测量

双向孔板流量计的差压测量方法有两种。一种是双差压变送器法，一台测正向差压，另一台测反向差压，两路 4～20mA 信号同时送流量演算器（或 DCS），进行判断、计算和显示。两台变送器的差压范围根据正反向流量上限确定。这种方法零点稳定性好，系统精确度高，仪表结构如图 5.36 所示。另一种是单一差压变送器法，将变送器零点调在 12mA，其中 12～20mA 输出代表正向流差压，12～4mA 代表反向流差压。由流量演算器（或 DCS）判断、计算、显示。这种方法较节省，但零点稳定性和系统精确度比双差压变送器法略差些。

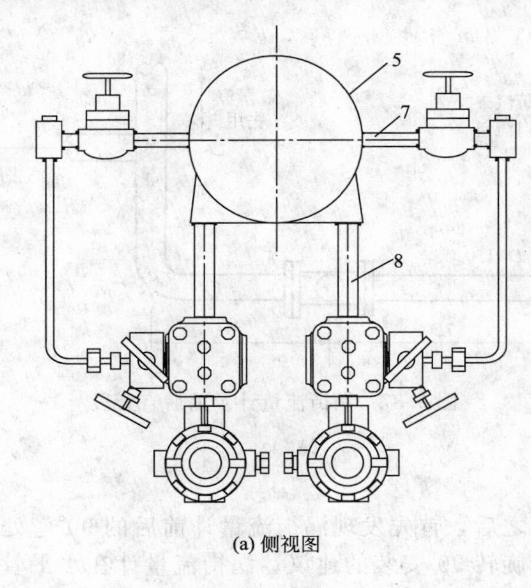

(a) 侧视图

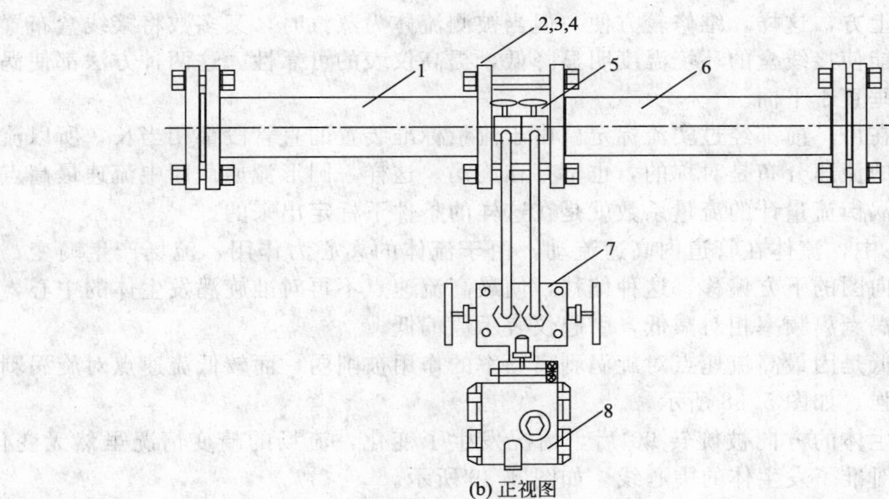

(b) 正视图

图 5.36 双向孔板流量计结构（双差压变送器介质为蒸汽时）

1—前直管段；2—夹持法兰；3—垫片；4—双头螺栓；5—节流件；6—后直管段；7—三阀组；8—差压变送器

5.20 涡街流量计直管段长度不够时的处理

5.20.1 存在问题

广东某卷烟厂有几台进口燃油锅炉，蒸发量各为 10t/h，基建阶段没有配齐能源计量仪表，投产后，为了加强能源管理，添置了锅炉进油流量计和产汽流量计等。由于机械设备安装在先，而且配管时没有为流量计预留安装位置，所以流量计安装时遇到了困难。其中一台产汽流量测量用涡街流量计，直管段长度严重不足，流量计及前后管道（俯视图）如图 5.37 所示。流量计前，管道经两个 90°弯与汽包相连，流量计后，管道转了 90°弯后就有三通，没有更好的安装位置。

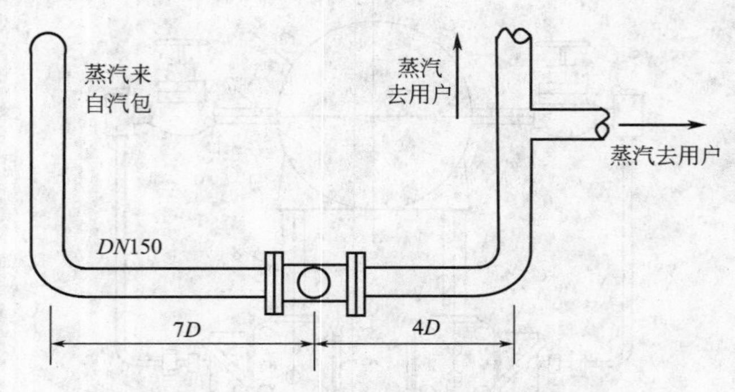

图 5.37 涡街流量计及前后直管段

5.20.2 处理方法

作者受理了这一问题之后，首先发现涡街流量计前后的 90°弯处于同一个平面内这一特点，遂提出将涡街流量计旋转 90°安装的建议。涡街流量计在水平管道上的安装，大多将接线盒布置在管道上方，这样，维修较方便。但当被测流体为蒸汽时，又多数将接线盒布置在管道下方，这样能使接线盒的环境温度明显降低，提高仪表的可靠性。这两种方法都使涡街流量计的发生体垂直于平面。

涡街流量计在出厂前都经过实流标定。由于流量标准装置的直管段都相当长，所以流量计前管道内流体的流速分布是对称的，也不存在旋涡。这样，圆形流通截面中流速最高点与轴心重合，一台涡街流量计的流量系数就是在这样的条件下标定出来的。

但在图 5.37 中，流体在管道内高速流动，由于流体的离心力作用，流场产生畸变，使最高流速这一点向图的下方偏移，这种偏移，使最高流速点不再对准旋涡发生体的中心，从而使流量计的旋涡剥离频率相对减低，引起仪表示值偏低。

仪表示值偏低是因最高流速点对旋涡剥离频率的作用被削弱，而较低流速点对旋涡剥离频率的作用被加强，如图 5.38 所示。

而当旋涡发生体的方向被旋转 90°后，情况发生了变化，流场的畸变情况虽然无变化，但最高流速点却对准了发生体的中心线。如图 5.39 所示。

5.20.3 反馈的信息

提问者采纳了作者的建议，并在流量计投运后对锅炉的运行数据作了统计分析。

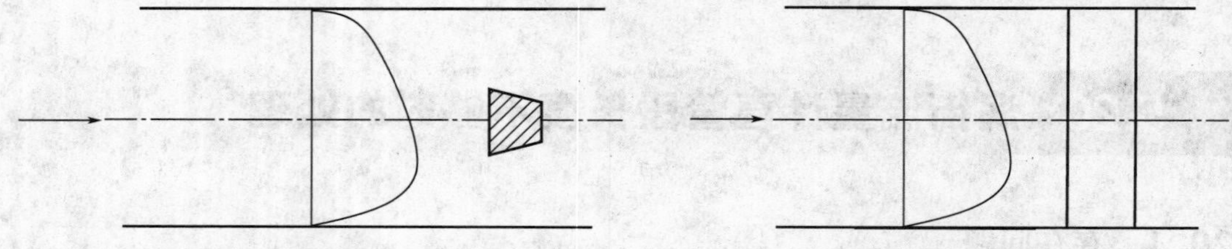

图 5.38 管道内的流场分布与发生体位置　　图 5.39 旋涡发生体处于水平位置

① 油汽比分析

1吨燃油产 N 吨蒸汽，这是锅炉运行的考核数据，其计算基础是产汽流量计所计的总量和进油流量计（该厂使用的是椭圆齿轮流量计）所计的总量。

② 汽水平衡数据

汽水比的计算基础是产汽总量与进水总量之比。

提问者统计了一个月的油汽比和汽水比数据，均在合理范围内，从而认为蒸汽流量计的示值是准确的。

5.20.4 讨论

① 本案例中是利用流量计前后两个90°弯在同一个平面内这一特点作出的正确诊断，如果两个90°弯不在同一个平面内，情况要复杂得多。其中起决定性作用的是流量计上游的流场分布。

② 本案例所讨论的处理方法，对阿牛巴流量计、电磁流量计、单声道超声流量计等都适用。

5.21 确定涡街流量计通径时雷诺数验算和密度验算

5.21.1 提问

确定涡街流量计通径时，如果流体的黏度较大，必须作雷诺数验算；如果密度较小，必须作密度验算。为什么？

5.21.2 解答

在确定涡街流量计公称通径时，通常有几怕：

一怕通径选得太大，以致最小流量测量不出来；

二怕通径选得太小，以致最大流量时超过上限流速；

在被测液体黏度较高时，怕最小流量所对应的雷诺数小于20000，测量精确度保证不了；

在被测气体密度较小时，怕旋涡检测元件所受到的推力太小，以致最小流量测量不出。

对于这4个问题，解决方法如下。

(1) 流体为蒸汽和空气时的处理

大多数品牌的涡街流量计都在产品说明书中列出自己各种通径的产品在一定工况条件下饱和蒸汽和空气可测最小流量和最大流量，如表5.5和表5.6所示。设计选型时，如果被测流体为蒸汽或空气，只要查阅表格对号入座，就可确定合适的通径，消除担心。

(2) 其他蒸气和气体的最高流速验算

对于其他蒸气和气体，则需进行上限流速验算，而且必须限定在各种品牌所承诺的上限流速范围内。几种品牌涡街流量计的上限流速如2.3节所列。

对于水蒸气之外的其他蒸气，可用式(5.22)计算流速：

$$v=\frac{4q_{\mathrm{m}}}{\pi D^2\rho} \tag{5.22}$$

式中 v——测量管内流体流速，m/s；

q_{m}——蒸气质量流量，kg/s；

D——流量计测量管内径，m；

ρ——流体密度，kg/m³。

对于其他气体，在忽略了压缩系数影响之后，可按式(5.23) 计算流速：

$$v=q_{\mathrm{vn}}\frac{p_n T_f}{p_f T_n}\times\frac{4}{\pi D^2} \tag{5.23}$$

式中 v——流速，m/s；

q_{vn}——标准状态体积流量，m³/s；

p_n——标准状态绝对压力，$p_n=101.325\mathrm{kPa}$；

p_f——使用状态绝对压力，kPa；

T_f——使用状态热力学温度，K；

T_n——标准状态热力学温度，K；

D——流量计测量管内径，m。

上述工作状态下最大流量对应的流速均不能高于制造厂所承诺的最高流速。

(3) 黏度较高的流体须作雷诺数验算

对于黏度较高的液体，需作最小流量雷诺数验算，所用的公式见式(2.2)。如果最小流量对应的雷诺数大于等于 20000（$DN\geqslant 150$ 时为 40000），则能获得规定的精确度，如果雷诺数小于 20000（或 40000），则可适当减小通径，提高流速，使雷诺数增大。如果缩径后雷诺数仍小于 20000，则表明此类液体不适合用涡街流量计测量。

对于其他蒸气和气体，也需作最小流量雷诺数验算，方法与液体相同。

(4) 相对密度小的气体须作密度验算

对于相对密度比空气小的气体，例如氢气和富氢气体，须作密度验算。例如横河公司对自己的 DY050（$DN50$）和 DY080（$DN80$）旋涡流量计，提出了如式(5.24) 所示的公式：

$$v\geqslant\sqrt{\frac{31}{\rho_f}} \tag{5.24}$$

式中 v——流速，m/s；

ρ_f——工作状态气体密度，kg/m³；

该公式适用于 $\rho_f\leqslant 7.8\mathrm{kg/m^3}$。即当 $\rho_f\leqslant 7.8\mathrm{kg/m^3}$ 时，流速必须大于等于 $(31/\rho_f)^{\frac{1}{2}}$ 才能实现正常测量。如果 $\rho_f>7.8\mathrm{kg/m^3}$，则最低可测流速为 2m/s。其他通径的流量计所用的验算公式有很大差别，详见产品说明书。

5.21.3 讨论

(1) 为什么实际最小流量对应的雷诺数必须大于等于 20000

从 5.15 节中的图 5.30 可看出，$Re_{\mathrm{D}}\geqslant 20000$ 时，式(5.12) 中的斯特罗哈尔数 Sr 才为常数，这时涡街流量计才能保证准确度，因此，验算时 $Re_{\mathrm{D}}\geqslant 20000$ 是个重要的界限。

(2) 为什么测量相对密度比空气小的气体须作密度验算

对于相对密度比空气大的测量对象，一般可以参考表 5.5 中所列的空气估算某一通径涡街流量计可测最小流量。只要测量任务中的最小流量大于表 5.5 中所列的最小可测流量，就可放心选用。但是如果测量任务中的气体相对密度比空气小，就必须作密度验算。这是因为如 5.18 节所分析的那样，涡街流量计中的旋涡检测元件将旋涡剥离频率转换成电信号，检测元件输出的电信号幅值与其受到的推力有关，推力越大，输出幅值越大；推力越小，输出幅值越小。此推力与流体密度成正比，与流速的平方成正比[13]。因此，被测流体密度较小时，必须有较高的流速，检测元件才能获得足够的推力。

参考文献

[1] 谭增显，纪纲．减压阀振荡对涡街流量计的影响．自动化仪表，2009，(9)：74～75
[2] [美] R. W. 米勒．流量测量工程手册．孙延祚译．北京：机械工业出版社，1990
[3] ISO/TR 3313：1998 Measurement of fluid in closed conduits-Guidelines on the effect of flow pulsations on flowmeasurement instruments
[4] 宋文伟，纪纲．流动脉动对流量测量影响的几个实例．石油化工自动化，2003 (6)：75～78，84
[5] 钱汉成，李强，纪纲．蒸汽流量测量误差三例．自动化仪表，2001，(4)：50～51，54
[6] [日] 横河电机．計装メーカが書いたフイールド機器・虎の巻．工業技術社，2001
[7] 蔡武昌．流量仪表应用常见失误情况分析．石油化工自动化．2002.5：71～74，84
[8] 青木功男．涡街流量计と最近の动向 [J] オートメーション，1997 (8)：44～48
[9] 池兆明．流量仪表系数 K 及其影响因素．自动化仪表．1998 (3)：8～11
[10] 姜仲霞，姜川涛，刘桂芳．涡街流量计．北京：中国石化出版社，2006
[11] BS 7405-1991 Guide to Selection and application of flowmeters for the measurment of fluid flow in closed conduits
[12] 蔡武昌，应启戛．新型流量检测仪表．北京：化学工业出版社，2005
[13] 张学巍．涡街流量计输入电路的设计．自动化仪表，1998，7 (6)
[14] GB/T 2624—2006 用安装在圆形截面管道中的差压装置测量满管流体流量
[15] ISO 5167：2003 Measurement of fluid flow by means of pressure differential devices inserted in circular cross-section conduits running full
[16] 纪纲．流量测量仪表应用技巧．第二版．北京：化学工业出版社，2009

第6章 其他系统

本章引言

本章主要讨论流量测量仪表使用中的其他问题，主要有：

① 直管段长度不够对流量测量的影响，计 2 例；
② 直管段内壁粗糙度不符合标准对流量测量的影响，计 1 例；
③ 插入式流量计和满管式流量计的比较，计 2 例；
④ 点流速型和径流速型均速管的比较，计 2 例；
⑤ 关于不同截面形状均速管差压流量计的讨论，计 1 例；
⑥ 关于流量小信号切除的讨论，计 2 例；
⑦ 关于流量测量准确度的现场校准，计 4 例；
⑧ 关于容积式流量计机械磨损的处理方法，计 1 例；
⑨ 保证流量测量准确度的其他方法，计 9 例。

6.1 直管段长度不够对超声流量计的影响

6.1.1 提问

上海的一幢大楼空调供冷系统中，有一套低区冷冻水系统。该系统共有 12 套冷量计量表，其中 11 台分表均为 *DN*80～*DN*200 IFM4080 电磁流量计，总表因管内压力高，而且全年无停车装表的机会，所以采用 AT868 夹装式超声流量计，系统图如图 6.1 所示。由于大厦内寸土寸金，*DN*600 总管用的超声流量计找不到理想的安装位置，唯一的一个可供安装的地点，前直管段只能勉强达到 5*D*，与规程要求相差甚远。仪表投运后发现总管流量示值比各分管流量示值之和低 5%。

6.1.2 分析

在作系统误差分析中，工作人员核对了各分表的数据设置和各台表所对应的用户的设备能力，确认流量示值可信。尤其是该型号电磁流量计精确度等级较高，其基本误差为±0.3%R，因此初步判定 5%的量差主要是由于总管流量计误差大引起的。

在分析直管段长度不够对超声流量计示值影响的过程中，富士公司的经验帮了忙，该公司提供的三组曲线（如图 6.2 所示）都表明夹装式单声道超声流量计在直管段不够长时，示值偏低[1]，在前直管段长度为 5*D* 时，示值约偏低 5%，从而使总表与分表量差的矛盾找到了答案。

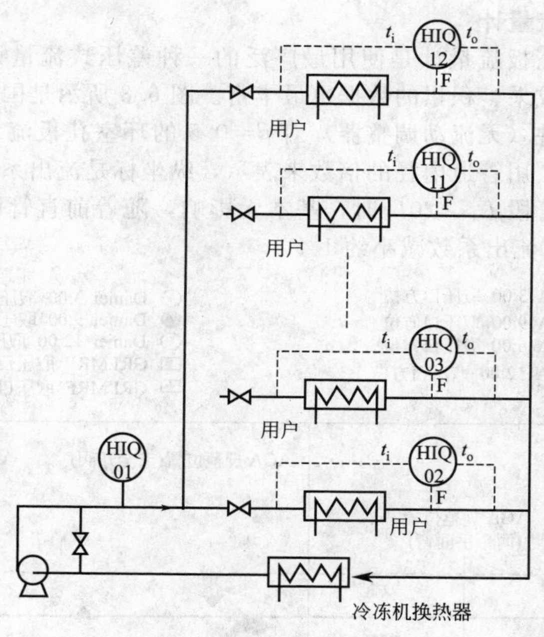

图 6.1 低区供冷系统

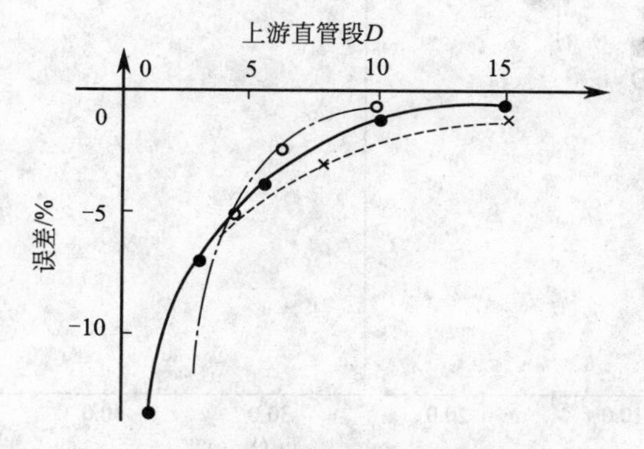

图 6.2 上游直管段的影响

图 6.2 中所画的 3 根试验曲线都表明，直管段长度不够时流量示值偏低，其中直管段长度为 5D 时，3 根曲线都示出偏低 5%，与本实例中的数据相符，因此图中数据可信。

针对这一情况，后与业主单位商量，将总表流量系数修正 5%，使总表和分表之和吻合。这样一用就是 10 年，总表计量结果与分表之和的吻合度一直保持得很好。

6.2 环室取压孔板流量计直管段长度不够对测量的影响

6.2.1 提问

环室取压标准孔板流量计直管段长度不够时，对流量测量有何影响，如何处理？

6.2.2 解答

大多数流量计对前后直管段长度都有较高要求，其中，标准差压流量计要求最高。

(1) 环室取压孔板流量计

带有均压环的标准孔板流量计是使用最广泛的一种差压式流量计，人们对它的研究最多，时间最长，获得的成果、积累的数据也最丰富。图 6.3 所示是国外几个著名的公司实验室提供的上游不同阻流件（无流动调整器）对 $\beta=0.5$ 的环室孔板流量系数影响的数据。其横坐标为前直管段长度，用管道内径的倍数来表示，纵坐标是流出系数的增量，用百分数表示。从图中可见，前直管段 $L_1 \geqslant 20D$ 时，基本无影响，随着前直管段长度的减小，流出系数逐渐减小，到 $6D$ 时，流出系数减小约 1%。

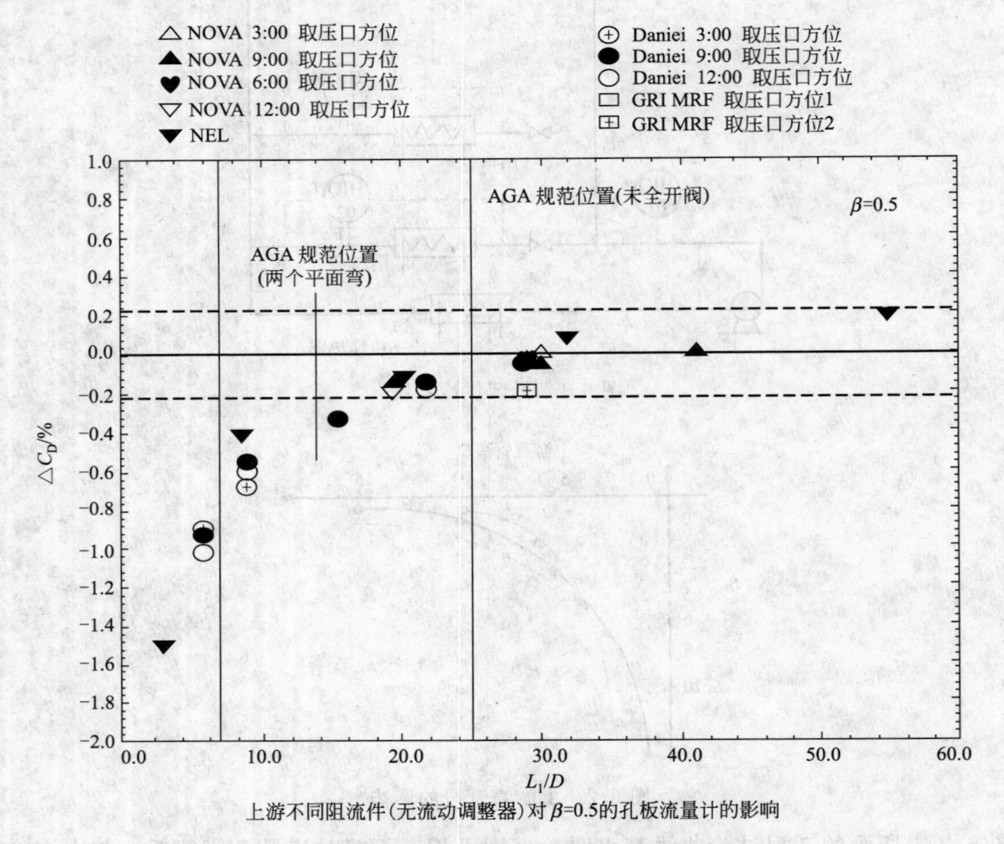

图 6.3 前直管段长度对孔板流出系统的影响

流出系数的减小，使相同的流量流过差压装置时，输出的差压值增大。

直管段长度减小、输出差压增大的原因与管壁取压有关。当直管段长度减小时，流速分布的对称性变差，最高流速的点偏离轴心渐远，而与均压环中某一点的距离变近，从而导致差压的平均值增大。

(2) 法兰取压和径距取压孔板流量计

从图 6.3 可见，直管段长度对流出系数的影响同取压口的方位无关，这是因为有均压环的缘故。而法兰取压和径距取压没有均压环，对流出系数的影响无法避免要受到“90°弯-取压口”相互位置的影响。

具体可分三种情况来讨论。

① 取压口与 90°弯在同一个平面内而且处于外圈位置

取压口与 90°弯头的这种关系如图 6.4 所示。在流体以很高的流速流过 90°弯时，由于离心力的作用，使得圆形流通截面中的速度分布不再与轴线对称，而是流速最高的点向取压口靠近，导致输出差压偏高。

② 取压口与90°弯在同一个平面内而且处于内圈位置

取压口与90°弯的这种关系如图6.5所示。在流体以很高的流速流过90°弯时，由于离心力的作用，使得流速最高的点远离取压口，导致输出差压偏低。

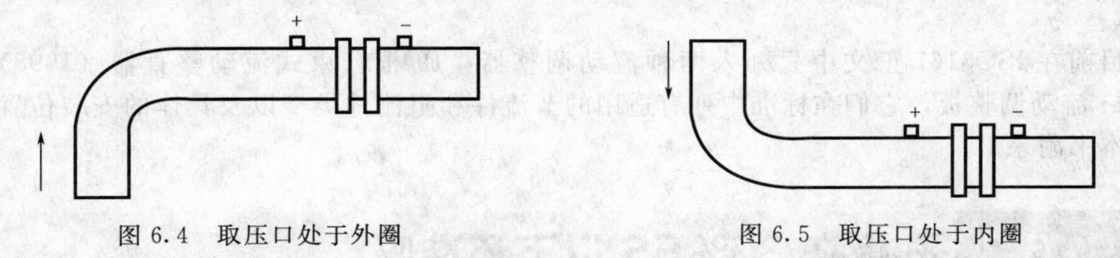

图6.4 取压口处于外圈　　图6.5 取压口处于内圈

③ 取压口所在的平面与90°弯所在的平面垂直

取压口与90°弯的这种关系如图6.6所示。在流体以很高的流速流过90°弯时，由于离心力的作用，速度分布的对称性也变差，但由于相互位置不同于图6.4和图6.5，流速最高点只是轻微地远离取压口，所以对流出系数无明显影响。

(3) 直管长度不够时的处理

直管段长度不够时的处理，有多种方法。

① 让步法

附录A的表A.1中所列是孔板上下游要求的最小直管段长度。其中A栏的长度是指“零附加不确定度”的要求，B栏的长度是指“0.5%附加不确定度”的要求。从表中可看出，B栏比A栏长度短得多。

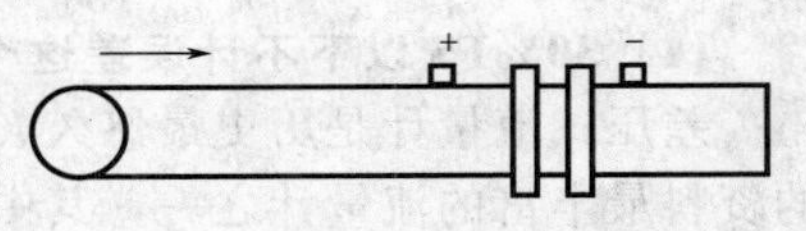

图6.6 取压口与90°弯垂直

这个方法适用于对精确度要求不太高的测量点，例如过程控制用流量测量。

② 将取压口选在影响小的位置

图6.7所示为取压口位置示意。取压口的取向应考虑被测流体为液体时，防止气体进入导压管；被测流体为气体时，防止液滴或污物进入导压管。当测量管道为垂直时，取压口的位置在取压位置的平面上，方向可任意选择。有的人看了图6.7后就认为图中的α为45°最合适，其实并没有这个规定。只要符合上面的原则，α大一些或小一些都不要紧，这样一来，选择的范围就大了。

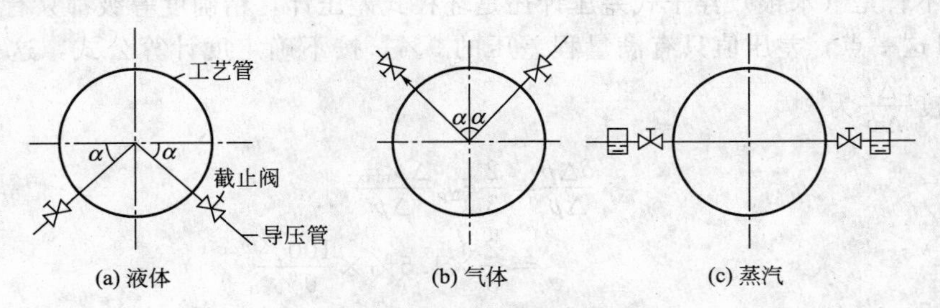

图6.7 取压口位置安装示意图

例如测量气体流量，安装在水平管上的孔板，上游是一个垂直走向的90°弯，如果取压位置按照常规方法选在水平管的上方，就是一个最不利的位置，如果取$\alpha=85°$，就可使直管段不够长对测量的影响减到很小的程度。

上面所做的只是定性分析，未查到定量分析的实验数据。

③ 对影响值进行估算

如果仪表是环室取压，而且计量结果也不是用于贸易结算，可利用图6.3中的数据对此影响量可能引起的误差做估算。但也只适用过程控制用流量计，不适用于贸易结算用流量计。

④ 加装流动调整器

流动调整器可用于减少上游直管段长度。配合性实验表明，它可以用在任何上游管件的下游。

目前在 ISO5167 正文中只列入两种流动调整器：19 根管束式流动整直器（1998）和 Zanker 流动调整板，它们在标准中列有适用的节流件和阻流件类型以及具体的安装位置等，详见本书附录 B。

6.3 孔板在 30%FS 以下还准吗

6.3.1 提问

孔板在 30%FS 以下还准吗？

6.3.2 解答

(1) 30%FS 以下不计误差这个说法从何而来

差压式流量计是历史最悠久、得到最广泛应用、开展的研究并获得成果最多、也是积累的资料最丰富的流量计之一，其中标准孔板、喷嘴和文丘里管已实现标准化，只要按照标准设计、制造、检验、安装和使用，无需实流标定就能获得规定的准确度。这在各种流量计中是极个别的。

提问者所说的孔板指的应是标准型差压流量计，所提的问题是标准差压流量计的范围度问题。

在 50 年之前，差压流量计是市场上能够获得的屈指可数的几种流量计之一，因此老的仪表工程师对这种流量计都比较熟悉。教科书上和一些文献上总是说 30%FS 以下时误差太大，无法用数值描述它的确切不确定度。

这个说法是有道理的，在当时的条件下，一套孔板流量计由差压装置和差压计组成。当时的差压计不管是（水银）浮子式差压计还是环秤式差压计，精确度等级都只有 1.5 级，在 30%FS 流量这一点，差压值只有满量程差压的 9%，按不确定度计算公式，这一点的差压测量不确定度$\frac{\delta\Delta p}{\Delta p}$为[2]

$$\begin{aligned}\frac{\delta\Delta p}{\Delta p}&=\frac{2}{3}\xi_{\Delta p}\frac{\Delta p_{\max}}{\Delta p}\\&=\frac{2}{3}\times1.5\%\times\frac{100\%}{9\%}\\&=11.1\%\end{aligned}$$

式中 $\xi_{\Delta p}$——差压变送器精确度等级；

$\Delta p_{\max}$——差压上限，Pa；

Δp——差压，Pa。

且不论孔板的不确定度，仅差压测量不确定已如此之大，当然无系统精确度可言。

随着时间的推移，浮子式差压计等已不再使用，取而代之的差压变送器精确度等级已从 1.0、0.5、0.2、0.1、0.065 级发展到 0.04 级。以现在普遍使用的 0.065 级计算，与 50 年前相比，精确度也已经提高了23倍。在30%FS流量点，差压测量的不确定度也不再是11.1%。而是0.48%。因此，系统不确定度和范围度指标得到大幅度提升。

（2）标准中的描述

在国际标准ISO 5167.2：2003（E）和国家标准GB/T 2624—2006中，没有差压流量计范围度的规定，与测量精确度有关的只有流出系数C的不确定度指标和可膨胀性系数ε_1的不确定度估算公式。在标准中，关于标准孔板不确定度有下面的规定[3][4]。

对于角接取压口或D-$D/2$取压口孔板：

——$d \geqslant 12.5$mm；

——$50\text{mm} \leqslant D \leqslant 1000\text{mm}$；

——$0.1 \leqslant \beta \leqslant 0.75$；

——对于$0.1 \leqslant \beta \leqslant 0.56$，$Re_D \geqslant 5000$；

——对于$\beta > 0.56$，$Re_D \geqslant 16000$。

对于法兰取压口孔板：

——$d \geqslant 12.5$mm；

——$50\text{mm} \leqslant D \leqq 1000\text{mm}$；

——$0.1 \leqslant \beta \leqslant 0.75$。

其中d为节流件开孔直径，D为管道直径，$\beta = d/D$。

对于所有3种型式的取压口，假设β、D、Re_D无误差，C的相对不确定度等于：

——（$0.7-\beta$）%（对于$0.1 \leqslant \beta \leqslant 0.2$）

——0.5%（对于$0.2 \leqslant \beta \leqslant 0.6$）

——（$1.667\beta - 0.5$）%（对于$0.6 \leqslant \beta \leqslant 0.75$）

显然，标准孔板只要满足上述各项要求，当然加工制造的质量还要按标准检验合格，按标准计算得到的流出系数C就能获得标准规定的不确定度。

关于标准孔板的可膨胀性系数ε的不确定度，标准也作了规定。

假设β、$\Delta p/p_1$和κ为已知而且无误差，ε值的相对不确定度等于：

$$\frac{\delta\varepsilon}{\varepsilon} = 3.5\frac{\Delta p}{\kappa p_1}\%$$

式中 $\frac{\delta\varepsilon}{\varepsilon}$——$\varepsilon$值的相对不确定度；

Δp——差压，Pa；

κ——等熵指数；

p_1——节流件正端取压口平面上的绝对静压，Pa。

显然相对流量越小，Δp越小，按标准计算得到的可膨胀性系数ε不确定度值越小，也不会制约整套流量计的范围度。

（3）系统误差的估算

通过上面的分析可知，标准中所提供的计算公式精确度很高，差压变送器的精确度等级也达到很高水平，好像差压流量计的范围度就可做到很大。其实不然，因为差压式流量计的系统不确定度是由6个因素合成的。而且由于差压流量计的固有缺陷，0.065级差压流量计在30%FS甚至20%FS流量测量点精确度是足够了，但在相对流量更小时，差压测量不确定度仍是提高系统精确度的关键。

附录D中的式(D.1)是差压式流量计系统不确定度估算公式[3][5]。

在式(D.1)中，C的计算公式不确定度虽不大，但它是雷诺数的函数。ε的计算公式的不确定度也不大，但它是$\Delta p/p_1$和κ的函数，如果不进行C的非线性补偿和ε的非线性校正，引入的误差也是可观的。

密度 ρ_1 是影响系统不确定度的重要因素，如果不进行恰到好处的补偿，将会引起较大的误差。

差压测量的不确定度：当流量为 15%FS 时，差压测量不确定度被放大了 44 倍，达到 1.9%，如果流量再小，差压测量不确定度又重新成为瓶颈，这时为了减小差压测量的不确定度，必须增设一台低量程差压变送器，像 2.12 节所讨论的那样。

采取了这些措施之后，满刻度流量 3% 以上就能保证规定的系统精确度（液体：±1.0%，组分稳定的气体和蒸汽：±1.5%）。

(4) 在流量标准装置上的验证

上面所讨论的方法在流量标准装置上验证表明：

① 不进行 C 的非线性补偿和 ε 的在线校正，只进行 ρ_1 补偿，范围度能做到 3∶1；

② 进行 C 的非线性补偿和 ε 非线性的在线校正，又进行 ρ_1 的补偿，范围度能做到10∶1；

③ 进行 C、ε 和 ρ_1 的实时补偿，而且引入低量程差压变送器，范围度能做到 30∶1。

6.3.3 小结

① 50 年前主要由于差压测量不确定度太大，更谈不上对引入系统误差的其他因素进行补偿校正，30%FS 以下不计差是必然的。就是 30%FS 流量点，能够达到的系统精确度也不高。

② 差压式流量计标准中给出的流出系数 C 计算公式和可膨胀性系数 ε 计算公式是根据大量实验数据，然后用统计学的方法回归出来的，是可靠的。但它们都是变量，不能当常数来处理。

③ 0.065 级差压变送器在流量量程低段仍嫌差压测量精确度不够，需引入低量程差压变送器组成双量程（宽量程）差压流量计，从而使范围度得到拓展。

④ 在流量标准装置上的验证表明，上述提高系统精确度扩大范围度的各项措施是有效的，30∶1 的范围度是有保证的。

6.4 管道内壁粗糙度不符合要求的影响

6.4.1 提问

孔板前直管段内壁粗糙度不符合要求时，对孔板流出系数的影响有多大。

6.4.2 解答

按照 GB/T 2624 标准，标准孔板和喷嘴都应自带直管段，而且直管段内壁的粗糙度也应符合国标要求。但有些用于过程控制的差压装置往往省去直管段，这时由此引入的误差可用图 6.8 估算。

在图 6.8 中，横坐标是相对粗糙度与 β 作用的等效系数，粗糙度越大，流出系数 C 的增量 ΔC 越大，流量示值越偏低。

管道内壁越粗糙流量显示越低的原因，是粗糙的管道内壁加大了管壁对流体的摩擦力，导致近管壁处的流速比整个流通截面的平均流速低得更多，从而使得用管壁取压方式得到的差压减小。

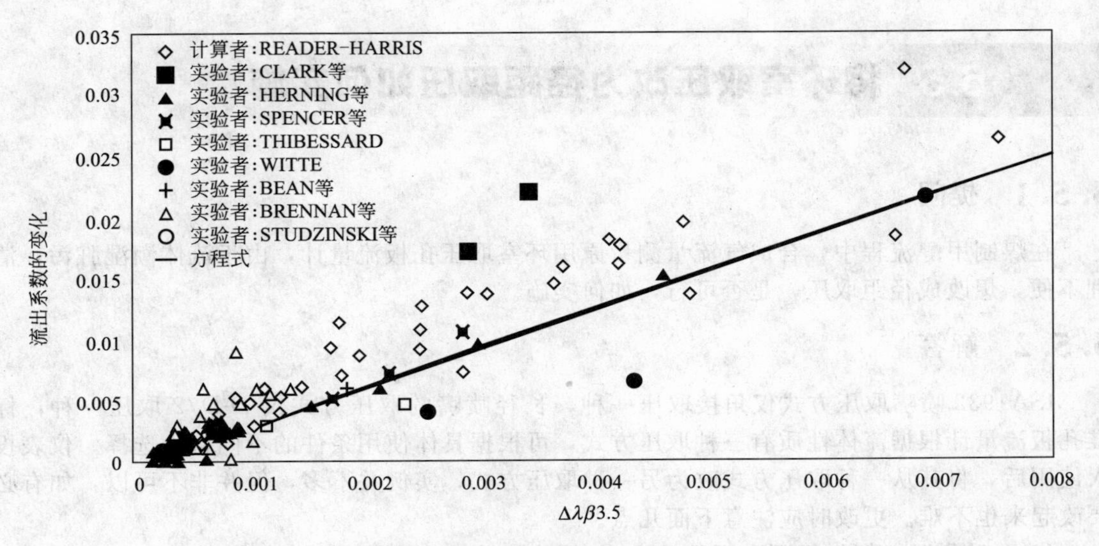

图 6.8 管道内壁粗糙度对孔板流出系数 C 的影响

表 6.1 列出了孔板上游管道相对粗糙度的上限值，单位是 $10^4 Ra/D$，其中，Ra 为偏离被测轮廓平均线的算术平均偏差。

表 6.1 孔板上游管道相对粗糙度要求

β	Re_D								
	$\leqslant 10^4$	3×10^4	10^5	3×10^5	10^6	3×10^6	10^7	3×10^7	10^8
$\leqslant$0.20	15	15	15	15	15	15	15	15	15
0.30	15	15	15	15	15	15	15	14	13
0.40	15	15	10	7.2	4.1	3.5	3.5	3.1	2.7
0.50	11	7.7	4.9	3.3	1.6	1.3	1.3	1.1	0.9
0.60	5.6	4.0	2.5	1.6	0.7	0.6	0.6	0.5	0.4
$\geqslant$0.65	4.2	3.0	1.9	1.2	0.6	0.4	0.4	0.3	0.3

$$Ra=K/\pi$$

其中，K 为等效绝对粗糙度，以长度单位表示。

从该表可见，在雷诺数 Re_D 不变时，直径比 β 越大，粗糙度要求越高。在相同的 β 条件下，Re_D 越大，粗糙度要求越高。

6.4.3 讨论

孔板是差压式流量计中被研究的历史最长、积累的资料最丰富的一种流量计。图 6.8 和表 6.1 所列的数据就是这种研究的重要成果。国际上很多著名的实验室为此付出了大量艰苦的劳动。

图中所列的数据仅仅表明研究者对孔板做过这方面的研究，而不表明仅仅孔板有此影响。有的人吹嘘说某种新型差压装置不像孔板那样受雷诺数影响，不受管道内壁粗糙度影响，那是不确切的。所有管壁取压的差压装置都要受到雷诺数的影响和管壁粗糙度的影响。从这种差压装置每台表的标定数据就可看到，流量大时，流量系数小；流量小时，流量系数大，这就是因为受雷诺数的影响。

6.5 将环室取压改为径距取压如何实施

6.5.1 提问

在煤制甲醇流程中，合成气流量测量原用环室取压孔板流量计，由于流体潮湿脏污，清理不便，想改成径距取压，是否可行，如何实施。

6.5.2 解答

ISA1932 喷嘴取压方式仅角接取压一种，长径喷嘴的取压方式仅 D-$D/2$ 取压一种，标准孔板流量计根据流体性质有三种取压方式，可根据具体使用条件的不同自由选择。仪表投入使用后，将其从一种取压方式改为另一种取压方式，实例并不多，但并非不可以，如有必要改起来也不难。更改时应注意下面几点。

① 取对位置。例如径距取压的 D-$D/2$ 的确切位置、所开取压孔在管道圆周上的位置，都需精确测量，不能随便取个位置。

② 所开孔的质量应符合 GB/T 2624 要求，主要有以下几点。

a. 取压口的中心线应尽可能以 90°与管道中心线相交，但在任何情况下都应在垂直线的 3°之内。

b. 穿透处孔应呈圆形，其边缘应与管壁内表面齐平，并尽可能锐利。为确保去除内部边缘上的一切毛边或卷口，允许倒圆但应尽可能小，若能测量，其半径应小于取压口直径的 1/10，在连接孔的内部、在管壁上钻出的孔的边缘或者在靠近取压口的管壁上，应不出现不规则状态。

c. 取压口直径应小于 $0.13D$ 和小于 13mm。而且上游和下游取压口的直径应相同。

③ 所增加的配件应符合温度、压力等级有关规定。

④ 取压方式变更后流出系数有相应变化，应对变化后的流出系数所引起的测量误差进行校正。

最便捷的方法是利用 GB/T 2624—2006、附录 C，按孔板计算书中的 β 和常用雷诺数，在表格中找到最接近的 β 值和 Re_D 值，查得两种取压方式对应的 C 值，然后比较其差异并计算校正值。

例如一台标准孔板，计算书中给出 $\beta=0.51$，（常用流量对应的雷诺数）$Re_D=3\times10^5$，原有取压方式为角接取压。在附录 C 的表 C.1 中，取 $\beta=0.51$，$Re_D=3\times10^5$，查得（角接取压）$C=0.6053$。再在附录 C 的表 C.2 中，取同样的 β 和 Re_D，查得（径距取压）$C'=0.6047$。则校正系数

$$K_C=C'/C$$
$$=0.99901$$

则校正后满度值 FS' 为

$$FS'=K_C FS$$

式中 FS'——校正后的满度值；

K_C——流出系数校正系数；

FS——原有满度值。

如果将角接取压改为法兰取压，则需查法兰取压孔板的流出系数 C 表格，由于法兰取压孔板的流出系数与管道内径 D 有关，所以在几个法兰取压孔板的流出系数表格中，选取

D 与计算书相符或相近的那一个。

例如，本例中 D=200mm，就可查附录 C 中的表 C.3，查得 β=0.51，$Re_D=3\times10^5$ 对应的 C'=0.6047，计算得到的校正系数与径距取压相同[3]。

附录 C 中仅列出一部分法兰取压孔板的流出系数 C，其余尺寸的流出系数 C 见 GB/T 2624—2006 标准。

⑤ 改为径距取压后，在根部阀出口处应设置疏通口，根部阀选闸阀或球阀，导压管也都要考虑便于疏通。

6.6 孔板前积水对流量测量的影响

6.6.1 提问

孔板前积水对流量测量有何影响?

6.6.2 解答

(1) 孔板前积水的原因

用来测量饱和水蒸气和湿气体的标准孔板流量计，在差压装置拆卸检查时往往发现孔板 A 面（迎流面）有积水的痕迹，有的自控设计人员估计到具体的检测点孔板前有可能会积水，所以差压装置订货时已要求节流件下方开疏水孔，照理可用不着担心积水，可是拆开差压装置后往往还是发现孔板 A 面有积水痕迹。究其原因有两个，一是安装人员不知道疏水孔派何用场，所以未将疏水孔放在正下方；二是疏水孔虽然安放位置正确，但因孔径太小，极易被从上游带来的焊渣、氧化铁等固形物堵死。此疏水孔内径一般只有几毫米。人们在设法避免积水的同时，也对积水引入的误差进行估算。

(2) 孔板前积水引入的误差估算

根据 ISO/TR 5168：1998《流体的流量测量——不确定度的估算》中的关系式可知，孔板前积水会改变流量系数，即孔板前积水管道有效截面积减小，导致等效直径比 β 增大，引起流出系数 C 以及流量系数 $C/\sqrt{1-\beta^4}$ 偏离原设计计算值[5]。

例 有一副标准孔板差压装置用来测量湿气体流量，已知：

管道内径 D=200mm；

孔板开孔直径 d=100mm；

取压方式 角接取压；

常用流量雷诺数 $Re_{Dcom}=10^6$；

孔板前积水高度 h=20mm。

孔板前积水如图 6.9 中 S_1 所示，试估算积水引起的误差。

解 ①积水后等效直径比计算

积水（弓形）面积 S_1 经计算为

$$S_1=16.35\text{cm}^2\text{（计算方法略）}$$

因为积水前管道截面积为

$$S_2=\pi D^2/4=314.16\text{cm}^2$$

所以积水后管道有效面积

$$\begin{aligned}S_3&=S_2-S_1\\&=297.81\text{cm}^2\end{aligned}$$

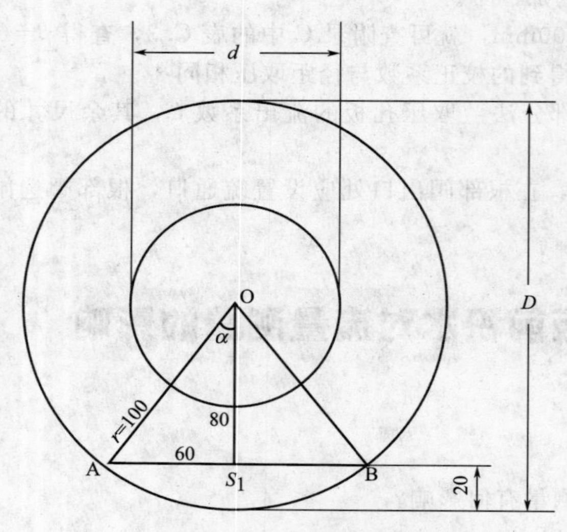

图 6.9 孔板前积水示意图

积水后管道等效直径

$$D'=\sqrt{4S_3/\pi}$$
$$=194.726\text{mm}$$

积水后等效直径比

$$\beta'=d/D'$$
$$=0.513541$$

② 计算积水前流出系数

将 β 和 Re_{Dcom} 值代入式(2.4) 计算得

$$C=0.602972$$

③ 计算积水后流出系数

将 β' 和 Re_{Dcom} 值代入式(2.4) 计算得

$$C'=0.603256$$

④ 计算积水引起的流量系数误差

$$\delta_\alpha=\left(\frac{C'}{\sqrt{1-(\beta')^4}}-\frac{C}{\sqrt{1-\beta^4}}\right)\Bigg/\frac{C}{\sqrt{1-\beta^4}}$$

$$=\frac{0.603256/\sqrt{1-0.513542^4}-0.602972/\sqrt{1-0.5^4}}{0.602972/\sqrt{1-0.5^4}}$$

$$=0.43\%$$

⑤ 计算结果的讨论

孔板前积水导致流量系数增大，在流量未变的情况下，差压装置输出的差压约减小0.86%。总的来说影响还不是十分大。

(3) 排泄孔和放气孔

在水平管道上安装的节流件，当测量气体流量为了防止液体积聚或测量液体流量防止气体积聚，在节流件上打了一个排泄孔或放气孔，此时，有一个不经节流件开孔的旁通流量流过节流件，因而必须对流出系数进行修正，其修正系数为 b_h，其大小按下列公式计算[6]：

对孔板

$$b_h=\left[1+0.55\left(\frac{d_h}{d_{20}}\right)^2\right]^2 \tag{6.1}$$

对喷嘴 $$b_h=\left[1+0.40\left(\frac{d_h}{d_{20}}\right)^2\right]^2 \qquad (6.2)$$

式中 d_h 和 d_{20} 分别为排泄孔或放气孔直径和节流件开孔直径，两者取同一单位。

节流件（对孔板或喷嘴）的开孔直径按下式计算：

$$d'=d_{20}\left[1+\left(\frac{d_h}{d_{20}}\right)^2\right]^{1/2} \qquad (6.3)$$

式中，d' 为有排泄孔或放气孔时节流件开孔直径修正后的值。

① 排泄孔设在节流件两端面的下部，放气孔设在节流件两端面的上部，其垂直中心线与两端面的垂直中心线重合。

② 只有管道内径 $D\geqslant 100$mm 时，才允许设置排泄孔和放气孔。

③ 排泄孔和放气孔的直径不得大于 $0.1d$，其任何部分应位于以管道轴线为圆心的直径为 $D-0.2d$ 的同心圆范围之外。

④ 排泄孔和放气孔为圆筒形钻孔，其入口和出口应无毛刺和明显损伤，其内表面应尽量光洁。

⑤ 对于 ISA1932 喷嘴，β 小于 0.625 时才允许设置排泄孔和放气孔。

⑥ 排泄孔或放气孔与取压口之间的方向应在 90°～180°之间。

⑦ 长径喷嘴不得采用排泄孔和放气孔。

⑧ 由于 b_h 实质上是对 d 的修正，因此引入修正系数 b_h 之后，其附加不确定度不是加在流出系数的不确定度上，而是加在节流件开孔直径的误差上。

(4) 偏心孔板

当被测流体的凝结水比较洁净时，采用疏液孔的方法能解决孔板前积水的问题。但若凝结水脏污，极易将疏液孔堵塞，这时采用圆缺孔板或偏心孔板较合理，不仅可将脏污的液体排放到下游，而且流体中带过来的固形物也可一起被冲到节流件下游。

圆缺孔板的不确定度为 1.5%，而偏心孔板的不确定度在 $\beta\leqslant 0.75$ 时，为 1%，因此污物不很多、问题不很严重时，选用偏心孔板较合理。

如图 6.10 所示的偏心孔板，其流出系数为[6]

$$C=0.9355-1.6889\beta+3.0428\beta^2-1.7989\beta^3$$

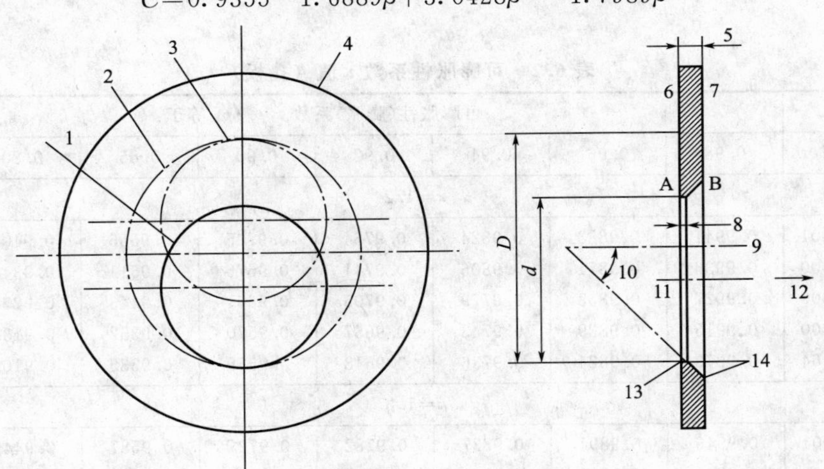

图 6.10 偏心孔板

1—孔板开孔；2—管道内径；3—孔板开孔的另一位置；4—孔板外径；5—孔板厚度 E；6—上游端面 A；7—下游端面 B；8—孔板开孔厚度；9—孔板轴线；10—斜角 F；11—孔板开孔轴线；12—流向；13—上游边缘；14—下游边缘

偏心孔板使用极限条件：

$d \geqslant 50$，$100\text{mm} \leqslant D \leqslant 1000\text{mm}$

$0.46 \leqslant \beta \leqslant 0.84$，$0.136 \leqslant C\beta^2(1-\beta^4)^{0.5} \leqslant 0.423$

$2 \times 10^5 \beta^2 \leqslant Re_D \leqslant 10^6 \beta$

6.7 有什么简易的方法可检查 ε 校正是否正确

6.7.1 提问

计算 ε 的公式都很复杂，在流量计算装置中作了自动校正后，有什么简易的方法可检查校正得是否正确？

6.7.2 解答

在 2.2 节中给出了标准孔板 ε_1 的关系式，又给出了喷嘴和文丘里管 ε_1 的关系式，两个关系式大不一样，计算的结果也有很大差异。在具有 ε 自动校正功能的计算装置中，将差压装置计算书中查得的 β 值、κ 值、q_{max} 值、Δp_{max} 值以及 ε_d 值按说明书的要求置入规定单元[见式(2.14)]，并输入有关测量信号后，启动程序运算就可以得到 ε 校正系数 k_ε。这一计算结果在规定的单元中显示。

由于关系复杂，这一计算结果一般无法用直觉判断其准确与否。而用手工方法按关系式计算可膨胀性系数校正系数 k_ε 的应有值又极为复杂，于是下面介绍的查表法就成为简单易行的实用方法。

在 GB/T 2624—2006 中，给出了孔板的 ε 值，如表 6.2 所示，也给出了喷嘴、文丘里管和文丘里喷嘴的 ε 值，如表 6.3 所示。两个表格的自变量都是 β、κ 和 p_2/p_1，只要在流量计算装置（流量二次表或 DCS）的规定单元输入 β、κ、Δp_{max} 和 p_1 值，并使这些值与表 6.2 或表 6.3 中某行某列的自变量值相等，那么从表格中就可查得因变量 ε 值。

表 6.2 可膨胀性系数 ε 值（孔板）

直径比		可膨胀性(膨胀)系数 ε，p_2/p_1 等于：							
β	β^4	0.98	0.96	0.94	0.92	0.90	0.85	0.80	0.75
$\kappa=1.2$									
0.1000	0.0001	0.9941	0.9883	0.9824	0.9764	0.9705	0.9555	0.9404	0.9252
0.5623	0.1000	0.9936	0.9871	0.9806	0.9741	0.9676	0.9511	0.9345	0.9177
0.6687	0.2000	0.9927	0.9853	0.9779	0.9705	0.9631	0.9443	0.9254	0.9063
0.7401	0.3000	0.9915	0.9829	0.9743	0.9657	0.9570	0.9352	0.9132	0.8910
0.7500	0.3164	0.9912	0.9824	0.9736	0.9648	0.9559	0.9335	0.9109	0.8881
$\kappa=1.3$									
0.1000	0.0001	0.9946	0.9891	0.9837	0.9782	0.9727	0.9587	0.9446	0.9303
0.5623	0.1000	0.9940	0.9881	0.9821	0.9760	0.9700	0.9547	0.9391	0.9234
0.6687	0.2000	0.9932	0.9864	0.9796	0.9727	0.9658	0.9484	0.9307	0.9128
0.7401	0.3000	0.9921	0.9842	0.9762	0.9682	0.9602	0.9399	0.9193	0.8985
0.7500	0.3164	0.9919	0.9838	0.9756	0.9674	0.9591	0.9383	0.9172	0.8958

续表

直径比		可膨胀性(膨胀)系数 ε, p_2/p_1 等于:							
β	$β^4$	0.98	0.96	0.94	0.92	0.90	0.85	0.80	0.75
κ=1.4									
0.1000	0.0001	0.9950	0.9899	0.9848	0.9797	0.9746	0.9615	0.9483	0.9348
0.5623	0.1000	0.9945	0.9889	0.9833	0.9777	0.9720	0.9577	0.9431	0.9283
0.6687	0.2000	0.9937	0.9874	0.9810	0.9746	0.9681	0.9518	0.9353	0.9184
0.7401	0.3000	0.9927	0.9853	0.9779	0.9704	0.9629	0.9439	0.9246	0.9050
0.7500	0.3164	0.9925	0.9847	0.9773	0.9696	0.9619	0.9424	0.9226	0.9025
κ=1.66									
0.1000	0.0001	0.9958	0.9915	0.9872	0.9828	0.9784	0.9673	0.9558	0.9441
0.5623	0.1000	0.9953	0.9906	0.9859	0.9811	0.9763	0.9640	0.9515	0.9386
0.6687	0.2000	0.9947	0.9893	0.9839	0.9785	0.9730	0.9590	0.9447	0.9301
0.7401	0.3000	0.9938	0.9876	0.9813	0.9749	0.9685	0.9523	0.9357	0.9186
0.7500	0.3164	0.9936	0.9872	0.9808	0.9743	0.9677	0.9510	0.9340	0.9164

注：提供本表是为了方便使用。表中的数值不供精确内插之用，不允许外推。

表 6.3 可膨胀性系数 ε 值（喷嘴、文丘里管和文丘里喷嘴）

直径比		可膨胀性(膨胀)系数 ε, p_2/p_1 等于:								
β	$β^4$	1.00	0.98	0.96	0.94	0.92	0.90	0.85	0.80	0.75
κ=1.2										
0.2000	0.0016	1.000	0.9874	0.9747	0.9619	0.9490	0.9359	0.9028	0.8687	0.8338
0.5623	0.1000	1.000	0.9856	0.9712	0.9568	0.9423	0.9278	0.8913	0.8543	0.8169
0.6687	0.2000	1.000	0.9834	0.9669	0.9504	0.9341	0.9178	0.8773	0.8371	0.7970
0.7401	0.3000	1.000	0.9805	0.9613	0.9424	0.9238	0.9053	0.8602	0.8163	0.7733
0.7953	0.4000	1.000	0.9767	0.9541	0.9320	0.9105	0.8895	0.8390	0.7909	0.7448
0.8000	0.4096	1.000	0.9763	0.9533	0.9309	0.9091	0.8878	0.8367	0.7882	0.7418
κ=1.3										
0.2000	0.0016	1.000	0.9884	0.9766	0.9648	0.9528	0.9407	0.9099	0.8781	0.8454
0.5623	0.1000	1.000	0.9867	0.9734	0.9600	0.9466	0.9331	0.8990	0.8645	0.8294
0.6687	0.2000	1.000	0.9846	0.9693	0.9541	0.9389	0.9237	0.8859	0.8481	0.8102
0.7401	0.3000	1.000	0.9820	0.9642	0.9466	0.9292	0.9120	0.8697	0.8283	0.7875
0.7953	0.4000	1.000	0.9785	0.9575	0.9369	0.9168	0.8971	0.8495	0.8039	0.7599
0.8000	0.4096	1.000	0.9781	0.9567	0.9358	0.9154	0.8955	0.8473	0.8013	0.7570
κ=1.4										
0.2000	0.0016	1.000	0.9892	0.9783	0.9673	0.9561	0.9448	0.9160	0.8863	0.8556
0.5623	0.1000	1.000	0.9877	0.9753	0.9628	0.9503	0.9377	0.9058	0.8733	0.8402
0.6687	0.2000	1.000	0.9857	0.9715	0.9573	0.9430	0.9288	0.8933	0.8577	0.8219
0.7401	0.3000	1.000	0.9832	0.966	0.9503	0.9340	0.9178	0.8780	0.8388	0.8000
0.7953	0.4000	1.000	0.9800	0.9604	0.9411	0.9223	0.9038	0.8588	0.8154	0.7733
0.8000	0.4096	1.000	0.9796	0.9597	0.9401	0.9210	0.9022	0.8567	0.8129	0.7705
κ=1.66										
0.2000	0.0016	1.0000	0.9909	0.9817	0.9723	0.9628	0.9532	0.9286	0.9031	0.8766
0.5623	0.1000	1.0000	0.9896	0.9791	0.9685	0.9578	0.9471	0.9197	0.8917	0.8629
0.6687	0.2000	1.0000	0.9879	0.9759	0.9637	0.9516	0.9394	0.9088	0.8778	0.8464
0.7401	0.3000	1.0000	0.9858	0.9718	0.9577	0.9438	0.9299	0.8953	0.8609	0.8265
0.7953	0.4000	1.0000	0.9831	0.9664	0.9499	0.9336	0.9176	0.8782	0.8397	0.8020
0.8000	0.4096	1.0000	0.9827	0.9658	0.9490	0.9325	0.9162	0.8763	0.8374	0.7994

注：提供本表是为了方便使用。表中的数值不供精确内插之用，不允许外推。

操作方法如下（流量计算装置以 FC6000 型通用流量演算器为例，差压装置以喷嘴为例）。

选定表 6.3（孔板为表 6.2）中所列的已知值，送入被校表，其中 β 值送入菜单的第 35 条，并在流量信号输入通道送入 100% 信号。例如：送入 $\beta=0.5623$，$\kappa=1.3$，$\Delta p_{max}=100$kPa，$p_1=1.0$MPa（A），流量输入信号为 100%，则 $p_2=p_1-\Delta p_{max}=0.9$MPa，$p_2/p_1=0.9$，查表 6.3 得 $\varepsilon=0.9331$。因本例中，设计状态可膨胀性系数 $\varepsilon_d=0.99934$，所以校正系数应有值为

$$k_\varepsilon=\frac{\varepsilon}{\varepsilon_d}=\frac{0.9331}{0.99934}=0.93362$$

被校表的 09 窗口显示值应与此值相符。如果不相符，可能是差压装置的类型选择有误，应按仪表说明书的介绍，检查核对“差压装置类型”选择窗口所设置的内容是否正确。

6.7.3 讨论

从表 6.2 和表 6.3 两张表中的数据比较可看出，在相同的条件下，喷嘴和文丘里管的 ε 校正幅值要比标准孔板的 ε 校正幅值大一倍以上，因此，具体应用时，不要将“差压装置类型”搞错。

6.8 喷嘴不确定度为何比标准孔板差

6.8.1 提问

同样是标准差压装置，喷嘴的不确定度为什么比标准孔板差很多？

6.8.2 解答

(1) 标准差压装置种类

ISO5167 中所列的已经实现标准化的差压装置有：

① 标准孔板；

② 喷嘴，包括 ISA1932 喷嘴、长径喷嘴和文丘里喷嘴；

③ 文丘里管。

(2) 什么是不确定度

［测量］不确定度是表征合理地赋予被测量之值的分散性，是与测量结果相联系的参数。它可以是标准差或其倍数，或说明了置信水平的区间的半宽度。不确定度恒为正值，在其数值前面不要加“±”号[7]。

(3) 各种标准差压装置的不确定度

① 标准孔板的不确定度 E_c

<table>
<tr><td>1. 角接取压孔板，D-D/2 取压孔板
$0.1\leqslant\beta\leqslant0.5$ 时，$Re_D\geqslant5000$
$\beta>0.5$ 时，$Re_D\geqslant16000$</td><td rowspan="2">$0.1\leqslant\beta\leqslant0.2$，
$E_c=(0.7-\beta)\%$
$0.2\leqslant\beta\leqslant0.6$，
$E_c=0.5\%$
$0.6\leqslant\beta\leqslant0.75$，
$E_c=(1.667\beta-0.5)\%$</td></tr>
<tr><td>2. 法兰取压孔板
$Re_D\geqslant5000$
$Re_D\geqslant170\beta^2D$
(D:mm)</td></tr>
</table>

② 喷嘴的不确定度 E_c

1. ISA1932 喷嘴 0.30≤β≤0.44 时，$7\times10^4\leq Re_D\leq10^7$ 0.44≤β≤0.80 时，$2\times10^4\leq Re_D\leq10^7$	β≤0.6， $E_c=0.8\%$ β>0.6， $E_c=(2\beta-0.4)\%$
2. 长径喷嘴 $10^4\leq Re_D\leq10^7$	$E_c=2.0\%$
3. 文丘里喷嘴 0.316≤β≤0.775 $1.5\times10^5\leq Re_D\leq2\times10^6$	$E_c=(1.2+1.5\beta^4)\%$

③ 文丘里管的不确定度 E_c

粗铸收缩段经典文丘里管：0.3≤β≤0.75　$2\times10^5\leq Re_D\leq2\times10^6$　$E_c=0.7\%$

机械加工收缩段经典文丘里管：0.4≤β≤0.75　$2\times10^5\leq Re_D\leq1\times10^6$　$E_c=1.0\%$

粗焊铁板收缩段经典文丘里管：0.4≤β≤0.7　$2\times10^5\leq Re_D\leq2\times10^6$　$E_c=1.5\%$

(4) 为什么喷嘴不确定度不如标准孔板高

这里所说的喷嘴和孔板的不确定度，指的是按 ISO 5167 标准给出的数学模型计算和按该标准的规定加工出来的喷嘴和孔板的不确定度，它主要表征了模型的精确度和加工复制的精确度。

新版本的 ISO 5167：2003（E）中使用的标准孔板流出系数计算公式是 Reader-Harris/Gallagher 公式，它是按照 16522 个试验点数据用数学回归分析的方法得到的。这些数据点包括建立 Stolz 公式的数据点和 1991 年后新的试验数据。由于试验做得充分，数据量也大，所以回归出来的公式比较完善，精确度也高。而喷嘴因形状复杂，加工难度大，加工成本也高，所以做此试验的人少，获得的数据点少，建立在此基础上的公式也就较简单，不确定度也相应较大。

标准孔板不确定度小的另一个原因是标准孔板加工复制简单，全部是直线条，几何尺寸等加工指标容易控制。

(5) 喷嘴仍然用得较多

喷嘴尽管不确定度比标准孔板差，但它具有其他许多优点，所以仍然受到使用者的欢迎。这些优点包括：

① 不容易变形，这一点对于测量高温、高压、高流速、高压差蒸汽流量的电厂十分重要；

② 压损比标准孔板小得多；

③ 耐磨性好，因为它不存在标准孔板的直角边；

④ 检定周期长。

6.9 差压式流量计系统不确定度计算的实例

6.9.1 提问

差压式流量计系统的不确定度计算很复杂，能否举个实例。

6.9.2 解答

差压式流量计系统不确定度计算的确很复杂，而且测量范围内各个不同点的不确定度也不相同。

在工程上，具体计算时还要做适当的简化，以减小工作量。

所依据的公式是 ISO 5167：2003（E）和 GB/T 2624—2006 中给出的系统不确定度表达式，先按照差压装置计算书中的具体数据和质量检验报告，分别计算各因素的不确定度，再代入表达式计算系统不确定度。附录 D 是某能源公司甲醇厂甲醇生产流程中的一台氧气流量计的计算实例。

应该说明的是，附录 D 所计算的仅仅是这个流量测量系统在常用流量这一点的系统不确定度，而不是全量程的系统不确定度。因为偏离常用流量后，各个流量测量点的不确定度都要增大，尤其是流量下限处，不确定度最大。

6.10 差压式流量计重复开方示值偏高多少

6.10.1 提问

某厂为一个大用户供应过热蒸汽，在一根管道上供方和需方各装一套孔板流量计，之前两套表一直吻合得很好，但在一次检修之后发现供方表计所计总量比需方高 20%左右，仔细检查发现是重复开方所致。现在核算实耗量，请问重复开方后，应当偏高多少？

6.10.2 解答

差压式流量计总是要有开平方运算这一环节，但若在差压变送器开了平方后，在流量二次表中再开一次平方，就会产生相当大的误差。表 6.4 所列即为各典型试验点重复开方后理论输出值的对照表。

表 6.4 重复开方后的理论输出对照表

差压值/%	开方后的流量值%	重复开方后的输出值%	重复开方后示值偏高/%	差压值/%	开方后的流量值%	重复开方后的输出值%	重复开方后示值偏高/%
0	0	0.00	0.00	36	60	77.46	29.10
1	10	31.62	216.20	49	70	83.67	19.53
4	20	44.72	123.60	64	80	89.44	11.80
9	30	54.77	82.57	81	90	94.87	5.41
16	40	63.25	58.13	100	100	100	0.00
25	50	70.71	41.42				

从表 6.4 可看出，除零点和满度之外，重复开方后各点都是偏高的，而且偏高的数值各点都不一样。要回答具体偏高多少，首先要问流量计实际运行在哪一点。如果运行在 70% FS 流量点，示值就偏高 19.53%，如果不是运行在 70%FS 流量点，偏高的数值就不是这个，相对流量越小，偏高的数值越大。

6.10.3 讨论

重复开方的错误一般发生在差压变送器带开方功能的系统中，是由于疏忽引起的，一般是在物料平衡计算中出现严重问题而怀疑流量示值大幅度偏高时才进行检查，并最后得到纠正。

避免重复开放错误的有效方法如下。

① 更新认识

许多老的仪表人员对差压变送器功能的认识习惯性停留在"差压变送"上面，意即仅为差压测量而已，故习惯性将二次表设置为开平方特性。

② 加强基础资料管理

基础资料不仅包括二次表校验单，还应包括二次表的组态数据记录单、变送器校验单。

③ 组态时强调按数据记录单操作，避免即兴操作。并在组态完毕与记录单校对无误后加上密码，防止随意改动。

6.11 孔板流量计和涡街流量计测量重油流量都不合适

6.11.1 提问

孔板流量计和涡街流量计测量重油为什么都不合适，有什么好的方法?

6.11.2 解答

(1) 重油流量测量的特点

① 重油、渣油等常被当燃料使用，流体中含有较多的固体杂质，易沉淀。流量计前一般设有过滤器，固体颗粒对节流件等一次元件易产生磨损。

② 流体黏度较高，为了便于输送，往往被加热到较高温度。流体一旦被冷却，易凝固而堵死通道。

(2) 孔板流量计不适用的原因

孔板流量计不宜用来测量重油流量，是因其直角边耐磨性不佳。直角边磨损后，流量系数增大，仪表失准。

(3) 涡街流量计不适用的原因

涡街流量计不宜用来测量重油流量，除了其发生体锐缘易被磨损之外，还有雷诺数 20000 的要求难以满足，因为重油黏度高。

(4) 可供选用的方法

① 1/4 圆喷嘴

1/4 圆喷嘴有一个独特的性质，即适合在低雷诺数条件下使用，当 $250<Re_D\leqslant 105\beta$ 时，若 $\beta>0.316$，不经实流标定可获得 2% 的不确定度；若 $\beta\leqslant 0.316$，不经实流标定可获得 2.5% 的不确定度[8]。其耐磨性也不像标准孔板那样娇嫩，所以在过程控制的高黏度流体测量中，使用很普遍。

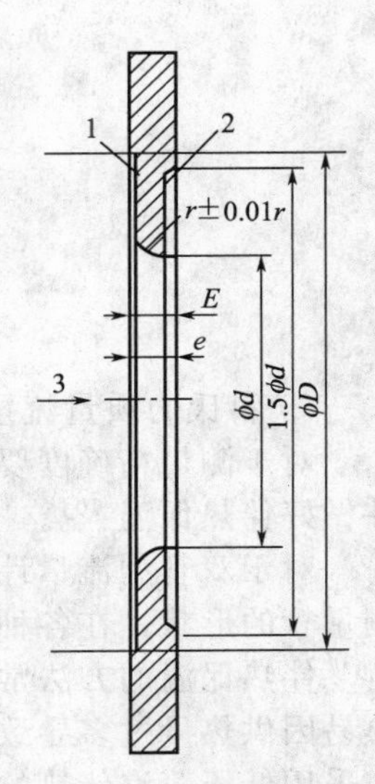

图 6.11 1/4 圆喷嘴

1/4 圆喷嘴的形状与标准孔板相似，只是其节流孔的入口边缘是半径为 r 的 1/4 圆弧，如图 6.11 所示。入口边缘半径 r 与孔径 d 之比 r/d 同直径比 β 之间的关系如表 6.5 所示。

表 6.5　1/4 圆喷嘴的 r/d 与 β 的关系[8]

β	r/d	β	r/d	β	r/d
0.25	0.1012	0.37	0.1100	0.49	0.1318
0.26	0.1015	0.38	0.1113	0.50	0.1350
0.27	0.1022	0.39	0.1125	0.51	0.1388
0.28	0.1029	0.40	0.1140	0.52	0.1429
0.29	0.1034	0.41	0.1156	0.53	0.1474
0.30	0.1040	0.42	0.1171	0.54	0.1522
0.31	0.1048	0.43	0.1188	0.55	0.1580
0.32	0.1056	0.44	0.1205	0.56	0.1646
0.33	0.1064	0.45	0.1222	0.57	0.1719
0.34	0.1071	0.46	0.1243	0.58	0.1793
0.35	0.1080	0.47	0.1266	0.59	0.1915
0.36	0.1089	0.48	0.1290	0.60	0.2083

在适用范围内，其流出系数 C 为：

$$C=0.73823+0.3309\beta-1.1615\beta^2+1.5084\beta^3 \tag{6.4}$$

式中　β——直径比。

② 楔形流量计

楔形流量计的结构如图 6.12 所示，其节流件为 V 形，常用碳化钨等耐磨材料制成，具有优良的耐磨性能。在安装时将楔形节流件的顶部朝下，这样有利于颗粒状流体顺利通过节流件，特别是有悬浮物的流体。对于水平安装的圆管来说，悬浮物容易悬浮在圆管的上半部，由于设计合理的楔形节流件无滞留区，所以能顺利通过而不致堵塞[9]。

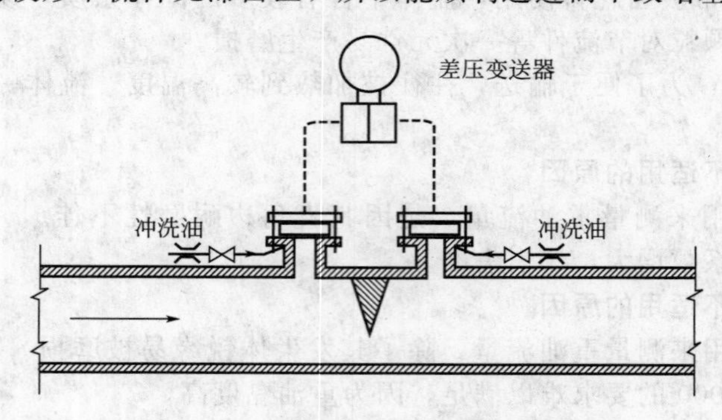

图 6.12　带冲洗楔形流量计示意图

③ 科氏力质量流量计

对于测量精确度要求高的测量对象，可选用科氏力质量流量计。设计时应考虑防止堵塞并做好伴热保温[10]。

对于双管型流量计，测量管内径一般不到公称通径的一半，是易堵的原因之一。其次是测量管的形状，在各种形状的测量管中，直形管最不容易堵塞。

伴热保温的方法常用的有电热带和蒸汽。有的文献建议不要采用电热带，因为电热带伴热易因供热量过多导致传感器线圈过热，而用蒸汽伴热，因伴热管中蒸汽已进入饱和状态，在采用低压蒸汽伴热的情况下，即使传感器箱体内温度升高到与饱和蒸汽温度一样高，也不致达到烧毁线圈的温度[11]。

④ 容积式流量计

容积式流量计在石油产品的计量方面有悠久的历史，也积累了丰富的经验。其结构的特点与流体本身的自润滑作用相结合，使这种仪表能长期、稳定运行，而且精准度高，范围度较大（一般可达10∶1），因而在重油计量中具有独特的优势。

在油品计量中使用的容积式流量计，常用的有椭圆齿轮式、腰轮式、螺杆式、旋转活塞式、刮板式等多种，不同的种类，其口径、范围和适用的流体黏度也和固体颗粒含量程度有关，其中螺杆式和腰轮式对颗粒适应性较强。

容积式流量计的缺点是容易被流体中的固体物卡死，因此在流量测量前须经严格过滤。对于重油等固体杂质含量较高的流体，需要二级过滤，前级网孔大一些，后级网孔小一些。

在用容积式流量计测量重油流量时，伴热保温也是极其重要的，否则一旦流量降到零，就容易引起重油在表内凝固，影响使用。

6.12 隔离液（防冻液）液位高度不一致引入的误差

6.12.1 现象

隔离罐中隔离液液位高度不相同引入的误差有多少？

6.12.2 解答

(1) 隔离液液位高度不相等引入的误差计算

导压管线中带隔离器是为了利用隔离液将腐蚀性介质同差压变送器隔离，如图6.13所示。隔离液刚刚充灌时，通过三阀组的平衡阀能使两只隔离容器中的隔离液液位高度相等，但运行一段时间后由于隔离液泄漏或在运行时误开平衡阀等原因，导致隔离液液位高度不相等，从而引入附加差压。其值可用式(6.5)计算：

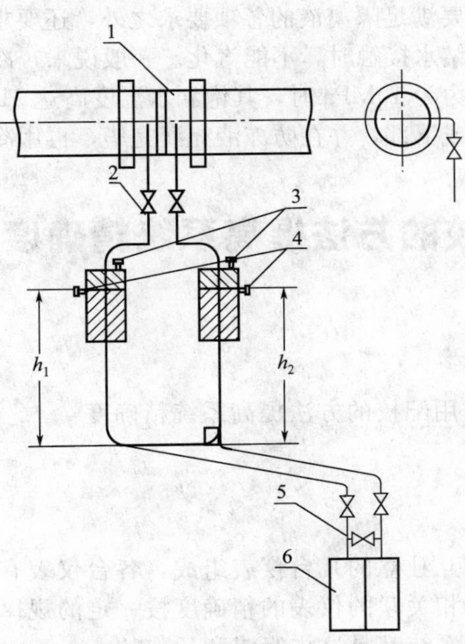

图6.13 充隔离液差压式流量计管线连接

1—差压装置；2—阀门；3—隔离容器注液口；4—溢流口；5—三阀组；6—差压变送器

$$dp=(h_1-h_2)(\rho_2-\rho_1)g \tag{6.5}$$

式中 dp——附加差压，Pa；

h_1——正压管中隔离液液位高度，m；

h_2——负压管中隔离液液位高度，m；

ρ_1——被测介质密度，kg/m^3；

ρ_2——隔离液密度，kg/m^3；

g——重力加速度，m/s^2。

(2) 防冻液液位高度不相等引入的误差

防冻液的作用与隔离液不同，但两者充灌方法相同，液位高度不相等所引起的误差计算方法相同，引起液位高度不相等的原因也相同。

图 6.14 所示为用来测量蒸汽流量的差压式流量计的典型结构。冷凝罐上的溢流口一般开在罐的上中部，充灌时，将三阀组上的 3 只阀打开，充灌到两只冷凝罐的溢流口有防冻液流出为止。

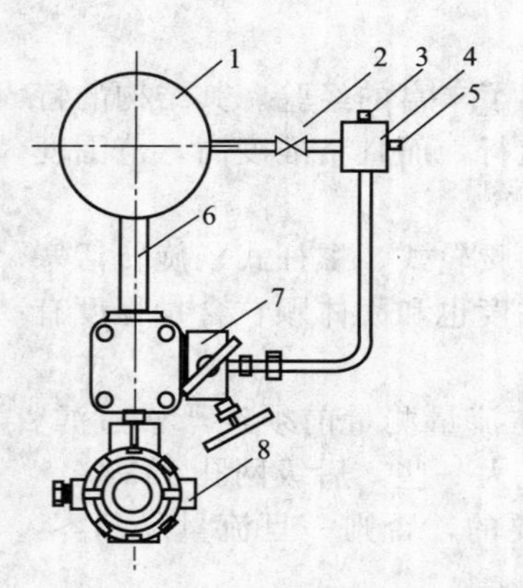

图 6.14 充防冻液差压流量计管线连接

1—节流件；2—切断阀；3—充灌口；4—冷凝罐；5—溢流口；6—支架；7—三阀组；8—差压变送器

(3) 对隔离液的要求

① 良好的化学稳定性。

② 对仪表、隔离罐和管道等与隔离液接触的部分不应有腐蚀作用。

③ 与被隔离的流体（液体或气体）之间不会互溶。

④ 在当地最低的环境温度条件下也不致凝固、结晶。

⑤ 黏度较低，便于充灌。

⑥ 与被隔离的流体（液体）之间有合适的密度差。

从式(6.5) 可知，ρ_2 与 ρ_1 之差越大，相同的高度差所引发的附加差压越大，所以在起到隔离作用的前提下，密度差宜小一些。

(4) 对防冻液的要求

对防冻液的要求，除了要满足隔离液的各项要求之外，还要求有良好的高温适应性。例如作为蒸汽的防冻液，在与凝结水接触时，不能汽化。一般说来，冷凝罐的上方是蒸汽，此处蒸汽的温度与压力有关，当压力为 10MPa 时，其饱和水温度高达 310℃，为了避开高的温度，可将溢流口开在冷凝罐的中部或下部，并在防冻液充灌完毕，再用冷水将冷凝罐灌满。

6.13 用配校的方法提高系统精确度

6.13.1 提问

流量测量系统是否可以用配校的方法提高系统精确度?

6.13.2 解答

(1) 配校原理[12]

一个测量系统往往由相互独立的几台仪表组成，各台仪表有各自的技术指标和精确度等级，而系统精确度则由各台相关联的仪表的精确度按一定的规律合成。各台仪表一般具有互换性，目前大多数仪表测量系统都是这样组成和运作的。

人们为了提高系统精确度，采用了另一种系统合成的方法，即配套校验后配套使用。所谓配套校验，就是将配套使用的若干台相互独立的合格仪表组合起来，各台仪表被看作是一套仪表中的一个组成部分，配校中出现的误差在其中个别仪表的可调部分作微小调整，从而提高系统精确度。

配校的方法很早就已经在测量技术中应用，只是在计算机技术进入仪表后，出现了更先进的校正误差的手段。利用这个手段可以使各校验点的误差得到全面校正，从而使系统精确度大大提高。

配校所包含的仪表台数，依据具体使用条件可多可少，能包含得多一些当然最好。但标准器应有足够的精确度。下面举个差压变送器与流量显示仪表配校的实例。

差压式流量计由差压装置、差压变送器和流量显示表等组成。由于绝大多数单位都无流量标准装置，不具备将 3 台表配套校验的条件，但是将差压变送器与流量显示表配套校验的条件一般是具备的。图 6.15 所示的是利用 0.02 级气动浮球式标准压力计做标准实现配校的系统图，使用两台标准器是因为相对流量较小时，压力信号值较小，一台高量程标准压力计输出小信号时精确度不够，所以另配一台低量程标准器。将各个规定校验点的误差测出后，

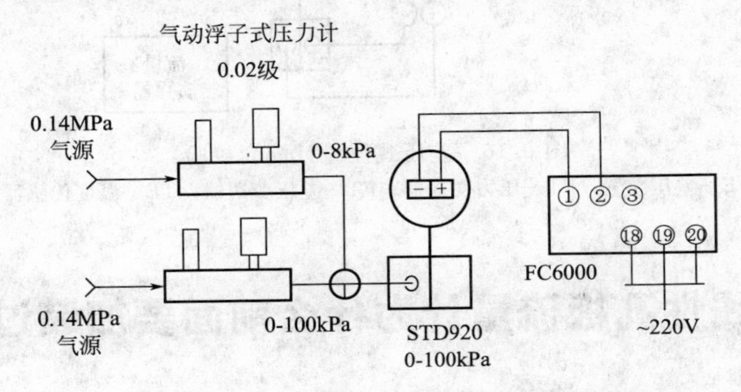

图 6.15 流量显示表与差压变送器配校连接图

计算各校验点的校正值，然后以校验点流量值为横坐标，以校验点对应的校正值为纵坐标，将数据填入智能流量显示表的误差校正菜单，仪表运行后，用 9 段（或 15 段）折线实现误差自动校正。表 6.6 所示即为某一实例中各校验点差压值 Δp、应有流量示值 q、校正前流量示值、校正系数和校正后误差值。从校正后数据可以看出，经过校正，最大误差小于 0.01%。但是在仪表系统实际使用时仍需注意下面几点才能获得较高精确度。

① 配校的各台仪表应具有较高的重复性，较小的时漂和环境温度影响。

② 使用条件尽可能与配校时一致。

火电行业习惯将变送器集中安装在装有空调的变送器室，这是个好办法，至少可以消除由于环境温度偏离校验（参比）条件引入的误差。

③ 经配校的仪表配套使用，如有更换，需重新配校。

表 6.6 校验记录（开平方运算由变送器完成）一例

标准表示值			被校表示值	显示表校正	校正后示值	校正后误差
Δp/kPa	q/%	q/t·h^{-1}	t·h^{-1}	系数 k_a	t·h^{-1}	%FS
0	0	0.000	0.000	0.99681	0.000	±0.00
1	10	12.50	12.54	0.99681	12.51	0.01
4	20	25.00	25.02	0.99920	25.01	0.01
9	30	37.50	37.53	0.99920	37.50	0.00
16	40	50.00	50.00	1.00000	50.00	0.00
25	50	62.50	62.52	0.99968	62.50	0.00
36	60	75.00	74.99	1.00013	75.00	0.00
49	70	87.50	87.48	1.00023	87.50	0.00
64	80	100.00	99.97	1.00030	100.00	0.00
100	100	125.00	124.97	1.00024	125.01	−0.01

(2) 一体化差压流量计的整体校验

用来测量气体和蒸汽的差压式流量计，一套仪表除差压装置、差压变送器和流量显示表之外，还包括压力变送器和温度传感器。将一套表放在流量标准装置上实流校验，然后由校验点的误差数据计算校正值写入校正折线表，实现连续在线校正，这是最完美的配套校验和自动校正。从原理来说将系统误差校正到零，但重复误差和影响量影响还是存在的。

图 6.16 为配套校验示意图。

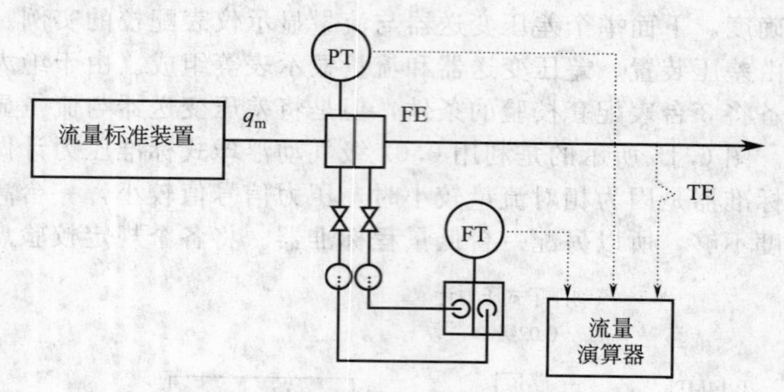

图 6.16 差压式流量计配套校验

FE—差压装置；PT—压力变送器；FT—差压变送器；TE—温度传感器

6.14 线性孔板流量计为什么前面要加装过滤器

6.14.1 提问

线性孔板流量计为什么前面要加装过滤器？

6.14.2 解答

(1) 线性孔板的结构[13]

线性孔板又称弹性加载可变面积可变压头孔板，其结构如图 6.17 所示。与普通孔板不同，在线性孔板（GILFLO 差压装置）中，管道轴线的位置固定有一根轴，轴上套有一个纺锤形柱塞 2 和高张力精密弹簧 8。当流量为零时，柱塞在弹簧的作用下，伸入孔板 3 的开孔内。流量出现后，在孔板两侧产生差压，此差压与柱塞的有效面积的乘积即为柱塞受到的自左向右的推力，导致柱塞自左向右移动。柱塞的移动使弹簧受到压缩，产生反作用力，此力与差压产生的推力大小相等，方向相反，从而取得平衡，柱塞停止移动，柱塞与孔板之间形成的环隙就为流通截面。柱塞在差压弹簧力的作用下来回移动，使流通截面积随流量大小而自动变化。纺锤形柱塞的曲面是经过精确设计计算的，以致环隙的变化使输出信号（差压）与流量成线性关系，并大大扩大范围度。由于小流量时上述环隙非常小，柱塞很容易被流体带入的颗粒卡住而无法工作，所以仪表上游需装目数合适的过滤器。

(2) 小口径内锥流量计也需装过滤器

与中心开孔的标准差压流量计不同，内锥流量计是环形开孔。这种开孔方法的影响是环形缝隙尺寸减小。例如 $\beta=0.5$ 的 $DN50$ 内锥，其环隙尺寸只有 3.3mm。$\beta=0.3$ 的 $DN100$ 内锥，其环隙尺寸也只有 2.3mm，所以上游也需加装过滤器。固形物卡在环隙内，虽不像线性孔板那样使得仪表无法工作，但使环形流通截面积减小，流量示值偏高，带来误差。

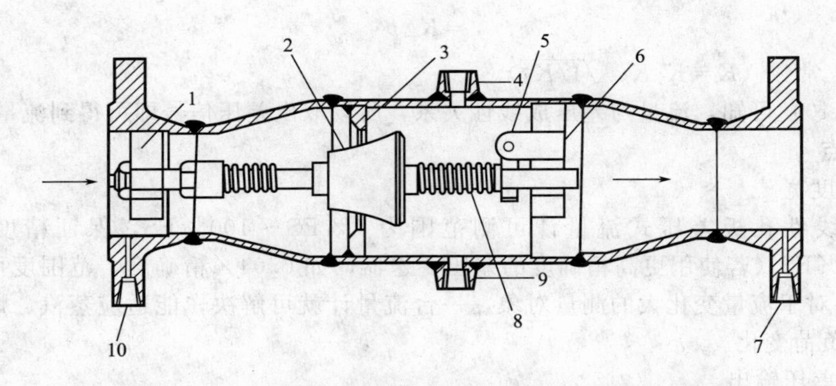

图 6.17 线性孔板（GILFLO 型差压装置）

1—稳定装置；2—纺锤形活塞；3—固定孔板；4—排气孔；5—标定和锁定蜗杆装置；6—轴支撑；7—低压侧差压检出接头；8—高张力精密弹簧；9—排水孔；10—高压侧差压检出接头

(3) 需加装过滤器的流量计远不止于此

为了防止流体中的固形物对流量计的伤害，很多种类的流量计都需加装过滤器，例如小口径涡轮流量计、小口径热式流量计、内孔板流量计、所有的容积式流量计、所有的浮子式流量计等。

6.14.3 线性孔板的工作原理与特点

(1) 工作原理

传统的孔板流量计最大的不足是在被测流量相对于满量程流量较小时，差压信号很小，这一缺点大大影响其范围度和测量精确度。人们针对其不足在传统的孔板式差压流量计基础上开发了可变面积可变压头孔板流量计。因为其输出的差压信号与被测流量之间有线性关系，所以也称线性孔板差压流量计。

在孔板流量计中，当流体流过开孔面积为 A 的孔板时，流量 q 与孔板前后产生的差压之间有如下关系，即[13]

$$q=K_1 A\sqrt{\Delta p} \tag{6.6}$$

式中 q——流量；

K_1——常数；

A——孔板开孔面积；

Δp——差压。

在如图 6.17 所示的线性孔板中，于孔板处插入一个纺锤形活塞，由差压引起的活塞-弹簧组件的压缩量（活塞的移动距离）为 X，则

$$\Delta p=K_2 X \tag{6.7}$$

式中 K_2——弹簧系数。

当活塞向前移动时，流通面积受活塞形状的影响而发生变化，其关系为：

$$A=K_3\sqrt{X} \tag{6.8}$$

式中 K_3——常数。

由式(6.7) 和式(6.8) 得

$$A=K_3\sqrt{\Delta p/K_2} \tag{6.9}$$

将式(6.9) 代入式(6.6) 得

$$q=K_1 K_3\sqrt{\Delta p/K_2}\times\sqrt{\Delta p} \tag{6.10}$$

$$=K\Delta p$$

式中　K——常数（$K=K_1K_3\sqrt{1/K_2}$）。

由式(6.10) 可知，流量与差压成线性关系，所以取出差压信号即可得到流量。

(2) 特点

① 范围度宽

典型的线性孔板差压式流量计可测范围为 1%FS～100%FS，保证精度的范围为 3%FS～100%FS（若使用更高精确度的差压变送器，如 0.04%精确度，范围度可进一步提高)，因此，对于流量变化大的测量对象，一台流量计就可解决，能适应蒸汽、燃油测量的夏季、冬季负荷变化。

② 线性差压输出

差压信号与流量成线性关系，被测流量相对于满量程流量较小时，差压信号幅值也较大，有利于提高测量精确度。

③ 直管段要求低

由于孔板的变面积设计，使其成为在高雷诺数条件下工作的测量机构，可在紧靠弯管、三通下游的部位进行测量（为了保证测量精确度，制造厂还要求上游直管段≥6 倍管径，下游直管段≥3 倍管径)。

(3) 保证测量精确度的措施

典型的线性孔板流量计 GILFLO 承诺具有±1%精确度。为了达到这一指标，采取了几项重要措施。

① 对线性孔板逐台用水标定

从式(6.7) 和式(6.8) 可知，只要线性孔板中的弹簧线性度好，而且活塞被加工成理想形状，使得流通面积 A 与位移 X 的 1/2 次方成线性关系，就能使差压与流量之间的线性关系成立，但是，活塞的曲面加工得很理想是困难的，最终不得不用逐台标定的方法来弥补这一不足。

Spirax-sarco 公司对线性孔板进行逐台标定是以水为介质，不同口径的线性孔板均选择 14 个标定点，其中流量较小时，标定点排得较密。图 6.18 所示为一台 DN200 线性孔板的标定曲线，图中的差压单位为英寸水柱（1in 水柱＝249.0889Pa)。表 6.7 所列是一台 DN200 的线性孔板的实际标定数据，其中从体积流量换算到质量流量是建立在水的密度 $\rho=998.29\text{kg/m}^3$ 基础上的。

而利用标定数据对线性孔板的非线性误差进行校正，还须借助于流量二次表。具体做法是将标定数据写入二次表中的折线表，然后二次表根据输入的差压信号（电流值）用查表和线性内插的方法求得水流量值 q_{mw}。

得到水流量值还不是最终目的，因为被测流体不一定是水。当被测流体为其他介质时，用式(6.11) 进行密度校正：

$$q_{\text{m}}=q_{\text{mw}}\sqrt{\rho_f/\rho_w} \tag{6.11}$$

式中　q_{m}——被测流体质量流量，kg/h；

q_{mw}——标定流体（水）流量，kg/h；

ρ_f——被测流体密度，kg/m^3；

ρ_w——标定流体（水）密度，kg/m^3。

② 雷诺数校正

孔板流量计的流量系数同雷诺数之间有确定的函数关系[14]，当质量流量变化时，雷诺数成正比变化，因而引起流量系数的变化。在 GILFLO 型流量计中，采用较简单的经验公式(6.12) 进行雷诺数校正：

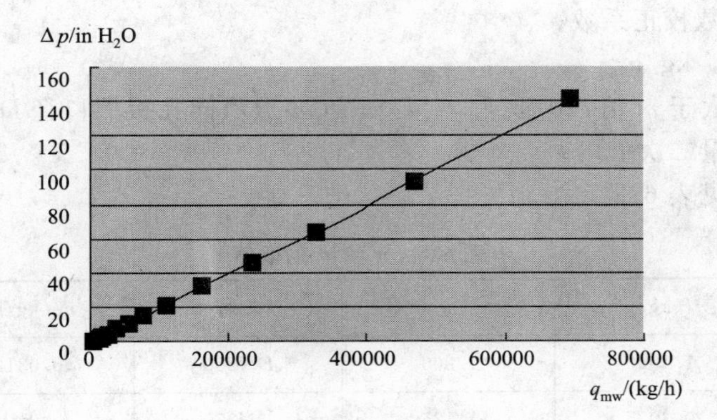

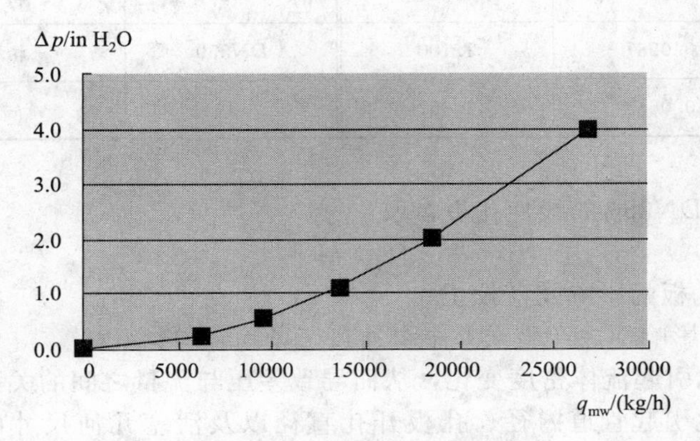

图 6.18 线性孔板标定曲线（介质：水）例

表 6.7 GILFLO 线性孔板水标定例（*DN*200）

标定数据		查表数据	
水的实际流量(20℃)/(kg/h)	差压/(inH_2O)	差压变送器输出电流/mA	工作流体流量/(L/min)
0.0000	0.0000	4.0000	0.0000
6247.4055	0.2450	4.0280	104.3018
9475.9305	0.5425	4.0620	158.2027
13543.0335	1.0938	4.1250	226.1039
18556.5315	2.0300	4.2320	309.8053
26804.5443	3.9813	4.4550	447.5076
40256.9694	6.8250	4.7800	672.0988
55856.3351	10.2988	5.1770	932.5336
78318.6682	14.7263	5.6830	1307.5470
111950.1528	21.5600	6.4640	1869.0319
163394.0063	31.7363	7.6270	2727.8981
235423.2212	45.7363	9.2270	3930.4414
327416.7604	63.7175	11.2820	5466.2934
469675.5153	92.8900	14.6160	7841.3340
693845.3638	141.3038	20.1490	11583.8979

$$k_{re}=(1-n/q_{mw})^{-1} \tag{6.12}$$

式中 k_{re}——雷诺数校正系数；

n——常数，kg/h。

但若计算结果大于 m 值，则取 $k_{re}=m$。n 和 m 数值同孔板的口径 DN 有关，已经固化在制造商提供的流量二次表内。

n 和 m 的取值见表 6.8。

表 6.8 n 和 m 的取值

仪表通径	n/(kg/h)	m	仪表通径	n/(kg/h)	m
DN50	1.1920	1.200	DN200	0.0312	1.050
DN80	0.3035	1.125	DN250	#	#
DN100	0.0987	1.100	DN350	#	#
DN150	0.0613	1.067			

注：#＝不用。

对于 DN250 和 DN350 的线性孔板，取

$$k_{re}=1$$

③ 温度对线性孔板的影响及其校正

温度对线性孔板影响使之产生误差主要通过三条途径。

a. 流体温度变化引起流体密度变化，从而导致差压与流量之间的关系变化。

b. 流体温度变化引起管道内径、孔板开孔直径以及活塞几何尺寸的变化，温度升高，环隙面积增大，导致流量计示值有偏低趋势。

c. 流体温度变化，线性孔板中的承载弹簧温度相应变化，引起式(6.7) 中的弹性常数 K_2 发生变化。温度升高，K_2 减小，活塞位移 X 增大，用通俗的话来说就是温度升高，弹簧变软，在相同的差压条件下，活塞位移增大。因此，环隙面积相应增大，流量计示值也有偏低趋势。

上述三条途径对流量示值的影响都可以进行校正，其中途径 a 可由式(6.15) 中的流体密度进行补偿。在线性孔板用来测量蒸汽流量时，流体温度作为自变量，参与查蒸汽密度表，从而可由二次表自动进行此项补偿。

上述途径 b 和 c 对流量示值的影响关系较复杂，在 GILFLO 型流量计中，采用式(6.13) 所示的经验公式进行校正：

$$k_t=1+B(t-t_c) \tag{6.13}$$

式中 k_t——温度校正系数；

B——系数，℃$^{-1}$（取 $B=0.000189$℃$^{-1}$）；

t——流体温度，℃；

t_c——标定时流体温度，℃（t_c 常为 20℃）。

此项校正也是在流量二次表中完成的，其中 t 为来自温度传感器（变送器）的流体温度信号。

④ 可膨胀性校正

节流式差压流量计用来测量蒸汽、气体流量时，必须进行流体的可膨胀性（expansibility）校正，线性孔板也不例外。传统孔板的可膨胀性系数修正可参阅 2.2 节。在 GILFLO 型流量计中用式(6.14) 进行校正：

$$k_\varepsilon = 1 - 0.3206\frac{\Delta p}{p_1} \tag{6.14}$$

式中 k_ε——可膨胀性系数；

Δp——差压，Pa；

p_1——节流件正端取压口绝对静压，Pa。

可膨胀性校正也在流量二次表中完成，由二次表进行在线计算。

⑤ 蒸汽质量流量的计算

用 GILGLO 型流量计测量蒸汽流量时，蒸汽质量流量在二次表中由式(6.15) 计算得到：

$$q_{ms} = k_{re}k_\varepsilon k_t\sqrt{\frac{\rho_f}{\rho_w}}\cdot q_{mw} \tag{6.15}$$

式中 q_{ms}——蒸汽质量流量，kg/h；

k_{re}——雷诺数校正系数；

k_ε——可膨胀性系数；

k_t——温度校正系数；

ρ_f——被测流体工作状态密度，kg/m^3；

ρ_w——标定流体（水）的密度，kg/m^3；

q_{mw}——水的质量流量，kg/h。

在流量二次表中，先由差压输入信号查折线表得到 q_{mw}，再由蒸汽温度、压力值查蒸汽密度表得 ρ_f，然后与校正系数 k_{re}、k_ε、k_t 一起（ρ_w 为设置数据）计算得到蒸汽质量流量 q_{ms}。

GILGLO 型流量计的安装如图 6.19 所示。

(4) 线性孔板在一定工况压力下的饱和蒸汽流量

见表 6.9。

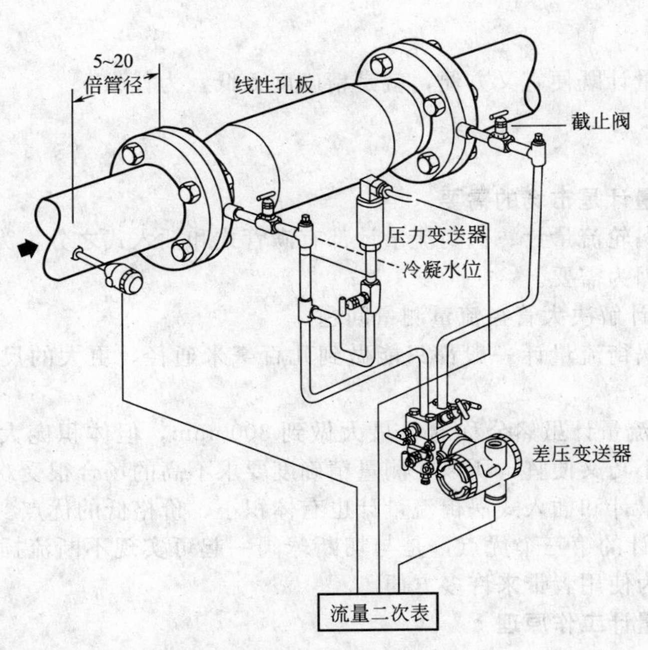

图 6.19 GILGLO 型流量计的安装

表 6.9 线性孔板在一定工况压力下的饱和蒸汽流量

公称通径/mm	流量范围	最小与最大的可测流量/(kg/h)									
		0.1MPa	0.3MPa	0.5MPa	0.7MPa	1.0MPa	1.5MPa	2.0MPa	2.5MPa	3.0MPa	4.0MPa
50	最大	300	416	503	577	671	804	918	1020	1113	1283
	最小	3	4	5	6	7	8	9	10	11	13
80	最大	1179	1632	1976	2264	2635	3156	3603	1003	4371	5039
	最小	12	16	20	23	26	32	36	40	44	50
100	最大	2470	3430	4165	4780	5575	6700	7660	8535	9330	10800
	最小	25	34	42	48	56	67	77	85	93	108
150	最大	5847	8092	9795	11224	13062	15643	17859	19843	21667	24980
	最小	58	81	98	112	131	156	179	198	217	250
200	最大	11492	15905	19252	22061	25674	30746	35101	39002	45587	49098
	最小	115	159	193	221	257	307	351	390	426	491
250	最大	15625	21625	26176	29995	34908	41804	47725	53029	57903	66756
	最小	156	216	262	300	349	417	477	530	579	668
300	最大	22127	30624	37069	42477	49434	59200	67585	75096	81999	94535
	最小	221	306	372	426	495	591	676	751	820	945

注：1. 最大流量是按 GILFLO 管道单元的压差为 49.8kPa 计算所得。最小可计量流量为最大流量的 1%。
2. 表格中的压力为表压力。

6.15 插入式流量计精确度为何比满管式低

6.15.1 提问

插入式电磁流量计既便宜又方便，就是精确度太低，为什么？

6.15.2 分析

(1) 插入式流量计是市场的需要

电磁流量计、涡轮流量计、涡街流量计都有满管式和插入式之分，为什么有满管式还去开发插入式？这是因为需要。

① 插入式流量计解决大管径流量测量问题

涡轮流量计和涡街流量计一般都只能做到几百毫米通径，更大的尺寸就只能用插入式仪表。

② 满管式电磁流量计虽然公称通径最大做到 3000mm，但体积庞大，价格昂贵，而插入式电磁流量计既小巧又便宜，所以在测量精确度要求不高的场合很受欢迎。

插入式涡轮流量计和插入式涡街流量计也有体积小、价格低的优点。

③ 插入式流量计的第三个优点，是与切断球阀一起可实现不断流插拔，所以可定期拔出检查维护，从而为使用者带来许多方便。

(2) 插入式流量计工作原理

上述插入式流量计是基于速度面积法工作的，即仪表的输出信号代表的仅仅是大管道内特定位置（一般为管道轴线或管道平均流速处）的流速，测量该处局部流速，然后根据管道内流速分布和传感器的几何尺寸等推算管道内的流量。其流量计算式如下[15]。

① 脉冲-频率型测量头（涡轮、涡街等）

$$q_v = f/K \tag{6.16}$$

式中 q_v——体积流量，m^3/s；

f——流量计的频率信号，Hz；

K——流量计的仪表系数，P/m^3，$K=\dfrac{K_0}{\alpha\beta\gamma A}$；

K_0——测量头的仪表系数，P/m；

α——速度分布系数；

β——阻塞系数；

γ——干扰系数；

A——仪表表体（测量管道）横截面之面积，m^2。

② 差压式测量头（皮托管等）

$$q_v = \alpha\beta\gamma K_v A\sqrt{\frac{2\Delta p}{\rho}} \tag{6.17}$$

令

$$K = \alpha\beta\gamma K_v$$

$$q_v = KA\sqrt{\frac{2\Delta p}{\rho}}$$

式中 K_v——测量头流速仪表系数；

ρ——流体密度，kg/m^3；

Δp——流量计差压信号，Pa；

其余符号同前。

③ 电磁测量头

$$q_v = \alpha\beta\gamma A K_v E \tag{6.18}$$

式中 E——测量头感应电动势，V；

其余符号同上。

④ 速度分布系数 α 的确定

速度分布系数定义为管道平均流速与测量头所处位置局部流速的比值。

a. 测量头插于管道轴线处

$$\alpha = \left[1 - \frac{0.72}{\lg\left(0.2703\dfrac{\Delta}{D} + \dfrac{5.74}{Re_D^{\ 0.9}}\right)}\right]^{-1} \tag{6.19}$$

式中 α——速度分布系数；

Re_D——管道雷诺数；

D——管道内径，mm；

Δ——管壁粗糙度，mm。

b. 测量头插于管道平均流速处

$$\alpha = 1 \tag{6.20}$$

管道平均流速处

$$y = (0.242 \pm 0.013)R \tag{6.21}$$

式中 y——平均流速处至管壁的距离；

R——管道半径。

由式(6.19)可见，速度分布系数α为管壁相对粗糙度与管道雷诺数的函数，测量时流量大小的变化将引起α的变化。设$\Delta/D=0.001$，Re_D从2×10^4变到3×10^5，α约变化2.8%；反之，设管道雷诺数为3×10^5，而管道粗糙度从0.001变到0.002，则α约变化1.4%。

⑤ 阻塞系数β的确定

阻塞系数的定义：修正由于插入杆、插入机构及测量头引起的管道流通面积减小及速度分布畸变所产生影响的系数。

a. 测量头插于管道轴线处时

$$S=\left[\frac{\pi}{4}d^2+\frac{B}{2}(D-d)\right]\left(\frac{\pi D^2}{4}\right)^{-1} \tag{6.22}$$

式中 S——阻塞率；

B——流量计插入杆直径，mm；

d——测量头直径，mm；

D——管道内径，mm。

b. 测量头插于深度h时

$$S=\left(\frac{\pi}{4}d^2+hB\right)\left(\frac{\pi D^2}{4}\right)^{-1} \tag{6.23}$$

式中 h——插入深度，mm；

其余符号同上。

流量计阻塞系数β的计算

$$\left.\begin{array}{ll} S<0.02\text{ 时} & \beta=1 \\ 0.02<S\leqslant0.06\text{ 时} & \beta=1-0.125S \\ S>0.06\text{ 时} & \beta=1-CS \end{array}\right\} \tag{6.24}$$

其中C值依管径大小而定，需经实流校验确定。

式(6.24)阻塞系数计算式是在测量头为某种结构时求得的，因此该式只能作为一种参考计算式，要得到高精度的计算式，需依据具体结构的测量头进行实验，求得专用阻塞系数计算式。

⑥ 干扰系数γ的确定

干扰系数的定义：流量计所处管段前后阻流件之间直管段长度不足所引起的仪表系数变化的修正系数。干扰系数是非充分发展管流的修正系数，目前还缺乏成熟的实验数据，一般可在现场直接校验确定之。

⑦ 管道横截面面积A的确定

管道横截面面积A可通过实测管道内径或管道外周长推算出。由管道外周长推算横截面面积按下式计算：

$$A=\frac{\pi}{4}\left(\frac{L-\Delta L}{\pi}-2e\right)^2\ (\mathrm{m}^2) \tag{6.25}$$

$$\Delta L=\frac{8}{3}a\sqrt{a/D}\ (\mathrm{m})$$

式中 A——管道横截面面积，m^2；

L——管道外周长，m；

a——管道外表面局部突出高度，m；

e——管壁厚度，m；

D——管道内径，m。

当$a>0.01D$或表面凹陷，使测量软尺不能贴紧管道表面时，不能采用此法。

由于研究者所提供的推算模型都存在误差，有的变量例如干扰系数还提不出确切数据，所以损失了部分精确度。例如满管式电磁流量计的精确度一般能达到±(0.2～0.5)%R，而插入式电磁流量计在 $v\geqslant1$m/s 时只能达到±2%R。

6.16 径流速型插入式流量计为什么比点流速型准确度高

6.16.1 提问

径流速型插入式流量计为什么比点流速型准确度高？

6.16.2 解答

(1) 插入式流量计的分类与结构

插入式仪表有点流速型和径流速型。其中插入式涡街、涡轮、电磁流量传感器以及皮托管等属点流速型。差压式均速管流量传感器、热式均速管流量传感器等为径流速型。

插入式流量表的原理虽多种多样，但其结构却大同小异。图 6.20 所示为点流速型结构图，图 6.21 为径流速型结构。

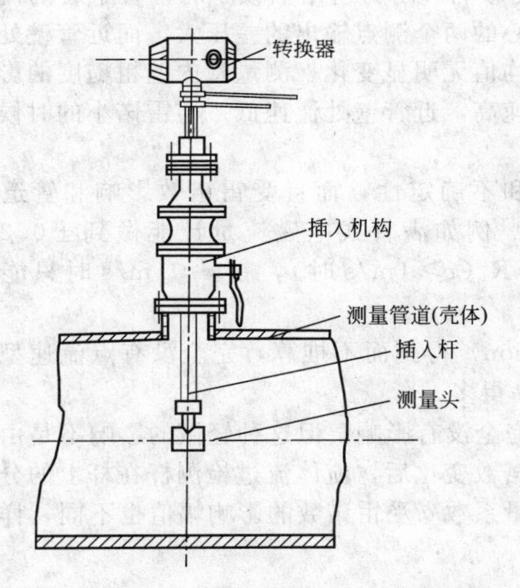

图 6.20 点流速型插入式流量传感器

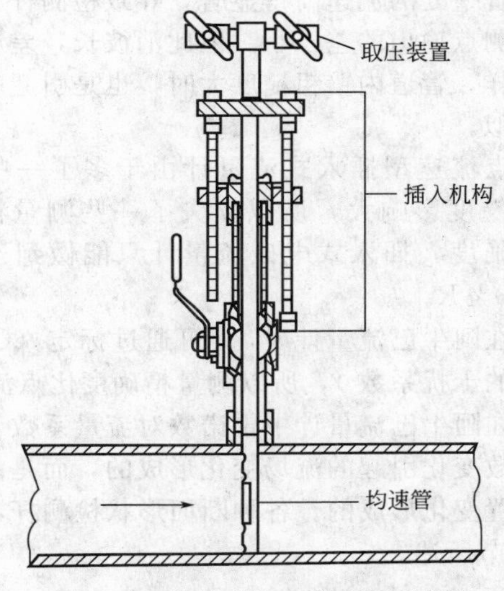

图 6.21 差压式均速管流量传感器

点流速型：传感器由测量头、插入杆、插入机构、转换器和仪表表体 5 部分组成。

测量头：其结构实际上就是一台流量传感器，不过这里作为局部流速测量的流速计使用。

插入杆：支撑测量头的一根支杆。支杆内可将测量头的信号电缆引至仪表表体外部。

插入机构：由连接法兰、插入杆提升机构及球阀组成。可在不断流的情况下将测量头由管道内提升到表体外，以便检查维修。

转换器：测量头信号输出转换的电子部件。

仪表表体：对于大口径一般都不带仪表表体，而是利用工艺管道的一段作为测量管。

(2) 点流速型工作原理

点流速型插入式流量计工作原理已在 6.15 节中作了介绍，本节不重复。

(3) 径流速型工作原理[17]

差压式均速管流量传感器如图 6.21 所示。传感器由一根横贯管道直径的中空金属杆及引压管件组成。中空金属杆迎流面有多点测量孔测量总压，背流面有一点或多点测压孔测量静压。由总压与静压的差值（差压）反映流量值。流量计算式为

$$q_m = \alpha\varepsilon A(2\rho\Delta p)^{1/2} \tag{6.26}$$

$$q_v = q_m/\rho \tag{6.27}$$

式中 q_m，q_v——分别为质量流量，kg/s 和体积流量，m^3/s；

α——流量系数；

ε——可膨胀性系数；

A——管道横截面面积，m^2；

ρ——被测介质密度，kg/m^3；

Δp——流量计输出差压，Pa。

在径流速型插入式流量计中，由于插入测量管内的检测杆有 4 个（或 6 个）测点，测点的位置经设计计算使每一个测点代表 1/4（或 1/6）流通截面平均流速，4 个测点得到的差压在中空的检测杆中取平均值，所以阿牛巴输出的差压代表的 4 个 1/4 流通截面的平均流速，即整个流通截面的平均流速。式(6.26) 中的 α 就描述了此差压与流速之间的关系。此 α 基本不受雷诺数影响，也不受测量管内壁粗糙度影响。因为雷诺数较小时，管中心的流速比近管壁处的流速高得显著，导致检测杆上近中心的两个测点输出的差压大，而近管壁处的两个测点输出的差压小。但此消彼长，差压的平均值无明显变化。测量管内壁粗糙度的影响也一样，管道内壁粗糙度大时，也是引起中心流速高，近管壁处流速低。与雷诺小的时候情况相似。

点流速型插入式流量计由于多了一些推算和不确定性，而且受雷诺数影响和管道内壁粗糙度影响大，所以损失了一些测量精确度。例如满管式电磁流量计能做到±0.2%R 精确度，插入式电磁流量计只能做到±2.0%R（$v \geqslant 1$m/s 时），在 $v < 1$m/s 时只能做到±3%R。

在阿牛巴流量计中，α 可通过标定（Calibration）得到而不推算，完全没有点流速型流量计的干扰系数 γ，所以测量精确度比点流速型高得多。

在阿牛巴流量计中雷诺数对流量系数 α 不是完全没有影响，但这种轻微的影响不是由于雷诺数变化引起的流场变化形成的，而是由于雷诺数变化后，流体流过检测杆在杆上的分离点位置变化形成的。各种断面形状检测杆，其流量系数 α 受雷诺数的影响幅值也不同，详见 6.28 节所述。

6.17 插入式涡街流量计在大管径流量测量中困难较多

6.17.1 提问

插入式涡街流量计在大管径流量测量中为什么成功率不很高?

6.17.2 分析

在自来水、煤气、空气等流体的输送中，有很多直径很大的管道，铺设这些管道是一项较大的工程，施工一次都考虑使用几十年，设计流速一般都比较低，而且都不允许用缩小管径的方法提高流速。

涡街流量计由于测量原理的原因，最低可测流速又无法进一步降低，因为流速太低（$Re_D<5000$）旋涡无法产生。为了满足 $Re_D \geqslant 20000$ 的保证精确度的条件，对于 $DN50$ 的涡街流量计典型流体必须大于下列流速：

水最低可测流速　0.3m/s；

水保证精确度最低流速　0.45m/s；

空气（常压）最低可测流速　5m/s；

空气（常压）保证精确度最低流速　5.5m/s。

插入式涡街流量计的探头一般用 $DN50$ 涡街流量传感器制成，因此对于一部分测量对象，管道内的实际流速有时低于插入式涡街流量计的最低可测流速，以致无法测量。

6.17.3 讨论

另有一些其他原理的流量计，例如插入式电磁流量计、超声流量计、均速管流量计等，在流速很低时也有相应的输出，在大管径流量测量方面占有显著的优势。

6.18 阿牛巴流量计基本上不受雷诺数影响而标准差压装置不行

6.18.1 提问

阿牛巴流量计的流量系数可以做得基本不受雷诺数影响，同样是差压流量计，标准差压装置却不能，为什么？

6.18.2 解答

(1) 标准差压装置流量系数（或流出系数）受雷诺数影响的原因

按 ISO 5167 规定，不管是角接取压、法兰取压还是径距取压，标准差压装置采用的都是管壁取压，这是由标准差压装置的结构所决定的。

流体在圆形截面管道内流动，圆形截面上各点的流速是不一样的，由于管壁对流体的摩擦力，靠近管壁处流速最低，而管道中心流速较高。如果直管段足够长，最高流速点的位置与轴心重合。而且中心流速与边上流速之间的差异也不是一成不变的，而是随着雷诺数变化而变化：在雷诺数较小时，中心流速比近管壁处流速高得多；而雷诺数足够大的时候，中心流速与边上的流速差异很小[16]，如图 6.22 所示。

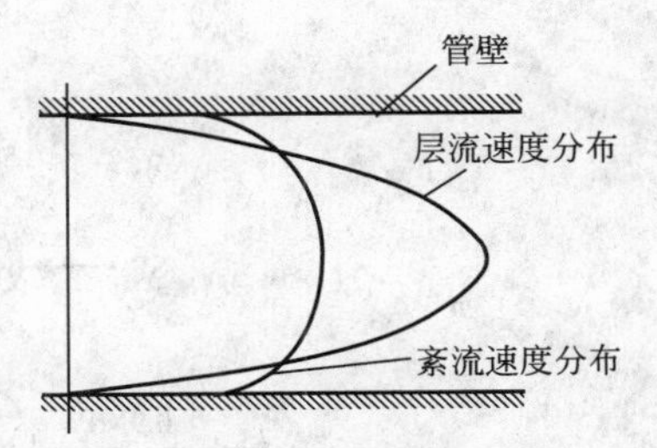

图 6.22　层流和紊流的速度分布

水在河流中流淌，也有相似的情况。在河流的中心，流速最高，河流的边上流速要低得多。在河边的浅水区，有的甚至出现逆向流动。

由于管壁取压的缘故，两个取压口取得的差压受靠近管壁处的流速影响大，受管道中心处的影响小。

管壁取压得到与流速平方成正比的差压信号，测量的目的不是要求取圆形流通截面中某一点的流速，而是要推算整个流通截面上的平均流速，进而计算流量。这种推算关系就要受到雷诺数的影响。如果某一未考虑雷诺数的推算关系对于雷诺数大的时候的流场分布情况是合适的，那么，在雷诺数小的时候，仪表就显著偏低。为了使得流量计在高雷诺数和低雷诺数时都准确，就须引入雷诺数的校正。标准中 $C=f(\beta, Re_D)$ 的公式[3][4]，就是经过大量实验并对实验获得的数据进行数学回归分析，然后得到的包含雷诺数这一自变量的描述仪表输入输出关系的公式。

(2) 阿牛巴流量计为何基本不受雷诺数影响

阿牛巴流量计虽然同样是差压流量计，也是服从柏努利方程的流量计，但其检测杆由于结构的原因，采用的不是管壁取压而是中心取压。在其横贯圆形截面管道直径的检测杆上，迎流面开有 4 个（或 6 个）取压孔，孔的位置的确定是经过精确计算的，使其每个孔测得的总压与背流面上的静压孔测得的静压之差能代表 1/4（或 1/6）流通截面的平均流速。这样，4 对孔（或 6 对孔）测得的信号取平均值后，就能代表整个流通截面的平均流速。

当雷诺数较大时，4 对孔中各对孔测得的差压相互之间差异不大。当雷诺数较小时，由于靠近圆心处的流速高，所以靠近轴心处的两对孔获得的差压大，靠近管壁处的两对孔获得的差压小，但此消彼长，取平均值后，这种速度分布差异对测量结果影响很小[17]。

(3) 实验结果表明还是有点影响

从上面的讨论可知，雷诺数不同引起流场分布的差异不会对阿牛巴流量计带来显著的误差，但实验结果表明，雷诺数在大范围内变化，还是对阿牛巴流量计的流量系数有轻微影响，其中圆形截面检测杆影响更大些，这种影响不是由于流场分布引起的，而是由于流体流过检测杆时分离点的变化引起的。详见 6.28 节的分析。

6.19 流量计为什么一般都要安装在控制阀之前

6.19.1 提问

流量计为什么一般都要装在控制阀之前?

6.19.2 分析

在流体控制工程中，流量计和阀门是最常用的设备之一。流量计和阀门经常串联安装在同一根管道上，两者之间的距离有长有短。设计人员经常要处理的一个问题，是流量计在前还是控制阀在前。

(1) 实例：电磁流量计安装在阀后

河南某燃料酒精厂有一路酒精发酵液要送至真空蒸馏塔蒸馏，为了控制进塔流量，安装了电磁流量计和控制阀，如图 6.23 所示。

该系统运行一段时间后发现两个问题：一是电磁流量计示值偏高，而且信号噪声大；二

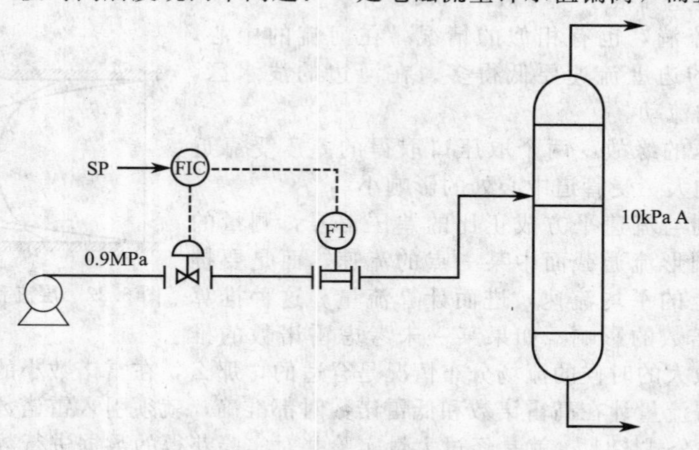

图 6.23 真空蒸馏控制流程图

是电磁流量计内衬鼓泡，部分脱落。分析其原因，是控制阀在控制流量时，难免有时开度较小，甚至全关，所以电磁流量计测量管内有时出现负压。负压的出现，使流经测量管的发酵液内溶解的气体释放出来。这些发酵液中溶解的气体，在发酵过程中已达到饱和程度，但因在控制阀之前，是处于受压状态，不会释放出来，而流到控制阀之后，压力突然降低，进入负压状态，因而气体释放出来。这些气体以小气泡的形式夹杂在液体中，对电磁流量计测量结果造成两个影响：

① 因为气泡占有相应的体积，所以流量示值偏高；

② 因为气泡通过测量管时，部分覆盖电极，所以流量显示噪声增大。

电磁流量计测量管内出现负压，还会对测量管内衬产生破坏作用。因为普通电磁流量计的内衬承受不起负压，尤其是通径较大的测量管。

表 6.10 列出 IFS4000 型电磁流量传感器在不同介质温度条件下的负压极限值[18]。这个实例表明，由于控制阀节流，使流体状态发生很大变化，变成不利于测量、不利于仪表本身的状态。

表 6.10 IFS4000 型传感器在不同介质温度下的负压极限值

衬 里	测量管尺寸 DN/mm	介质温度/最低工作绝对压力/kPa							
		≤40℃	≤50℃	≤70℃	≤90℃	≤100℃	≤120℃	≤140℃	≤180℃
PFA(F46)	25～150	0(0)	0(0)	0(0)	0(0)	0(0)	0(0)	0(0)	0(0)
PTFE(Teflon)	10～20	0	0	0	0	0	0	0	0
	200～250	50	75	100	100	100	100	100	100
	300～1000	80	100	100	100	100	100	—	—
氯丁橡胶	50～300	40	40	—	—	—	—	—	—
	350～3000	60	60	—	—	—	—	—	—
Irethane	200～300	50	—	—	—	—	—	—	—
硬橡胶	200～300	25	40	—	—	—	—	—	—
	350～3000	50	60	—	—	—	—	—	—
软橡胶	200～300	50	—	—	—	—	—	—	—
	350～3000	60	—	—	—	—	—	—	—

（2）关于直管段长度的考虑

另外，从直管段要求来看，也是流量计在前、控制阀在后合理。图 6.24 所示是涡街流量计在两种不同的设计方案时对直管段长度的要求。如果流量计为孔板流量计，情况也与图 6.24 相似。

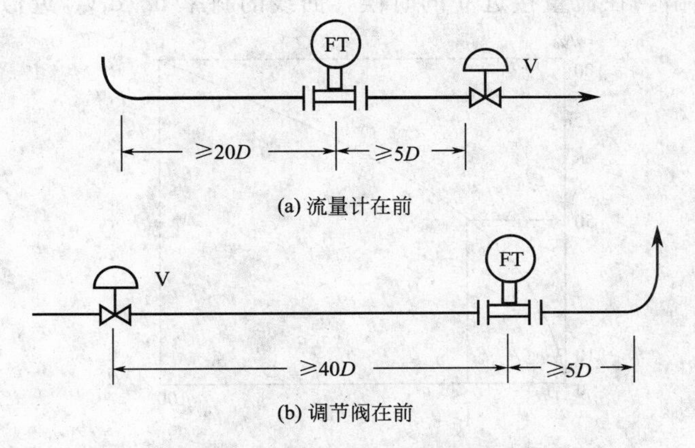

(a) 流量计在前

(b) 调节阀在前

图 6.24 涡街流量计的直管段要求

这一点在现场直管长度较紧张的情况下尤为重要。

上面讨论的是一般情况下的考虑。当然，事情也不能绝对化，如果出于某种目的，将控制阀布置在前面也不是不可以。

6.20 流量计中为什么要设置小信号切除

6.20.1 提问

在温度、压力、流量、液位四大参数的测量中，设置小信号切除的唯有流量计。为什么要设置小信号切除？

6.20.2 解答

流量仪表小信号切除的目的，总的来说是解决“无中生有”的矛盾。但是，各种不同原理的流量计，切除的意义和切除值的合理确定，也有很大区别和差异。

(1) 差压流量计的小信号切除

差压式流量计是投入工业应用的多种流量计中应用最广泛、历史最悠久的一种流量计，也是人们应用小信号切除技术最早的一种流量计[19]。

在早期的差压式流量计中，人们用 U 形管差压计显示差压装置送出的差压信号并换算到瞬时流量，用浮子式差压计、环秤式差压计显示瞬时流量并进行积算。由于技术条件的限制，无法应用小信号切除技术，只能用经常查对零点并在发现零点漂移时予以校正的方法消除零漂的影响。

自从电子技术进入差压式流量计后，模拟量运算电路和逻辑运算技术得到迅速发展，才使小信号切除有了技术基础。

小信号切除方法在差压式流量计中尤其重要，是由差压式流量计的输入输出关系式中的平方根特性决定的。在差压式流量计中有下面的关系式，与此式相对应的图示如图 6.25 所示：

$$q=q_{\max}\sqrt{A_{\Delta p}}$$

式中 q——流量，kg/h 或 m^3/s 等；

$A_{\Delta p}$——差压信号，0～100%；

$q_{\max}$——流量测量上限，kg/h 或 m^3/s 等。

从图 6.25 可看出，在流量接近 0 的时候，曲线的斜率 $dq/dA_{\Delta p}$ 近似无穷大，这就决定

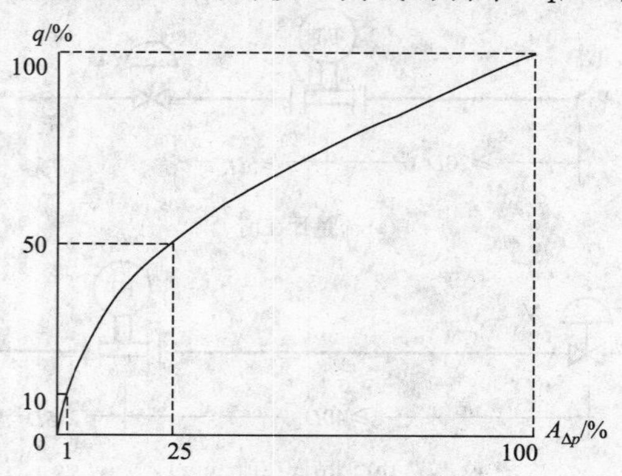

图 6.25 流量 q 与差压 $A_{\Delta p}$ 的关系

了流量零点示值的不稳定性。早期的差压计为1.5级精确度，即在一段时间内，差压示值零点漂移±1.5%也算正常，这样的漂移所对应的流量值就很大了。为了自圆其说，仪表制造厂就规定流量示值在30%以下不计误差，这就是以前仪表工程师和早期流量仪表书刊中所说的差压式流量计量程比（范围度）为3∶1的由来。

当电动单元组合仪表发展到DDZ-Ⅱ系列后，差压变送器精确度等级提高到0.5级，仪表制造厂推荐将小信号切除点调整到差压上限的1%，对应的流量值为10%FS。

当差压变送器精确度进一步提高到0.2级时，差压变送器的零点漂移性能得到进一步改善，但是，差压变送器零漂仅仅是差压式流量计零漂的一个方面，差压法流量测量是一个系统，除了差压变送器零漂之外，还有差压信号的传递失真和流量演算器等也都会引入零漂，综合多方面的因素，世界上很多仪表制造厂都将差压切除点减小为0.75%，对应的流量值为8.7%。仪表制造技术还在不断改进，现在的差压变送器已经提高到0.065级和0.04级。差压信号传递也有了改进，由于采用一体化结构，差压信号传递失真可做到忽略不计，所以对于由中低差压变送器组成的一体化节流式流量计，小信号切除值降到2%q_{max}，系统仍能很好地工作，不会出现“无中生有”现象[19][20]。

人们为什么热衷于将小信号切除点一降再降？这是因为小信号切除既有得又有失。得到的是掩盖了各种原因引起的流量显示值的零点漂移，从而消除烦人的“无中生有”现象；失去的是当实际流量低于切除点时，一概显示为零，从而引起使用者的不满。因此，仪表制造厂和系统调试人员在确保不出现“无中生有”的前提下，总是尽量降低小信号切除点，而仪表制造技术的改进，也为这一做法提供了物质基础，所以随着差压变送器精确度、稳定性的提高，随着仪表结构的改进，小信号切除点也越来越小。

（2）流量小信号切除的意义与目的

① 电磁流量计

电磁流量计零点漂移的原因主要有下列几点：

a. 电极表面被粘附了一层绝缘物；

b. 流体的电导率有明显的变化；

c. 受到外界干扰；

d. 电极送出的毫伏信号，在放大和转换过程中出现零漂；

e. 流量测量管上下游某一段管内未充满液体，而管道压力又有波动时，使得平均流量为零，而流经电极的轴向流速却有一定幅度的摆动，这种摆动幅值虽然很小，但由于电磁流量计精确度现在已经达到很高的水平，所以仍然能够观察到。

电磁流量计的小信号切除点，一般比差压式流量计小得多，设置在（1～2）%FS处就能满足要求。

② 涡街流量计

涡街流量计号称不存在零点漂移，但是流量信号用4～20mA输出时，由于模拟电路总有一定幅值的零漂，所以需要设置小信号切除，而当流量信号用脉冲形式输出时，也必须设置小信号切除，这就耐人寻味了。

从工作原理来说，涡街流量计不存在零点漂移，理由是在流速为零时，旋涡发生体后面不会有旋涡产生，因此也就无脉冲输出。实际上，不用到流速为零，只要流体的流速低到一定数值，相应的雷诺数小于紊流区间（$Re_D<2300$），旋涡已经不会产生。既然如此，在涡街流量计中为什么还要设置小信号切除呢？原因很简单，即在雷诺数很低时，虽然没有旋涡产生，也没有因此而输出的脉冲，但是干扰会趁虚而入，例如管道振动产生的干扰、射频干扰等，由于涡街流量计的脉冲信号放大器是变增益放大器，输入脉冲信号幅值越低，增益越大[21]，所以，在无脉冲信号输入时，增益最大，这就为干扰信号的钻入开了方便之门。好在人们还有小信号切除这个手段。

由于涡街流量计的探头输出的脉冲信号幅值与流过旋涡发生体的流体的流速平方成正比[21]，在仪表制造厂承诺的 $Re_D \geqslant 20000$ 而保证正常测量的流速区间，探头输出的信号幅值较大，因而信噪比也较大，干扰不易侵入；而在流速较低，干扰容易侵入时，则采用小信号（以频率来表征）切除方法，从而使仪表既能做到在流速较高时保证正常测量，又能做到在流速低于承诺的可测最小流量对应值时，稳定地指示零。

③ 超声流量计

时差法超声流量计是现在应用最广泛的一种超声流量计，它是基于超声顺流传播时间和逆流传播时间差的测定，不仅能测量正向流流量，也能测量反向流流量。当流速为零时，顺流传播时间和逆流传播时间应相等，但是由于换能器不完全对称和性能的时漂、温漂，也会出现流量示值的零漂，因此，流量转换器中也设置有小信号切除，但切除点设置到1%FS已足够。

④ 涡轮流量计

涡轮流量计是基于流过涡轮流量传感器时，流体对涡轮叶片产生推力，从而导致涡轮旋转。当流速为零和流速虽不为零但低于起动灵敏度时，涡轮不会旋转，因此，就原理来说，也不存在零点漂移问题。但是，如果以 4～20mA 的形式输出流量信号，则因模拟电路本身的特殊性，也会产生一定的零漂，因此也需引入不大于 1%FS 的小信号切除。

其他原理的流量计，除了容积式流量计之外，一般均需设置小信号切除，放弃切除点以下流量的测量，这完全是不得已而为之。

6.21 一次表和二次表中都有小信号切除功能如何正确应用

6.21.1 提问

一次表和二次表中都有小信号切除功能，如何正确应用？

6.21.2 解答

从 6.20 节的分析可知，流量小信号切除的目的是解决仪表零点漂移引起的“无中生有”这一不足，而且在应用这一功能时，不能产生新的矛盾。

在流量转换器中有小信号切除功能，流量二次表中也有小信号切除功能，正确应用这两个资源就能达此目的。

(1) 不配二次表的系统

有的流量计不配二次表，或者只通过其数字通讯口将测量结果、故障诊断信息传送到计算机，这时，只需在转换器内设置小信号切除。

(2) 配二次表的系统

配二次表的系统分两种情况。

第一种是转换器利用模拟信号将流量测量结果传送到二次表，这时，如果二次表完全没有小信号切除，在实际流量为零时，尽管转换器中的小信号切除功能能够使其名义值为零，但是由于模拟运算环节总是存在一定的漂移，于是此信号经转换器中的 D/A 转换和二次表中的 A/D 转换这些模拟运算环节，二次表中的流量显示值就有可能不为零。所以，除了转换器中设置小信号切除之外，二次表中也得设置小信号切除，二次表中的切除值不能大于转换器中的切除值。

第二种情况是转换器利用频率信号将测量结果传送到二次表，由于与这种传送有关的运算环节都是数字量运算，不存在零漂，所以二次表中一般不设置小信号切除。

上面所说的二次表包括流量二次表、流量批量控制器以及 DCS、PLC 等。

6.22 用基地式标准装置实施在线校准

6.22.1 提问

如何用基地式标准器（表）对流量计进行在线实流校准?

6.22.2 解答

在计量学意义上，在线实流校准最符合准确性、一致性、溯源性和实验性等计量特点。

流量仪表的现场校准（InsiteCalibration）通常在其校准条件（即流体物性、操作条件、安装条件、环境条件）与实际使用条件充分一致的前提下进行。此方法已在油品、天然气的贸易交接计量中普遍应用。

大型油库或油码头的储运交接常有多台容积式流量计或科氏力质量流量计，用一套体积管标准装置和相应的切换阀就可以实施流量计的在线周期校准。如图 6.26 所示，关闭图中的 V_{12}，打开 V_{11}、V_{13}，就可对流量计 M_1 进行校准[22]。

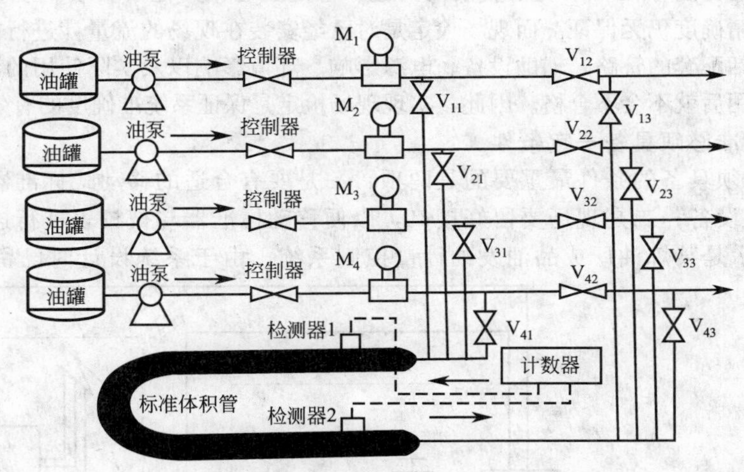

图 6.26 标准体积管在线校准流量仪表

图 6.27 所示是天然气门站计量和基地式校准系统实例。正常输气时经管路 1、汇管 3 按输气量大小切入管路 3 的 *DN*50 计量孔板或管路 4 的 *DN*100 计量孔板；校准计量孔板时经管路 2 和汇管 2 由单只音速喷嘴或一组喷嘴实施。汇管内有 8 只音速喷嘴，不同组合可获得 10～1590m³/h、最小分度 10m³/h 的不同流量。各喷嘴对应的流量如表 6.11 所示。

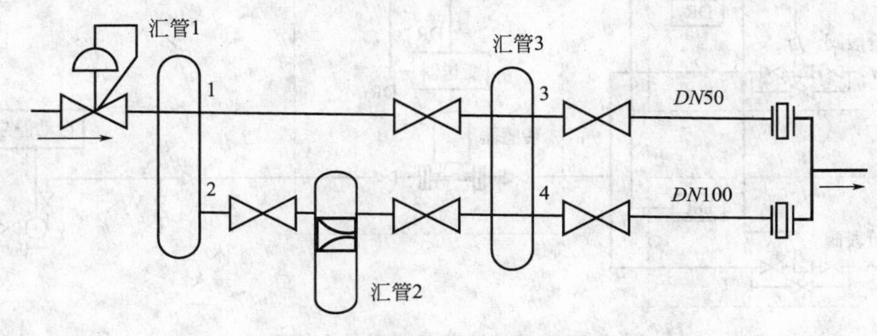

图 6.27 天然气门站计量和校准系统

表 6.11 各喷嘴对应流量表

编号	1	2	3	4	5	6	7	8
流量/(m^3/h)	10	20	40	80	160	320	320	640

6.23 用移动式标准装置实施在线校准

6.23.1 提问

用移动式计量标准装置怎样对现场的在用流量计实施检定？

6.23.2 解答

(1) 现场检定是保证在用流量计准确度的有效方法

用于贸易结算的流量计必须按规定的周期检定合格才能使用。而实施检定有送检和现场检定之分。其中送检的方法存在一个现场安装的问题，检定虽合格，但若安装到现场时存在某些缺陷，有可能系统精确度仍无保证。而现场检定是对已经安装在现场的流量计进行检定，既包括流量计本身，也包括配套的管路、辅助设备、电源影响、环境影响以及实际使用的流体。如果检定合格，则投入使用后就不会不合格。因此，实现现场检定是保证系统准确度的有效方法。

(2) 现场校准必须具备一定条件

现场校准必须具备的条件最重要的是两项：一是要有合适的移动式标准器，例如标准体积管及密度测量设备；二是现场要留好接口，以便移动标准器与被校表进行连接。

图 6.28 所示是某炼油厂成品油发油计量控制系统。由于系统设计时已留有接口（图中

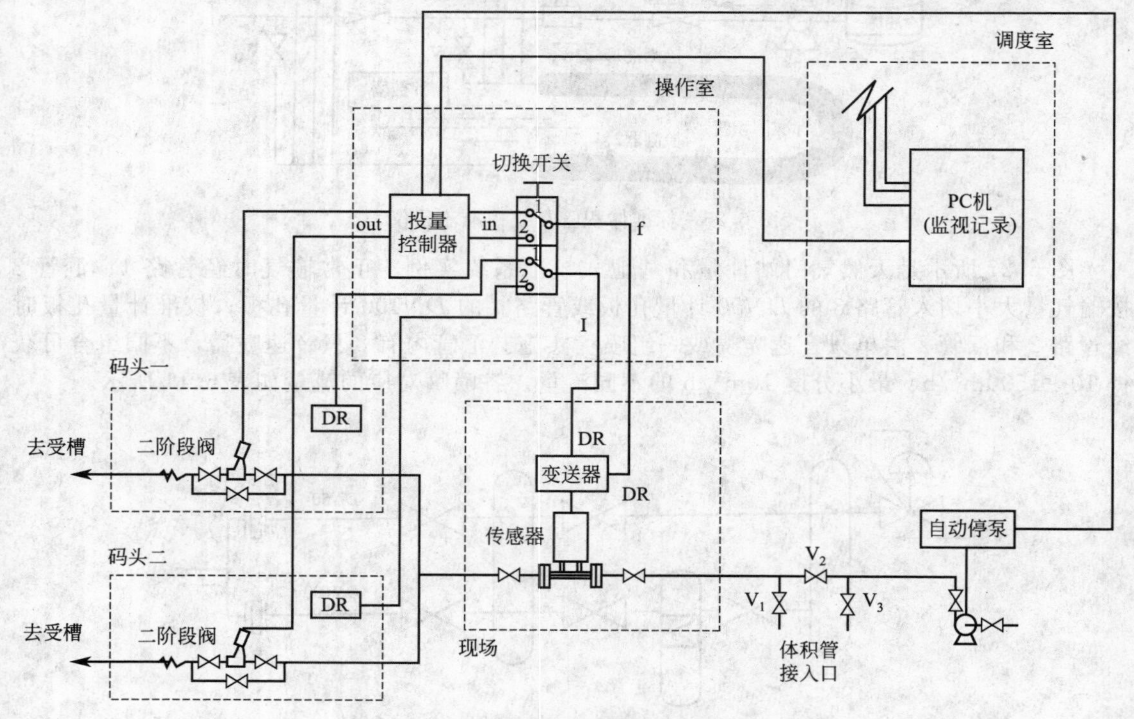

图 6.28 成品油装船批量控制系统

的 V_1 和 V_3)，载有移动式体积管车辆只要开到现场，将软接管与阀 V_1 和 V_3 连通，并打开 V_1 和 V_3，关闭旁通阀 V_2，就可对现场的被校表进行校准[23]。

在生产流程中，也可利用已经配备的冲洗口、放净阀等串入准确度等级足够高的标准器进行校准，如图 6.29 所示。但要注意安全，这种方法因其开放性，对于易燃易爆、有毒有害、高温高压流体不宜采用。

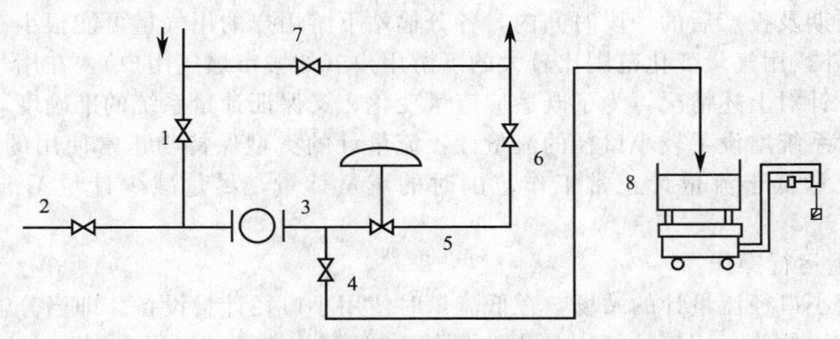

图 6.29　称量法现场校验管路连接图

图 6.30 所示为西气东输管道计量系统配置图（以 2 路计量管路为例）[24]。流量计选型，经技术、经济等多方面综合比较、计算，流量计口径≥*DN*150 时采用气体超声流量计，*DN*≤150 时采用气体涡轮流量计。

图中，气体超声流量计的上游直管段长度按 30*D* 设计，气体涡轮流量计的上游直管段长度为 10*D*，其中 *D* 为流量计测量管内径。

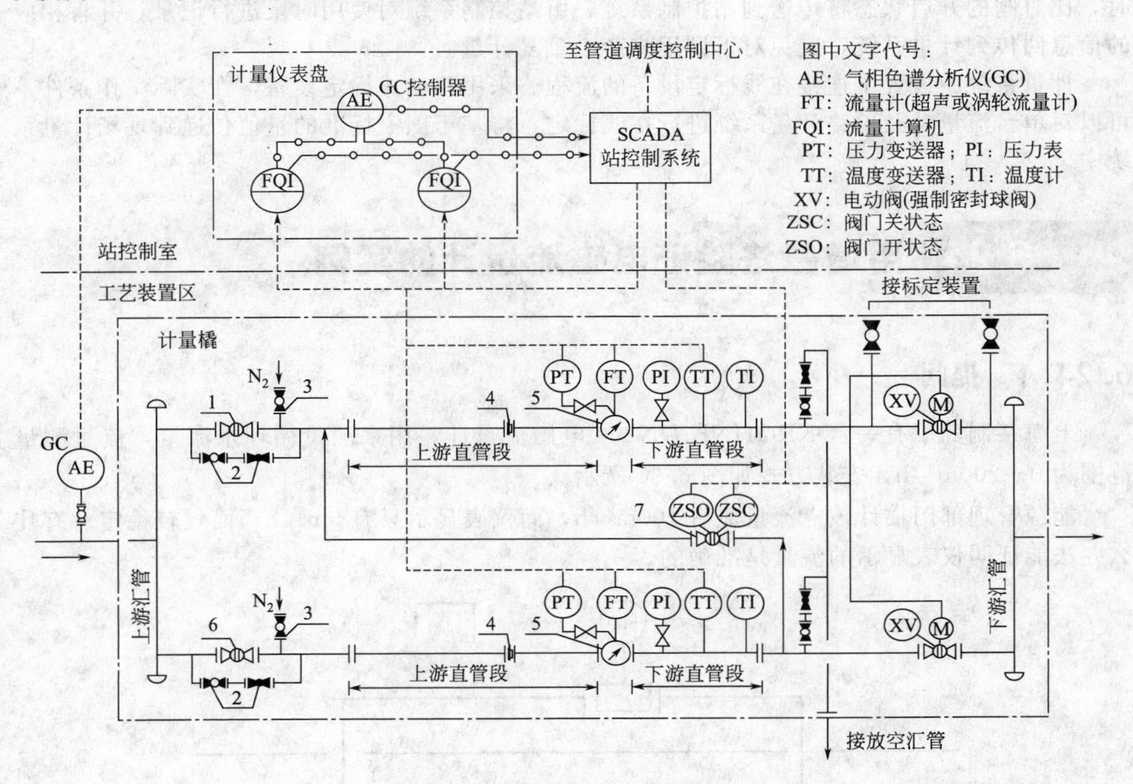

图 6.30　天然气计量系统配置图

1—强制密封球阀；2—升压阀；3—氮气注入阀；4—整流器；
5—流量计（超声或涡轮流量计）；6—普通球阀；7—比对阀（强制密封球阀）

为避免现场安装的不确定因素对计量系统准确度造成影响，西气东输管道计量系统按照成套（成橇）方式设计及供货。

根据各用户的用气需求及可靠性设计原则，计量系统按照 1 用 1 备或多用 1 备的方式配置，以便在其中 1 套流量计发生故障或进行标定时，不影响天然气流量的正常计量，同时满足输量递增台阶以及用气量波动的工况。

在投产初期及投产后的一段时间内，各分输站下游用户的用气量可能很小（具体用量无法估计）。另外，用气量变化范围比较大的下游用户（如城市燃气用户），在用气谷底时天然气流量较小。针对上述情况，为了既适应流量变化，又保证计量系统的准确度，对其中一些分输站的计量系统增设了较小口径的流量计，流量计的类型保持与正常使用的流量计一致，以满足实际流量低于流量计正常工作范围时的流量计量，尽量减少计量不准造成的经济损失。

① 低流量运行操作

在设置较小口径流量计的站场，在低流量时使用小口径计量设备。即当分输天然气瞬时流量≤正常使用的单台流量计额定最大流量的 30%，并持续 60s 以上时，由站控制系统自动切换到小口径计量管路；当分输天然气瞬时流量≥小口径流量计额定最大流量的 80%，并持续 60s 以上时，站控制系统自动将计量管路切换到正常使用的流量计管路。

② 比对及在线标定

计量系统各管路之间设置有互相比对的连接管路，当一路流量计可能出现偏差时，打开比对阀门，使气体同时通过两台流量计，以检查、核实流量计的工作情况。在使用比对流程时，比对阀的开启状态将传送到站控制系统，由站控制系统对使用时段进行记录，并将相应的信息回传到计量系统，避免对下游用户产生重复计量。

计量系统中设置了连接在线标定设备的流程。采用移动式标定设备，在实际工作条件下可以对单台流量计及单路计量系统进行在线标定，将基于国家标准的量值传递到现场计量系统中。

6.24 用增量法验证电磁流量计的实例

6.24.1 提问

上海某制药厂有一台 KROHNE *DN*200 电磁流量计，用来测量循环水流量，流量测量范围为 0～200m^3/h，安装方式如图 6.31 所示。

能源管理部门估计该点流量应有 100m^3/h，而仪表显示只有 5m^3/h，而且较稳定。有什么办法能证明仪表显示的流量是准确的。

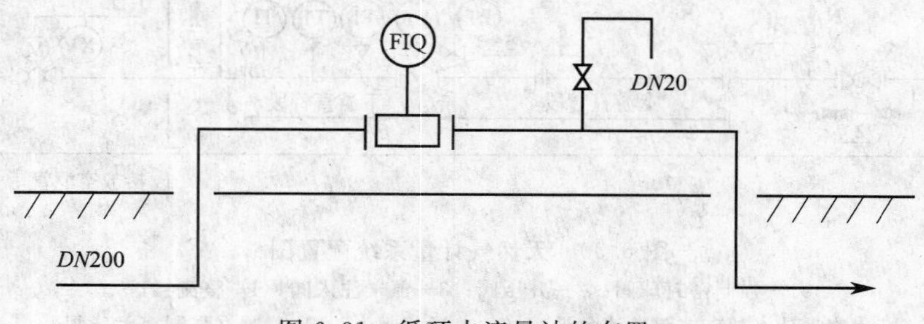

图 6.31 循环水流量计的布置

6.24.2 解答

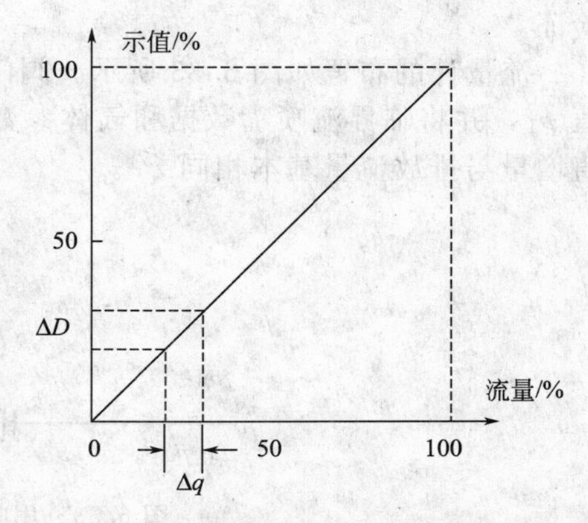

图 6.32 流量计理想示值与流量的关系

仪表人员在检查核对仪表的数据设置正确无误后，与工艺专业制定了一个验证方案：将排气口作为液体排放口，将 $DN20$ 阀门开大后的流量增加值为输入信号，读取仪表示值增量。由于排气口中排出的水全部流经流量计，所以流量示值的增量应与排气口中排出的水量相等。于是，准备了软管、秒表和容器后，进行了验证操作。试验结果是阀门开到某一开度后，仪表示值增加 $5m^3/h$，用塑料桶收集从阀门中排出的水，10s 装了一桶，用台秤称得净重为 14kg，经计算得阀门中排水的平均流量为 $5.04m^3/h$，所以验证结论是，仪表示值可信[25]。

这一验证方法其实还不够完美，因为仪表示值增量与实际流量增量相符，仅仅表明该台仪表分度线的斜率是对的，并不说明在整个测量范围内的示值都准确。于是，又请能源管理部门寻找与这根管道相串联的切断阀，并短时关闭该阀（事先征得工艺专业的同意），核对仪表零点示值，结果也是好的[25]。

一台理想的流量计，其显示值与实际流量的关系可用图 6.32 中的一根直线来表示，这是一根通过原点的与横坐标夹角为 45°的直线。在本实例中，如果仪表的零点不准，也能得到与示值增量相符的结果。因此，在用增量法验证的时候，如果条件具备，最好也验证一下仪表的零点示值。

增量验证法其实是一种最简单的模型辨识。在应用这一方法时，有几条要领必须重视：

① 验证前后的一段时间内，仪表示值应平稳，以免本底信号的波动干扰验证结果；

② 验证的时间，即本例中从开阀到关阀的时间间隔应尽量短，以削弱验证期间的干扰影响；

③ 在工艺允许的前提下，验证时所加的信号应尽量大一些；

④ 本实例中的阀门打开后，应注意观察仪表示值的变化，读取其平均值，如果仪表内部的阻尼时间设置得太大，应事先修改到较小的数值；

⑤ 本实例中的阀门关闭后，应再一次读取仪表的稳定示值，如果与开阀前的示值有差异，应取其平均值计算示值增量；

⑥ 排出的流体的收集和回收与否，应同工艺专业协商，以免污染环境和造成损失，对于水之类的流体，可不予回收，对于价值较贵或污染环境的流体，必须回收。

6.25 用临界流喷嘴验证气体流量计的实例

6.25.1 提问

上海某铁合金公司的工程项目中，有两台 $DN50$ 涡街流量计，用于电炉顶底吹氧流量测量，仪表带温度、压力补偿，应是准确的，但用户强调此流量极其重要，事关产品质量和单耗，要求用适当的方法验证其准确度。

6.25.2 解答

项目承包方按照 ISO 9300 标准自制了一台临界流喷嘴流量计，用于氧气流量示值的验证。

流量计的布置如图 6.33 所示。阀门打开后，涡街流量计示值有一增量，然后记下压力值 p_1，并将临界流喷嘴数据和气体参数代入公式计算排放流量，结果表明，涡街流量计示值增量与排放流量基本相同[25]。

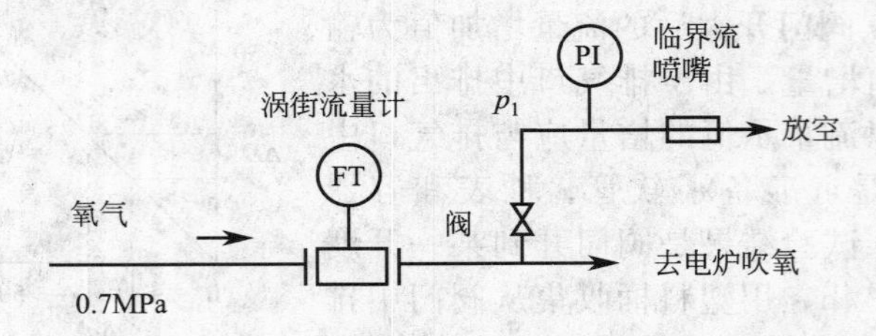

图 6.33 用临界流流量计验证气体流量计

用临界流流量计验证气体流量计的条件有两个：一是工艺专业允许气体作一定量的排放；二是管内绝压 p_1 高于 0.2MPa，能满足临界流喷嘴使用条件。

6.26 将各检定点误差用折线方法校正

6.26.1 提问

在流量计的出厂检验报告中，制造厂已提供 5 个点的误差数据，如果再多做几点，能否将这些误差在后续处理中予以校正。

6.26.2 解答

计量机构对一台计量器具检定后，要在检定证书或校准报告中给出各检定点的修正值。在使用这台器具时，如果计入该修正值，则器具的准确度可提高一挡。

在流量仪表中也常借用这一方法提高系统精准度，所不同的有两点。其一是，检定证书上的修正值的单位与表计显示的计量单位相同，而流量计检定报告中通常给出的是各检定点的示值误差或流量系数、仪表系数；其二是，使用检定证书上的修正值是修正一个点的示值，而流量计中是将各检定点（校准点）的误差数据，通过处理得到各点的校正值，并制成一张折线表，写入仪表，测量时实行连续校正。

图 6.34 是某台涡轮流量传感器在全量程范围内的误差曲线[26]，其最大误差不大于 ±0.5%。该流量传感器在出厂检验时，通过实流（一般为水）校准，确定各规定校验点流量系数，然后取各流量系数中数值最大和最小的两个之算术平均数作为该台仪表的仪表常数，因此，所谓误差就是各校验点流量系数相对于仪表常数之间的相对误差。传统的流量显示仪表接收传感器送来的频率信号 f_i，然后按下式计算体积流量[27]：

$$q_v = 3.6 f_i / K_m \tag{6.28}$$

式中 q_v——体积流量，m^3/h；

f_i——传感器输出的频率信号，P/s；

K_m——传感器平均流量系数（仪表常数），P/L。

这样，在被测流体的黏度和密度同校准时的流体相近，安装也合理正确时，测量系统能得到 ±0.5%R 的准确度（忽略流量显示表的误差），其误差主要来自流量传感器。

其实在流量全量程范围内都用一个流量系数是不合理的，因为客观上一台流量传感器在不同瞬时流量时，其流量系数也不同，如果能将流量传感器校准时各校验点所对应的流量系

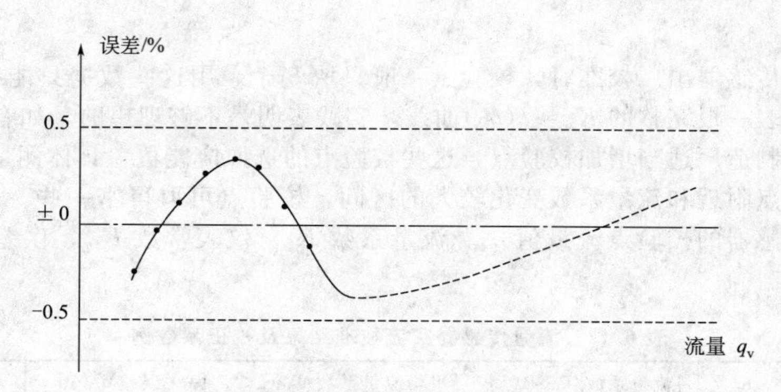

图 6.34 涡轮流量计误差

数置入仪表，然后用查表和线性插值的方法计算流量系数，并进一步计算瞬时流量，那么各点的误差即得到校正，最后只剩下重复性误差，从而使系统精确度大大提高。

在智能化流量显示仪表或DCS中，上述校正通常是用折线方法完成。折线段数一般取9或15段，折线的横坐标为瞬时流量，其纵坐标为校正系数 k_α。当流量显示仪的功能指定栏选中"进行校正"时，式(6.28) 变为

$$q_v = 3.6 f_i / (k_\alpha K_m) \tag{6.29}$$

式中 k_α——流量系数校正系数。

$$k_\alpha = K_i / K_m \tag{6.30}$$

式中 K_i——各点实际流量系数，P/L。

k_α 随 q_v 变化的关系通常用对照表给出，由于 k_α 和 q_v 都是未知数，因此求 k_α 和 q_v 是一个迭代的过程。图 6.35 所示为某型号流量演算器实际使用的传感器误差校正计算程序

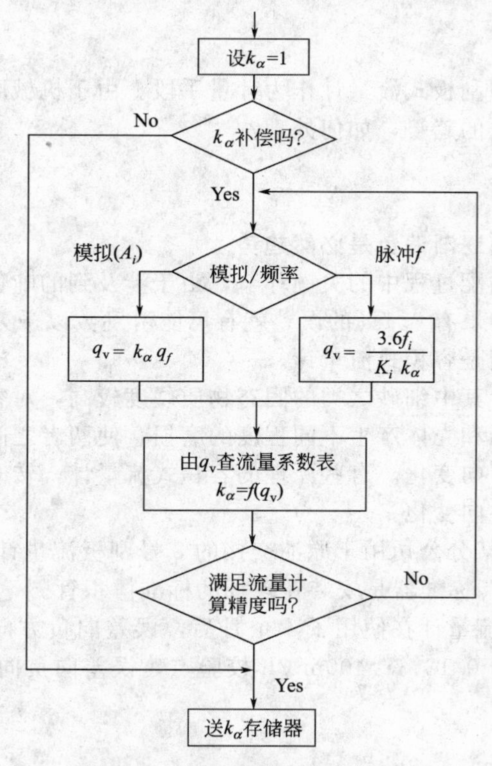

图 6.35 流量系数校正计算框图

框图[28]。

工业用流量传感器出厂校准时，校验点一般只取 5 个，用这些数据只能组成 4 段折线。用 4 段折线来代表一根完整的 $K_i=f(q_v)$ 曲线，实践表明是不够理想的。如有必要可在仪表订货时要求仪表制造厂适当增加校验点，这些校验点的选取应能覆盖具体测量对象的测量上限，在流量常用点附近和流量系数变化较大的区间，校验点可取得密一些。表 6.12 所示为一台涡轮流量传感器的校验点流量值 q_v、流量系数 K_i、仪表常数 K_m、误差、流量系数校正系数 k_α 对照表。

表 6.12 流量传感器实流校准结果及校正系数例

序号	流量/$m^3\cdot h^{-1}$	流量系数/$P\cdot L^{-1}$	平均流量系数/$P\cdot L^{-1}$	误差 δ/%	校正系数 k_α
1	3.02	72.85	73.07	−0.30	1.0030
2	4.55	73.01		−0.08	1.0002
3	6.02	73.12		0.07	0.9993
4	7.45	73.24		0.23	0.9977
5	8.84	73.35		0.38	0.9962
6	10.52	73.23		0.22	0.9978
7	11.97	73.11		0.05	0.9995
8	13.54	72.94		−0.18	1.0018
9	15.07	72.79		−0.38	1.0038

6.27 容积式流量计机械磨损应如何处理

6.27.1 提问

原油交接计量中，常用刮板式流量计作为计量手段。由于机械磨损，随着使用时间的推移，流量计示值有逐渐偏负的趋势，如何处理？

6.27.2 解答

(1) 容积式流量计示值逐渐偏负是必然趋势

原油交接计量是石油输配过程中的关键环节，由于涉及到的吨位大，金额多，所以对计量精确度的要求特别高，如果有 0.1%的误差就有可能引发数以千万元的盈亏。为了保证计量精确度，传统的仪表选型是容积式流量计。

由于原油的组分复杂，其中细砂之类的固态物质硬度较高，对容积式流量计的转子及壳体有摩擦，天长日久，转子和壳体产生不同程度的磨损，使两者之间的间隙增大，内泄量相应增大，测量误差向“负”向变化。有些原理的容积式流量计，转子磨损导致计量室容积增大，测量误差也是向“负”向变化。

图 6.36 所示为中石化某分公司用于原油交接的 3 号刮板流量计在 $200m^3/h$ 和 $400m^3/h$ 测量点的标定误差曲线[29]，标准器是安装在现场的标准体积管。

从图 6.36 可见，该台流量计在使用了 4 个月后，误差向负方向移动了，其中 $200m^3/h$ 校验点，误差向负向偏移了 0.13%；$400m^3/h$ 校验点，误差向负向偏移了 0.16%。所以误差偏移的速率是可观的。

(2) 处理方法

现行的流量计检定规程只是判定计量器具的合格与不合格，对于一些关键的计量点，供

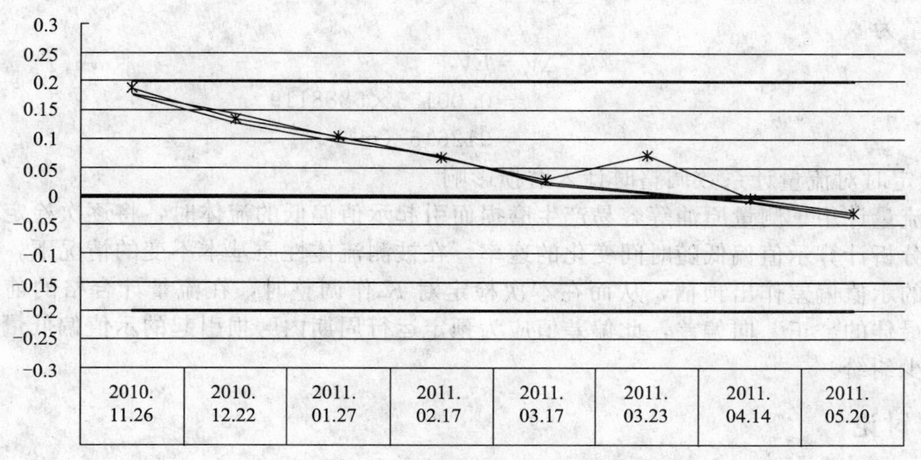

(a) 200m³/h点误差变化趋势

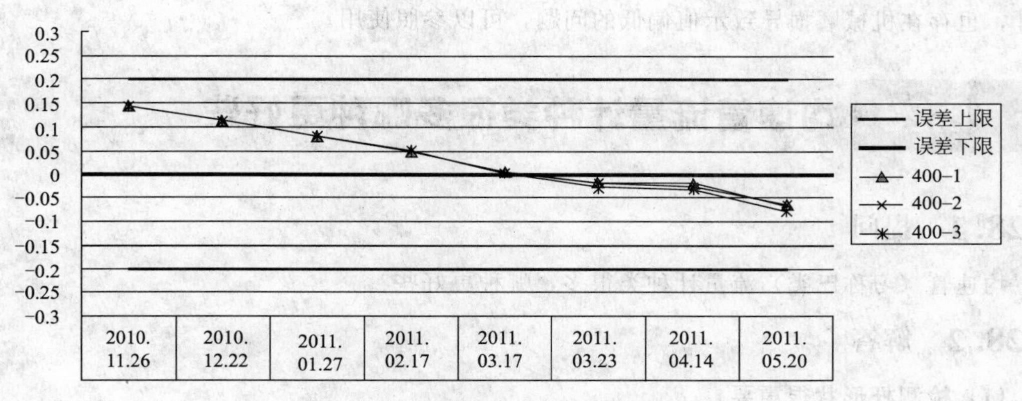

(b) 400m³/h点误差变化趋势

图 6.36 刮板流量计误差变化趋势

需双方都特别关注，往往是在同一根输油管道上供需双方各装一套由同一家公司生产的相同型号、相同口径的流量计，甚至可能是由同一个计量检定机构检定合格的仪表，于是供需双方计量数据差量较大，产生纠纷，申请上级管理部门仲裁的事情屡有发生。

在发生计量纠纷之后，仲裁人员对有关数据进行分析计算时，经常采用下面的几个提高计量精确度的方法。

① 选用恰当的流量计系数 K

由于流量计在全量程范围内的各检定点仪表系数并非完全相同，而流量计通常是在基本固定的瞬时流量条件下使用，因此应按此常用流量选定流量计系数 K。如果容积式流量计无瞬时流量显示，则可用一段时间间隔内的总量除以时间间隔计算得到。

② 采用流量计平均误差计算差量

计算原油量公式中的流量计系数 K，取该台流量计检定证书上的流量计系数 K_f 值与下一次检定未作调整前的流量计系数 K_1 的算术平均数，即运行期间的流量计平均系数。例如[30] 4# 流量计在常用流量点 $\overline{K_f}=0.9980$，则相对误差 $E_1=(1-0.9980)/0.9980=0.0020$；$K_1=0.9989$，则相对误差 $E_2=(1-0.9989)/0.9989=0.0011$，则运行期间流量计平均误差 $E=(E_1+E_2)/2=(0.0020+0.0011)/2=0.00155$。

这期间流量计累积计量油量为

$$V=1661654+657064+1045928+499051+2024422=5888119\ (m^3)$$

故其差量为

$$\Delta V = \overline{E}V = 0.00155 \times 5888119 = 9126.6\ (\mathrm{m^3})$$

③ 在检定时对流量计系数调整时计入磨损影响

容积式流量计用于测量原油等容易产生磨损而引起示值偏低的流体时，将逐次检定资料积累起来，分析计算示值偏低随时间变化的速率，在被测流体性质基本不变的情况下，可对下次检定时的示值偏差作出预估，从而在本次检定对 K 作调整时，在流量计合格的前提下使其有一个最佳的“正”向偏差，此偏差值应为预定运行周期内磨损引起的示值偏低量的一半，从而减少纠纷。

6.27.3 讨论

这一方法讲的是用于原油交接的容积式流量计，其实对于用于其他液体计量的容积式流量计，也存在机械磨损导致示值偏低的问题，可以参照使用。

6.28 均速管流量计种类很多哪种更好些

6.28.1 提问

均速管（习称巴类）流量计种类很多，哪种更好些？

6.28.2 解答

(1) 检测杆形状很重要

按照流体绕过物体的原理，检测杆形状会影响流体的绕流特性，即检测杆周围的压力、速度分布特性，因而影响均速管输出差压与流过测量管的流量之间的关系。

现在市场能买到的和曾经销售过的检测杆断面形状如图 6.37 所示。

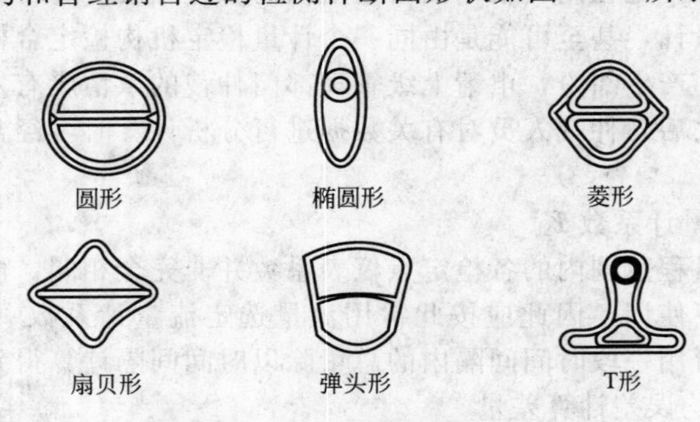

图 6.37 典型检测杆断面形状

均速管出现初期，检测杆形状大都为圆形，圆形从加工角度和制造的复现性而言是较好的，但后来的研究表明，圆形断面检测杆的流量系数 K 受雷诺数的影响较大。当 $Re_D < 10^5$ 时，K 较小；而 $10^5 < Re_D < 10^6$ 时，K 增大而且不稳定，离散度约为±10%。这是因为流体流过圆管时，分离点位置不固定所致。

对于圆形，当雷诺数小于 10^3 时，附面层为层流，分离点位置在约 80°处（距前驻点），当雷诺数增大到 $2\times10^5 \sim 5\times10^5$ 时，附面层将转为湍流，分离点后移到 130°处，这种变化反映在流量系数随雷诺数有较大的变化。

(2) 菱形断面、弹头型断面

菱形断面检测杆是对圆形断面的改进。由于流体分离点不再随 Re_D 变化而固定在菱形两侧尖锐的拐点上，所以流量系数受 Re_D 影响减小到 1%。这个结论是由一些权威的流量检测机构大量试验所验证的，其中包括美国 ALDEM 研究实验室、英国 NEL 国家工程实验室等水试验室及美国科罗拉多州工程实验室（CEESI）气体试验站。

弹头形检测杆是十几年前才出现的新型器件。

威里斯公司针对钻石型（菱形）检测杆信号脉动大、低压侧易堵塞等缺点，在大量实验的基础上，推出了弹头断面检测杆（见图 6.37)。弹头断面检测杆与菱形断面检测杆的相似之处是都有明显的拐点，所以流体流过均速管后的流体分离点固定，流量系数 K 的稳定性好。但弹头形断面检测杆的拐点相对平缓，不致像菱形断面检测杆那样会产生强烈的旋涡、较大的探头振动和脉动的差压输出。另一个大的改进是多个低压取压孔位于探头的两侧面，即位于流体分离点之前，流速较快，而菱形断面检测杆的低压孔位于背部，那里正好是流体中尘埃聚集的地点，流线紊乱，流速较慢，所以负压测孔易堵。弹头型断面检测杆的高压测孔因弹头形状的前部较宽阔，形成静止的高压区，将阻止流体中的固体尘粒进入，因而无论是低压测孔还是高压测孔，其防堵性能均优于其他断面的检测杆。

以往均速管表面是光滑的，当流速变化时，在均速管表面易形成边界层流与边界紊流交替出现的情况，增大了流体牵引力和涡街脱落力，这是造成流量系数不稳定的另一个重要原因。威里斯公司根据流体边界层理论研究的成果，在均速管前端表面采用粗糙化处理并加防淤槽（即在粗糙化处理部分和平滑部分交界处设一浅槽），这相当于有一个紊流发生器，使均速管表面不再形成边界层流而始终保持边界紊流，就像高尔夫球表面上的凹痕可使球的飞行轨道更精确一样，紊流发生器降低流体牵引力和涡街脱落力并产生稳定的流线，从而使流量系数更稳定，范围度更大[14]。

威里斯公司弹头形断面检测杆的流量系数 K 值的精确度虽然也为 1.0%，但当去掉雷诺数过低的个别数据，其精确度可达到 0.5%。

(3) T 形断面

最新出现的检测杆形状为 T 形断面，称为 485 型（Rosemount 公司产品），如图 6.37 所示[31][32]。

据称，T 形检测杆有以下特点。

① 高压槽型设计

正面高压（总压）的槽型设计，可以得到更好的平均压力和更小的信号干扰，T 形的背部产生大滞流区，从而减少噪声干扰，由此获得的差压信号是最大的。

② 防堵设计

T 形 485 型检测杆正面会产生一个大的高压区，使流体中微粒偏转，绕过高压区，并离开槽口的入口，从而消除了在槽口或高压侧充液-气空间发生堵塞。下游低压取压孔在背部有防堵的特点，并且孔口数较多，即使有若干孔口发生堵塞，亦不会有严重影响。

③ 对检测杆插入方位不敏感

试验证明此种类型检测杆安装偏差的影响较小。

④ 最好的差压信号强度

与其他类型相比，它拥有最强的差压信号，其输出差压值约为普通菱形断面检测杆的 2 倍。因此在小流量测量时，仍可保证精确度和可靠性。

对各类型检测杆特性（流量系数与雷诺数的关系）试验如图 6.38 所示。T 形 485 型可达到±0.75%的优良特性[31]。

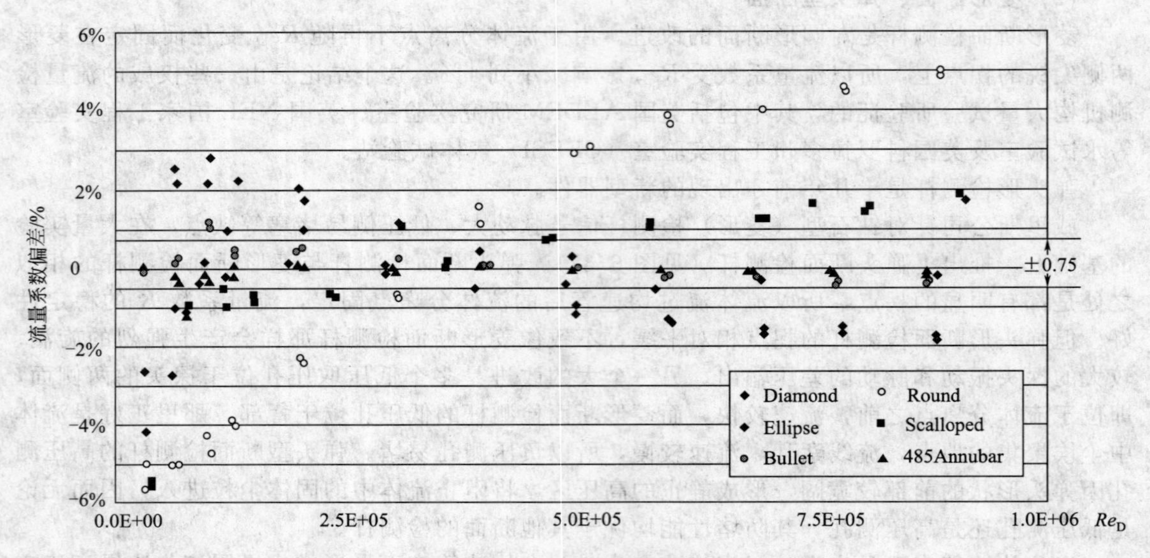

图 6.38 流量系数偏差与雷诺数的关系

参考文献

[1] 强发红，毛协柱．时差法超声波流量计的应用技术．石油化工自动化，2001．(1)：60～62

[2] GB/T 21446—2008 用标准孔板流量计测量天然气流量

[3] GB/T 2624—2006 用安装在圆形截面管道中的差压装置测量满管流体流量

[4] ISO 5167：2003 Measurement of fluid flow by means of pressure differential devices inserted in circular cross-section conduits running full

[5] ISO 5168：1998 (typel)．Measurment of fluid flow—Evaluation of uncertainties.

[6] 孙淮清，王建中．流量测量节流装置设计手册．第二版．北京：化学工业出版社，2005.

[7] 王池．流量测量不确定度分析．北京：中国计量出版社，2002，8

[8] 苏彦勋，梁国伟，盛健．流量计量与测试．第二版．北京：中国计量出版社，2007. 167～168

[9] 曹王剑，杨建鄂．楔形流量计及其在我厂的应用．冶金自动化，1998 (5)：52～54

[10] 孙丹，胡福根．科里奥利质量流量计在高黏度液体流量测量中的应用．自动化仪表．1997，18 (5)：20～21

[11] 周雪菲．质量流量计的工程应用分析．物位/流量测量方法和仪表系统应用技术专题会议论文集．中国自动化学会．1998，46～48

[12] 骆美珍，龚毅，陈少华．提高差压法流量测量精度点滴．石油化工自动化，1998，5：41～43

[13] 于阳，纪纲，徐华东．GILFLO 流量计在蒸汽计量中的应用．上海计量测试，2008 (2)

[14] 纪纲．流量测量仪表应用技巧，第二版．北京：化学工业出版社，2009.

[15] 蔡武昌，孙淮清，纪纲．流量测量方法和仪表的选用．北京：化学工业出版社，2001

[16] 毛新业．均速管流量计．北京：中国计量出版社，1984.

[17] 吴育，纪纲．冷量计量技术的新进展．化学世界，2002 年增刊．

[18] 刘政利，纪纲．流量计小信号切除的最优化．自动化仪表，2007 (10)：51～54

[19] 国家质检总局计量司等组编．2008 全国能源计量优秀论文集．北京：中国计量出版社，2008

[20] 张学巍．涡街流量计输入电路的设计．自动化仪表，1998，7 (6)

[21] 蔡武昌．流量仪表的现场校准和验证．第六届工业仪表与自动化学术会议论文集．上海：2005

[22] 王丹丹等．成品油出厂计量与批量控制．石油化工自动化，2001.4：32～33

[23] 徐志强，迟彩云．西气东输管道贸易交接计量系统的设计与应用．2007’中国油气计量技术优秀论文集．天津：中石化等，2007. 200～206

[24] 王建忠，纪纲．流量测量准确度的现场验证及解决方案．石油化工自动化，2003．(6)

[25] 于世奇等．高精度酒精定量发售自控系统的研究与设计．自动化仪表，1999 (12)：28～31

[26] JB/T 9249—1999 涡街流量计

[27] 纪纲，蔡武昌．流量演算器．自动化仪表，2000，(10)
[28] 郭丰明．刮板流量计使用中误差变化趋势分析．中石化油气计量技术优秀论文集．丹东：2011：16～19
[29] 郑灿亭．容积式流量计运行磨损与其测量精度变化的关系．石油化工自动化，2002，1：69～73
[30] 蔡武昌，应启戛．新型流量检测仪表．北京：化学工业出版社，2005.
[31] 岡田譲．モデル485新型アニエーバ流量计．计测技术，2004，(3)

附录 A 标准孔板直管段长度

表 A.1 无流动调整器情况下孔板与管件之间所需的直管段

数值以管道内径 D 的倍数表示

直径比 β	孔板的上游(入口)侧																										孔板下游(出口)侧	
	单个90°弯头任一平面上两个90°弯头($S>30D$)[a]		同一平面上两个90°弯头：S形结构($30D \geq S > 10D$)[a]		同一平面上两个90°弯头：S形结构($10D \geq S$)[a]		互成垂直平面上两个90°弯头($30D \geq S \geq 5D$)a		互成垂直平面上两个90°弯头($5D > S$)[a,b]		带或不带延伸部分的单个90°三通斜接90°弯头		单个45°弯头同一平面上两个45°弯头($S \geq 2D$)[a]		同心渐缩管(在$1.5D$～$3D$长度内由$2D$变为D)		同心渐扩管(在D～$2D$长度内由$0.5D$变为D)		全孔球阀或闸阀全开		突然对称收缩		温度计插套或套管[c]直径$\leq 0.03D$[d]		管件(2～11栏)和密度计套管	
1	2		3		4		5		6		7		8		9		10		11		12		13		14	
—	A[e]	B[f]	A[e]	B[f]	A[e]	B[f]	A[e]	B[f]	A[e]	B[f]	A[e]	B[f]	A[e]	B[f]	A[e]	B[f]	A[e]	B[f]	A[e]	B[f]	A[e]	B[f]	A[e]	B[f]	A[e]	B[f]
≤0.20	6	3	10	g	10	g	19	18	34	17	3	g	7	g	5	g	6	g	12	6	30	15	5	3	4	2
0.40	16	3	10	g	10	g	44	18	50	25	9	3	30	9	5	g	12	8	12	6	30	15	5	3	6	3
0.50	22	9	18	10	22	10	44	18	75	34	19	9	30	18	8	5	20	9	12	6	30	15	5	3	6	3
0.60	42	13	30	18	42	18	44	18	65[h]	25	29	18	30	18	9	5	26	11	14	7	30	15	5	3	7	3.5
0.67	44	20	44	18	44	20	44	20	60	18	36	18	44	18	12	6	28	14	18	9	30	15	5	3	7	3.5
0.75	44	20	44	18	44	22	44	20	75	18	44	18	44	18	13	8	36	18	24	12	30	15	5	3	8	4

a S是上游弯头弯曲部分的下游端到下游弯头弯曲部分的上游端测得的两个弯头之间的间隔。

b 这不是一种好的上游安装，如有可能宜使用流动调整器。

c 安装温度计插套或套管将不改变其他管件所需的最短上游直管段。

d 只要A栏和B栏的值分别增大到20和10，就看安装直径$0.03D$～$0.13D$的温度计插套或套管。但不推荐这种安装方式。

e 每种管件的A栏都给出了对应于“零附加不确定度”的直管段。

f 每种管件的B栏都给出了对应于“0.5%附加不确定度”的直管段。

g A栏中的直管段给出零附加不确定度；目前尚无较短直管段的数据可用于给出B栏的所需直管段。

h 如果$S<2D$，$Re_D>2\times10^6$需要$95D$。

注：1. 所需最短直管段是孔板上游或下游各种管件与孔板之间的直管段长度。直管段应从最近的（或唯一的）弯头或三通的弯曲部分的下游端测量起，或者从渐缩管或渐扩管的弯曲或圆锥部分的下游端测量起。

2. 本表中直管段所依据的大多数弯头的曲率半径等于$1.5D$。

附录 B　流动调整器[1]

流动调整器可用于减少上游直管段长度。GB/T 2624.1—2006 正文中列举了两种流动调整器，它可以用在任何上游管件的下游。

B.1　19 管管束流动整直器（1998）

B.1.1　描述

B.1.1.1　结构

19 管管束流动整直器（1998）由 19 根管子组成，装配成如图 B.1 所示的圆柱形样式。

为了减少 19 管管束流动整直器（1998）外部管子与管道壁之间产生的旋涡，流动整直器的最大外部直径 D_f 应满足：$0.95D \leqslant D_f \leqslant D$。

管子的长度 L 应在 $2D \sim 3D$ 之间，最好尽可能接近 $2D$。

B.1.1.2　19 管管束流动整直器（1998）的管材

管束中管子的平整度、外径和壁厚必须统一。19 管管束流动整直器（1998）的单个管子的壁厚应薄，所有管子的两端应有内倒角。

壁厚应小于 $0.025D$，此值是根据用于收集数据的管子壁厚确定的，GB/T 2624 的本部分就是以这些数据为基础的。

B.1.1.3　19 管管束流动整直器（1998）的制造

19 管管束流动整直器（1998）应制造得非常坚固。各个管子的接触点处应彼此焊牢，至少要在管束的两端焊牢。尤为重要的是要确保这些管子彼此平行并与管道轴线平行，因为如果不能满足这个要求，整直器本身就可能把旋涡引入到流动中。整直器的外部可设置定中心垫片，以帮助安装者在管道中为装置定中心。定中心垫片可以采取平行于管道轴线的小突缘或小棒杆的形式。管束插入管道后应可靠地固定就位，但固定应不破坏管束部件在管道中的对称性。

B.1.1.4　压力损失

19 管管束流动整直器（1998）的压力损失系数 K 约等于 0.75，K 由下式给出：

$$K=\frac{\Delta p_c}{\frac{1}{2}\rho v^2}$$

式中　Δp_c——19 管管束流动整直器（1998）的压力损失；

ρ——管道中流体的密度；

v——管道中流体的平均轴向速度。

B.1.2　安装在任何管件的下游

B.1.2.1　只要满足 GB/T 2624 的制造规范并按 GB/T 2624 安装，如图 B.1 所示的 19 管管束流动整直器（1998）可以与直径比为 0.67 或更小的孔板一起用在任何管件的下游。

B.1.2.2　安装 19 管管束流动整直器（1998）应使孔板与任何上游管件之间至少有 $30D$，19 管管束流动整直器（1998）的下游端与孔板之间的距离等于 $13D \pm 0.25D$。

B.1.3　附加选项

B.1.3.1　除了 GB/T 2624 所述的情况以外，19 管管束流动整直器（1998）亦可用于

---

[1] 引自 GB/T 2624—2006。

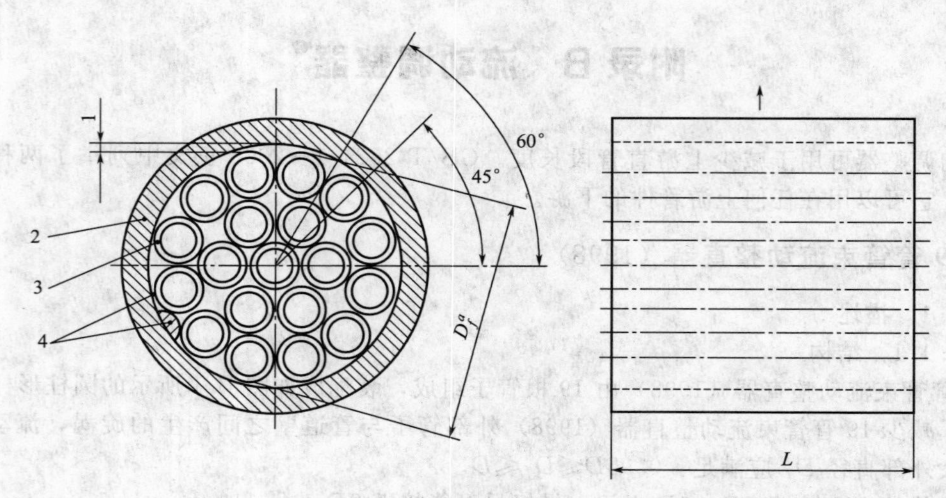

图 B.1　19 管管束流动整直器（1998）

1—最小间隙；2—管道壁；3—管壁厚度；4—定中心垫片选项（一般 4 处）

D_f^a为流动整直器外径

减少所需上游直管段长度。

19 管管束流动整直器（1998）的允许位置取决于孔板到最近上游管件的距离 L_f，此距离要量到最近的（或唯一的）弯头或三通的弯曲部分的下游端，或者量到渐缩管或渐扩管的弯曲部分或圆锥形部分的下游端。

表 B.1 提供了两个 L_f 范围的 19 管管束流动整直器（1998）的允许位置范围和推荐位置：$30D > L_f \geqslant 18D$；$L_f \geqslant 30D$。

L_f 应大于或等于 18D。表 B.1 是以 19 管管束流动整直器（1998）的下游端与孔板之间的直管段长度描述 19 管管束流动整直器（1998）的位置。

对于特定的上游管件，孔板直径比和 L_f 值，如果表 B.1 没有给出 19 管管束流动整直器（1998）的位置，则不建议采用这种管件、β 和 L_f。在这种情况下，必须增大 L_f 和（或）减小 β。

孔板下游所需的直管段长度应如附录 A 表 A.1 所示。

B.1.3.2　当孔板与 19 管管束流动整直器（1998）之间的直管段长度等于或大于表 B.1 的 A 栏规定的值，下游直管段长度等于或大于附录 A 表 A.1 的 A 栏规定的值时，就不必为考虑特定安装的影响而增加流出系数的不确定度。

B.1.3.3　在下列任何一种情况下，应在流出系数不确定度中算术相加 0.5%附加不确定度：

(a) 孔板在 19 管管束流动整直器（1998）之间的直管段短于表 B.1A 栏给出的值，但等于或大于表 B.1B 栏给出的值；

(b) 下游直管段短于附录 A 表 A.1A 栏中对应于“零附加不确定度”的值，但等于或大于附录 A 表 A.1B 栏中某个给定管件的“0.5%附加不确定度”的值。

B.1.3.4　在下列情况下，不能用 GB/T 2624 的本部分来预测任何附加不确定值：

(a) 孔板与 19 管管束流动整直器（1998）直接的直管段短于表 B.1B 栏中给出的值；

(b) 下游直管段短于附录 A 表 A.1　B 栏规定的“0.5%附加不确定度”的值；

(c) 孔板与 19 管管束流动整直器（1998）之间的直管段长度不符合表 B.1 的 A 栏中“零附加不确定度”的值，且下游直管段短于附录 A 表 A.1 的 A 栏中规定的“零附加不确定度”的值。

B.1.3.5 表B.1给出的值是在所述管件的上游安装很长的直管段，通过实验确定的。所以紧靠管件上游的流动被认为是充分发展的且无旋涡。因为实际上这样的条件是难以实现的，因此，除了任何管件一栏外，表B.1中列出的管件与最近的管件之间至少应有15D的直管段。

B.1.4 实例

如果有必要在直径比为0.6的孔板上游安装单个弯头，不采用任何流动调整器，需要42D上游直管段（见附录A表A.1），而采用19管管束流动整直器（1998），则可减少上游直管段。采用19管管束流动整直器（1998）有两种选择。一种选择是允许采用如GB/T 2624中的装置［见图B.2(a)］，其优点是任何管件都可以安装在单个弯头上游的任何距离处。另一种是允许采用如表B.1中的装置［见图B.2(b)］，弯头下游所需的直管段较短，但弯头上游需要一个直管段。如果从孔板到弯头的上游直管段大于或等于30D，也可用表B.1提供一个较宽的管束位置范围，但由于在设计装置时极少需要这些位置，所以图B.2中没有表示这些位置。

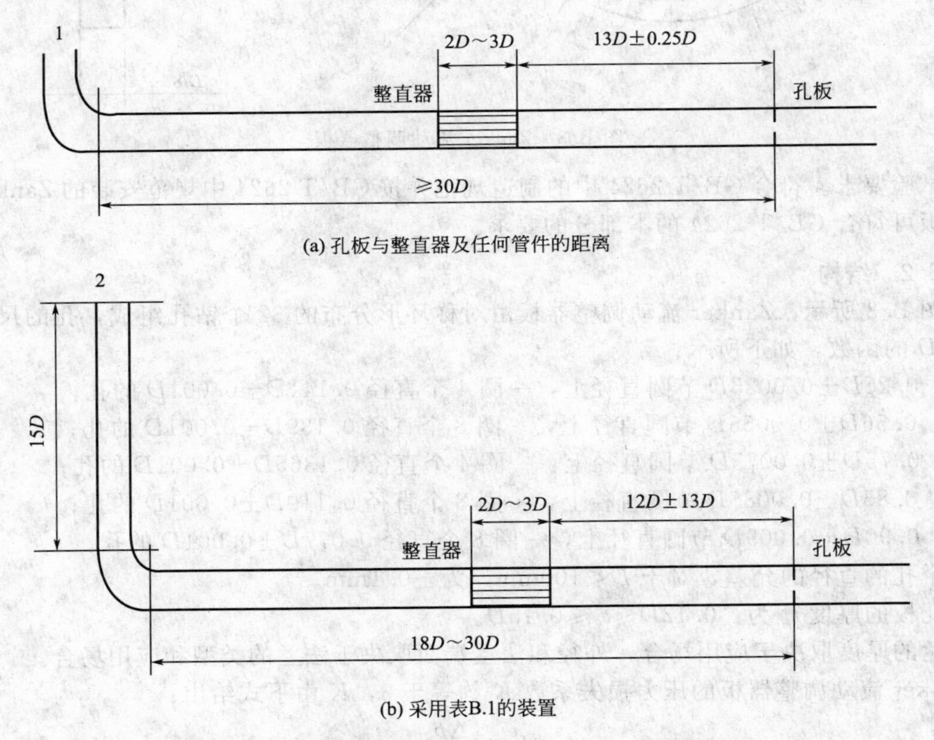

图B.2 单个弯头下游采用19管管束流动整直器的装置实例

1—单个弯头上游任何距离处的任何管件的位置；2—单个弯头上游直管段前的前一个管件的位置

B.2 Zanker流动调整器板

B.2.1 描述

Zanker流动调整器板是GB/T 2624.1—2006的C.3.2.5所述Zanker调整器的一种改进。Zanker流动调整器板板上孔洞的分布与其相同，但板上没有附置蛋箱形蜂窝，而板的厚度增大到$D/8$。它不受专利保护。

图B.3所示的Zanker流动调整器板符合GB/T 2624.1—2006中7.4.1.2～7.4.1.6的

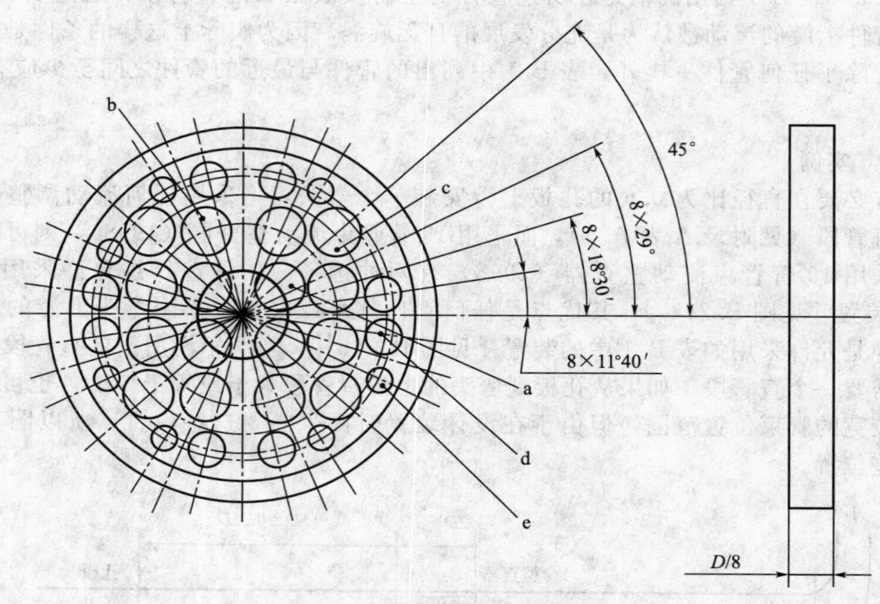

图 B.3　Zanker 流动调整器板

配合性试验要求。符合 GB/T 2624 中的制造规范并按 GB/T 2624 中规范安装的 Zanker 流动调整器板可符合 GB/T 2624 的本部分的要求。

B.2.2　结构

如图 B.3 所示，Zanker 流动调整器板由对称环形分布的 32 个钻孔组成，孔的尺寸是管道内径 D 的函数，如下所示：

(a) $0.25D\pm0.0025D$ 节圆直径上，一圈 4 个直径 $0.141D\pm0.001D$ 的孔；

(b) $0.56D\pm0.0056D$ 节圆直径上，一圈 8 个直径 $0.139D\pm0.001D$ 的孔；

(c) $0.75D\pm0.0075D$ 节圆直径上，一圈 4 个直径 $0.1365D\pm0.001D$ 的孔；

(d) $0.85D\pm0.0085D$ 节圆直径上，一圈 8 个直径 $0.110D\pm0.001D$ 的孔；

(e) $0.90D\pm0.009D$ 节圆直径上，一圈 8 个直径 $0.077D\pm0.001D$ 的孔。

每个孔的直径的允差，对于 $D<100$mm，为±0.1mm。

多孔板的厚度 t_c 为：$0.12D\leqslant t_c\leqslant0.15D$。

法兰的厚度取决于应用场合，外径和法兰端面取决于法兰的类型和应用场合。

Zanker 流动调整器板的压力损失系数 K 约等于 3，K 由下式给出：

$$K=\frac{\Delta p_c}{\frac{1}{2}\rho v^2}$$

式中　Δp_c——Zanker 流动调整器板的压力损失；

ρ——管道中流体的密度；

v——管道中流体的平均轴向速度。

B.2.3　安装

孔板与最近的上游管件之间的距离 L_f 应至少等于 17D。安装 Zanker 流动调整器板后，调整器板的下游面与孔板之间的距离 L_s 应为：

$$7.5D\leqslant L_s\leqslant L_f-8.5D$$

表 B.1 孔板与管件下游 19 管管束流动整直器（1998）之间的允许直管段长度范围（孔板与管件间距 L_f）

数值以管道内径 D 的倍数表示

直径比 β	单个 90°弯头[b]				互成垂直平面上的两个 90°弯头[b]（$2D \geqslant S$）[a]				单个 90°三通				任何管件			
	$30>L_f\geqslant18$		$L_f\geqslant30$		$30>L_f\geqslant18$		$L_f\geqslant30$		$30>L_f\geqslant18$		$L_f\geqslant30$		$30>L_f\geqslant18$		$L_f\geqslant30$	
1	2		3		4		5		6		7		8		9	
—	A[c]	B[d]	A[c]	B[d]	A[c]	B[d]	A[c]	B[d]	A[c]	B[d]	A[c]	B[d]	A[c]	B[d]	A[c]	B[d]
⩽0.2	5～14.5	1～n^e	5～25	1～n^e	5～14.5	1～n^e	5～25	1～n^e	5～14.5	1～n^e	1～25	1～n^e	5～11	1～n^e	5～13	1～n^e
0.4	5～14.5	1～n^e	5～25	1～n^e	5～14.5	1～n^e	5～25	1～n^e	5～14.5	1～n^e	1～25	1～n^e	5～11	1～n^e	5～13	1～n^e
0.5	11.5～14.5	3～n^e	11.5～25	3～n^e	9.5～14.5	1～n^e	9～25	1～n^e	11～13	1～n^e	9～23	1～n^e	f,g	3～n^e	11.5～14.5	3～n^e
0.6	12～13	5～n^e	12～15	5～n^e	13.5～14.5	6～n^e	9～25	1～n^e	f,h	7～n^e	11～16	1～n^e	f	7～n^e	12～16	6～n^e
0.67	13	7～n^e	13～16.5	7～n^e	13～14.5	7～n^e	10～16	5～n^e	f	8～n^e	11～13	6～n^e	f	8～10	13	7～$n-1.5^e$
0.75	14	8～n^e	14～16.5	8～n^e	f	9.5～n^e	12～12.5	8～n^e	f	9～n^e	12～14	7～n^e	f	9.5	f	8～22
推荐值	13 对于 $\beta\leqslant0.67$	13 对于 $\beta\leqslant0.75$	14～16.5 对于 $\beta\leqslant0.75$	14～16.5 对于 $\beta\leqslant0.75$	13.5～14.5 对于 $\beta\leqslant0.67$	13.5～14.5 对于 $\beta\leqslant0.75$	12～12.5 对于 $\beta\leqslant0.75$	12～12.5 对于 $\beta\leqslant0.75$	13 对于 $\beta\leqslant0.54$	13 对于 $\beta\leqslant0.75$	12～13 对于 $\beta\leqslant0.75$	12～13 对于 $\beta\leqslant0.75$	9.5 对于 $\beta\leqslant0.46$	9.5 对于 $\beta\leqslant0.75$	13 对于 $\beta\leqslant0.67$	13 对于 $B\leqslant0.75$

a S 是上游弯头弯曲部分的下游端到下游弯头弯曲部分的上游端测得的两个弯头之间的间隔。

b 弯头的曲率半径宜等于 $1.5D$。

c 各种管件的 A 栏给出对应于“零附加不确定度”值的直管段。

d 各种管件的 B 栏给出对应于“0.5%附加不确定度”值的直管段。

e n 是 19 管管束流动整直器（1998）的上游端距最近管件的弯曲或圆锥部分的下游端 $1D$ 处的直径倍数。19 管管束流动整直器（1998）的上游端与最近管件的弯曲或圆锥部分的下游端之间的长度至少是 $2.5D$ 最为理想，不能给出孔板与 19 管管束流动整直器（1998）的下游端之间合适距离值的场合除外。

f 无法为该栏内所有 L_f 值找出特定管件下游 19 管管束流动整直器（1998）的合适位置。

g 若 $\beta=0.46$，可以是 9.5。

h 若 $\beta=0.54$，可以是 13。

注：表中给出的直管段长度是假定在 GB 2624.2—2006 所述 19 管管束流动整直器（1998）的上游距孔板 L_f 处装有特定管件的条件下，19 管管束流动整直器（1998）的下游端与孔板之间的允许直管段长度。与孔板的距离 L_f 要测量到最近的（或唯一的）弯头或三通的弯曲部分的下游端，或者测量到渐缩管或渐扩管的弯曲部分或圆锥部分的下游端。推荐值给出的管束位置适用于规定 β 值范围。

Zanker 流动调整器板可用于 $\beta \leqslant 0.67$。

至弯头（或弯头组合）或三通的距离要测量到最靠近的（或唯一的）弯头或三通弯曲部分的下游端。至渐缩管或渐扩管的距离要测量到渐缩管或渐扩管弯曲部分或圆锥部分的下游端。

本条款给出了位置适用于任何管件的下游。如果上游管件的范围受到限制，或上游管件与孔板之间的总长度增大，或孔板的直径比减小，允许放宽 Zanker 流动调整器板位置范围。这里不再描述这些位置。

附录C　标准孔板流出系数表（部分）

表 C.1　角接取压孔板——$D \geqslant 71.12$mm 的流出系数 C

直径比 β	流出系数 C，Re_D 等于											
	5×10^3	1×10^4	2×10^4	3×10^4	5×10^4	7×10^4	1×10^5	3×10^5	1×10^6	1×10^7	1×10^8	∞
0.10	0.6006	0.5990	0.5980	0.5976	0.5972	0.5970	0.5969	0.5966	0.5965	0.5964	0.5964	0.5964
0.12	0.6014	0.5995	0.5983	0.5979	0.5975	0.5973	0.5971	0.5968	0.5966	0.5965	0.5965	0.5965
0.14	0.6021	0.6000	0.5987	0.5982	0.5977	0.5975	0.5973	0.5969	0.5968	0.5966	0.5966	0.5966
0.16	0.6028	0.6005	0.5991	0.5985	0.5980	0.5978	0.5976	0.5971	0.5969	0.5968	0.5968	0.5968
0.18	0.6036	0.6011	0.5995	0.5989	0.5983	0.5981	0.5978	0.5974	0.5971	0.5970	0.5970	0.5969
0.20	0.6045	0.6017	0.6000	0.5993	0.5987	0.5984	0.5981	0.5976	0.5974	0.5972	0.5972	0.5971
0.22	0.6053	0.6023	0.6005	0.5998	0.5991	0.5987	0.5985	0.5979	0.5976	0.5974	0.5974	0.5974
0.24	0.6062	0.6030	0.6010	0.6002	0.5995	0.5991	0.5988	0.5982	0.5979	0.5977	0.5976	0.5976
0.26	0.6072	0.6038	0.6016	0.6007	0.5999	0.5996	0.5992	0.5986	0.5982	0.5980	0.5979	0.5979
0.28	0.6083	0.6046	0.6022	0.6013	0.6004	0.6000	0.5997	0.5990	0.5986	0.5983	0.5982	0.5981
0.30	0.6095	0.6054	0.6029	0.6019	0.6010	0.6005	0.6001	0.5994	0.5989	0.5986	0.5985	0.5984
0.32	0.6107	0.6063	0.6036	0.6026	0.6016	0.6011	0.6006	0.5998	0.5993	0.5990	0.5988	0.5987
0.34	0.6120	0.6073	0.6044	0.6033	0.6022	0.6017	0.6012	0.6003	0.5998	0.5993	0.5992	0.5991
0.36	0.6135	0.6084	0.6053	0.6040	0.6029	0.6023	0.6018	0.6008	0.6002	0.5997	0.5996	0.5994
0.38	0.6151	0.6096	0.6062	0.6049	0.6036	0.6030	0.6024	0.6013	0.6007	0.6001	0.5999	0.5998
0.40	0.6168	0.6109	0.6072	0.6058	0.6044	0.6037	0.6031	0.6019	0.6012	0.6006	0.6003	0.6001
0.42	0.6187	0.6122	0.6083	0.6067	0.6052	0.6044	0.6038	0.6025	0.6017	0.6010	0.6007	0.6005
0.44	0.6207	0.6137	0.6094	0.6077	0.6061	0.6052	0.6045	0.6031	0.6022	0.6014	0.6011	0.6008
0.46	0.6228	0.6152	0.6106	0.6087	0.6070	0.6061	0.6053	0.6037	0.6027	0.6019	0.6015	0.6012
0.48	0.6251	0.6169	0.6118	0.6098	0.6079	0.6069	0.6061	0.6043	0.6033	0.6023	0.6019	0.6015
0.50	0.6276	0.6186	0.6131	0.6109	0.6088	0.6078	0.6069	0.6050	0.6038	0.6027	0.6022	0.6018
0.51	0.6289	0.6195	0.6138	0.6115	0.6093	0.6082	0.6073	0.6053	0.6040	0.6029	0.6024	0.6019
0.52	0.6302	0.6204	0.6144	0.6121	0.6098	0.6087	0.6077	0.6056	0.6043	0.6030	0.6025	0.6020
0.53	0.6316	0.6213	0.6151	0.6126	0.6103	0.6091	0.6080	0.6059	0.6045	0.6032	0.6026	0.6021
0.54	0.6330	0.6223	0.6158	0.6132	0.6108	0.6095	0.6084	0.6061	0.6047	0.6033	0.6027	0.6021
0.55	0.6344	0.6232	0.6165	0.6138	0.6112	0.6099	0.6088	0.6064	0.6049	0.6034	0.6028	0.6022
0.56	—	0.6242	0.6172	0.6143	0.6117	0.6103	0.6091	0.6066	0.6050	0.6035	0.6028	0.6022
0.57	—	0.6252	0.6179	0.6149	0.6121	0.6107	0.6095	0.6069	0.6052	0.6036	0.6028	0.6022
0.58	—	0.6262	0.6185	0.6155	0.6126	0.6111	0.6098	0.6070	0.6053	0.6036	0.6028	0.6021
0.59	—	0.6272	0.6192	0.6160	0.6130	0.6114	0.6101	0.6072	0.6054	0.6036	0.6028	0.6020
0.60	—	0.6282	0.6198	0.6165	0.6134	0.6117	0.6103	0.6073	0.6054	0.6035	0.6027	0.6019
0.61	—	0.6292	0.6205	0.6170	0.6137	0.6120	0.6106	0.6074	0.6054	0.6034	0.6025	0.6017
0.62	—	0.6302	0.6211	0.6175	0.6140	0.6123	0.6108	0.6075	0.6054	0.6033	0.6023	0.6014
0.63	—	0.6312	0.6217	0.6179	0.6143	0.6125	0.6109	0.6075	0.6052	0.6030	0.6021	0.6011
0.64	—	0.6321	0.6222	0.6183	0.6145	0.6126	0.6110	0.6074	0.6051	0.6028	0.6017	0.6007
0.65	—	0.6331	0.6227	0.6186	0.6147	0.6127	0.6110	0.6073	0.6048	0.6024	0.6013	0.6002
0.66	—	0.6340	0.6232	0.6189	0.6148	0.6128	0.6110	0.6071	0.6045	0.6020	0.6008	0.5997
0.67	—	0.6348	0.6236	0.6191	0.6149	0.6127	0.6108	0.6068	0.6041	0.6014	0.6002	0.5990
0.68	—	0.6357	0.6239	0.6193	0.6149	0.6126	0.6106	0.6064	0.6036	0.6008	0.5995	0.5983
0.69	—	0.6364	0.6242	0.6193	0.6147	0.6124	0.6104	0.6059	0.6030	0.6001	0.5987	0.5974
0.70	—	0.6372	0.6244	0.6193	0.6145	0.6121	0.6100	0.6053	0.6023	0.5992	0.5978	0.5964
0.71	—	0.6378	0.6245	0.6192	0.6142	0.6117	0.6094	0.6046	0.6014	0.5982	0.5967	0.5953
0.72	—	0.6383	0.6244	0.6189	0.6138	0.6111	0.6088	0.6038	0.6005	0.5971	0.5955	0.5940
0.73	—	0.6388	0.6243	0.6186	0.6132	0.6104	0.6080	0.6028	0.5993	0.5958	0.5942	0.5926
0.74	—	0.6391	0.6240	0.6181	0.6125	0.6096	0.6071	0.6016	0.5980	0.5943	0.5926	0.5910
0.75	—	0.6394	0.6236	0.6174	0.6116	0.6086	0.6060	0.6003	0.5965	0.5927	0.5909	0.5892

注：提供本表是为方便使用，表中的数值不供精确内插之用，不允许外推。

表 C.2 具有 D-D/2 取压口的孔板——D≥71.12mm 的流出系数 C

直径比β	流出系数 C,Re_D 等于											
	5×10^3	1×10^4	2×10^4	3×10^4	5×10^4	7×10^4	1×10^5	3×10^5	1×10^6	1×10^7	1×10^8	∞
0.10	0.6003	0.5987	0.5977	0.5973	0.5969	0.5967	0.5966	0.5963	0.5962	0.5961	0.5961	0.5960
0.12	0.6010	0.5991	0.5979	0.5975	0.5971	0.5969	0.5967	0.5964	0.5962	0.5961	0.5961	0.5961
0.14	0.6016	0.5995	0.5982	0.5977	0.5972	0.5970	0.5968	0.5965	0.5963	0.5962	0.5961	0.5961
0.16	0.6023	0.6000	0.5985	0.5980	0.5974	0.5972	0.5970	0.5966	0.5964	0.5962	0.5962	0.5962
0.18	0.6029	0.6004	0.5989	0.5982	0.5977	0.5974	0.5971	0.5967	0.5965	0.5963	0.5963	0.5963
0.20	0.6037	0.6009	0.5992	0.5985	0.5979	0.5976	0.5974	0.5969	0.5966	0.5964	0.5964	0.5964
0.22	0.6044	0.6015	0.5996	0.5989	0.5982	0.5979	0.5976	0.5971	0.5968	0.5966	0.5965	0.5965
0.24	0.6053	0.6021	0.6001	0.5993	0.5985	0.5982	0.5979	0.5973	0.5970	0.5967	0.5967	0.5966
0.26	0.6062	0.6027	0.6006	0.5997	0.5989	0.5985	0.6982	0.5975	0.5972	0.5969	0.5969	0.5968
0.28	0.6072	0.6034	0.6011	0.6002	0.5993	0.5989	0.5985	0.5978	0.5975	0.5972	0.5971	0.5970
0.30	0.6082	0.6042	0.6017	0.6007	0.5998	0.5993	0.5989	0.5982	0.5978	0.5974	0.5973	0.5973
0.32	0.6094	0.6051	0.6024	0.6013	0.6003	0.5998	0.5994	0.5986	0.5981	0.5977	0.5976	0.5975
0.34	0.6107	0.6060	0.6031	0.6020	0.6009	0.6004	0.5999	0.5990	0.5985	0.5981	0.5979	0.5978
0.36	0.6121	0.6071	0.6040	0.6027	0.6016	0.6010	0.6005	0.5995	0.5989	0.5984	0.5983	0.5981
0.38	0.6137	0.6082	0.6049	0.6035	0.6023	0.6016	0.6011	0.6000	0.5994	0.5988	0.5986	0.5985
0.40	0.6153	0.6095	0.6059	0.6044	0.6031	0.6024	0.6018	0.6006	0.5999	0.5993	0.5991	0.5989
0.42	0.6172	0.6109	0.6070	0.6054	0.6039	0.6032	0.6025	0.6012	0.6005	0.5998	0.5995	0.5993
0.44	0.6192	0.6124	0.6082	0.6065	0.6049	0.6041	0.6034	0.6019	0.6011	0.6003	0.6000	0.5997
0.46	0.6214	0.6140	0.6094	0.6076	0.6059	0.6050	0.6042	0.6027	0.6017	0.6008	0.6005	0.6002
0.48	0.6238	0.6157	0.6108	0.6088	0.6070	0.6060	0.6052	0.6035	0.6024	0.6014	0.6010	0.6006
0.50	0.6264	0.6176	0.6123	0.6101	0.6081	0.6071	0.6062	0.6043	0.6031	0.6020	0.6016	0.6011
0.51	0.6278	0.6186	0.6131	0.6108	0.6087	0.6076	0.6067	0.6047	0.6035	0.6023	0.6019	0.6014
0.52	0.6292	0.6197	0.6139	0.6115	0.6093	0.6082	0.6072	0.6052	0.6039	0.6027	0.6021	0.6016
0.53	0.6307	0.6207	0.6147	0.6123	0.6100	0.6088	0.6078	0.6056	0.6043	0.6030	0.6024	0.6019
0.54	0.6322	0.6218	0.6155	0.6130	0.6106	0.6094	0.6083	0.6061	0.6047	0.6033	0.6027	0.6021
0.55	0.6337	0.6229	0.6164	0.6138	0.6113	0.6100	0.6089	0.6065	0.6050	0.6036	0.6030	0.6024
0.56	—	0.6241	0.6173	0.6145	0.6119	0.6106	0.6095	0.6070	0.6054	0.6039	0.6032	0.6026
0.57	—	0.6253	0.6182	0.6153	0.6126	0.6112	0.6100	0.6075	0.6058	0.6042	0.6035	0.6028
0.58	—	0.6265	0.6191	0.6161	0.6133	0.6119	0.6106	0.6079	0.6062	0.6045	0.6038	0.6030
0.59	—	0.6277	0.6200	0.6169	0.6140	0.6125	0.6112	0.6084	0.6066	0.6048	0.6040	0.6032
0.60	—	0.6290	0.6210	0.6177	0.6147	0.6131	0.6118	0.6088	0.6070	0.6051	0.6042	0.6034
0.61	—	0.6303	0.6219	0.6186	0.6154	0.6138	0.6124	0.6093	0.6073	0.6053	0.6044	0.6036
0.62	—	0.6316	0.6229	0.6194	0.6161	0.6144	0.6129	0.6097	0.6077	0.6056	0.6046	0.6037
0.63	—	0.6329	0.6238	0.6202	0.6168	0.6150	0.6135	0.6102	0.6080	0.6058	0.6048	0.6039
0.64	—	0.6343	0.6248	0.6210	0.6175	0.6156	0.6140	0.6106	0.6083	0.6060	0.6050	0.6039
0.65	—	0.6356	0.6258	0.6219	0.6182	0.6162	0.6146	0.6109	0.6086	0.6062	0.6051	0.6040
0.66	—	0.6370	0.6268	0.6227	0.6188	0.6168	0.6151	0.6113	0.6088	0.6063	0.6051	0.6040
0.67	—	0.6384	0.6277	0.6235	0.6195	0.6174	0.6156	0.6116	0.6090	0.6064	0.6052	0.6040
0.68	—	0.6398	0.6287	0.6243	0.6201	0.6179	0.6161	0.6120	0.6092	0.6065	0.6052	0.6039
0.69	—	0.6411	0.6296	0.6250	0.6207	0.6185	0.6165	0.6122	0.6094	0.6065	0.6051	0.6038
0.70	—	0.6425	0.6305	0.6258	0.6213	0.6189	0.6169	0.6125	0.6095	0.6065	0.6051	0.6037
0.71	—	0.6439	0.6315	0.6265	0.6218	0.6194	0.6173	0.6127	0.6096	0.6064	0.6049	0.6035
0.72	—	0.6453	0.6323	0.6272	0.6223	0.6198	0.6176	0.6128	0.6096	0.6063	0.6047	0.6032
0.73	—	0.6467	0.6332	0.6279	0.6228	0.6202	0.6179	0.6129	0.6096	0.6061	0.6045	0.6029
0.74	—	0.6480	0.6340	0.6285	0.6233	0.6206	0.6182	0.6130	0.6095	0.6059	0.6042	0.6025
0.75	—	0.6494	0.6349	0.6291	0.6237	0.6209	0.6184	0.6130	0.6094	0.6056	0.6038	0.6021

注：提供本表是为方便使用，表中的数值不供精确内插之用，不允许外推。

表 C.3 具有法兰取压口的孔板——$D=200$mm 的流出系数 C

直径比 β	流出系数 C,Re_D 等于											
	5×10^3	1×10^4	2×10^4	3×10^4	5×10^4	7×10^4	1×10^5	3×10^5	1×10^6	1×10^7	1×10^8	∞
0.10	0.6005	0.5989	0.5979	0.5975	0.5971	0.5969	0.5968	0.5965	0.5963	0.5963	0.5962	0.5962
0.12	0.6012	0.5993	0.5982	0.5977	0.5973	0.5971	0.5969	0.5966	0.5964	0.5963	0.5963	0.5963
0.14	0.6019	0.5998	0.5985	0.5980	0.5975	0.5973	0.5971	0.5967	0.5966	0.5964	0.5964	0.5964
0.16	0.6026	0.6003	0.5989	0.5983	0.5978	0.5975	0.5973	0.5969	0.5967	0.5966	0.5965	0.5965
0.18	0.6033	0.6008	0.5993	0.5986	0.5981	0.5978	0.5975	0.5971	0.5969	0.5967	0.5967	0.5967
0.20	0.6041	0.6014	0.5997	0.5990	0.5984	0.5981	0.5978	0.5973	0.5971	0.5969	0.5968	0.5968
0.22	0.6050	0.6020	0.6001	0.5994	0.5987	0.5984	0.5981	0.5976	05973	0.5971	0.5970	0.5970
0.24	0.6058	0.6026	0.6006	0.5998	0.5991	0.5987	0.5984	0.5978	0.5975	0.5973	0.5972	0.5972
0.26	0.6068	0.6033	0.6011	0.6003	0.5995	0.5991	0.5988	0.5981	0.5978	0.5975	0.5975	0.5974
0.28	0.6078	0.6041	0.6017	0.6008	0.6000	0.5995	0.5992	0.5985	0.5981	0.5978	0.5977	0.5976
0.30	0.6089	0.6049	0.6024	0.6014	0.6005	0.6000	0.5996	0.5988	0.5984	0.5981	0.5980	0.5979
0.32	0.6101	0.6058	0.6031	0.6020	0.6010	0.6005	0.6001	0.5992	0.5988	0.5984	0.5983	0.5982
0.34	0.6114	0.6067	0.6038	0.6027	0.6016	0.6011	0.6006	0.5997	0.5992	0.5987	0.5986	0.5985
0.36	0.6128	0.6078	0.6047	0.6034	0.6022	0.6017	0.6012	0.6002	0.5996	0.5991	0.5989	0.5988
0.38	0.6144	0.6089	0.6056	0.6042	0.6029	0.6023	0.6018	0.6007	0.6000	0.5995	0.5993	0.5991
0.40	—	0.6102	0.6065	0.6051	0.6037	0.6030	0.6024	0.6012	0.6005	0.5999	0.5997	0.5995
0.42	—	0.6115	0.6076	0.6060	0.6045	0.6038	0.6031	0.6018	0.6010	0.6003	0.6001	0.5998
0.44	—	0.6129	0.6087	0.6070	0.6054	0.6045	0.6038	0.6024	0.6015	0.6008	0.6004	0.6002
0.46	—	0.6145	0.6099	0.6080	0.6063	0.6054	0.6046	0.6030	0.6021	0.6012	0.6008	0.6005
0.48	—	0.6161	0.6111	0.6091	0.6072	0.6062	0.6054	0.6037	0.6026	0.6016	0.6012	0.6009
0.50	—	0.6179	0.6124	0.6102	0.6082	0.6071	0.6062	0.6043	0.6032	0.6021	0.6016	0.6012
0.51	—	0.6188	0.6131	0.6108	0.6087	0.6076	0.6067	0.6047	0.6034	0.6023	0.6018	0.6013
0.52	—	0.6197	0.6138	0.6114	0.6092	0.6081	0.6071	0.6050	0.6037	0.6025	0.6019	0.6014
0.53	—	0.6206	0.6145	0.6120	0.6097	0.6085	0.6075	0.6053	0.6039	0.6026	0.6021	0.6015
0.54	—	0.6216	0.6152	0.6126	0.6102	0.6090	0.6079	0.6056	0.6042	0.6028	0.6022	0.6016
0.55	—	—	0.6159	0.6132	0.6107	0.6094	0.6083	0.6059	0.6044	0.6030	0.6022	0.6017
0.56	—	—	0.6166	0.6138	0.6112	0.6099	0.6087	0.6062	0.6046	0.6031	0.6024	0.6018
0.57	—	—	0.6174	0.6145	0.6117	0.6103	0.6091	0.6065	0.6048	0.6032	0.6025	0.6018
0.58	—	—	0.6181	0.6151	0.6122	0.6107	0.6094	0.6067	0.6050	0.6033	0.6025	0.6018
0.59	—	—	0.6188	0.6156	0.6127	0.6111	0.6098	0.6070	0.6051	0.6033	0.6025	0.6018
0.60	—	—	0.6195	0.6162	0.6131	0.6115	0.6101	0.6072	0.6052	0.6034	0.6025	0.6017
0.61	—	—	0.6202	0.6168	0.6135	0.6119	0.6104	0.6073	0.6053	0.6033	0.6024	0.6016
0.62	—	—	0.6209	0.6173	0.6139	0.6122	0.6107	0.6075	0.6053	0.6033	0.6023	0.6014
0.63	—	—	0.6216	0.6178	0.6143	0.6125	0.6109	0.6076	0.6053	0.6032	0.6022	0.6012
0.64	—	—	0.6222	0.6183	0.6147	0.6128	0.6111	0.6076	0.6053	0.6030	0.6019	0.6009
0.65	—	—	0.6228	0.6188	0.6150	0.6130	0.6113	0.6076	0.6052	0.6028	0.6016	0.6006
0.66	—	—	0.6234	0.6192	0.6152	0.6132	0.6114	0.6075	0.6050	0.6025	0.6013	0.6002
0.67	—	—	0.6239	0.6195	0.6154	0.6133	0.6114	0.6074	0.6047	0.6021	0.6009	0.5997
0.68	—	—	0.6244	0.6198	0.6155	0.6133	0.6114	0.6072	0.6044	0.6016	0.6003	0.5991
0.69	—	—	0.6248	0.6201	0.6156	0.6133	0.6112	0.6069	0.6040	0.6011	0.5997	0.5984
0.70	—	—	0.6252	0.6202	0.6155	0.6131	0.6110	0.6065	0.6035	0.6004	0.5990	0.5976
0.71	—	—	0.6255	0.6203	0.6154	0.6129	0.6107	0.6060	0.6028	0.5996	0.5982	0.5967
0.72	—	—	0.6257	0.6203	0.6152	0.6126	0.6103	0.6054	0.6021	0.5988	0.5972	0.5957
0.73	—	—	0.6258	0.6202	0.6149	0.6122	0.6098	0.6047	0.6012	0.5977	0.5961	0.5945
0.74	—	—	0.6258	0.6199	0.6145	0.6116	0.6092	0.6038	0.6002	0.5966	0.5949	0.5932
0.75	—	—	0.6256	0.6196	0.6139	0.6110	0.6084	0.6028	0.5991	0.5953	0.5935	0.5917

注：提供本表是为方便使用，表中的数值不供精确内插之用，不允许外推。

附录 D　孔板流量计系统不确定度估算实例

D.1　已知条件

① 介质名称：氧气

② 流量测量上限　$q_{\mathrm{mmax}}=33288\mathrm{kg/h}$

常用流量　$q_{\mathrm{m}}=23302\mathrm{kg/h}$

③ 管道内径　$D_{20}=207\mathrm{mm}$

孔板开孔直径　$d_{20}=90.712\mathrm{mm}$

直 径比　$\beta=0.4382224$

④差压上限　$\Delta p_{\max}=60\mathrm{kPa}$

差压变送器准确度等级：$\xi_{\Delta p}=0.065\%$

⑤ 压力变送器测量上限 $p_{\max}=4\mathrm{MPa}$

压力变送器准确度等级 $\xi_p=0.065\%$

常用压力 $p_1=3.5\mathrm{MPaG}$

当地平均大气压 $p_a=89.04\mathrm{kPa}$

⑥ 温度传感器准确度等级：B 级

常用温度：$t_1=37℃$

D.2　不确定度计算所依据的标准和公式

① 所依据的标准

ISO 5167：2003（E）和 GB/T 2624—2006 及 GB/T 21446—2008

② 所依据的公式[1][2]

$$\frac{\delta q_{\mathrm{m}}}{q_{\mathrm{m}}}=\left[\left(\frac{\delta C}{C}\right)^2+\left(\frac{\delta\varepsilon}{\varepsilon}\right)^2+\left(\frac{2\beta^4}{1-\beta^4}\right)^2\left(\frac{\delta D}{D}\right)^2+\left(\frac{2}{1-\beta^4}\right)^2\left(\frac{\delta d}{d}\right)^2+\frac{1}{4}\left(\frac{\delta\Delta p}{\Delta p}\right)^2+\frac{1}{4}\left(\frac{\delta Z_1}{Z_1}\right)^2+\frac{1}{4}\left(\frac{\delta T_1}{T_1}\right)^2+\frac{1}{4}\left(\frac{\delta P_1}{P_1}\right)^2\right]^{0.5} \tag{D.1}$$

式中 $\frac{\delta q_{\mathrm{m}}}{q_{\mathrm{m}}}$——流量测量不确定度；

$\frac{\delta C}{C}$——流出系数不确定度；

$\frac{\delta\varepsilon}{\varepsilon}$——可膨胀性系数不确定度；

$\frac{\delta D}{D}$——管道内径不确定度；

$\frac{\delta d}{d}$——孔板开孔直径不确定度；

$\frac{\delta\Delta p}{\Delta p}$——差压测量不确定度；

$\frac{\delta Z_1}{Z_1}$——孔板正端取压口处气体压缩系数不确定度；

$\frac{\delta T_1}{T_1}$——孔板正端取压口处气体热力学温度测量不确定度；

$\frac{\delta p_1}{p_1}$——孔板正端取压口处气体压力测量不确定度。

D.3 各因子数值的计算

D.3.1 流出系数不确定度$\frac{\delta C}{C}$的计算

按照GB/T 2624，本例中β在$0.2 \leqslant \beta \leqslant 0.6$区间，所以

$$\frac{\delta C}{C}=0.5\% \tag{D.2}$$

D.3.2 可膨胀性系数不确定度$\frac{\delta \varepsilon}{\varepsilon}$的计算

按照GB/T 2624，用下式计算：

$$\frac{\delta \varepsilon}{\varepsilon}=3.5\frac{\Delta p}{\kappa p_1}\% \tag{D.3}$$

式中 Δp——常用流量时的差压，kPa；

p_1——节流件正端取压口处常用压力，kPa；

κ——等熵指数。

从孔板计算书（见D.7附件）知：

$$p_1=3500\text{kPa(表压力)} \tag{D.4}$$

$$\kappa=1.461 \tag{D.5}$$

因为

$$\Delta p=\left(\frac{q_m}{q_{m\max}}\right)^2\Delta p_{\max} \tag{D.6}$$

$$=\left(\frac{23302}{33288}\right)^2\times 60$$

$$=29.401\text{kPa}$$

将式（D.4）、式(D.5)、式(D.6）的值代入式（D.3）得

$$\frac{\delta \varepsilon}{\varepsilon}=3.5\frac{29.401}{1.461(3500+89.04)}\%=0.02\% \tag{D.7}$$

D.3.3 管道内径不确定度$\frac{\delta D}{D}$的确定

本例中，20℃条件下的D应为207mm，因管道内壁经精密加工，内径误差控制在±0.02mm范围内，即

$$\frac{\delta D}{D}\leqslant 0.01\% \tag{D.8}$$

对$\frac{\delta q_m}{q_m}$的贡献太小，予以忽略。

D.3.4 孔板开孔直径不确定度$\frac{\delta d}{d}$的确定

本例中，20℃条件下的d应为90.662mm，因孔板开孔直径经精密加工，d_{20}误差控制

在±0.01mm 范围内，即

$$\frac{\delta d}{d} \leqslant 0.012\%$$

对$\frac{\delta q_m}{q_m}$的贡献太小，予以忽略。

D.3.5 差压测量不确定度$\frac{\delta \Delta p}{\Delta p}$的计算

根据 GB/T 21446—2008 的规定，$\frac{\delta \Delta p}{\Delta p}$用式（D.9）估算：

$$\frac{\delta \Delta p}{\Delta p} = \frac{2}{3} \xi_{\Delta P} \times \frac{\Delta p_{max}}{\Delta p} \tag{D.9}$$

式中 $\xi_{\Delta P}$——差压变送器准确度等级；

Δp_{max}——差压上限，kPa；

Δp——常用流量对应的差压，kPa。

因

$$\xi_{\Delta p} = 0.065\%$$

$$\Delta p_{max} = 60\text{kPa}$$

$$\Delta p = 29.401\text{kPa}$$

代入式(D.9）得

$$\frac{\delta \Delta p}{\Delta p} = 0.088\% \tag{D.10}$$

D.3.6 压缩系数不确定度$\frac{\delta Z_1}{Z_1}$的计算

本例中因被测流体为永久性气体，在常用温度和常用压力条件下的压缩系数 Z_1 与标准状态条件下压缩 Z_n 近似相等，不确定度忽略，即

$$\frac{\delta Z_1}{Z_1} = 0 \tag{D.11}$$

D.3.7 温度测量不确定度$\frac{\delta T_1}{T_1}$的计算

被测气体在操作条件下的热力学温度测量的不确定度，其值按温度测量误差限与 T_1 之比值的 2/3 估算。

因温度传感器（B 级铂热电阻）在常用温度条件下的误差限为[4]

$$\Delta T_1 = (0.30 + 0.005\,|t_1|) \tag{D.12}$$

因为

$$t_1 = 37℃$$

所以

$$\Delta T_1 = 0.485\text{K}$$

因为

$$T_1 = 273.15 + t_1 = 310.15\text{K} \tag{D.13}$$

所以

$$\frac{\delta T_1}{T_1} = \frac{2}{3} \times \frac{\Delta T_1}{T_1} = 0.1\% \tag{D.14}$$

D. 3. 8 **压力测量不确定度$\frac{\delta p_1}{p_1}$的计算**

被测气体在操作条件下节流件正端取压口绝对压力测量的不确定度，其值用式(D. 15)估算：

$$\frac{\delta p_1}{p_1}=\frac{2}{3}\xi_p\frac{p_k}{p_1} \tag{D. 15}$$

式中 ξ_P——压力变送器准确度等级（$\xi_P=\xi_p p_k/P_k$）；

p_k——压力变送器上限对应的绝对压力（$P_k=p_k+P_a$），kPa；

p_1——常用绝对压力（$P_1=p_1+P_a$），kPa。

因本例中：

$$\xi_p=0.065\%$$

$$p_k=4.0\text{MPa}$$

$$p_1=3.5\text{MPa}$$

代入式(D. 15) 得

$$\frac{\delta p_1}{p}=\frac{2}{3}\times\frac{\xi_p p_k}{p_k+P_a}\left(\frac{p_k+p_a}{p_1+p_a}\right) \tag{D. 16}$$

$$=\frac{2}{3}\times\frac{0.00065\times4000}{4000+89.04}\times\frac{4000+89.04}{3500+89.04}=0.048\%$$

D. 4 计算$\frac{\delta q_m}{q_m}$的值

将式 (D. 2)、式(D. 7)、式(D. 10)、式(D. 14) 和式 (D. 16) 的值代入式 (D. 1) 得：

$$\frac{\delta q_m}{q_m}=\left(0.5^2+0.02^2+\frac{1}{4}\times0.088^2+\frac{1}{4}\times0.10^2+\frac{1}{4}\times0.048^2\right)^{0.5}\% \tag{D. 17}$$

$$=0.51\%$$

D. 5 二次表显示值的不确定度 $\delta q'_m/q_m$计算

式(D. 17) 为二次表之外的系统不确定度。

因为二次表在温度、压力信号输入通道分别输入常用温度和常用压力标准信号，差压信号输入通道输入常用流量对应的差压标准信号时，二次表的流量显示值相对误差不会大于0. 2%，所以整个系统的不确定度为：

$$\frac{\delta q'_m}{q_m}=\left[\left(\frac{\delta q_m}{q_m}\right)^2+0.2\%^2\right]^{0.5}$$

$$=0.55\%$$

D. 6 结论

本流量测量系统在常用流量时的不确定度为 0. 55%，优于差压式气体流量计的准确度指标 1. 5%。

D.7 附件

一体化节流式流量计设计计算书

订货单位：宁夏某能源集团公司　　设计单编号：100404
合同号：　　产 品 串 号：100404
联系电话：　　安装地点所在城市：宁夏
联 系 人：　　设计标准：GB/T 2624—2006

流体名称		氧气	安装方式		水平
常用（表面）压力	p_1	3.50MPa	管道内径	D_{20}	207.00mm
常用温度	t	37℃	管道外径		219.00mm
刻度流量	q_{mmax}	33288kg/h	管道材质		304SS
常用流量	q_{mcom}	23302kg/h	管道状况		光管
最小流量	q_{mmin}	612.499kg/h	管道线膨胀系数	λ_D	0.000016℃$^{-1}$
介质密度	ρ_1	45.49000kg/m^3	节流件线膨胀系数	λ_d	0.000016 ℃$^{-1}$
介质黏度	μ	0.00002089Pa·s	节流件材质		304SS
等熵指数	κ	1.4610	最大压损		47.487kPa
介质湿度	φ	0	安装地点平均大气压		89.04kPa
计算结果					
D_{20}实测值		207.00mm	常用雷诺数	Re_{Dcom}	1905346.288
节流件开孔直径	d_{20}	90.71205mm	误差校核	δ	0.0000000000
直径比	β	0.4382224	粗糙度修正系数		1.00000
流出系数	C	0.601871588	差压计精确度等级		0.065
差压上限	Δp_{max}	60000Pa	压力变送器精确度等级		0.065
可膨胀性系数	ε_1	0.99796927	系统不确定度		1.50%
前直管长	L_1	3.79 m	后直管长	L_2	1.04m

雷诺数补偿折线表

q_{f0}	000000	kg/h	$k\alpha_0$	1.00320	q_{f5}	009321	kg/h	$k\alpha_5$	1.00037
q_{f1}	001165	kg/h	$k\alpha_1$	1.00320	q_{f6}	011651	kg/h	$k\alpha_6$	1.00026
q_{f2}	002330	kg/h	$k\alpha_2$	1.00175	q_{f7}	016311	kg/h	$k\alpha_7$	1.00012
q_{f3}	004660	kg/h	$k\alpha_3$	1.00089	q_{f8}	023302	kg/h	$k\alpha_8$	1.00000
q_{f4}	006991	kg/h	$k\alpha_4$	1.00055	q_{f9}	034953	kg/h	$k\alpha_9$	0.99990

低量程：0～1.8kPa 对应 0～4330Nm^3/h　　高量程：4330～25000Nm^3/h
操作员：姜璐　　计算日期：2010—04—02

附录E　关键原因索引

章节序号	存在问题	流量计类型	被测流体	关键原因	整改方法
2.1	差压式流量计指示反方向流量	喷嘴流量计	蒸汽	凝结水吊在冷凝罐前的垂直管路中	改装引压管及根部阀
2.2	上下游孔板流量计大流量时相符，小流量时不相符	孔板流量计	蒸汽	未进行流出系数非线性和可膨胀性系数非线性校正	进行 C 和 ε 非线性校正
2.3	锅炉汽水不平衡，管损大	孔板流量计 涡街流量计	蒸汽	①锅炉低压运行带水严重 ②涡街流量计对蒸汽中的水不响应 ③分表小流量漏计	①减少蒸汽带水 ②分表引入小流量计费功能
2.4	蒸汽流量计偏低15%	孔板流量计	蒸汽	正压端导压管坡度不符规范，以致冷凝罐前导压管内积水	按规范改装导压管
2.5	径距取压喷嘴输出反向差压	喷嘴流量计	蒸汽	两个冷凝罐内水位高度不相等	使正压端冷凝罐升高数毫米
2.6	差压式蒸汽流量计 流量示值为什么会无中生有	孔板流量计	蒸汽	根部阀为针形阀，汽液交换引起差压±44Pa变化	根部阀换成闸阀
2.7	蒸汽流量计两个冷凝罐一烫一冷对流量测量影响	差压流量计	蒸汽	①差压装置安装在水平管道上而且从水平方向引出差压，无明显影响 ②差压信号管从水平管向上引出或差压装置安装在垂直管道上影响较大	找出一烫一冷的原因并解决之
2.8	45°引压小流量时流量示值误差大	差压流量计	蒸汽	冷凝罐前引压管内积水，产生差压信号传递失真	将针形根部阀改成闸阀或球阀
2.9	蒸汽相变引起测量误差	涡街流量计	蒸汽	饱和蒸汽经大幅度减压后已变成过热蒸汽，仍按饱和蒸汽处理，而且用温度补偿	引入压力参数进行温压补偿
2.10	锅炉产汽流量比进水流量大2%	孔板流量计	蒸汽 热水	进水流量水温比设计温度低50℃，未进行补偿和修正	进行温度修正
2.11	涡街流量计示值比孔板流量计低30%	孔板流量计 涡街流量计	蒸汽	涡街流量计品质欠佳，在流速高时偏低严重	换上高品质流量计
2.12	蒸煮锅蒸汽分表计量正常，总表时好时坏	孔板流量计	蒸汽	总表范围度不够大	改用宽量程流量计
2.13	锅炉除氧器蒸汽耗量波动大	涡街流量计	蒸汽	除氧器蒸汽流量计正常，回收热水流量（温度）波动大	无需整改

续表

章节序号	存在问题	流量计类型	被测流体	关键原因	整改方法
2.14	伴热保温不合理引起误差	差压流量计	蒸汽	引压管伴热保温不良	改善伴热保温质量使正负压管内凝结水温度一致
2.15	喷嘴流量计指示反向流量	喷嘴流量计	蒸汽	差压信号从管道上方引出，高温蒸汽直接与差压变送器接触	改进安装方法消除差压变送器的高温威胁
2.16	涡街流量计超流速使用示值严重偏低	涡街流量计	蒸汽	超上限流速	将涡街流量计通径换大
2.17	旋涡发生体为何多次被冲脱落	涡街流量计	蒸汽	蒸汽密度大、流速太高	将涡街流量计通径换大
2.18	锅炉房蒸汽分表之和与总表之和在夏季相差20%	涡街流量计	蒸汽	分表中的一台流量最大的表通径太大，在夏季进入小信号切除区	改用通径小的流量计
2.19	一根管道上两台表在小流量时相差30%	涡街流量计	蒸汽	其中一台表通径太大，流量小到一定值进入切除区	将流量计通径换小
2.20	垫片突入管道内对涡街流量计的影响	涡街流量计	蒸汽	涡街流量传感器前垫片突入管内	调整垫片到同心
2.21	蒸汽严重带水对涡街流量计的影响	涡街流量计	蒸汽	①蒸汽严重带水时引发涡街流量计“漏脉冲” ②三通管内的水异常漏入蒸汽管	充分疏水
2.22	饱和蒸汽送到2km远的用户处流量示值时有时无	涡街流量计	蒸汽	蒸汽输送距离远，沿途疏水器均未开，蒸汽严重带水	充分疏水
2.23	蒸汽供热网管损大压损也大	涡街流量计	蒸汽	①小用户多，间歇用汽用户多，输送距离远 ②沿途未设疏水器，蒸汽管架空穿马路，垂直上升段存在“水阻” ③末端用户带水多，涡街流量计少计	合理疏水
2.24	锅炉产汽量大分配器出口量小	涡街流量计	蒸汽	蒸汽压力波动大，热备锅炉频繁充汽排汽，重复计量	正常现象
2.25	蒸汽以相同的流速在管道内输送，管径小管损大	孔板流量计 涡街流量计	蒸汽	单位质量蒸汽热损与管径成反比	尽量选用大管径输送方案
2.26	锅炉低压运行时蒸汽流量示值大幅偏低	涡街流量计	蒸汽	涡街流量计测量管内流速超上限	限制过低压力
2.27	40%管损的蒸汽到哪里去了	孔板流量计 涡街流量计	蒸汽	①总表安装地点为过热蒸汽，流量计准 ②分表安装地点为饱和蒸汽，流量少计 ③去分表的管线长而且管径小	

续表

章节序号	存在问题	流量计类型	被测流体	关键原因	整改方法
2.28	差压装置导压管引向不合理引入的误差	孔板流量计	蒸汽	导管引向不合理引起负压端冷凝罐内水位升高	按规范要求改装
2.29	锅炉负荷小时汽水平衡好大时平衡差	涡街流量计	蒸汽	涡街流量计品质差，负荷大时产汽流量用涡街流量计测量管内流速升高，示值大幅偏低	改选优质涡街流量计
2.30	与安全阀有关的“流量测量误差”	涡街流量计	蒸汽	减压阀故障引起分配器上的安全阀动作，70%的蒸汽放空	将减压阀修好
2.31	饱和蒸汽流量测量应采用何种补偿	涡街流量计 差压流量计	蒸汽	采用压力补偿，系统不确定度小	
2.32	如何防止利用流量计性能缺陷作弊	涡街流量计 差压流量计	蒸汽	流量计的固有特性	引入贸易结算功能防止作弊
2.33	压力变送器引压管内凝结水对系统误差的影响	涡街流量计 差压流量计	蒸汽	液柱影响	按关系式进行校正
2.34	用凝结水量验证蒸汽流量计准确度	涡街流量计 差压流量计	蒸汽	保持热量平衡	用热量平衡方程式计算逃逸的蒸汽质量
2.35	同一根管道为什么管损相差悬殊	涡街流量计	蒸汽	①管道自然散热是常数 ②流量小时电厂所供蒸汽过热度低	扩大蒸汽用量
2.36	用热量平衡法验证锅炉除氧器耗汽流量的实例	涡街流量计 差压流量计		热量平衡方程式	
2.37	测量蒸汽的弹头形均速管小流量时误差大	威力巴	蒸汽	从管道下方45°插入蒸汽管，正负压端凝结水液位高度不相等	改变插入方位
2.38	差压流量计测量蒸汽流量切断阀应装在何处	差压流量计	蒸汽	选在冷凝罐后面对差压信号传递无影响，但冷凝罐若要维修不方便	
2.39	浴室蒸汽流量计投运后差压超上限	差压流量计	蒸汽	实际操作压力比设计值低得太多	根据新的工况参数重新计算差压上限
2.40	发现孔板计算书中介质密度数据有差错怎么办	差压流量计	蒸汽	设计时操作失误	①纠正密度数据重新计算差压上限 ②纠正密度数据重新计算流量上限
2.41	总阀已关线性孔板流量计仍有流量指示	线性孔板	蒸汽	差压信号导压管从差压装置两边引出，正压管高负压管低	调整安装高度到等高

续表

章节序号	存在问题	流量计类型	被测流体	关键原因	整改方法
3.1	空压机排气流量比额定排气量大很多	孔板流量计	空气	①往复式压缩机气缸每往复一次从大气吸入的空气体积是定值，但冬季空气密度大，质量流量相应增大 ②夏季空气含水率高 ③压缩机排气量考核以 20℃为参考	测量正常不需整改
3.2	空气流量计示值偏高	孔板流量计	空气	冷凝水进入差压变送器高压室	改进差压变送器安装方法让冷凝水自动流回母管
3.3	环室孔板流量计测量湿空气流量示值渐低	孔板流量计	空气	正环室内积水	改为法兰取压
3.4	内锥流量计测量湿气体流量冬季结冰示值偏高 50%	内锥流量计	湿气体	环缝处结冰流通截面积缩小	流量计前充分疏水。内锥测量管外伴热保温
3.5	气态氨流量测量零漂大	威力巴	气态氨	三阀组处温度比工艺管内低得多，流路中有凝液	对三阀组进行伴热保温
3.6	阿牛巴流量计只正常测量 2h	阿牛巴	湿煤气	冷凝液堵死差压信号传输通道	①改为顶部取压 ②根部阀改用球阀 ③差压变送器合理安装
3.7	T 型阿牛巴流量计未插到底引出的负压气体流量测量问题	T 型阿牛巴	空气	检测杆未插到底	将检测杆插到底
3.8	用阿牛巴流量计测量煤气流量示值渐高	阿牛巴	煤气	煤气管内壁结垢层渐厚，流通截面积渐小	①清理结垢层 ②对偏高速率进行预测
3.9	圆缺孔板流量计测量煤气受结垢影响	圆缺孔板	煤气	结垢使流通截面积缩小	对误差进行估算
3.10	文丘里管测量煤气流量示值渐高	文丘里管	煤气	喉部结垢，流通截面积缩小	清除结垢物
3.11	可换式孔板在煤气流量测量中具有特殊地位	孔板	焦炉煤气	焦炉煤气富含焦油	改用可换式孔板，定期清洗
3.12	威力巴流量计测量煤气流量示值偏高 15%	威力巴	湿煤气	测量任务不明确，按湿气总量设计	改为测量湿煤气的干部分流量
3.13	测量气体的涡街流量计常被蒸汽烫坏	涡街流量计	气体	涡街流量计选型时未考虑开车前用中压蒸汽冲洗	改选高温型涡街流量计
3.14	换上新型的涡街流量计反而无输出	涡街流量计	氯气	表内数据设置有差异	仔细调试小信号切除值
3.15	氨气流量示值偏低 6%	孔板流量计	氨气	带液氨	工艺上采取措施消除带液

续表

章节序号	存在问题	流量计类型	被测流体	关键原因	整改方法
3.16	结晶物清除后流量示值仍偏低	孔板流量计	焦炉煤气	差压变送器膜盒上结晶物清除不彻底	①进一步清除结晶物并对差压变送器进行校验 ②对差压变送器进行伴热保温
3.17	气体流量计投运后发现组分不符怎么办	孔板流量计	天然气	订货时估计不足	根据新的组分重新计算差压值
3.18	不同原理的流量计测量干气流量相差悬殊	孔板流量计 涡街流量计	干气	干气组分偏离设计值对孔板流量计产生影响，对涡街流量计无影响	根据新的组分重新计算满量程差压
3.19	火炬气流量测量难度高	热式流量计 差压流量计 超声流量计	火炬气	①火炬气组分复杂多变 ②火炬气含氢含油污 ③要求管径大量程比大 ④要求管道内不能有阻力	改用火炬气流量专用的超声流量计
3.20	天然气处理厂用阿牛巴流量计测量天然气流量故障频发	阿牛巴	天然气	①气体组分多变，测量误差大 ②冬季气体析出凝析油堵塞取压孔	改选气涡轮流量计
4.1	流量示值偏高，偏高值不确定	孔板流量计	甲醇	①导压管坡度不符合规范 ②差压变送器高低压室排气欠佳	①改装导压管 ②彻底排气
4.2	冷冻水流量示值升不高	电磁流量计	冷冻水	冷冻水管路最高点积气(气堵)	充分排气并定期排气
4.3	供冷系统送出冷量比冷机铭牌数据大很多	电磁流量计	冷冻水	供冷系统冷媒温度比额定值高	正常
4.4	批量发料(液体)误差大	科氏力流量计	液体	控制阀突然关闭引发“液体撞击”(水锤)	控制阀改为二阶段阀，削弱水锤效应
4.5	两套科氏力质量流量计示值悬殊	科氏力流量计	二甲醚	其中一台流量计超满量程运行	将流量计量程适当放大
4.6	科氏力流量计不准	科氏力流量计	高黏度液体	测量管内壁被高黏度液体粘结	清除挂壁固体
4.7	高饱和蒸气压液体气化，引起测量误差	科氏力流量计	液体	背压不足引起液体在测量管内部分气化	提高背压
4.8	一根管道上的两套同规格流量计示值悬殊	科氏力流量计	渣油	流体压力相差大，未作补偿	按规定进行压力补偿
4.9	科氏力流量计测量聚氨酯液体流量误差大	科氏力流量计	聚氨酯液体	介质黏度太高易挂壁	更改选型设计
4.10	循环水流量示值逐步降到0	阿牛巴	冷水	阿牛巴检测杆从水平管道上方插入，水中析出的气体进入正压管	检测杆改为从水平线以下插入
4.11	两台同规格流量计发送方比接收方高5%	电磁流量计	盐水	批量发送结束后，外管中残液返回	将发送方电磁流量计显示的总量改为正反向总量差

续表

章节序号	存在问题	流量计类型	被测流体	关键原因	整改方法
4.12	油田三相分离器用不同的阀控制界面，污水流量显示值差50%	电磁流量计	油田污水	控制阀两端压差大，用流量计前阀门控制时，测量管内压力降低，溶解在水中的气体释放	只能用流量计后面的阀门控制
4.13	测量凝结水的电磁流量计总是指示满度	电磁流量计	凝结水	凝结水减压后析出蒸汽，将电极覆盖	为析出的蒸汽另外提供一条通路
4.14	自来水分表比总表走得快	电磁流量计	自来水	①自来水流到分表时，温度升高，析出气体 ②分表处无排气装置，以致测量管上部积气	增设排气阀并定期排气
4.15	总阀已关，电磁流量计有时仍有小流量指示	电磁流量计	冷水	①流量计后设备内积气 ②系统压力波动	排除设备内的气体
4.16	两台同规格水泵显示的流量差异大	电磁流量计	自来水	两台泵的输送能力有差异	向工艺操作人员解释清楚
4.17	电磁流量计示值逐年升高	电磁流量计	河水	测量管内结淤泥，厚度逐年增加	定期冲洗
4.18	电磁流量计示值晃动有噪声	电磁流量计	导电液体	①液体电导率超过允许范围引发晃动 ②液固两相流体引发噪声	①改用电容式电磁流量计 ②改选较高的激励频率
4.19	盐酸电磁流量计指示晃动	电磁流量计	盐酸	盐酸浓度升高到15%以后，哈氏合金B电极不适应，浓度到25%后，晃动幅值达20%	改用钽电极电磁流量计
4.20	被测液体结晶流量示值指满度	电磁流量计	易结晶液体	结晶物将电极表面覆盖，信号源内阻增大	改用带刮刀电磁流量计或带超声波清洗装置电磁流量计
4.21	并联运行的多台泵中的一台投运后，其余各台泵的流量计示值大幅降低	电磁流量计	自来水	投运的这台泵扬程太高，与其余多台泵不匹配	改用扬程相同的泵并联运行
4.22	总阀已关，流量计一直指示满度	电磁流量计	冷冻水	测量管内空管，老式电磁流量计无空管置零功能	排出测量管内的积气
4.23	测量电解液的流量计示值渐小	电磁流量计	电解液	电解液中的铁锈沉积在流量计内衬上，将两电极短路	拆开清洗或换用其他类型流量计
4.24	液体温度升高后流量示值大幅度增大	电磁流量计	稀酸	①液体温度升高后体积膨胀 ②液体温度升高后溶解于液体中的气体被释放	流量计安装地点移到换热器之前
4.25	流量计线性不好，低流量时示值偏低	电磁流量计	自来水	①14台泵中有1台已坏 ②离心泵输出流量与出口压力有关，出口压力越低输出流量越大	修复已无输出流量的泵
4.26	与电磁流量计串联的控制阀关闭后流量指示满度	电磁流量计	导电液体	控制阀关闭后测量管内出现空管	改变安装方式，使测量管内始终充满液体
4.27	用楔形流量计测熔盐流量，稳定性差	楔形流量计	熔盐	取压法兰管口内积气	改用高温型涡街流量计或超声流量计

续表

章节序号	存在问题	流量计类型	被测流体	关键原因	整改方法
4.28	干式水表超上限使用严重偏低	干式水表	自来水	超载后磁性耦合器“失耦”	将流量值调小到允许范围内或更换口径大的流量计
4.29	氨分离器出口阀关小流量不降反升	涡街流量计 涡轮流量计	液氨	流量计装在控制阀后面，流体饱和蒸汽压高，阀门关小后液体气化	①将流量计安装位置尽量前移 ②提高液体过冷深度
4.30	液氨输送 530m 后流量计示值跳跃	科氏力流量计	液氨	管径小，含气率高	①将流量计安装点前移 ②流量计前的阀门开足，用流量计后面的阀控制流量
4.31	极低温流量测量	孔板流量计	液态天然气	①流体因浓缩而出现物态变化 ②材料因冷缩而产生应力及间隙 ③高凝固点物质凝固引发故障	①采用 316L 材料 ②节流件和管道采用相同材质，并用焊接方法连接 ③多孔孔板有优势
4.32	夹装式超声流量计	超声流量计	重油	时差法超声流量计不宜测量重油流量	改用多普勒超声流量计测量
5.1	减压阀振荡引起流量计示值陡增多倍	涡街流量计	蒸汽	减压阀振荡引发流动脉动	消除振荡
5.2	调节系统振荡引起流量计示值增加多倍	涡街流量计	蒸汽	调节系统振荡引发流动脉动	消除振荡
5.3	新型除氧器对流量测量的影响	涡街流量计	蒸汽	气泡破裂引发流动脉动	在流量计与脉动源之间增设阻尼器
5.4	搅拌器叶片对流量测量的影响	电磁流量计	液体	搅拌器工作时引发流动脉动	将流量计移位，远离脉动源
5.5	三通管处的脉动如何处理	涡街流量计	各种流体	流体在三通管处流动引发流动脉动	将流量计移位远离脉动源
5.6	往复泵脉动引发的问题	内孔板流量计	液体	隔膜泵引发流动脉动	在流量计与脉动源之间增设阻尼器
5.7	批量发料中为何会出现超量现象？如何解决	各种流量计	液体	测量和控制滞后	提前关阀
5.8	批量发料控制精度为何受大槽内液位高度影响	各种流量计	液体	①大槽液位变化引起流量变化 ②流量计在不同流量点误差不同 ③大槽液位不同，流量计后面管内液体回流量不同	将流量计安装位置尽量后移
5.9	批量发料装车系统每天第一车总要少 80kg	各种流量计	液体	流量计后面管道内液体在夜间漏尽	①流量计尽量后移 ②检修止回阀

续表

章节序号	存在问题	流量计类型	被测流体	关键原因	整改方法
5.10	批量发料控制夏季很准冬季不准	容积式流量计	液体	夏季液体在管道内流动温度升高，液体中有气体析出	流量计前增设气体收集器和排气阀
5.11	旋涡发生体锐缘磨损对测量的影响	涡街流量计	液体	旋涡发生体磨损后流量系数增大	更换发生体
5.12	旋涡发生体迎流面有堆积物对测量的影响	涡街流量计	气体 液体	迎流面有堆积物引起流量系数减小	清除堆积物
5.13	管道内径比涡街流量计测量管内径小有何影响	涡街流量计	各种流体	流体惯性	将涡街流量计通径换小
5.14	涡街流量计测压点为何不能选在表前	涡街流量计	蒸汽 气体	旋涡发生体前后有压差	改选在发生体出口侧
5.15	雷诺数较低时如何提高涡街流量计的测量精确度	涡街流量计	各种流体	雷诺数低于 20000 时斯特罗哈尔数变大	用软件进行补偿
5.16	涡街流量计流量系数与温度之间有何关系	涡街流量计	各种流体	①温度升高使流通面积增大 ②温度升高使发生体宽度增大	按公式进行修正
5.17	涡街流量计一般要缩径而电磁流量计一般不缩径	涡街流量计	各种流体	工艺管道的通径由工艺专业按经济流速选定，一般较低，涡街流量计希望流速较高	按最大流量选表而不是按工艺管道通径选表
5.18	无流量时涡街流量计有流量指示	涡街流量计	各种流体	管道有振动；外界有干扰；仪表品质差	对症下药
5.19	用两台涡街流量计测量双向流反向流动时也有输出	涡街流量计	蒸汽	涡街流量的特性	改选其他类型流量计
5.20	涡街流量计直管段长度不够时的处理	涡街流量计	各种介质	这是由流量计的特性决定的	①流量计前增设整流器 ②将流量计安装在有利的方位
6.1	直管段长度不够对超声流量计的影响	超声流量计	冷冻水	这是由流量计的原理决定的	根据试验曲线对误差进行校正
6.2	环室取压孔板流量计直管段长度不够对测量的影响	孔板流量计	各种介质	这是由流量计的原理决定的	
6.3	孔板在 30%FS 以下还准吗	差压式流量计	各种介质	①早期的差压流量计主要由于差压测量精确度低，制约了量程比 ②量程低端差压值太小	①用大小量程的两台差压变送器测量差压 ②用国标中的数学模型进行非线性校正
6.4	管道内壁粗糙度不符合要求的影响	孔板流量计	各种介质	这是由流量计的原理决定的	前后直管段内壁经镗削加工

续表

章节序号	存在问题	流量计类型	被测流体	关键原因	整改方法
6.5	将环室取压改为径距取压如何实施	差压流量计	各种介质		按国际中的要求实施
6.6	孔板前积水对流量测量的影响	孔板流量计	饱和蒸汽湿气体	这是由流量计的原理决定的	①增设疏水孔 ②改用圆缺孔板或偏心孔板
6.7	有什么简易的方法可验证 ε 校正是否正确	标准孔板 喷嘴	蒸汽气体	这是由流量计的原理决定的	用国标中 ε 值表格验证
6.8	喷嘴不确定度为何比标准孔板差	标准孔板 喷嘴	各种介质	①对喷嘴的试验研究没有标准孔板深入 ②标准孔板几何形状简单，喷嘴复杂	
6.9	差压式流量计系统不确定度计算的实例	标准孔板 喷嘴	各种介质	这是由流量计的特性决定的	参考计算范例
6.10	差压流量计重复开方示值偏高多少	差压流量计	各种介质	操作不慎引发	发现后对造成的误差按公式进行校正
6.11	孔板流量计和涡街流量计测量重油流量都不合适	孔板流量计 涡街流量计	重油	这是由流量计的原理决定的	改选 1/4 圆喷嘴、楔形流量计或科氏力流量计等
6.12	隔离液(防冻液)液位高度不一致引入误差	差压流量计	腐蚀性介质	液位高度不一致引发差压信号传递失真	①选用的隔离液(防冻液)密度尽量与被测介质接近 ②防止隔离液外泄和流失
6.13	用配校的方法提高系统精确度	差压流量计	各种介质		
6.14	线性孔板流量计为什么前面要加装过滤器	线性孔板 容积式流量计	各种介质	这是由流量计的特性决定的	
6.15	插入式流量计精确度为何比满管式低	插入式流量计	各种介质	插入式流量计是测量管道内的局部流速，然后根据管道内的流速分布等推算管道内的流量	根据需要选插入式或满管式
6.16	径流速型插入式流量计为什么比点流速型准确度高	插入式流量计	各种介质	点流速型根据点流速推算流量损失一定的精确度	根据测量需要合理选型
6.17	插入式涡街流量计在大管径流量测量中困难较多	插入式涡街	各种介质	涡街流量计在流速低时产生不了旋涡，而大管道中设计流速普遍较低	改选其他方法
6.18	阿牛巴流量计基本上不受雷诺数影响而标准差压装置不行	阿牛巴	各种介质	阿牛巴流量计是管道内多点取压，测量出多点流速，然后按速度面积法处理。而标准差压流量计是管壁取压	

续表

章节序号	存在问题	流量计类型	被测流体	关键原因	整改方法
6.19	流量计为什么一般都要安装在控制阀之前	电磁流量计	液体	①控制阀后压力降低，溶解在液体中的气体释放。被测流体为高饱和蒸汽液体时，部分汽化 ②下游设备为负压操作时，流量计测量管内易出现负压，损坏仪表	
6.20	流量计中为什么要设置小信号切除	各种流量计	各种介质	①模拟信号传送流量信号时，因模拟运算电路存在零漂 ②大多数流量计存在零点漂移	
6.21	一次表和二次表中都有小信号切除功能如何正确应用	各种流量计	各种介质	一次表内小信号切除输出 4mA 信号送二次表后，二次表的模拟信号处理电路及 A/D 转换器还会有零漂	二次表内切除和一次表内切除相互配合
6.22	用基地式标准装置实施在线校准	各种流量计	各种介质	①拆下送检费时费力，复位后获得的精确度易受安装影响 ②在用于贸易交接的流量计较多的计量站，配置基地式标准装置较经济	
6.23	用移动式标准装置实施在线校准	各种流量计	各种介质	①拆下送检费时费力，复位后获得的精确度易受安装影响 ②被校准的表不多时较经济	
6.24	用增量法验证电磁流量计的实例	电磁流量计	水	在仪表零位准确的基础上，若 45°分度线上的某点斜率也是准确的，则截距和斜率均准确	
6.25	用临界流喷嘴验证气体流量计的实例	涡街流量计	氧气	在仪表零位准确的基础上，若 45°分度线上的某点斜率也是准确的，则截距和斜率均准确	
6.26	将各检定点误差用折线法校正	各种流量计	各种介质	将各检定点检出的误差校正掉，只剩下重复性误差、时间漂移误差和影响量引起的误差	
6.27	容积式流量计机械磨损应如何处理	容积式流量计	原油等	机械磨损引起内泄量增大	①统计分析误差变化速率 ②调整流量计系数时计入磨损影响
6.28	不同断面检测杆均速管哪种更好些	均速管流量计	各种介质	各种不同断面检测杆代表均速管差压流量计不同的发展阶段	

参考文献

[1] GB/T 2624—2006 用安装在圆形截面管道中的差压装置测量满管流体流量.
[2] GB/T 21446—2008 用标准孔板流量计测量天然气流量.
[3] 纪纲. 流量测量仪表应用技巧. 第二版. 北京：化学工业出版社. 2009，211～214.
[4] JB/T 8622—1997 工业铂热电阻技术条件及分度表.
附件：一体化节流式流量计设计计算书（NO. 100404）.